基础土壤学

熊顺贵 主编

中国农业大学出版社

主　编　熊顺贵（中国农业大学）

副主编　王砚田（中国农业大学）
崔德杰（山东莱阳农学院）

编　者　吕贻忠（中国农业大学）
曾宪竟（中国农业大学）
张宝贵（中国农业大学）
李贵桐（中国农业大学）
成春彦（北京市农业科学院）
刘敦辉（湖北省黄冈地区农科所）
曾路生（山东莱阳农学院）

主　审　王　坚　常月帆

前　言

本书是为植物生产类专业的本、专科生编写的教材。1996 年第一次出版，经过近 4 年的教学实践，在总结教材内容的基础上，第二次出版增添了土壤生物一章，对其他章节也做了部分修改和补充。使其内容更加完善，体系更加系统化。

全书共 14 章，第一章绪论，阐述土壤在人类农业发展中的重要性，土壤的基本物质组成和肥力特性，土壤的发展简史、现状、研究内容和今后的任务；第 2～8 章，阐述土壤母质、土壤矿物质、土壤有机质、土壤生物、土壤水分、土壤空气和热量的物质组成和性质；第 9～12 章，阐述土壤环境过程，包括土壤的形成发育过程、土壤胶体和离子交换吸附过程、土壤养分动态平衡、土壤酸碱反应、氧化还原及缓冲作用等；第 13 章，主要阐述我国主要不同土壤类型的发育过程和特征，以及利用改良的不同途径；第 14 章，主要阐述土壤质量退化、沙化、侵蚀、酸化和化学污染过程、现状及其土壤管理、保护的原理和技术。

土壤学是农业科学和资源环境科学的应用基础学科，它服务于农业持续发展、环境生态建设、区域治理、资源利用和保护等。本书适用于农学、园艺、植保、农业气象、环保生态和土地资源等专业的本、专科生的必修课教材，也可供从事农业科学研究的科技人员参考。

本书编写分工如下：1、8 章（绪论、土壤空气和热量状况）由熊顺贵编写；2、3 章（土壤母质与成土矿物、土壤矿物质）由曾宪竟编写；4 章（土壤生物）由张宝贵编写；5 章（土壤有机质）由李贵桐编写；6、7 章（土壤的孔性与结构性、土壤水分）由王砚田编写；9、10 章（土壤胶体及其对离子的吸附交换作用、土壤化学性质和过程）由吕贻忠编写；12 章（土壤形成与分布）由成春彦编写；13 章（我国主要土壤类型）由刘敦辉编写；14 章（土壤资源保护和管理）由曾路生、崔德杰编写。全书各章由王坚、常月帆主审。

在编写过程中，得到了李保国教授的大力支持及校、院系各级领导的关心，在此一并致谢。由于水平有限，书中不当之处，恳请读者指正。

编　者

2001.1

目　录

1 绪 论

【教学目标】

- **土壤在人类农业和生态系统中的重要性**
  1. 了解土壤是植物生长繁育的基地(或介质),因为它给植物生长发育提供了必需的水、气、热、肥以及扎根等生活条件。
  2. 认识土壤是农业生态系统中的重要组成部分,以及它在该系统中所起的作用。
- **土壤的概念及其物质组成**
  1. 了解土壤的基本物质组成及其各种物质成分之间的相互关系。
  2. 理解土壤是一个历史自然体以及它具有的再生作用。
  3. 认识土壤是发育于地球陆地表面具有生物活性和孔隙结构的介质,其本质特征是具有肥力。
- **一般了解土壤科学的发展简史**
- **了解土壤科学研究的内容和任务**

“人以食为天,食以土为本”,深刻地揭示了人类-农业-土壤之间的依存关系。土壤不仅是人类赖以生存的物质基础和宝贵的自然资源,也是人类最早开发利用的生产资料。自古以来,无论在自然或人工生产条件下,土壤始终支持着天然植物(森林和草原)及栽培作物的生产,并繁衍了地球上所有的野生和人工的动植物资源。由此可见,土壤既是生产食物、纤维和林产品不可替代的宝贵资源,又是保持地球系统生命活性、维持人类社会及生物圈共同繁荣的基础。人类在未来世纪还要继续依赖于土壤,因此,珍惜和保护好土壤资源,尤其要管理好耕地资源是我们全人类共同永久的任务。

1.1 土壤在人类农业和生态系统中的重要性

1.1.1 土壤是植物生长繁育和生物生产的基地

农业生产的实质是指绿色植物利用太阳光辐射能,通过植物体叶中的叶绿素,把从空气中吸收的二氧化碳和从土壤中摄取的水分及无机养料合成转化成有机物质,完成把光能转化为化学能,并贮存于有机物质的过程。

农业生产最基本的任务是发展人类赖以生存的绿色植物生产,绿色植物在生长发育过程中所必需的生活因子有光(光能)、空气(O_2、CO_2)、水分(H_2O)、热量和养料。除日光外,水分和养料主要来自土壤,空气和热量一部分也是通过土壤获得的。植物扎根于土壤,靠根系伸长固着于土壤中,并从土壤中获得必需的各种生活条件,完成生长发育的全过程(如图 1-1)。

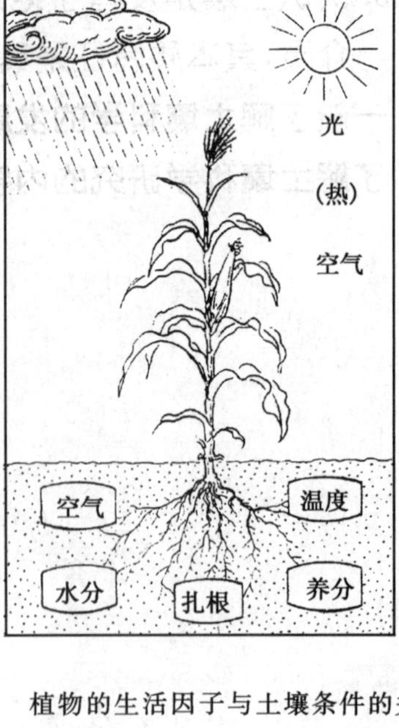

图 1-1 植物的生活因子与土壤条件的关系

这一切说明,植物的生长繁育必须

以土壤为基地才能生存和发展。因此,可以说“农业是国民经济的基础,土壤是农业的基础”。人类就是利用土壤作为最基本的生产资料进行植物生产发展农业的。如果地球表面没有土壤存在,就没有生物世界和农业的发展,也就更谈不上人类的生存及社会的繁荣。

1.1.2 土壤是农业生态系统的重要组成部分

自然生态系统是指生命系统和环境系统在特定空间的组合。生命系统是指自然界具有一定结构和调节功能的生命单元,如植物、动物及微生物。环境系统是指自然界的光热、水分、CO_2 和养分元素相互作用所共同构成的空间。

农业生态系统是人类为了维持生存,使生活富裕,进行农业生产而作用于自然生态系统形成的(又称人工生态系统)。它是以人为中心,在一定气候、土壤等环境条件下,以作物、家畜家禽等生物为主体,包括森林、微生物、病虫、杂草等组成的能量转移和物质循环系统。农业生态系统的能量转移和物质循环是由植物-动物-土壤三个环节组成的,称为养分循环的三个库——植物库、动物库和土壤库。

农作物从土壤中吸取养分、水分,从空气中吸收 CO_2,利用太阳光辐射能进行光合作用,生产各种生物产品。这些产品是人和动物的食物,而人和动物的排泄物以及植物的残留物又通过各种途径归还给土壤。由此可见,土壤是构成农业生产的主要环境条件之一,是农业生态系统不可分割的重要组成部分,三者相互影响,相互制约,而土壤的形成和发展也必须依赖于生物和人的作用,生物与土壤环境不断进行能量转化和物质循环并构成农业生态系统的整体。

1.1.3 土壤管理是植物生产和动物生产的基础

从总体上看,农业生产应包括植物生产、动物生产和土壤培肥管理三大环节。植物生产和动物生产二者是直接或间接以土壤为基地实现的,因此,必须十分重视土壤资源的开发、利用、改良和保护。首先,要进行全面规划粮、林、牧用地,做到宜农则农,宜林则林,宜牧则牧;第二,对基本农田实行合理耕作种植制度,采用科学施肥、灌溉等一系列的培肥管理措施,通过“用地和养地”把植物生产、动物生产和土壤管理三者密切结合起来,促进农业生产持续、稳定的发展。第三,把植物生产的有机收获物用于动物生产所需的饲料发展动物生产,并将植物残体和动物生产的废弃物,归还给土壤用于肥料。通过微生物利用、转化及循环培肥土壤,使土壤肥力不断得到改善和提高,反过来又促进植物生产和动物生产的发展。

1.1.4　土壤是具有再生作用的自然资源

古今中外，在不少名人的论著中，都以美丽动人的词句歌颂泥土的芬芳和伟大，把它比喻为“母亲”。如我国最早的东汉许慎著的《说文解字》中说“土，地之吐生万物者也，壤，柔地，无块曰壤”。更早一些的《周礼》中说“以人所耕，而树艺焉则曰壤”。管仲则曰：“有土斯有财，土壤孕育万物，土为万物之母”。马克思也说：“土壤是世代相传的，人类不能出让的生产条件和再生条件”等等。

以上说明土壤是人类生存不可缺少的共同财富，以及土壤、植物与人类社会发展之间的相互依存关系。土壤作为资源，不同于其他资源，如煤、石油、铁矿等的开采利用，总有枯竭和用之于尽的时候。而土壤被人类已开垦利用了几千年，只要“用之得宜”，仍然是“地力常新壮”，而且越种则土壤肥力越高，永远没有枯竭之时。但如果土壤被占用，如修公路、铁路、盖房子，则土壤的再生作用就会永远消失，不再成为农业最基本的生产资料。

人类就是利用土壤再生性的特点，繁衍了人类的世世代代。在人类历史上，土壤曾遭受破坏的例子很多。如水土流失，土地沙漠化，土壤盐碱化，土壤遭污染和土壤肥力退化。上述问题在我国均有不同程度存在，有的地方已经相当严重。如我国黄土高原及南方红壤丘陵地严重水土流失；西北、内蒙古风蚀使土壤沙化；华北平原农地盐碱化；东北农垦区、黑土肥力严重退化；城镇郊区及工矿区附近土壤被污染等。造成上述问题的原因，除了不可抗拒的自然因素外，人为地开发利用的盲目性，如滥砍乱伐，毁林开荒，超载放牧，国家法律不健全和执法不力等是其主要因素。

1.1.5　土壤是一个独立的历史自然体

土壤是指覆盖于地球陆地表面，能够生长植物的疏松物质层。它同其他物质一样，不仅是具有一定的物质组成、形态特征、结构功能的物质实体，而且具有自身发生发展、长期演变的历史过程。其发生过程与环境条件密切相关，在空间分布上有明显的地带规律性。因此，它是一个独立的历史自然体，也是地理环境系统中一个重要的组成要素，并以不完全连续状态覆盖于地球陆地的表面（如图 1-2）。

土壤在自然界中并不是孤立存在的，其空间位置正处于大气圈、水圈、生物圈和岩石圈的交界面上，它与大气、水分、生物及岩石共同处于永恒的交互作用之中,不断地进行物质、能量转移、循环和交换过程。也就是说,土壤的形成是各种自然因素和时间长期综合作用的产物(如图1-3)。

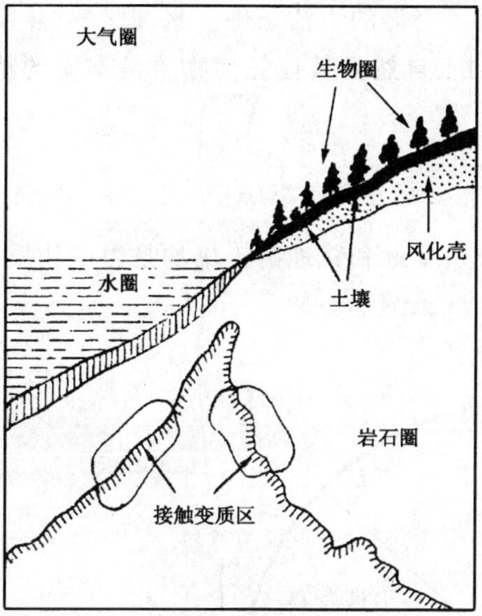

图1-2 地球外圈及土壤的位置

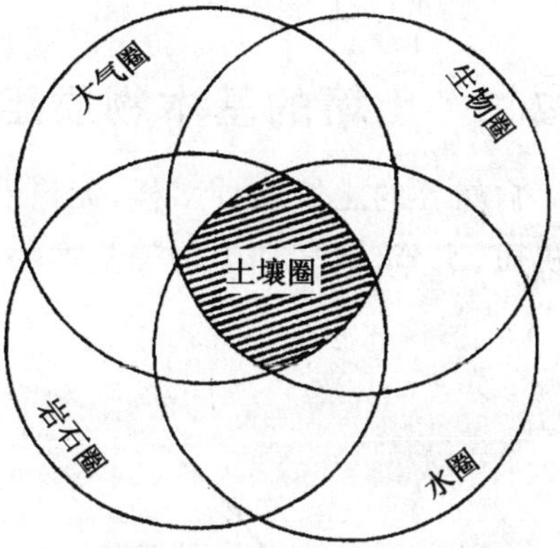

图1-3 土壤圈的地位

1.2 土壤的概念及其物质组成

1.2.1 土壤的概念和本质特征

土壤是自然的产物,其用途不同,对土壤的认识也不同。土壤是生长植物的自然体,而植物能为人畜提供纤维和食物,人们生活水平的高低主要取决于土壤的质量以及靠土壤生存的动植物的种类和品质。此外,土壤还是构建房屋和工厂的基础,公路、铁路的路基,净化城市污水和消纳垃圾和其他废物的场所……。

从土壤在自然界的形成过程、分布位置、结构形态和农业生产性状看,把土壤定义为:"土壤是指覆盖于地球陆地表面,能生长植物的疏松物质层"。也可以说"土壤是指固态地球陆地表面具有生命活动、处于生物与环境间进行物质循环和能量交换的疏松层”。它既是独立的历史自然体，也是最易受人为活动影响的层面，为人类提供食物的自然资源。科学地开发和利用土壤资源对农业生产发展和改善环境具有重要意义。

肥力是土壤的属性，它给植物生长提供了必需的生活条件。水、肥、气、热及扎根条件是肥力的综合体现，也是土壤区别于自然界其他任何物质最本质的特征。

1.2.2 土壤的基本物质组成

自然界的土壤多种多样，无论农地、林地、草地和荒地的土壤均是由矿物质、有机质、水分、空气和生物等基本物质所组成（见图 1-4）。

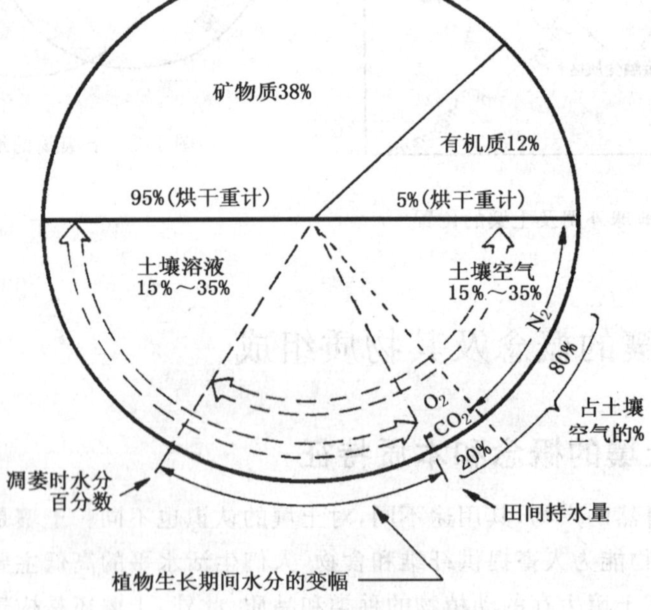

图 1-4 土壤三相物质组成

土壤是由固、液、气三相物质组成的多相分散的复杂体系。

- 土壤组成
  - 固体部分
    - 矿物质：由岩石风化而来，一般占土壤质量的95%以上，占土壤容积的38%以上。
    - 有机质：由生物残体及腐败物质组成，一般占土壤质量的5%左右，占土体容积的12%左右。
  - 粒间孔隙
    - 气　体：一部分由大气层进入，主要有O_2、N_2等；另一部分由土壤内部产生，主要为CO_2、水汽等。
    - 水　分：由外部进入土中，含有溶解物质(包括各种养分)，实际上是一种稀薄的溶液。
  - 多种生物(活体)：种类繁多，包括各种昆虫、蠕虫、原生动物、藻类及微生物，特别是微生物数量大、种类多、繁殖快。1 g土中多者可达数十亿个。

固相物质——由颗粒状的矿物质(含原生矿物和次生矿物)、有机物质(动植物残体及其衍生物、分泌物)和土壤生物(活的动物和微生物)组成。矿物质一般占土壤质量的95%以上，构成土壤的基本骨架。有机质占土壤质量1%～5%，通常被吸附于矿物质的表面，形成有机-无机复合体，是土壤物质的精华。生物是土壤的分解者，起着活化土壤物质并释放有效养分的作用。

液相物质——外界水分进入土壤，以水膜形态被保持于矿物颗粒的表面和较小的孔隙中成为土壤水。实际上它不是纯水，而是溶有多种物质成分的稀薄溶液。

气相物质——大气进入土壤被保持于土壤的大孔隙中形成土壤空气，其成分与大气基本相似，但氧比大气中的少，二氧化碳比大气中的多，水汽经常处于近饱和状态，在一定条件下，有害气体(CH_4、H_2、H_2S)含量高于大气。

液相(水分)和气相(空气)二者同贮于土壤孔隙内，随外界条件变化而相互消长。

1.2.3　土壤肥力

1.2.3.1　土壤肥力的概念

肥力是土壤的属性，也是区别于自然界其他任何物质的本质特征。有关土壤肥力的概念，目前仍无统一的认识。俄罗斯的土壤学家认为："土壤肥力是植物在生活的全过程，土壤能同时不断地供给植物以最大量有效养分和水分的能力"，指出了肥力至少包括养分和水分两个因素。西方土壤学家传统地把单一养分的供应能力看做肥力，美国土壤学会1989年出版的《土壤科学名词汇编》把土壤肥力定义为："是土壤供应植物所必需养料的能力"。中国的土壤学家侯光炯教授在

《中国农业土壤概论》中，把土壤肥力定义为："土壤肥力是土壤的体质和生命力。并写道："所谓肥力，扼要地说，就是在一定自然环境条件下，土壤稳、匀、足、适地对植物供应水分和养分的能力"。指出肥力因素主要是水分和养分，肥力高低的标志是稳、匀、足、适的程度。《中国土壤》对肥力的论述是："肥力是土壤的本质，是土壤为植物生长提供和协调营养条件及环境条件的能力"。认为水分、养分是营养因素，温度和空气是环境因素，水既是环境因素又是营养因素。

上述对土壤肥力的认识各有其说，看法不一。但就我国而言，目前多数土壤工作者认为："土壤肥力是土壤能经常适时供给并协调植物生长所需的水分、养分、空气、温度、支撑条件和有无毒害物质的能力"。这一概念相对来说概括得比较全面、完整。

肥力又有自然肥力与人工肥力之分。自然肥力是土壤在自然成土因素（气候、生物、母质、地形和年龄）的综合作用下形成的肥力，它是自然成土过程的产物。人工肥力是在人为因素（耕作、灌溉、施肥及其他技术措施）影响作用下形成的肥力。自有人类从事农耕活动以来，自然植被为农作物所代替，随着人口不断增加，耕地面积减少，人类对土壤的利用强度不断扩展，"人为因子"对土壤作用的力度越来越大，已成为决定土壤肥力发展方向的基本动力之一。

肥力还可分为潜在肥力与有效肥力。肥力是土壤提供给植物生长的一种能力，能在生产上发挥出来产生经济效果，但在实际生产中，因土壤性质、环境条件和技术水平的限制，只有其中一部分能在当季作物生产中表现出来，产生经济效益，这一部分叫做"有效肥力或经济肥力"，它可以用农产品的产量来衡量。还有一部分没有直接反映出来的肥力叫做"潜在肥力"。二者没有截然的界线，在一定条件下可以相互转化。如黏质土的有机质含量高，氮、磷、钾养分含量丰富，虽然潜在肥力较高，但因通气不良，养分转化缓慢，有效养分含量低，影响作物生长。对这种土壤应采取客土或多施有机肥或勤中耕等措施，促使潜在肥力向有效肥力转化。

1.2.3.2　土壤生产力

土壤生产力和土壤肥力是既有联系又有区别的两个不同的概念，弄不好往往容易混淆不清。土壤生产力是由土壤固有的肥力属性和发挥肥力的外界环境条件以及人为因素共同决定的，肥力只是生产力的基础，而不是生产力的全部。外界环境条件包括气候、日照、地形、排水、供水以及有无毒害或污染物质的侵入等，也包括人为耕作、栽培及土壤管理措施。如东北的黑土，虽然有机质含量较高，氮、磷、钾养分也很丰富，但因气候寒冷，无霜期短，土壤肥力各因素不能充分发挥作用,因而,总产量不如南方的红壤高。

在一个地区,要提高土壤的生产力,必须高度重视农田基本建设,以改善土壤的生态环境条件,增强土壤肥力,才能实现高产、高效、优质和农业的持续发展。

1.3 土壤科学发展简史

1.3.1 土壤科学发展史的主要学派

人类从游牧狩猎转为以定居农耕生活为主的那时起,就一直在土壤上耕种作物。几千年来,人类在逐渐认识、利用和改造土壤的过程中,逐渐积累了丰富的经验和知识。土壤科学是人类在不断的"实践—认识—再实践"的过程中发展起来的。

1.3.1.1 早期的"神秘学观"

早在两千多年前的古希腊、罗马时代,人们对土壤的认识只是一些朴素而单纯的经验总结。罗马帝国崩溃后欧洲进入中世纪黑暗时期,宗教神权长期占据统治地位,神权主义者认为"植物在土壤中生长,主要是靠神秘的'生活力',而不是靠土壤提供的水分和养料等因素的作用"。18 世纪瓦勒纳斯(J. G. Wallernus)认为:"只有腐殖质才是植物的营养物质"。这就是所谓的"生活力学说"和"腐殖质学说",由于当时科学不发达的限制不能解释土壤生长植物的现象,而只能把这种现象神秘化。

1.3.1.2 农业地质学派

19 世纪下半叶,以法国的法鲁(F. A. Fallou 1794—1877)为代表的"农业地质学派"认为土壤为陆地的一个淋溶层,并以地质学的观点,认为土壤的过去是岩石,而今后将会形成新的岩石。土壤的形成是风化和淋溶过程的结果,也是肥力发展的过程。风化过程释放岩石矿物中的盐基离子为植物生长提供了营养。由于水的淋溶,养分将不断流失,则肥力将趋于枯竭,因而导致土壤肥力必然逐渐减退,最终将变成养分贫乏的不毛之地。

1.3.1.3 农业化学派

19 世纪中叶,以德国化学家李比希(Liebig)为代表的农业化学派,利用当时化学分析的成就,创立"矿质营养学说"。他们认为:"只有不断地向土壤归还和供给矿质养分,才能维持其肥力"。这一学说对植物营养学是一个划时代的贡献,它推翻了植物营养的“生活力”和“腐殖质”学说的荒谬错误，打破了土壤肥力的神秘论，从本质上揭示了植物从土壤中吸收矿质营养的规律，对土壤学、植物生理学以及生物科学、农业科学产生了极为深远的影响，并推动了化肥工业和广泛施用化肥的迅速发展。

1.3.1.4 土壤发生学派

19 世纪末和 20 世纪初，俄国几位著名的土壤学家，如道库恰耶夫(B. B. дглинка)和威廉斯(B. P. Bнльяшс)认为：土壤是气候、生物、母质、地形和陆地年龄(时间)等 5 种因素相互作用的产物，是一个独立的历史自然体。他们提出的土壤形成的发生学观点，得到各国土壤学家的公认，为现代土壤学的发展奠定了基础。

1.3.2 我国土壤科学研究进展概况

1.3.2.1 我国古代对土壤科学的贡献

我国是一个农耕历史悠久，科学文化发展较早的国家。自古以来，劳动人民勤劳耕耘，在认识土壤、利用和改造土壤过程中积累了丰富的土壤学知识。这些知识都记录在我国古代名人的论著中，是世界土壤科学史的重要组成部分。如公元 4 世纪前后的战国时期《禹贡》一书中，就记载有根据土壤颜色、质地和肥力状况对黄河、长江中下游的土壤进行了大体分类，为当时按地力收税提供了依据。这是世界上最早的一部讲土壤分类和地理分布的科学著作。公元前 3 世纪到 9 世纪(从秦至唐朝)，管仲著的《管子·地员篇》阐述了植物、地形、地下水与土壤形成和分布的关系，根据土壤肥力性状确定栽培适宜的作物种类。西汉的《汜胜之书》总结出比较完整的耕作原理和简易测定宜耕期的方法和区田法。后魏贾思勰的《齐民要术》进一步对我国农民丰富的生产经验进行了系统总结，是世界上最早、最完整的一部农业科学专著。提出：“耕者且深、湿耕泽锄，不如归去”，“凡美田之法，绿豆为上，小豆、胡麻次之”，并列举了当时应用的 20 多种轮作方法。这些知识在当时生产上起了很大指导作用，至今在生产中仍然行之有效。到唐、宋、元、明朝时期(10～19 世纪)，一些农书如《农桑辑要》、《王祯农书》、《农政全书》、《授时通考》、《陈曹农书》、《知本提纲》等，都记载了有关耕种和培肥土壤的技术方法。在《王祯农书》中，并有专门的“粪类篇”等内容，提到“土壤虽异，治得其宜，地力常新壮”。

上述农书著作是我国劳动人民在长期的生产实践中累积土壤学知识的精华，丰富了土壤科学知识的宝库，并对我国和世界现代土壤科学的发展产生了深远的影响。

1.3.2.2 我国现代土壤科学研究的发展概况

20世纪以来，随着全球人口的不断增长，资源逐渐减少和环境明显恶化，给土壤科学提出了大量新的课题。同时，也由于近代数理化和生物学的新概念和研究手段不断向土壤学渗透，促使土壤学研究的迅速发展，并出现了土壤信息、土壤环境和土壤痕量气体等新的研究领域。

我国现代土壤科学研究始于20世纪30年代，当时主要进行了一些地区的土壤调查、制图和室内理化分析及田间试验，同时对我国的土壤资源、主要土壤类型的理化性质、分布规律及土壤改良做了初步研究。20世纪50年代起，在完成全国各大区的土壤资源的开发利用，大面积中低产田改良，高产土壤培肥以及科学施肥方面，取得了众多的研究成果。派生出了土壤物理学、土壤化学、土壤生物及生物化学、土壤地理、土壤植物营养化学、土壤矿物学等分支学科，而且还从土壤化学中衍生出土壤地球化学和土壤生态学等多种新型学科。

总体来说，我国土壤学研究起步较晚，其后又受到种种因素的限制，虽然在解决国民经济建设，具体说在实现农业现代化某些重大问题上做出了一些贡献，但在学科理论的创新发展上，与发达国家相比仍有较大差距。随着我国经济建设的高速发展，土壤学除在基础研究解决土壤自身一些基本理论问题外，必须注重应用性研究，特别是农业持续发展对土壤提出的需求。我们应该清醒地认识到，我国人多地少，要在十分有限的土壤资源上高速发展经济，既要最大限度提高土壤生产力，又要保护生态环境不污染、不破坏并逐渐向良性发展。

1.4 土壤科学研究的内容和任务

1.4.1 土壤科学的研究内容

随着社会不断向前发展，人类活动对全球生态环境的冲击强度和规模在不断扩大，整个世界自本世纪中叶以来一直受到资源-环境-人口-粮食等一系列重大问题的困扰。土壤作为人类赖以生存的重要自然资源，由于持续的集约利用，亦正在逐渐或迅速地发生变化，这种变化不仅对土地承载力产生重要作用，而且对全球气候状况也产生直接或间接的影响。因此，当今土壤科学应由原来仅研究土壤本身转向土壤圈及其与各圈层之间关系的方向扩展。

土壤圈概念的发展旨在从圈层的角度出发来研究土壤的结构、成因和演变规律，从而达到了解土壤圈的内在功能、在地球系统中的地位及其对人类与环境的影响，使土壤科学真正介入地球科学系统，参与全球变化和生态，环境建设研究，以解决人类所面临的重大资源和环境问题。

1.4.2 土壤科学与相邻学科的关系

土壤作为地球系统的重要组成部分，它的形成、发育均与地质、水文、生物和近地表大气息息相关。故土壤学与地质学、水文学、生物学和气象学有着紧密的联系。土壤学是农业科学和生态学的基础学科，农学中的肥料学、耕作学、栽培学、灌溉排水及植物保护等学科都是以土壤为基础的。土壤是栖息生命的环境要素之一，它与环境科学、工程力学、环境医学等学科密切相关(如图1-5)。如土壤物理学受数学、物理学发展的影响，土壤化学、物理化学、电化学、生物学以及生物地球化学受制于近代化学、生物学及地学发展的深刻影响。另外，一些先进测试技术大大推动了土壤学的发展。如核磁共振仪的应用促进了土壤腐殖质的研究；电子探针有助于土壤微结构的研究；光学纤维技术推动土壤田间微观性质的研究。还有质谱仪、原子吸收光谱仪、等离子光谱仪、中子测水仪等的应用，大大提高了土壤理化性质测定的速度和精度，缩短了研究周期。

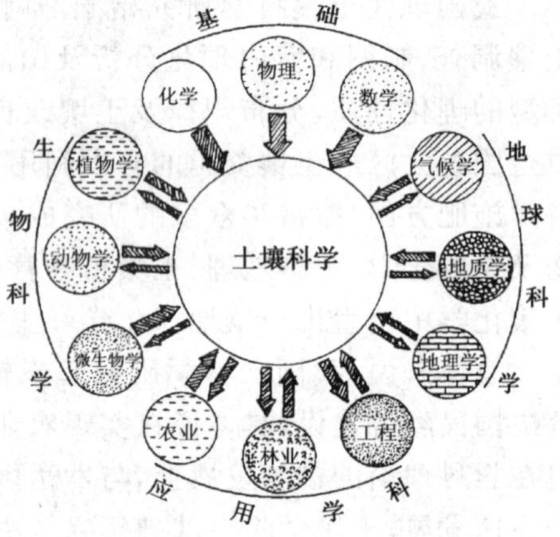

图1-5 土壤科学与其他学科的关系

1.4.3 土壤科学的任务

1.4.3.1 当前土壤科学研究的特点和发展趋势

(1)研究特点

① 强调学科的综合性与渗透性；

② 强调研究方法的规范化、标准化及定量化；

③ 强调新技术和新方法的应用；

④ 强调长期定位研究；

⑤ 强调国际性合作与交流。

一些国际性组织正在推进全球性的土壤研究计划。联合国 FAO 及 UNESCO 正在进行世界陆地生态图的土壤图的编制，预计到本世纪初完成统一的土壤分类与命名系统。许多国际组织和协作项目 SCOPE、ICSU、IGBP、UNEP 等正在协调"全球土壤变化"的研究，并把它列为今后长期的战略研究项目。

(2)土壤科学研究发展趋势

①研究土壤圈物质的组成、性质以及物质与能量的循环规律。首先 a. 土壤圈与生物圈之间养分元素的交换与平衡；b. 土壤圈与水圈之间的水分循环与物质迁移；c. 土壤圈与大气圈之间大量气体及痕量气体的交换与平衡；d. 土壤圈与岩石圈之间的元素迁移与转化；其次，研究土壤圈物质和能量循环与人类生存环境之间的关系，即土壤圈物质能量循环与地球生命、人类生存条件、自然环境以及全球变化之间的关系。

②研究土壤内部及其边界产生的各种过程与发生机制的规律性。研究重点应逐渐转移，即考虑生产难决环境、研究各种过程及其产生的机制，才能掌握这个系统的变化规律并通过这个系统模拟的方式预测未来。

③研究的前沿要具有相对稳定性，关注生态环境研究将可能变成热点。

1.4.3.2 土壤科学研究的任务

未来 10～15 年我国土壤学发展的总方向是围绕"粮食—资源—环境"等重大问题，研究土壤生态与环境的改善，土壤和水资源的合理利用与保护，持续农业的土壤肥力演变规律与土地承载力，土地退化的综合防治与区域性治理，全球土壤变化以及与上述方向有关的应用基础研究，特别是土壤圈的物质循环、土壤胶体界面化学和土壤发生演变规律。

归纳起来，土壤学今后发展的几项具体任务是：①保持和提高持续农业发展的土壤肥力；②保护土壤资源，加强区域治理，改善生态环境；③保护土壤水资源，提高水分利用率；④探讨全球的土壤变化规律。

对于我国人口众多、耕地少的现实来说，土壤科学要把提高粮食产量当做首要任务，以解决 12 亿人的吃饭问题和保持清洁的环境、生物多样性为目的，同其他科学一道，为人类文明的高度发展做出贡献。

2 土壤母质与成土矿物

【教学目标】

● 土壤母质的来源

1. 了解岩石、矿物的概念,以及二者之间的相互关系。
2. 了解常见岩石的类型以及每一类型的共同特点,每一类型的几种典型岩石的理化性状。
3. 掌握几种原生矿物的性状和特点。
4. 重点掌握次生黏粒矿物性状、结构特征以及对土壤性状产生的影响。
5. 何谓硅氧四面体、铝氧八面体、硅氧片和铝氧片?何谓 1∶1 型黏粒矿物和 2∶1 型黏粒矿物以及它们各自的特点?

● 土壤母质的形成过程

1. 了解风化作用概念及影响风化作用强度的因素有哪些?
2. 掌握风化作用的几种类型,影响物理风化作用、化学风化作用和生物作用的因素是什么?
3. 为什么说水解作用是化学风化作用中最基本的风化作用?
4. 了解生物风化作用的意义是什么?
5. 掌握风化作用的产物以及对土壤形成的影响。
6. 了解不同土壤母质类型的成因和特点。

2.1　土壤母质的来源

岩石的风化产物就是土壤母质(或称成土母质)。母质是形成土壤的基本物质,构成土壤的"骨架",它既区别于土壤,又对土壤形成和肥力发展有着深刻的影响,母质的很多性状都遗传给了土壤。因此,在学习土壤之前,有必要对土壤母质的来源、形成、类型以及分布规律等做一简要介绍。

2.1.1　几种主要岩石类型与特性

岩石是由矿物所构成,是矿物的天然集合体,土壤母质来源于岩石、矿物的风化产物。矿物是指天然产出的、具有一定的化学成分、内部构造和物理性质的元素或化合物。地壳中的岩石可分为岩浆岩(火成岩)、沉积岩和变质岩三大类。

火成岩由岩浆形成,如花岗岩、闪长岩、玄武岩等,它们含有石英、长石、深色矿物(如黑云母、辉石、角闪石等原生矿物)。一般说来,含铁、镁深色的辉长岩、玄武岩比其他浅色花岗岩等岩石更易风化。

沉积岩是由岩石风化物经搬运、沉积再胶结而形成的,如花岗岩风化形成的石英沙沉入海底经地质变化胶结成的岩石,称为沙岩。同样,黏土胶结成为页岩,如黏土中混杂有砾石则形成砾岩,组成石灰岩的矿物是方解石。

变质岩是火成岩或沉积岩在高温、高压下发生质变而形成的,如花岗岩变质形成片麻岩、沙岩和页岩变质形成石英岩和板岩,石灰岩变质可形成大理岩。

2.1.1.1　岩浆岩

(1)花岗岩　为粗粒、中粒或细粒全晶质的岩石,呈红色、灰色或浅灰色。主要矿物有石英、正长石、黑云母,也有角闪石、斜长石,由于矿物结晶颗粒较大,组成复杂,容易发生物理风化。在干旱地区崩解成沙粒,在湿润地区暗色矿物被分解为含水氧化铁次生矿物,长石类矿物分解为高岭石,石英以沙粒残留于风化物中。

(2)流纹岩　化学成分与花岗岩基本相似,灰白、浅黄或浅红色。斑状结构,斑晶为圆柱状的石英和长方形透长石。因结晶颗粒较小,难以发生物理风化。在温暖湿润地区所形成深厚的风化层,多呈红色的黏壤土或沙质黏壤土。

(3)正长岩　其矿物组成以正长石和角闪石为主,不含石英,有少量的磷灰石，磁铁矿，色浅红，呈块状或粒状构造。风化后形成沙壤或壤质土壤，通气性良好，富含磷、钾、钙、镁等营养元素。土壤多为中性或微酸性。

(4)*玄武岩*　是基性喷出岩，在地壳中分布较广。化学成分与辉长岩相当。色暗近似黑色，隐晶质结构，常有气孔构造，风化后质地较黏，含盐基物质较多。

(5)*橄榄岩*　主要由橄榄石和辉石组成，一般为暗绿色或黑绿色，全晶质粗粒或中粒结构，容易风化。

2.1.1.2　沉积岩

(1)*砾岩*　砾岩是各种岩石碎块经过搬运沉积再经胶结硬化而成。直径一般大于 2 mm，如经河水长途搬运，其棱角磨圆，其间有孔隙，易透水，风化后呈沙砾状。

(2)*沙岩*　一般由直径 0.1～2.0 mm 的沙粒胶结而成，主要成分为石英，其次为长石、白云母、磁铁矿、石榴子石等。石英含量大于 95%的为石英沙岩；长石含量达 25%～60%的为长石沙岩；以氧化硅为胶结剂的称为硅质沙岩；以氧化铁为胶结剂的称为铁质沙岩；以黏土为胶结剂的称为泥质沙岩。胶结紧实的沙岩，因抗风化力强，形成土层较薄，沙性大，石英沙岩尤其明显。

(3)*页岩*　黏土经过压实、脱水和胶结作用，硬化后变成页岩，呈页片状或层状构造。矿物组分较复杂，多为灰色、紫红色，也有黄色、黑色。比沙岩容易风化，形成的土质较黏，含片状碎屑多，养分含量较丰富。

(4)*石灰岩*　石灰岩由化学沉积或生物沉积作用而成。矿物组成主要有方解石，块状构造，岩体层理明显，多为致密结构，硬度小，遇稀盐酸可发生气泡反应，灰、青灰色，有机质含量高时呈黑色。石灰岩风化主要是化学溶解作用，风化后土层较薄，稍黏，钙质丰富，抗酸力强。

2.1.1.3　变质岩

(1)*片麻岩*　由花岗岩或沙岩变质而成。成分近于花岗岩，矿物组成为石英、长石、云母等，因受到高温高压，矿物结晶呈带状排列，具有一定的方向性，呈条带状。

(2)*石英岩*　由石英沙岩在高温高压条件下经过重结晶变质而成。硬度大，抗机械性和抗化学腐蚀性强，不易风化。脂肪光泽，一般为乳白色，如含有少量氧化铁呈红色和褐色，风化后形成沙质或砾质颗粒。

(3)*板岩*　板岩由泥质页岩、粉沙岩和其他细粒碎屑沉积物质变质而成。有完整的片理，劈开后呈平的薄块状平面(北方农民开采后做房瓦用)。矿物组成主要是云母、绿泥石、石英等，颜色多为青灰色。

(4)*片岩*　片岩由各种岩石在高温高压下变质而成，也可由千枚岩进一步变质而成。具有明显的片状构造，片理面呈粗糙皱纹状，含有云母、角闪石及少量长石。

(5)*大理岩*　大理岩由碳酸岩类(石灰岩、白云岩)变质而成。一般由方解石、白云石和少量的石英、角闪石和辉石矿物组成。具有各色花纹，是优良的建筑装饰材料。纯白色的大理岩称为汉白玉，在我国云南分布较广。

综上所述，土壤矿物质来源于岩石、矿物的风化产物。岩石、矿物的组成和特性对土壤的化学组成和物理性质影响甚大，这种影响主要表现在土壤颗粒粗细、土壤物理性质、土壤的酸碱性以及土壤养分等方面(详见有关章节)。

因此，学习与成土有关的岩石和矿物的组成及基本特性，有助于我们学习、认识土壤并有目的的去改造土壤，尤其是对山区土壤的改良，更是如此。

2.1.2　主要成土矿物的组成和性状

地壳中已发现的矿物有 3 300 多种，常见的有 50 多种。按矿物成因不同可分为原生矿物和次生矿物两大类。原生矿物是指由熔融的岩浆直接冷凝所形成的矿物，如长石、石英、云母等。次生矿物是原生矿物经风化变质作用后，改变了其形态、性质和成分形成的新矿物。与土壤矿物质组成密切相关的矿物叫成土矿物，主要的成土矿物有以下几类：

2.1.2.1　土壤中的原生矿物

(1)*长石类矿物(包括正长石和斜长石)*　正长石($KAlSi_3O_8$)，又称钾长石，颜色多呈肉红色，广泛分布于浅色岩浆岩中，如花岗岩、正长岩、斑岩等。正长石抗风化能力较弱，风化后形成的次生黏土矿物是土壤中钾元素的重要来源(如图 2-1)。

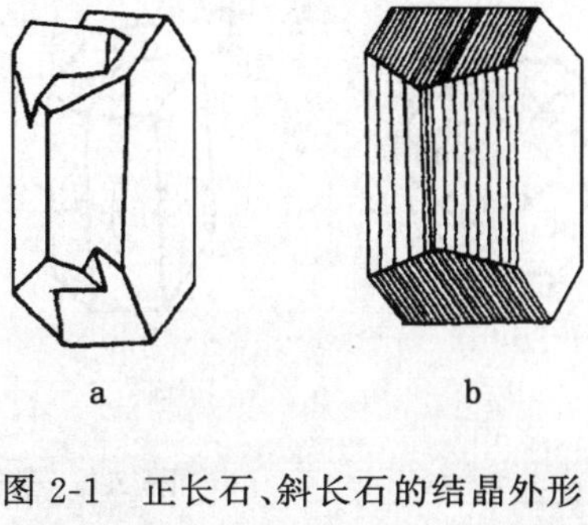

图 2-1　正长石、斜长石的结晶外形

a. 正长面氏双晶　b. 斜长面的聚法双晶

(2)*云母类矿物(包括白云母和黑云母)*　白云母[$KAl_2Si_3O_{10}(OH)_2$],又称钾云母,颜色为无色或浅色,有时带绿色,呈透明或半透明状,薄片状。白云母片状崩解成碎片后化学分解困难,往往混杂在沙土中,反光性很明显,在分解过程中释放出钾,成为土壤中钾元素的来源之一。黑云母[$KH_2(Mg \cdot Fe)_2AlSi_3O_{12}$],其性状与白云母相似,只是颜色呈黑色,不透明或半透明。容易分解,风化后形成黏土矿物,释放出钾元素(如图 2-2)。

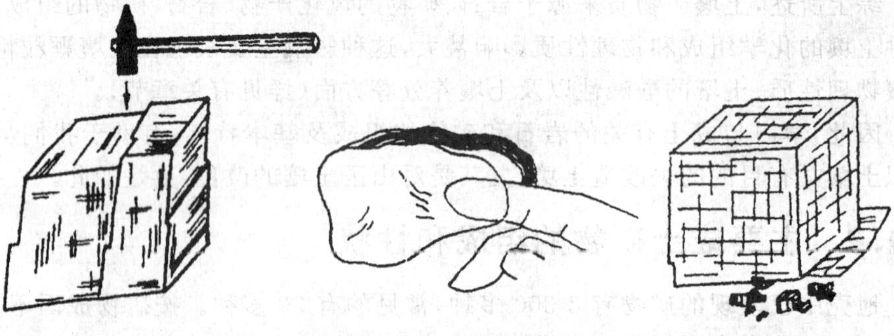

a　b　c

图 2-2　云母类矿物形状

a. 解理及解理面　b. 云母的极完全解理　c. 方铅矿的三向完全解理

(3)*角闪石与辉石类矿物(铁镁矿物,属于偏硅酸盐矿物)*　角闪石[$Ca_2Na(Mg \cdot Fe)_4(Al \cdot Fe)(SiAl)_4O_{11}(OH)_2$],颜色呈褐或黑色,主要分布于岩浆岩中。辉石[$Ca(Mg \cdot Fe \cdot Al)(Si \cdot Fe)_2O_6$],颜色呈绿黑色,短柱状晶体。角闪石和辉石二者性质相近,色深暗,属于深色矿物,含盐基丰富,化学稳定性低,容易被彻底分解(如图 2-3,图 2-4)。

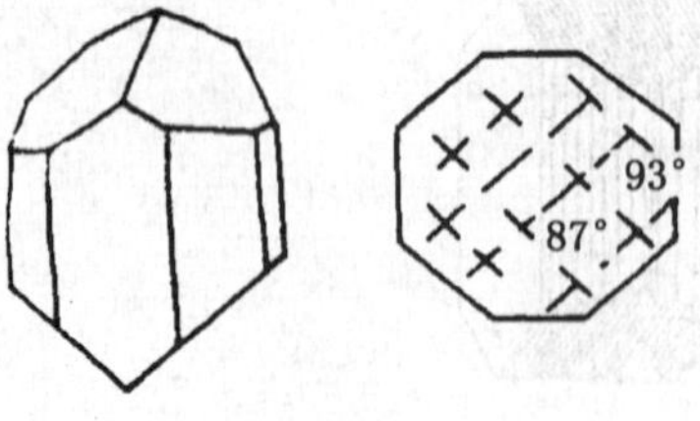

a　b

图 2-3　普通辉石的晶形

a. 辉石的晶体　b. 横断面形状

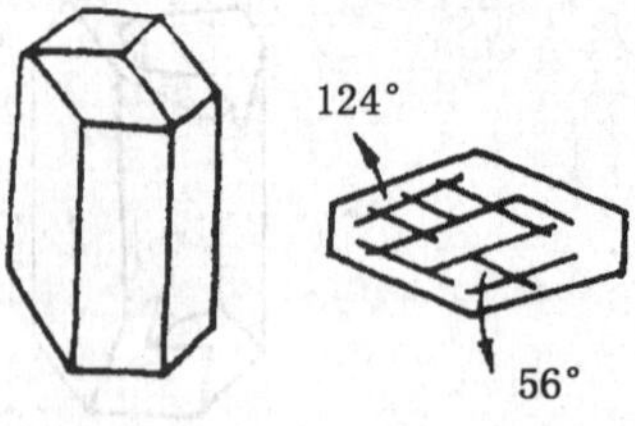

a　b

图 2-4　普通角闪石的晶形

a. 角闪石的晶体　b. 横断面形状及解理方向

(4)*石英矿物*(SiO_2)　普通石英呈透明或半透明的晶粒状的集合体。纯石英为无色,含有杂质时呈白、灰、黄、红、绿、天蓝及紫色。完整晶形为两端锥形的六方柱状晶体或不规则块状。除氟酸外,不与任何酸类起作用,物理及化学性质稳定,不易风化,常以颗粒状残留于土壤中,是土壤中沙粒的主要来源(如图 2-5,图 2-6)。

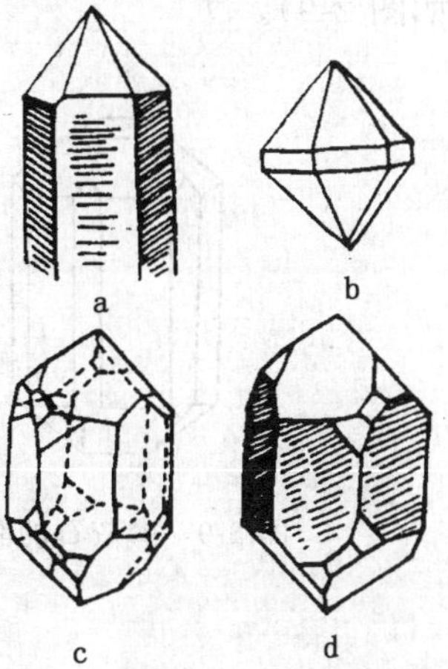

图 2-5　石英的晶体形态

a. 六方柱体　b. 六方双锥体　c-d. 双晶

图 2-6　石英晶簇

(5)*氧化铁类矿物*　赤铁矿(Fe_2O_3),红色,条痕樱红色,常使土壤染成红色。磁铁矿(Fe_3O_4),常呈八面体晶形,铁黑色,条痕为黑色,具有磁性。黄铁矿(FeS_2),金黄色,类似金属铜,断口参差状,金属光泽,条痕绿色至深棕色,较易风化,分解后形成硫酸盐(如图 2-7,图 2-8)。

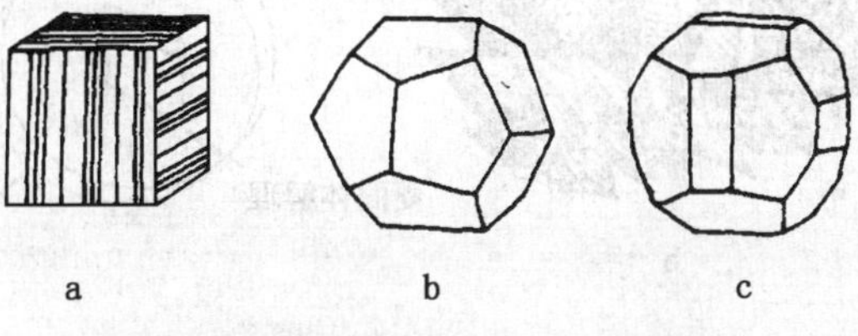

图 2-7　黄铁矿的晶体形状

a. 立方体　b. 五角十二面体　c. 立方体与五角十二面体的聚形

(6)*磷酸盐类矿物*　磷灰石 $Ca(PO_4)_3(F \cdot Cl)$ 呈六方柱状晶体，颜色灰白、黄、绿、黄褐色，是制造磷肥的主要原料，高品位的磷灰石含 P_2O_5 42.3%，一般含 P_2O_5 28%～30%时，可用来生产过磷酸钙肥料；>18%可粉碎为磷矿粉肥料，含量<18%则不宜直接制造磷肥，可掺入无机磷细菌，以促进磷的分解，就地使用。由于磷灰石含有氟，在制造磷肥时，常因脱氟过程产生氟的污染。磷灰石风化后产生游离磷酸，是植物磷元素的主要来源(如图 2-9)。

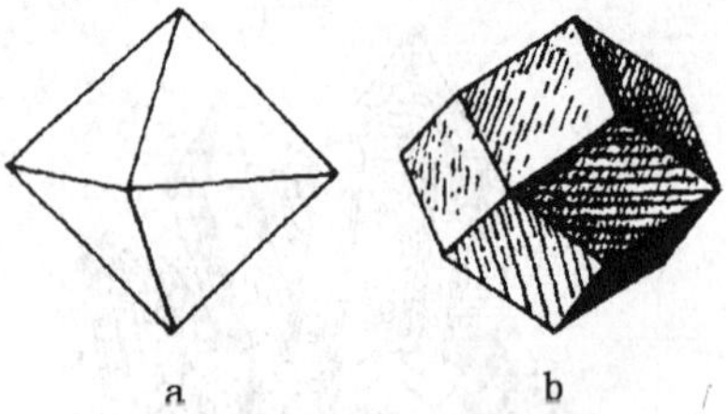

图 2-8　磁铁矿的晶形

a. 八面体　b. 菱形十二面体

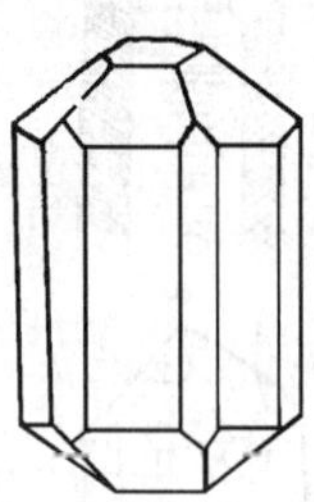

图 2-9　磷灰石的晶形

(7)*方解石*($CaCO_3$)　方解石是大理岩、石灰岩的主要组成矿物，易溶于酸，化学性质不稳定，是土壤中碳酸钙的主要来源(如图 2-10)。

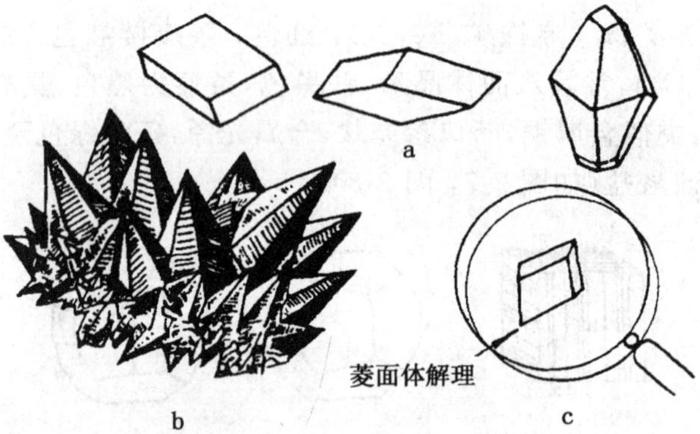

图 2-10　方解石的晶体形态

a. 晶体　b. 矢车状集合体　c. 菱面体解理(放大镜下)

(8)*褐铁矿*($Fe_2O_3 \cdot 3H_2O$)　它是赤铁矿水化而形成的一种含水氧化铁，

分布较广。一般为棕色、黄色,是土壤黄色和棕色染色剂,以胶状包被于土粒的表面。

(9)*石膏*($CaSO_4$) 石膏不含结晶水称为硬石膏,含结晶水石膏($CaSO_4 \cdot 2H_2O$)称为结晶石膏,白色,玻璃光泽,有时呈珍珠光泽,纤维状,解理完全,是土壤中钙和硫元素的重要来源。

2.1.2.2 土壤中的次生矿物

土壤中的次生矿物主要有以下几类:简单的盐类,如碳酸盐、硫酸盐和氯化物等;含水的氧化铁、氧化铝、氧化硅等氧化物类;次生层状铝硅酸盐,如高岭石、蒙脱石和水化云母类等。它们在土壤中均以黏粒形式存在,粒径极小,并具有胶体性质,对土壤理化性质如保肥性、供肥性、缓冲性和耕性等都会产生深刻的影响。

土壤的黏粒主要由黏粒矿物组成。所谓黏粒矿物是指那些粒径<0.001 mm的矿物质土粒。它们是由原生矿物经风化过程新形成的矿物,称为次生黏粒矿物。

硅酸盐黏粒矿物,按其结晶构造和性质的差异,可分为高岭石组、蒙脱石组和水化云母等三大类。每一组又包括若干种黏粒矿物。

(1)*铝硅酸盐黏粒矿物的基本构造* 黏粒矿物大部分都具有一定的层状结晶构造,其晶型结构由两个基本单位构成,即硅氧片和铝氧片。

① 硅氧片和硅氧四面体。硅氧片是由硅氧四面体连接而成。一个硅氧四面体是由四个氧原子和一个硅原子所组成。硅和氧两个元素组成一个结构单位,其原因有二:一是硅原子带有正原子价,而氧原子带有负原子价,二者能相互吸引而形成稳固的单位;二是与其原子大小有关,四个氧原子堆积成四面体时,其间所形成的空隙与硅原子的大小基本相近。在所有元素中,以硅原子的半径最接近于氧空隙的半径,故硅原子嵌入四面体中其结构不遭到破坏,但硅原子嵌入后使四面体价键不平衡(SiO_4^{4-}),许多个四面体共用底层氧原子形成了一层中间有空隙的六角形,称为硅氧片或硅氧层。共用后的价键仍不能平衡,可以与氧相结合形成次生石英,或与铝八面体形成各类黏粒矿物(如图 2-11)。

② 铝氧片和铝氧八面体。铝氧片由铝氧八面体连接而成。铝氧八面体由六个氧原子围绕一个铝原子构成。六个氧原子相连构成八面体空隙与铝原子的大小相近,铝原子能嵌入六个氧原子形成的空隙中,形成铝氧八面体。许多个铝氧八面体相互连接形成铝氧片或铝氧层(如图 2-12)。

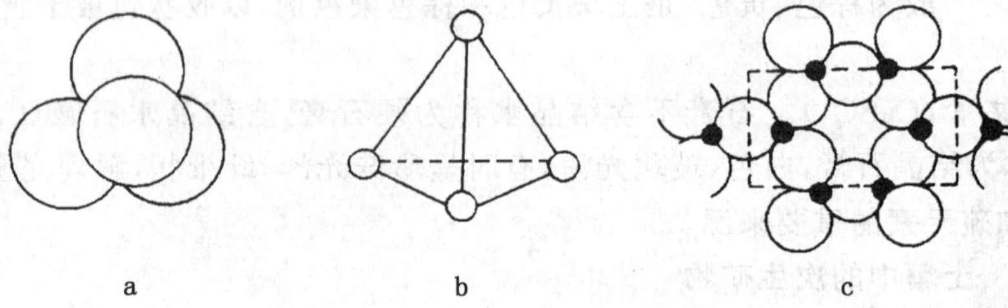

图 2-11　硅氧四面体和硅氧片

a. 硅与氧堆积成四面体　b. 氧原子相连结而成的四面体

c. 四面体片俯视图(虚线为构成层状硅酸盐后的单位晶胞范围)

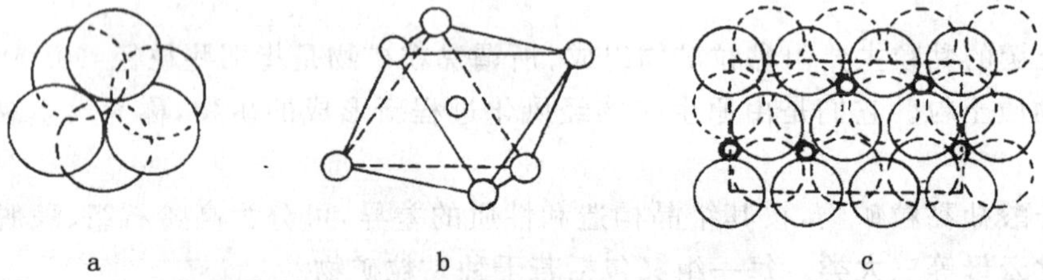

图 2-12　八面体和八面体片

a. 八面体的堆积方式　b. 氧原子相连后形成八面体

c. 八面体片俯视图(虚线为晶胞范围)

铝氧片两个层面的电价不平衡,可与氢原子连接形成水铝矿,或与硅氧片结合形成各种铝硅酸盐。

(2)*高岭石组黏粒矿物*　又叫 1∶1 型矿物(如图 2-13)。这一组包括高岭石、迪凯石、埃洛石和富硅高岭石等黏粒矿物,其共同特点是:

① 晶架结构由一层硅氧片和一层水铝片重叠而成。结构中硅氧片和水铝片的比例为 1∶1,故称为 1∶1 型矿物。其典型分子式为 $Al_2Si_2O_5(OH)_5$ 或写成 $Al_2O_3 \cdot 2SiO_2 \cdot 2H_2O$。从式中可见,典型高岭石的 SiO_2/R_2O_3 分子比率为 2。高岭石组内各种矿物间的区别在于其晶层重叠方式不同,其晶轴倾斜角度也不一致,而在成分上和基本晶架构造上并无多大差异。

② 晶架内部水铝片和硅氧片中没有或极少同晶代换,故吸附阳离子能力小,保肥性较弱,一般阳离子代换量只有 3～15 cmol(+)/ kg。

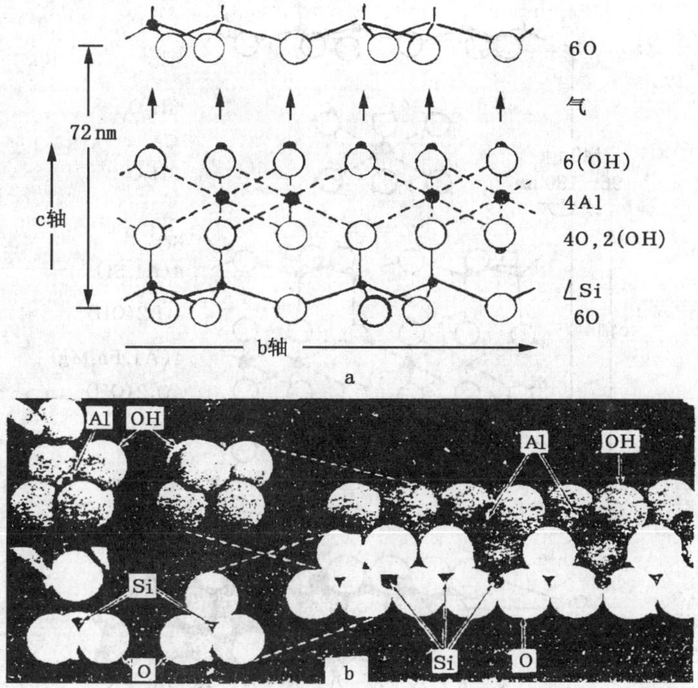

图 2-13　高岭石组黏粒矿物的结构示意图[$(OH)_8Al_4SiO_4$]

a. 一层硅氧四面体与一层铝氧八面体连接构成 1∶1 型矿物

b. 硅氧片与铝氧片堆积方式

③ 由于构成晶架基面的底层与顶层性质不同，当晶架重叠时，其相邻的两个底面由氢键相联，使晶架之间的距离固定而不易膨胀(或膨胀度一般＜5%)。

④ 高岭石外形虽然大部分也是片状(明显的六角形片状)，但因颗粒一般较蒙脱石组矿物粗(直径为 0.1～0.5 μm)，比表面小，因而其黏结力、黏着力和可塑性较弱。

高岭石类次生矿物在我国南方热带、亚热带土壤中普遍存在，而在华北、东北、西北和青藏高原的土壤中含量很少。

(3)*蒙脱石组黏粒矿物*　这种矿物又叫 2∶1 型矿物(如图 2-14)。此组黏粒矿物包括蒙脱石、绿泥石、拜来石和蛭石等，其共同特点是：

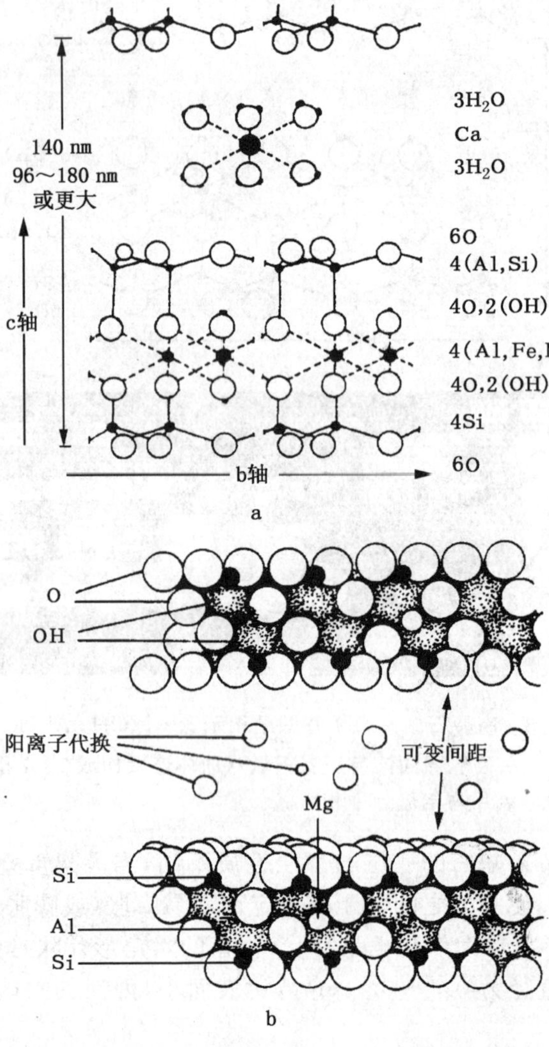

图 2-14　蒙脱石黏粒矿物的结构示意图[$(OH)_4Al_4Si_8O_{24}$]

a. 二层硅氧片与一层铝氧片连接构成 2∶1 型矿物

b. 二层硅氧片与一层铝氧片堆积方式，层间吸附大量阳离子和水分

① 晶架结构都是由两层硅氧片和一层水铝片相间重叠而成。即硅氧片和水铝片之比为 2∶1，故称之为 2∶1 型黏粒矿物。其典型分子式可写成 $Al_2Si_4O_{10}$

$(OH)_2 \cdot nH_2O$。SiO_2/R_2O_3，分子比率为4。

② 晶架内普遍存在着同晶代换现象。同晶代换主要发生在两边的硅氧片中，一般以 Al^{3+} 替代 Si^{4+}（如拜来石），也有的发生在水铝片中，一般以 Mg^{2+} 替代 Al^{3+}，也可能二者都在同一矿物中产生。这种替代的结果，使矿物带有负电荷，因此蒙脱石组黏粒矿物一般都有较强的吸附阳离子的能力，代换量也高。其代换量为80～100 cmol(＋)/ kg。如以 $Al_2Si_4O_{10}(OH)_2$ 代表该组矿物的分子式，则经同晶代换所产生的典型矿物为：

$$[Al_{1.67}Mg_{0.33}]Si_4O_{10}(OH)_2 \quad \text{（蒙脱石）}$$
$$\downarrow$$
$$M_{0.33}$$

上式中的箭头下的M代表因同晶代换而被吸附的各种阳离子，假定离子价均为1。以下各式中的M意义相同。

$$[Fe_{1.67}Mg_{0.33}]Si_4O_{10}(OH)_2 \quad \text{（绿泥石）}$$
$$\downarrow$$
$$M_{0.33}$$

$$[Mg \cdot Fe]_2(Al_{0.5}Si_{3.5})O_{10}(OH)_2 \quad \text{（蛭石）}$$
$$\downarrow$$
$$M_{0.5}$$

同晶代换的结果，使这类矿物某些成分的 SiO_2/R_2O_3 分子率也发生改变。如拜莱石的部分四面体产生了以 Al^{3+} 代替 Si^{4+}，其结果使 SiO_2/R_2O_3 分子率由4下降近于2。

③ 此类矿物胀缩性大，吸湿性强。蒙脱石组矿物晶架的顶、底两个基面都由Si—O层所构成（基面是指和晶架底面相平衡的表面），当两个晶架重叠时，相互间无吸引力，而在两个基面间产生相当大的胀缩性。失水干燥时，晶架间距收缩，最小可缩至0.96 nm；随着吸水量增加，水分子进入晶架基面之间，使间距逐渐增大，最大可涨至2.14 nm。吸湿能力愈大，则胀缩性也愈强。

④ 矿物外形呈片状，且颗粒微细。这使含蒙脱石矿物多的土壤，其黏结性、黏着性和可塑性等尤其强烈，不利于耕作。

蒙脱石类矿物在东北的黑钙土和华北地区的褐色土、栗钙土和西北地区灰钙土中含量较多。

(4)*水化云母组黏粒矿物*　水化云母组黏粒矿物也是2∶1型矿物（如图2-

15)，主要代表为伊利石，其特点是：

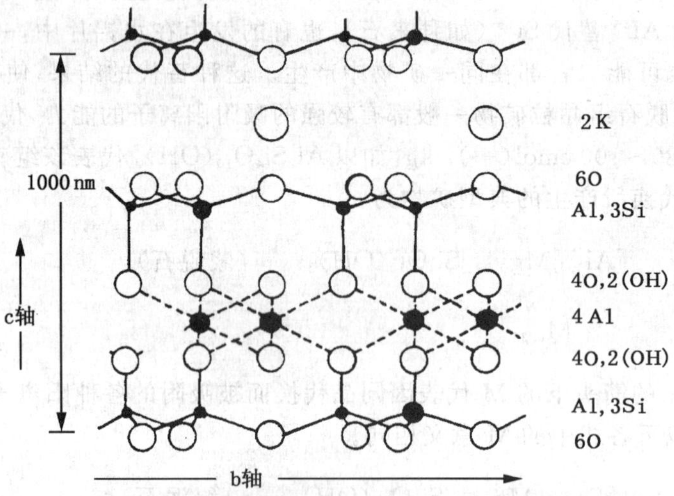

(a)

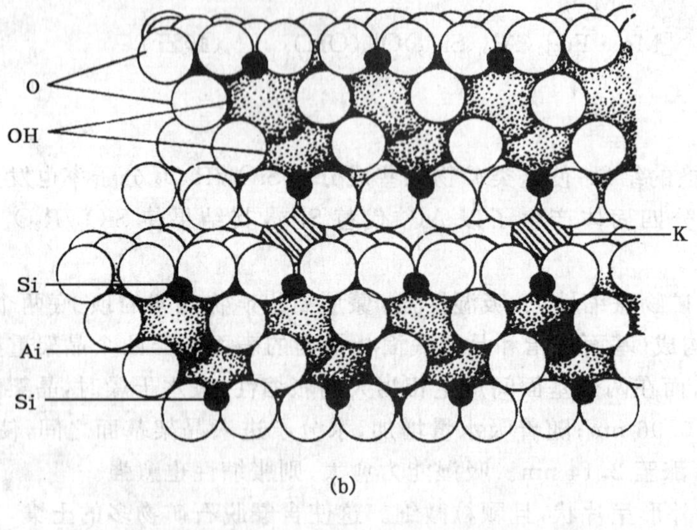

(b)

图 2-15 伊利石黏粒矿物的结构示意图

a. 二层硅氧片与一层铝氧片连接构成 2∶1 型矿物

b. 硅氧片与铝氧片堆积方式，层间吸附的是 K^{+}

① 晶体构造同属 2∶1 型，同晶代换主要发生硅氧片中，以 Al^{3+} 替代 Si^{4+}，还有少量发生在水铝片中，以 Mg^{2+}、Fe^{2+} 替代 Al^{3+}。替代结果使晶架产生负电荷，故在晶架基面上能吸附阳离子，这与蒙脱石组相似。但伊利石吸附的阳离子主要是 K^+（也有 Ca^{2+}、Mg^{2+}、H^+ 等），因此，含伊利石黏土矿物多的土壤，钾元素贮量较丰富。

② 吸附于伊利石晶架基面上的 K^+，实际上是半陷在由晶层表面六个氧离子所构成的六角网中，它同时受相邻两晶架的负电荷的吸附，而产生了键联的效果，使它们不易张开。伊利石这种不易胀缩性的特点，区别于蒙脱石。

③ 伊利石的保肥性和吸湿性介于蒙脱石组与高岭石组之间。代换量为 20～40 cmol(＋)/ kg，其代表分子式为：

$$K_y[Si_{8-2y}Al_{2y}]Al_4O_{20}(OH)_2 \quad (\downarrow K_y^+)$$

其 SiO_2/R_2O_3 分子比率为 3～4。

伊利石广泛存在于我国多种土壤中，华北地区土壤中含量较高，南方土壤中含量较少。

(5) *间层型黏粒矿物* 该矿物又叫 2∶1∶1 型矿物或 2∶2 型矿物，以绿泥石为代表。绿泥石的典型结构如滑石，属于 2∶1 型矿物，与蒙脱石类似。但中间的水铝片的 Al^{3+} 为 Mg^{2+} 所替代，和水镁石 $Mg_2(OH)_{12}$ 或水铝石 $[Al_4(OH)_{12}]$ 层相间重叠而成，故滑石晶架由两层四面体层中间夹一层八面体和两层八面体层相叠而成。因此，有人把它叫做 2∶2 型矿物，实际上它是由 2∶1 型矿物和一层八面体矿物相重叠而成的，应为 2∶1∶1 型矿物。代换量为 20～40 cmol/kg，其分子式为：

$$[(Mg \cdot Fe^{2+})_{3-x}Al_x(OH)_6]^{x+}[(Mg \cdot Fe^{2+})_3(Si_{4-x}Al_x)C_{10}(OH)_2]^{x-2}$$

绿泥石矿物与黑云母相比，含 Fe、Mg、水分较多，而碱金属元素较少。在风化作用强的土壤中含量很少，因为绿泥石抗风化能力很弱。为此，一般将绿泥石在黏粒中含量的多少，作为土壤风化程度的标记。绿泥石在我国高寒地区土壤中含量较多，石灰性土壤中也有少量分布，说明这些土壤风化程度很弱（如图 2-16）。

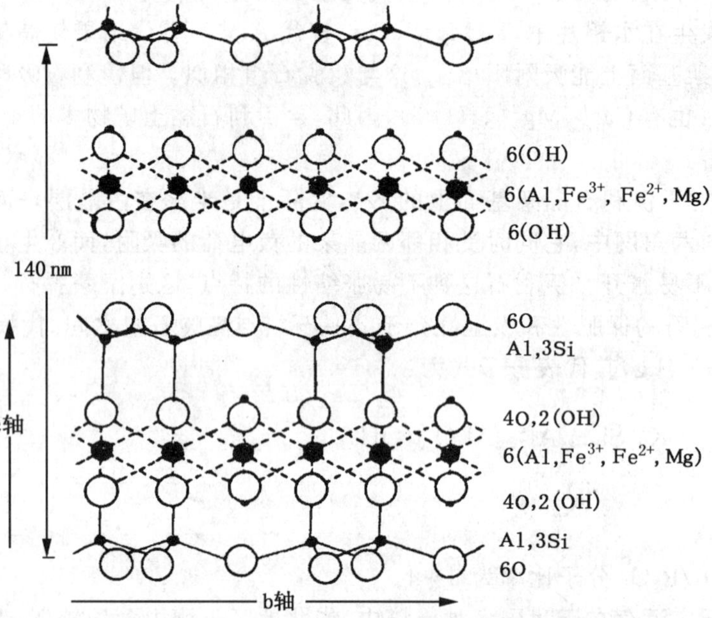

图 2-16　绿泥石黏粒矿物结构示意图

由两层四面体与两层八面体片构成 2∶2 型矿物

(6)*氧化物黏粒矿物*　这类矿物构造比较简单，主要包括水化程度不等的各种铁、铝的氧化物及硅的水化氧化物。其中有结晶型的，如三水铝石(Al_2O_3·$3H_3O$)，水铝石(Al_2O_3·H_2O)，针铁矿(Fe_2O_3·H_2O)，褐铁矿($2Fe_2O_3$·$3H_2O$)等；也有不少是非晶质无定型的，如不同水化度的 SiO_2·nH_2O，Fe_2O_3·nH_2O，Al_2O_3·nH_2O，MnO_2·nH_2O 及它们相互复合所形成的凝胶等。

这些矿物中的非晶质无定形的物质，一般呈胶膜的形式，包被于土粒的表面。凝胶态物质经过长期的风化逐渐老化，有可能转变为结晶态。它在转变为结晶的过程中，可起到强韧的胶结作用，形成较坚硬的结构体。如红壤中的多角形粒状结构体，是在氢氧化铁和氢氧化铝凝胶的结晶化形成针铁矿和三水铝石的过程中所促成的。

除上述氧化物外，还有一种非晶质无定形的凝胶态物质叫做水铝石英，它是由铝硅酸盐矿物分解时所产生的 SiO_2·xH_2O 和 Al_2O_3·yH_2O 等凝胶相互复合沉淀而形成的，其中 SiO_2 和 Al_2O_3 的化合比例很不固定，随沉淀条件而异。据研究，它的分子式近似于 $Al_2O_3 \cdot 2SiO_2 \cdot nH_2O$，同时带有负电荷及正电荷。在中性环境中其阳离子吸收容量为 20～50 cmol/ kg，阴离子的吸收容量可达 5～30 cmol/ kg。水铝石英在北方土壤中含量较少，而在我国南方土壤中含量较多，由火山形成的土壤中含量尤为丰富。

2.2　土壤母质的形成过程

2.2.1　风化作用及其影响因素

岩石在地表或近地表受到温度、水、空气、生物等外力的作用，发生物理和化学变化，逐渐破碎成疏松物质，叫做风化作用。

由于大块岩石是在高温、高压和缺水、缺氧的环境条件下形成的，它们一旦露出地表，就处于常温、常压和有水、有氧及有生物活动的环境之中，在新的环境条件下，经过干湿、冷热的变化，并受到地面流水、空气和生物活动的影响，使岩石本身的结构、成分和性质发生改变，并逐渐趋于稳定状态，这就是岩石、矿物产生风化作用的根本原因。

岩石风化作用的强度，一方面决定于岩石本身的成分和性质，同时也受到外界环境条件，如温度、水分、氧气、二氧化碳和生物的作用。岩石的结构、构造影响水分进入和受热程度，一般颗粒小、均匀和坚硬致密的结构体组成的岩石，因受热程度小而均匀，抗物理风化作用较强；而颗粒大小不匀和疏松多孔的则相反；具有层理或片理构造的矿物，裂隙多渗入其间的水冻结后，由于冰的挤压作用也容易遭到风化；矿物的颜色不同，吸热力差异很大，深色矿物吸热多；杂色矿物吸热不均匀，比浅色或单色矿物风化强度大，如花岗岩的物理风化作用强度大于石灰岩；矿物的化学成分影响化学风化的强度，如硅质胶结的沙岩比石灰质胶结的沙岩抗化学风化能力强。一般矿物抵抗化学风化的顺序是：石英＞白云母＞钾长石＞钠长石＞黑云母＞斜长石；角闪石＞斜长石＞橄榄石。

2.2.2　风化作用的类型

一般将风化作用分为物理风化、化学风化和生物风化三种类型，由于不同气候区有不同的水、热条件，其风化特点也表现出明显的差异。如在极地气候区主要以水的冰冻作用产生的物理风化为主；沙漠干旱气候区主要是温差变化剥蚀而产生的物理风化；湿润温带气候区温和多雨，植物生长茂盛，则化学风化和生物风化强烈；湿润热带气候区，因高温、多雨、植物生长繁茂，生物及化学风化占优势。

2.2.2.1 物理风化作用

物理风化作用又称机械崩解作用，其特点是岩石因冰冻或胀缩而被机械破碎成大小不等的碎屑，但化学成分不变，使岩石获得了通气透水性能。物理风化主要是由温差引起岩石的热力学变化。

地表昼夜和四季之间都有明显的温度差异。白天温度高，岩石受热使其表面升温，迅速膨胀，而内部升温缓慢，膨胀也小，这样内外膨胀程度不均，使岩石表层和内部之间产生与岩石表面平行的环状裂隙。晚上气温下降，岩石表层迅速冷却和收缩，而内部冷却缓慢，收缩也慢，使岩石表面产生与表面相垂直的放射状裂隙。这样日久天长的长期作用的结果，使大块的岩石层层剥落、破碎。尤其在内陆荒漠地区，昼夜温差大，温度高达 50～60℃，这种热力作用造成的物理风化现象更为明显（如图 2-17）。

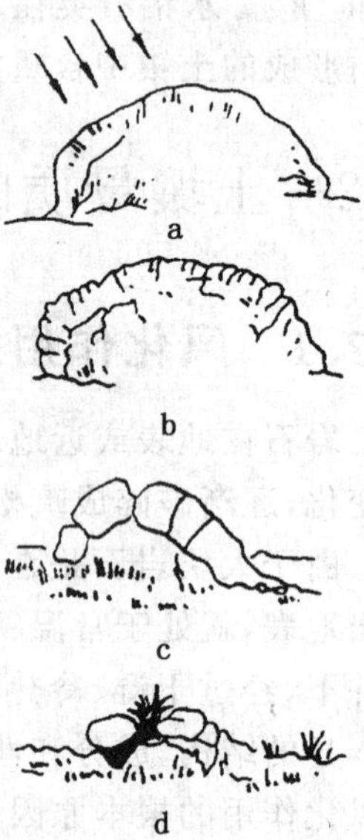

图 2-17 气温变化引起岩石胀缩不均而崩解过程示意图

a、b、c、d 表示风化过程

冻结使水的体积增大，产生巨大的压力使岩石裂成大小不同的多角形碎块，有了裂隙，水分便进入其中促使裂隙扩大，加速崩解作用。其原因就是由于水冻冰后体积增大 1/11，对岩石裂隙四周产生 588.4 MPa 的压力所致（如图 2-18）。

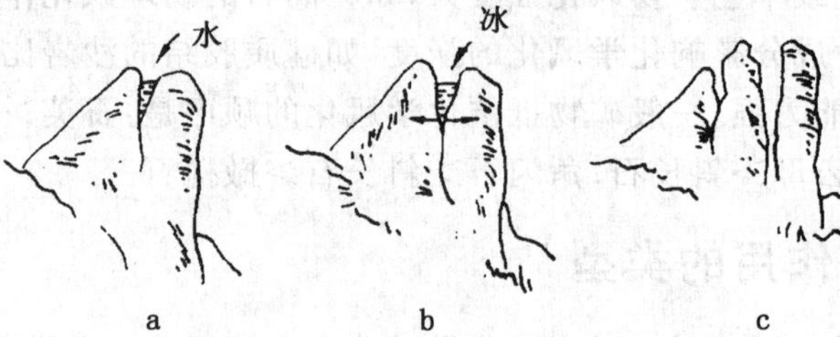

图 2-18 由于冰的冻结扩大了岩石的裂隙

a、b、c 表示风化过程

此外，干旱沙漠地区的岩石裂隙中，因盐类结晶的裂胀作用；流水的冲刷和磨蚀作用；高山地区冰川磨蚀作用；干旱沙漠地区风沙磨蚀作用等均可促进岩石的物理风化（见图 2-19，图 2-20）。

图 2-19　风蚀柱示意图

（引自河北师范大学主编《普通自然地理》）

图 2-20　风蚀蘑菇示意图

（引自河北师范大学主编《普通自然地理》）

随着岩石的崩解，破碎程度愈来愈高。碎屑颗粒愈小，受热愈均匀，热力学状况的内部矛盾愈小，在地表存在状态就愈趋稳定，其物理风化作用就变得愈缓慢。一般认为岩石破碎到粒径为 0.01 mm 时，物理风化就很难进行了。物理风化的产物颗粒较粗，形成的母质多偏沙，石砾多，养分不易释放出来。

2.2.2.2　化学风化作用

化学风化作用是指岩石在水和空气（主要是 CO_2、O_2）的参与下进行的溶解作用、水化作用、水解作用、氧化作用等的总称。其特点是岩石在物理风化的基础上，可进一步破碎成胶体状微粒，使原生矿物发生化学成分和矿物组成的变化，产生在地表条件下比较稳定的次生矿物。

（1）溶解作用　岩石与水长期接触，其中某些矿物被溶解，岩石也随之分解。

因为自然界中的水或多或少地含有CO_2，这就增强了水对矿物的溶解能力。如方解石在纯水中的溶解度为10.5 g/L，但在含有CO_2的水中，就增加到16.75 g/L。地壳表面的生物圈中CO_2的总量非常巨大，故这种碳酸化的风化作用也十分强烈。方解石的碳酸化反应式如下：

$$CaCO_3 + H_2O + CO_2 \longrightarrow Ca^{2+} + 2HCO_3^-$$

除了CO_2外，水中还含有H_2SO_4、HNO_3和各种有机酸，都可增强对矿物的溶解能力。

(2)水化作用　矿物与水接触后，生成含水矿物的作用称为水化作用。它是水分与矿物分子相结合的化学过程。如：

$$\underset{(硬石膏)}{CaSO_4} + 2H_2O \longrightarrow \underset{(石膏)}{CaSO_4 \cdot 2H_2O}$$

$$\underset{(赤铁矿)}{2Fe_2O_3} + 3H_2O \longrightarrow \underset{(褐铁矿)}{2Fe_2O_3 \cdot 3H_2O}$$

赤铁矿(Fe_2O_3)经过不同程度的水化，可以形成不同的水化物，并表出不同的颜色。如：

Fe_2O_3(赤铁矿)………………………………红色
$2Fe_2O_3 \cdot H_2O$(赤褐铁矿)………………浅红棕色
$Fe_2O_3 \cdot H_2O$(针铁矿)……………………棕色
$2Fe_2O_3 \cdot 3H_2O$(褐铁矿)…………………棕黄色
$Fe_2O_3 \cdot 2H_2O$(褐铁矿)……………………黄色

各种颜色铁的化合物，均可使土壤呈现不同的颜色，如干旱时脱水呈红色，湿润水化成黄色。矿物水化后，其硬度降低，体积增大，溶解度增加，故更易被风化。

(3)水解作用　水解作用是化学风化过程中最基本的也是最重要的一种作用。当水中含有CO_2或其他酸类时，因水的解离而产生氢离子(H^+)。

$$H_2O + CO_2 \longrightarrow H_2CO_3 \longrightarrow 2H^+ + CO_3^{2-}$$

H^+将硅酸盐中的碱金属或碱土金属离子代换出来，从而破坏了硅酸盐的晶体构造，并释放出养分，同时又生成更复杂的铝硅酸盐矿物胶体(黏粒矿物)。由于不同黏粒矿物在结构上和理化性质上有很大差异，故它们对土壤的性状可产生不同的影响。如土壤中的含钾长石、云母及黏粒矿物，经水解后生成的可溶性钾元素就能被农作物吸收利用。

$$\underset{\text{(正长石)}}{2KalSi_3O_8} + CO_2 + 2H_2O \longrightarrow \underset{\text{(高岭石)}}{H_2Al_2Si_2O_8 \cdot H_2O} + \underset{\text{(含水二氧化硅)}}{2SiO_2} + \underset{\text{(钾盐)}}{K_2CO_3}$$

含磷矿物水解后转化为易溶性的酸式磷酸盐，为作物吸收利用.

$$\underset{\text{(磷灰石)}}{Ca_2(PO_4)} + 2H_2O + 2CO_2 \longrightarrow \underset{\text{(磷酸二氢钙)}}{Ca(H_2PO_4)_2} + 2CaCO_3$$

(4)氧化作用　矿物氧化通常都是在有水的条件下进行的。如岩浆岩中的铁多呈低价铁，可被氧化成高铁，从而破坏了矿物晶格。

$$\underset{\text{(黄铁矿)}}{2FeS_2} + 16H_2O + 7O_2 \rightarrow \underset{\text{(硫酸亚铁)}}{2FeSO_4 \cdot 7H_2O} + 2H_2SO_4$$

在自然界里，溶解、水化、水解、氧化作用进行的同时，也进行着相反的沉淀、脱水、中和及还原等过程。这些过程相互作用的结果，使原来的矿物遭到破坏，并在地表产生了较稳定的新矿物。

磷的情况与钾不同，在风化、淋失强烈的热带，土壤中的磷也几乎不发生淋失，鲁如坤认为，随风化程度加深，土壤中的无机态磷不断向闭蓄态磷(O-P)转变。土壤颗粒中磷浓度以黏粒 > 粉粒 > 沙粒的势态分布。

2.2.2.3　生物风化作用

生物风化是指岩石及矿物在生物影响下发生的物理的和化学的变化。生物风化作用具有重要意义，没有生物的生命活动，就不可能补充大气中的CO_2；没有CO_2，化学风化就不能迅速地进行。土壤中为数巨大的微生物的生命活动，每年产生大量的CO_2，从而加强了岩石的化学风化作用的进行；更重要的是生物风化作用不仅使岩石破碎、分解，而且能积聚养分，累积有机质并不断提高土壤肥力(见图 2-21)。

图 2-21 植物根的机械破坏作用

2.2.3 风化作用的产物

岩石矿物遭到风化后，逐渐破碎成松散物质，产生了三种风化产物。

2.2.3.1 风化残体

在风化过程中，一些难风化的矿物如石英、白云母和一部分长石被保留下来，由它们构成风化残积物的主体，成为土壤固相粗土粒的主要来源。

2.2.3.2 易溶于水的简单盐类

这些盐类物质都是植物的矿质营养元素的最初来源，而母质中含盐基的数量也是影响土壤肥力的一个十分重要的因素，如 K_2CO_3、$Ca(HCO_3)_2$、$Mg(HCO_3)_2$、$Ca(H_2PO_4)_2$等。

风化可使矿物中难溶态的养分磷、钾、钙、镁、铁、锰、锌、钠等释放出来，成为可溶或可被植物利用形态。另一方面，强烈的风化与淋溶作用可导致土壤养分贫化，根据 Malavolta (1985)，土壤中云母类含钾矿物随风化强度加深依次形成的次生矿物含钾浓度(g/kg)如下：

云母 →	水云母 →	伊利石 →	过渡矿物 →	蛭石 / 蒙脱石
100	80～60	60～40	40～30	<10

云母的另一种风化顺序是：云母→蛭石→高岭石→三水铝石。温带风化弱，富含云母及水化云母类矿物，含钾丰富。热带风化强烈，钾大量淋失，形成含 K

低的高岭石、三水铝石等。

2.2.3.3　形成各种不同风化程度的次生矿物

次生黏粒矿物的形成途径，可以是化学风化作用的产物，如氧化铁、氧化硅、氧化铝等胶体；也可是原生铝硅酸盐不同风化阶段的产物，还可通过生物，尤其微生物的作用，产生的次生矿物如高岭石（$Al_2O_3 \cdot 2SiO_2 \cdot 2H_2O$）、蒙脱石（$Al_2O_3 \cdot 4SiO_2 \cdot 11H_2O$）、水化云母（伊利石）〔$(OH)_4Ky(Si_{8-2y})AlO_{20}$〕、水铝矿（$Al_2O_3 \cdot 2H_2O$）、针铁矿（$Fe_2O_3 \cdot H_2O$）以及非晶质的游离硅酸（$H_2SiO_3$）、氢氧化铁、氢氧化铝等，它们是在不同条件下形成的。因此，不同母质或母质的不同层次中，次生矿物的种类也不同。次生矿物的形成，是风化作用由量变到质变的主要特征，是化学风化和生物风化作用的结果。次生矿物颗粒大小一般均＜0.001 mm，大多数呈胶体分散状态存在，由于颗粒小，有巨大的表面积和表面能，使母质产生吸附能力，由此也产生一定的黏结性、可塑性和毛管现象，可使水分、养分在一定程度上得以保蓄，为土壤肥力的发展创造了必要条件。

2.3　土壤母质的类型和分布规律

地表沉积体是指最新一个地质年代——第四纪沉积物。因为古老的沉积体经过长久的地质年代，受到各种复杂的地质作用，有的已经变成了新的坚硬的岩石和矿物，有的则受到侵蚀而不复存在，能够保存下来的堆积物是距今100万年以来的第四纪沉积物。地表沉积体按其成因可分为几种类型。

2.3.1　残积体

残积体是经过淋溶而残留在原地的岩石碎屑，主要分布在位置较高或比较平缓的丘陵山地，是搬运与堆积作用较少的地段。其特点是：由大小不等的岩石碎块或颗粒组成，层理不明显。从垂直剖面看，表层为风化强烈的岩石细屑，下面的岩石矿物分解较差，具有较大棱角的碎块，再往下是半风化的岩石层，岩石的外貌尚可辨别，最基层是未经风化的基岩。残积物的组成和性质与基岩有直接关系。如沙岩、石英岩的残积体颗粒粗；细页岩、辉长岩、玄武岩等基性岩石的残积体含有较多的铁，颗粒细而黏重。

2.3.2　坡积体

坡积体是山坡靠上部的风化产物，在重力和片流的联合作用下发生移动，在山坡中部或山麓处堆积的物质，常见于山地及山麓一带的高阶地。

坡积物在气候湿润的山区较为常见，尤其在上坡植被稀少易受冲刷和下坡地势较平缓的山地最为常见。其特点是颗粒分选程度差，岩屑磨圆程度不高，在山坡下部有与坡面平行的层次。坡积物受片流作用呈间歇性堆积，坡积体的结构比较复杂，有时可见古土壤的埋藏剖面。

坡积物与残积体的区别在于残积体的性状决定下部基岩，而坡积体的性状决定于山坡上部的岩性，与下部基岩无过渡关系。有的山坡常见残积体上覆盖着坡积物，称坡积-残积体。

2.3.3 洪积体

洪积体是山洪（间歇性沟谷流水）搬运的碎屑物质在山前平原的沉积物。干旱地区多间歇性的暴雨，暴雨形成流速较大的洪水，能将山上长期累积的风化碎屑，搬运到山谷出口处。而山谷出口处的地势平缓，坡降突然减小，水流由集中变为分散，所携带的物质因流速的降低而沉积，沉积面积大的称洪积扇，面积小的称洪积锥。

洪积扇沉积物的特点是：在流水出口的中心堆积物最多，向外逐渐减少，坡面略以放射状向外围倾斜，坡度逐渐减小，形成扇状，故称为洪积扇。洪积物的分选程度不好，在扇顶是无分选或分选不好的砾石和粗沙，沉积层次不明显。在扇缘为较细的细沙和粉沙，或略有不规则的交错排列的层理。由扇顶到扇缘总的趋势是沉积物质由粗变细，透水性由强变弱，地下迳流由好变差。

洪积扇上部，因透水性好，一般有埋藏很深的地下水资源，水质也好。中部物质交错沉积，不同粗细沉积物的交接处，可以形成局部承压水，使地下水以泉水的形式，自流而溢出地表。在局部低洼的地方，由于常年积水，排水不畅，地下水位过高，常形成沼泽化，如地下水含盐量高，易产生盐渍化。

2.3.4 冲积体

冲积体是风化的碎屑物质，经河流常年性流水的侵蚀、搬运、沉积在河流两岸的沉积物。它们是构成广大平原的主要物质，为非间歇性流水携带泥沙在较大山地的河流出口处沉积所造成的扇形堆积，故称冲积扇。洪积扇与冲积扇的成因相同，只是范围大小不一，大的冲积扇有时可达几万平方公里，如黄河在河南开封的冲积扇。

冲积物最明显的特征是：垂直剖面上层次分明，层间界线清晰而整齐，每层内或沙或黏，磨圆度高，粗细均一。在水平分布上，距河床越近，沉积物越粗，越远越细。按其与河流的关系，可以分为河床沉积体、河漫滩沉积体、牛轭湖沉积体以及三角洲沉积体四类。

2.3.4.1 河床沉积体

常有河水流过的地方称为河床，在河床中沉积的物质，称河床沉积体。因为在河流中心的流水强度较大，河床沉积物一般以砾石、粗沙为主，很少有细的黏粒。当河流改道后，这种沉积体可以为不同的沉积体所掩埋，被埋藏的粗质沉积物透水性好，可以贮存和传送地下水，常为开发水源的基地，在其上形成的土壤，易发生漏水漏肥现象。

2.3.4.2 河漫滩沉积体

河漫滩是指河流泛滥时可以淹没的地方，它的宽度比河床宽几倍至几十倍，表面较平缓或微有起伏，它在河流的中下游发育较好，是冲积平原或泛滥平原的主体部分。

河漫滩沉积体较河床沉积体细，由于河床的侧向移动，以及洪水期、平水期的相互交替，常使河床为新的河漫滩沉积所覆盖而造成粗细相间，构成了河流冲积物的层次性。所以河漫滩沉积体在垂直剖面上，上下粗细排列明显不同。在地面的水平分布上，愈近河床（自然堤）物质愈粗，离河床愈远的地方，沉积物质较细。河水泛滥漫出河床后，因流速减小，在两岸堆积大量物质，所以在近河床处形成地势略高的自然堤。离河床愈远，流速就愈小，沉积的颗粒愈细，地势也愈低。

河漫滩形成后，如地壳上升，河漫滩即高出于河床而形成阶地，所以阶地的沉积物是不同时期的河漫滩沉积物，它的分布规律和层次性与河漫滩相同，所不同的是它脱离了现代河流的影响，地下水位较低，在土地利用和农业规划上皆与河漫滩不同（如图 2-22）。

2.3.4.3 牛轭湖沉积体

河流因河曲发育截弯取直所遗弃的河床，或因沙州、沙岛阻隔所遗弃的河床为镰刀状或牛轭状，在静水的作用下，常在河床沉积物之上又沉积了较细的物质，组成较大的透镜体，称牛轭湖沉积体。

牛轭湖沉积物是静水沉积物，类似湖泊沉积物，这种沉积物质主要是由淤泥、黏土及植物残体相间沉积而成，并时常含有植物化石或软体动物化石等，有时也含有一些显示还原过程的矿物如蓝铁矿、菱铁矿等。它与普通湖泊沉积体的区别在于没有清楚的层理。在其上发育的土壤，土质细，升温慢，土性凉，保水力强，养分含量较高（如图 2-23）。

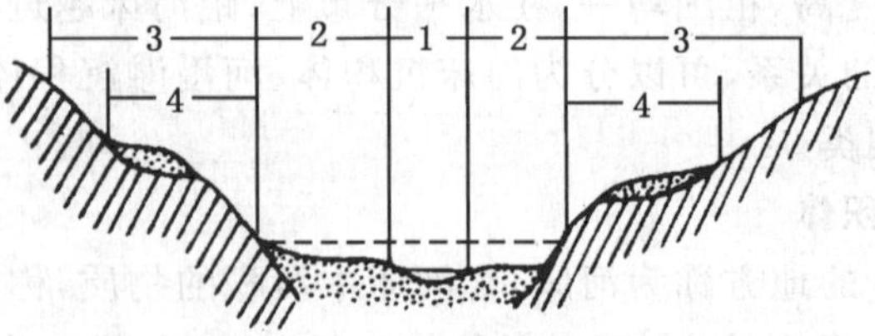

图 2-22　河谷地形组成断面图

——平水位　------ 洪水位

1. 河床　2. 河漫滩　3. 谷坡　4. 阶地

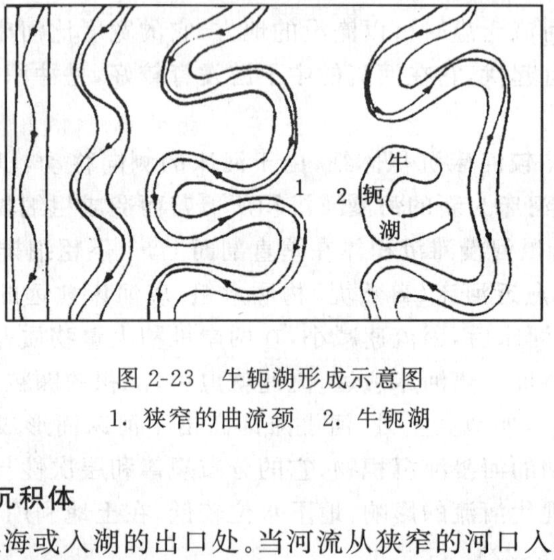

图 2-23　牛轭湖形成示意图

1. 狭窄的曲流颈　2. 牛轭湖

2.3.4.4　三角洲沉积体

发育于河流入海或入湖的出口处。当河流从狭窄的河口入海时，水流从窄的河面进入宽的出水面，流速急剧下降，流水携带大量的泥沙在河口处沉积下来，当发展到阻碍水流宣泄时，河流就开始分支，分支的河口又出现沙滩，支河再分支。随着这一发展过程，沉积物不断扩大。这个为许多分流分割的沉积物，虽有许多起伏的缓岗，但从平面看去，形似三角，称三角洲沉积体。

三角洲沉积物质虽然较细，但仍有分选作用，一般缓岗较粗，碟形洼地较细。近河口的物质较粗，远离河口的物质较细，到边缘地区则以淤泥为主，并有水平层理。

由于三角洲沉积体的地形平坦，土质又黏又细，常出现上层滞水。

由第四纪河流沉积物组成的广大平原，包括东北平原、华北平原、长江中下游平原，珠江三角洲等占我国平原总面积的80%以上。它们都具有深厚而明显的沉积层次，从1～10 m不等。同一层次内，颗粒大小基本均一，不同层次则颗粒组成差异较大。在这些沉积母质上发育的土壤，其生产性状和肥力水平差异也很大。

2.3.5　湖积体

湖积体多分布在河流沉积物与冲积扇沉积物交互沉积所形成的一系列交接洼地和湖泊洼地上，属静水沉积物，其物质来源有二：一是湖周流水向湖心汇集的过程中，所携泥沙因流速下降而在湖心沉积；二是湖水中有藻类等生物残体的累积。在滨海洼地，表层可见淡水贝壳残体，而下层有海生蚌壳残体。

湖泊沉积体的特征是：分选度高，从湖边向湖心，颗粒由粗到细，在垂直剖面中有腐殖质或泥炭夹层，随着物质不断积累，湖泊逐渐淤塞而干涸，因地下水位高出现沼泽化。由于排水条件差，铁与磷酸结合成蓝铁矿 $Fe_3(PO_4)_2 \cdot 8H_2O$ 或形成菱铁矿（$FeCO_3$），使湖泥呈蓝灰色或青灰色。干旱地区，湖水蒸发后可能有盐类结晶等。

在湖泊沉积体上开垦利用时，首先要解决沼泽化与盐渍化的问题。

2.3.6　风积体

风积体是由风力作用将其他成因的沉积物进一步侵蚀、搬运，再沉积的沉积体。我国西北地区的大陆性沙丘、沿黄河一带及旧河道两旁的河岸沙丘及滨海沙丘都是风积体。黄土高原也是风积体。风积体的特点是：分选好，颗粒粗细均匀，层次厚而且明显，沙粒磨圆度不等，表面光泽暗淡。

除黄土性物质外，我国华北和西北等地区的沙丘其颗粒较粗，沙粒磨圆度不高，植被稀少时，易于移动，造成沙荒地和飞沙地。

2.3.7　黄土母质

黄土是第四纪的一种特殊沉积物。据统计，全球陆地上有4%的面积被黄土覆盖，我国是世界上最大的黄土覆盖区，面积达37万平方公里以上，除部分为风积的原生黄土外，大部分均为流水搬运而再沉积的次生黄土。

黄土的颜色为淡黄色或暗黄色，质地轻且疏松多孔，通透性好。黄土通常是粉沙质的，颗粒以粗粉粒（0.05～0.01 mm）为主，约占50%以上，易受侵蚀，有直立性，能形成很高的峭壁，柱状结构发达，矿物成分以石英占优势，此外还含有长石、云母、辉石、角闪石。黏粒矿物以蒙脱石及伊利石为主。

最近一时期形成的黄土，距今有 15 000 余年。在旧社会封建统治时期，黄土地区水利失修，山林滥伐乱垦，植被破坏，水土流失严重。黄土高原被切割得支离破碎，沟谷纵横。在沟谷之间残留有“塬”、“墚”、“峁”三种地形，这不仅破坏了黄土高原的农业生产，而且由于水土流失，使黄河成为世界上含沙量最大的一条河流，导致下游河床填高，形成地上河，使水害不断发生。解放后，政府十分重视黄土地区的水土保持工程，1955 年起，就制定了根治黄河水害、开发黄河水利的综合规划。迄今，水土保持工程和黄河水利综合利用成效显著。

2.3.8　滨海沉积体

滨海沉积体是因海潮的涨落而形成的。滨海的范围，指涨潮与落潮线之间的地区，在海潮涨落的范围内，因海水时涨时落，生物不易大量生存，化学沉积物也不易保存，只有被河流搬运的泥沙，海洋剥蚀下来的碎石，在海浪的冲击下，平缓的分布在海岸线上，形成以滨海沉积物为主的海滩。海滩地形微有起伏，并与陆相堆积物交互形成起伏而孤立的小岗，有岗间洼地，岗地的质地较沙，洼地的质地较黏。一般滨海沉积物的特点是，层次深厚，层理分明，并含有一定的盐分，盐分类型主要是氯化物，地下水矿化度高达 30 g/L 左右，须围垦洗盐后方可利用。

由此可见，不同类型的沉积体在地表的分布有其规律性（如图 2-24 所示），而且各个沉积体的物质粗细、层次排列都有明显的不同，使后来发育的土壤也具有一定层次性，特别是冲积体表现得尤为突出。粗细层次的排列状况及厚薄对土壤肥力的影响很大。

Jenny (1983)认为，除氮素外土壤中其他养分的原始贮存均承袭自母岩，更确切地说，除氮素以外的土壤养分贮量不能摆脱母岩有元素组成和含量的影响，但主要承袭自成土风化壳或成土母质，因为在岩石成为风化壳的过程中其元素组成可能已发生某种改变。

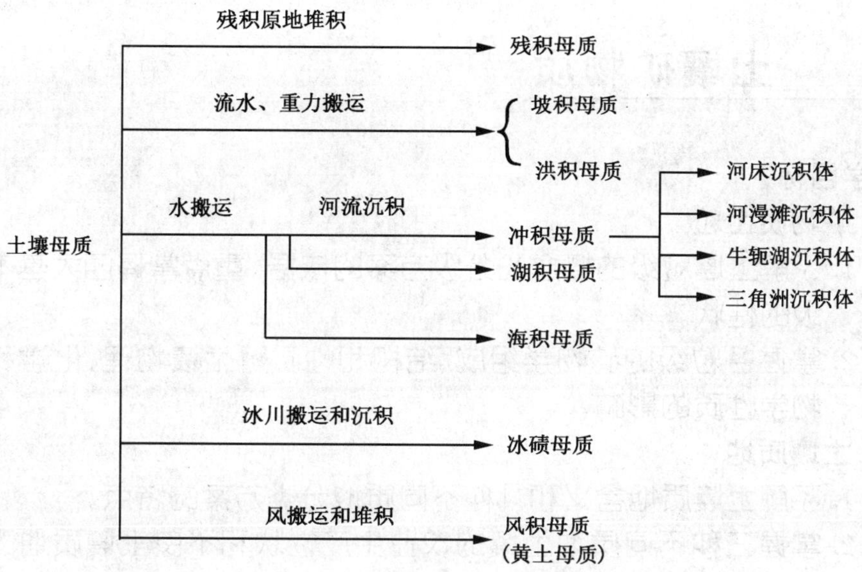

图 2-24 不同成因的土壤母质类型

3 土壤矿物质

【教学目标】

● **矿物质土粒**

1. 了解土壤粒级的概念和分级方案的依据。重点掌握四大基本黏级的性状。
2. 掌握各粒级的矿物学组成、结构和性质对土壤物理、化学和生物学性质的影响。

● **土壤质地**

1. 了解土壤质地含义和几种不同质地分类方案的特点。
2. 掌握三种不同质地土壤的农业生产性状和不良土壤质地改良的基本措施。
3. 理解不同质地在土壤肥力过程中所起的重要作用和评价土壤质地的方法。

土壤矿物质是土壤的主要组成物质，构成土壤的"骨骼"。一般是土壤固相部分重量的95%～98%。土壤矿物质的组成、结构和性质如何，对土壤物理性质(结构性、水分性质、通透性、热性质、力学性质和耕性)、化学性质(吸附性能、表面活性、酸碱性、氧化还原电位、缓冲性能等)、微生物学性质(微生物、生物多样性、酶活性等)均有深刻的影响。土壤矿物组成也是鉴定土壤类型、识别土壤形成过程的基础。

3.1　矿物质土粒

3.1.1　矿物质土粒的分级

自然界中任何一种土壤，都是由矿物质土粒构成的。这些大小、形状、组成和性质不同的矿物质土粒在土壤中的配合比例千差万别。为了研究大小土粒的性质以及它们在土壤中的配合比例对土壤性质产生的影响，有必要对土粒的大小进行划组分级。在自然状况下，这些大小不一的土粒，有的单个地存在于土壤中，称为单粒，大部分则相互黏结在一起，叫复粒。土粒分级是以单粒大小进行的，对颗粒大小进行分级的测定方法称为机械分析。

要说明的是，土壤学上所说的土粒直径(简称粒径)的大小，并非土粒的真实直径，而是人为的把土粒直径看成理想球体的直径对待，以便于研究。更确切地说叫做"当量粒径"。

根据粒径的大小和理化性质上的差异，把矿质土粒分为若干组，每组就是一个粒级；组内粒径大小、成分及性质基本相近，而组间有明显的差异。由于土粒大小的变化是连续的，不可能有截然的界线，因此，这种划分带有一定的人为因素。目前矿质土粒分级各国还没有完全统一的标准，根据本国的实际情况，有的已制定出自己的分级标准，有的则引用原苏联分级制或美国的分级制。

从表3-1看出，几种分级制的标准有所不同，但基本粒级大致相近。即都把矿物质土粒分为石砾、沙粒、粉粒和黏粒等四大基本粒级。过去我国在农业科技工作和文献中使用的是原苏联卡庆斯基的分级制，特别是他的简化粒级(物理性沙粒和物理性黏粒)分级方案使用更为广泛。

表 3-1　几种土壤粒级分级方案

<table>
<tr><th>当量粒径
(mm)</th><th>中国制
(1987)</th><th colspan="3">卡庆斯基制
(1957)</th><th>美国农部制
(1951)</th><th>国际制
(1930)</th></tr>
<tr><td>3～2</td><td rowspan="2">石砾</td><td rowspan="2" colspan="3">石砾</td><td>石砾</td><td>石砾</td></tr>
<tr><td>2～1</td><td>极粗沙粒</td><td rowspan="4">粗沙粒</td></tr>
<tr><td>1～0.5</td><td rowspan="2">粗沙粒</td><td rowspan="7">物理性沙粒</td><td colspan="2">粗沙粒</td><td>粗沙粒</td></tr>
<tr><td>0.5～0.25</td><td colspan="2">中沙粒</td><td>中沙粒</td></tr>
<tr><td>0.25～0.2</td><td rowspan="3">细沙粒</td><td rowspan="3" colspan="2">细沙粒</td><td rowspan="2">细沙粒</td></tr>
<tr><td>0.2～0.1</td><td rowspan="3">细沙粒</td></tr>
<tr><td>0.1～0.05</td><td>极细沙粒</td></tr>
<tr><td>0.05～0.02</td><td rowspan="2">粗粉粒</td><td rowspan="2" colspan="2">粗粉粒</td><td rowspan="4">粉　粒</td></tr>
<tr><td>0.02～0.01</td><td rowspan="3">粉　粒</td></tr>
<tr><td>0.01～0.005</td><td>中粉粒</td><td rowspan="6">物理性黏粒</td><td colspan="2">中粉粒</td></tr>
<tr><td>0.005～0.002</td><td>细粉粒</td><td rowspan="2" colspan="2">细粉粒</td></tr>
<tr><td>0.002～0.001</td><td>粗黏粒</td><td rowspan="4">黏　粒</td><td rowspan="4">黏　粒</td></tr>
<tr><td>0.001～0.0005</td><td rowspan="3">细黏粒</td><td rowspan="3">黏粒</td><td>粗黏粒</td></tr>
<tr><td>0.0005～0.0001</td><td>细黏粒</td></tr>
<tr><td><0.0001</td><td>胶质黏粒</td></tr>
</table>

(引自黄昌勇《土壤学》,2000)

解放后，我国粒级分级主要采用前苏联卡庆斯基制，20 世纪 80 年代后期有的文献引用了美国制。我国南京土壤所也制定了一个暂时的粒级划分方案，但还要在生产实践和科学研究中不断总结和进一步完善，目前还未得到应用。预计在不久的将来一定能够制定出既符合我国实际又使用简便的分类制。

3.1.2　矿物质土粒的组成和性质

3.1.2.1　矿物质土粒的矿物学组成

(1)*原生矿物*　土壤中含的原生矿物种类和数量，依母质类型、风化强度和成土过程不同而异。一般土壤中含有的原生矿物除石英外，还有长石、白云母和少量的角内石和辉石，其次还有磷灰石、赤铁矿、黄铁矿等。土壤中的石砾、沙粒几乎全部由原生矿物所组成，多以石英为主。粉粒绝大多数也是由石英和原生硅酸盐矿物组成。由此可见，矿物质土粒愈粗含石英及原生硅酸盐矿物愈多；反之，矿物质土粒愈细，石英和原生硅酸盐矿物含量愈少，而次生矿物的含量则逐渐增多(图 3-1)。

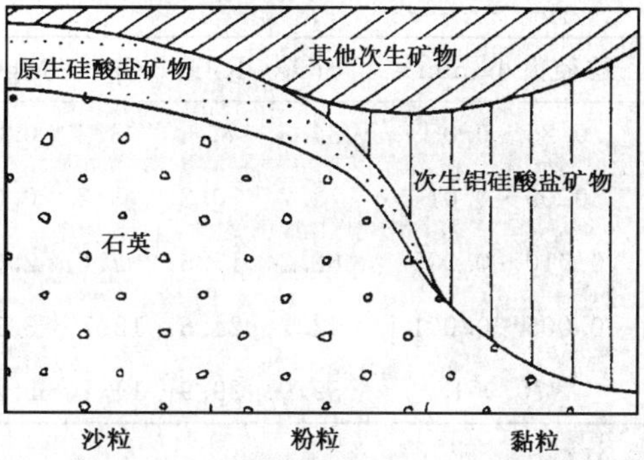

图 3-1　粗土粒的矿物组成示意图

(2)*次生矿物*　详细见“2 土壤母质和成土矿物”部分。

3.1.2.2　矿物质土粒的化学组成

土壤矿物质的化学组成极其复杂，其主要元素有氧、硅、铝、铁、钙、镁、钾、钠、钛、磷、硫以及一些微量元素锰、锌、硼、钼、铜等。以上元素含量中，以氧、硅、铝、铁四种元素占的比例最大。它们大多数均以氧化物的形式存在，二氧化硅(SiO_2)、氧化铝(Al_2O_3)、氧化铁(Fe_2O_3)三者之和一般占土壤矿物质部分的75%以上，是土壤矿物质的主要成分。SiO_2 的比例最大，其次是 Al_2O_3 和 Fe_2O_3，这与地壳固体部分的岩石矿物的化学组成大体相似。

土壤中主要原生矿物所含化学成分有一定的规律性，矿物质土粒愈粗，含 SiO_2 愈多，而 Al_2O_3、Fe_2O_3、CaO、MgO、P_2O_5、K_2O 等养料元素含量则愈少(如表 3-2 所示)。由于原生矿物所含营养元素可溶性很小，以致几乎没有提供有效养分的能力。

表 3-2　不同粒级土粒的化学组成

土壤	粒级名称	粒径大小(mm)	SiO_2	R_2O_3	CaO	MgO	P_2O_5	K_2O+Na_2O
非石灰性土壤	粗、中沙粒	1.0～0.2	93.9	2.2	0.4	0.5	0.05	0.8
	细沙粒	0.2～0.04	94.0	3.2	0.5	0.1	0.1	1.5
	粗粉粒	0.04～0.01	89.4	6.6	0.8	0.3	0.1	2.3
	细粉粒	0.010～0.002	74.2	18.3	1.6	0.3	0.2	4.2
	黏　粒	<0.002	53.2	34.7	1.6	1.0	0.4	4.9

续表 3-2

土壤	粒级名称	粒径大小(mm)	SiO_2	R_2O_3	CaO	MgO	P_2O_5	K_2O+Na_2O
石灰性土壤	细沙粒	0.25～0.05	84.3	8.3	3.2	0.6	未测	未测
	粗粉粒	0.05～0.01	73.7	10.3	3.3	0.6	未测	未测
	中粉粒	0.010～0.005	62.2	17.3	7.6	2.0	0.2	5.0
	细粉粒	0.005～0.001	42.7	24.6	12.7	3.1	未测	未测
	黏　粒	<0.001	39.0	29.9	14.1	5.1	0.3	6.0

注：R_2O_3 代表 $Fe_2O_3+Al_2O_3$。

3.1.2.3 矿物质土粒的水分物理性质

土粒粒径大小不同，性质上有明显的差异，主要表现在土壤的水分物理性质上，如黏结性、黏着性、可塑性、胀缩性。随着土粒由大变小，这些性质由不显著到显著，由弱到强。从表 3-3 看出，粒径>1 mm 的土粒(石砾)，几乎不表现以上

表 3-3　不同粒级土粒的水分物理性质

水分性质粒径(mm)	最大分子持水量(%)	毛管水柱上升高度(cm)	渗水系数(cm/s)	湿胀(最初体积的%)	可塑性(上限至下限(%)
3.0～2.0	0.2	0	0.5	—	不可塑
2.0～1.5	0.7	1.5～3.0	0.2	—	不可塑
1.5～1.0	0.8	4.5	0.12	—	不可塑
1.0～0.5	0.9	8.7	0.072	—	不可塑
0.5～0.25	1.0	20～27	0.056	0	不可塑
0.25～0.10	1.1	50	0.030	5	不可塑
0.10～0.05	2.2	91	0.005	6	不可塑
0.050～0.01	3.1	200	0.000 4	16	不可塑
0.010～0.005	15.9	—	—	105	40～28
0.005～0.001	31.0	—	—	160	48～30
<0.001	—	—	—	405	87～34

性质。0.01～1 mm的土粒(沙粒),开始表现出黏结性、黏着性、可塑性、胀缩性以及吸附水分子、气体分子等物质逐渐明显,并对离子态物质有微弱的吸附能力。＜0.001 mm的土粒,其上述性质都表现得很强烈,其原因是土粒由大变小,比表面积不断增大(比表面积指单位质量或单位体积的内外表面积的总和)。比表面积愈大,表面能愈显著。而表面积和表面能的增加,是一个由量变到质变的过程,当土粒小到0.01 mm处时,其水分物理性质发生突变,产生质的飞跃。

由此可见,颗粒愈细,粒间孔隙愈小,比表面积愈大,表面能愈高,则吸水数量愈多,透水性愈差,持水性、湿胀性、可塑性、黏结性、黏着性均明显增强。

3.1.3　不同粒级土粒的基本性状

以上分析说明不同粒级土粒,其矿物组成、化学成分和水分物理性质均有明显的差异。这些性质上的差异,对土壤肥力和农业生产性状产生深刻的影响,简述如下。

3.1.3.1　石砾和沙粒(＞0.05 mm)

这是土壤中的粗骨部分,严格地讲,它们只是侵入土壤中的母岩碎屑,还不能算是土粒。所含矿物均为原生矿物,矿物组成与母岩基本一致,它本身为非疏松多孔体,无通透性和蓄水性,也不能提供有效养分。含石砾和沙粒较多的土壤疏松多孔,粒间孔隙大,通气透水好,排水通畅。由于颗粒粗比表面积小,无黏结性、黏着性、可塑性和胀缩性,吸水保肥能力弱,大孔隙多,养分转化快,但容易随水流失,耕性较好。

3.1.3.2　黏粒(＜0.001 mm)

颗粒细小,属于胶体范畴,是化学风化的产物,其矿物成分主要为次生矿物,与母岩成分相差很大。颗粒小,比表面大,粒间孔隙小。因而通气透水性弱,排水不畅,常常易造成土壤积水和内涝。土壤物理机械性如黏结性、黏着性、可塑性、胀缩性均强,造成耕性不良,干时结块龟裂,湿时泥泞。黏粒本身养料含量丰富,且吸水保肥能力强,潜在养分贮量多,但土温较低,土温变幅小,养分不易转化。

3.1.3.3　粉粒(0.05～0.001 mm)

颗粒大小介于黏粒和沙粒之间,矿物成分有原生矿物,也有次生矿物。粉粒很多性质介于沙粒和黏粒之间。粉粒的主要原生矿物成分是石英,有时被称为粉沙粒。含粉粒较多的土壤具有一定的可塑性、黏结性、黏着性和吸附性。

3.2 土壤质地

在自然界,不同土壤的矿物质颗粒组成比例差异很大,很少是单一的由某一粒级组成的,即使是最粗的粗沙土或最细的黏土,也不是由纯沙粒或纯黏粒所组成的,而是沙粒、粉粒、黏粒都有,只不过是各粒级含量所占的比例不同而已,如在沙土中沙粒占的比例大,黏土中黏粒占的比例大。因此,把土壤中各粒级土粒的配合比例,或各粒级土粒占土壤质量的百分数叫做土壤质地(也称为土壤的机械组成)。

土壤质地对土壤性状如养分含量、通气透水性、保水保肥性以及耕作性状等都有很大的影响,所以,在说明土壤肥力时,质地是首先考虑的因素之一。我国农民在长期生产实践中,对土壤质地的认识积累了丰富的经验,各地都有以质地命名土壤名称的习惯,如北京的沙土、面沙土、二合土,山西的绵土和垆土,南方的粉土等等,这些土壤名称都反映着地区质地的特点(应特别注意同土异名或同名异土现象)。一般把土壤质地划分为沙土、壤土和黏土三大类。

3.2.1 土壤质地分类

土壤科学工作者在长期的研究中,根据不同质地土壤的生产性状,结合农民的生产实践,很早就制定出不同质地分类标准,并定出相应的名称。解放前,我国使用的是国际土壤学会和美国农业部的地质分类制,解放后使用的是前苏联卡庆斯基的简化分类。

3.2.1.1 国际土壤质地分类制

国际上通用的土壤质地分类是万国(国际)制。它是根据黏粒(<0.002 mm)含量多少,把土壤质地分为沙土、壤土、黏壤土和黏土四大类,其界限分别为15%、25%、45%和 65%,然后再依据沙粒、粉粒和黏粒三种粒级的数量(%),细分为四类十二级(见表 3-4)。

表 3-4 国际制土壤质地分类

质地类别	分类质地名称	各级土粒重量(%)		
		黏粒(<0.002 mm)	粉粒(0.002~0.02 mm)	沙粒(0.02~2 mm)
沙土类	沙土及壤质沙土	0~15	0~15	85~100
	沙质壤土	0~15	0~45	55~85

续表 3-4

质地类别	分类质地名称	各级土粒重量(%)		
		黏粒(<0.002 mm)	粉粒(0.002～0.02 mm)	沙粒(0.02～2 mm)
壤土类	壤　土	0～15	30～45	40～55
	粉沙质壤土	0～15	45～100	0～55
	沙质黏壤土	15～25	0～30	55～85
黏壤土类	黏壤土	15～25	20～45	30～55
	粉沙质黏壤土	15～25	45～85	0～40
	沙质黏土	25～45	0～20	55～75
	壤质黏土	25～45	0～45	10～55
黏土类	粉沙质黏土	25～45	45～75	0～30
	黏　土	45～65	0～35	0～55
	重黏土	65～100	0～35	0～35

3.2.1.2　美国土壤质地分类制

美国土壤质地分类标准是由美国农业部制定的，它采用三角坐标图解法。等边三角形的三个顶点分别代表100%黏粒(<0.002 mm)、粉粒(0.002～0.05 mm)及沙粒(0.05～2 mm)，以其对应的底边作为其含量百分数的起点线，各自代表0%的黏粒、粉粒和沙粒。如图3-2中A点所代表含黏粒15%，沙粒65%，粉粒20%，故这三种不同粒级共同组合成的土壤质地名称为沙质壤土。B点所代表含黏粒35%，粉粒33%，沙粒32%，三者共同组合成的土壤质地名称为黏壤土。

3.2.1.3　卡庆斯基土壤质地分类制

解放后我国土壤工作者在实际工作中常用的是俄罗斯卡庆斯基的土壤质地分类制。它包括简明分类和详细分类两种，通常多用简明分类制。它是一种双级分类法，把土粒粒径划分为物理沙粒(>0.01 mm)和物理黏粒(<0.01 mm)两大部分，按其物理沙粒和物理黏粒的含量百分率划分为沙土类、壤土类和黏土类。各类再按其性质和黏粒含量的差别，共划分为三类九级(表3-5)。

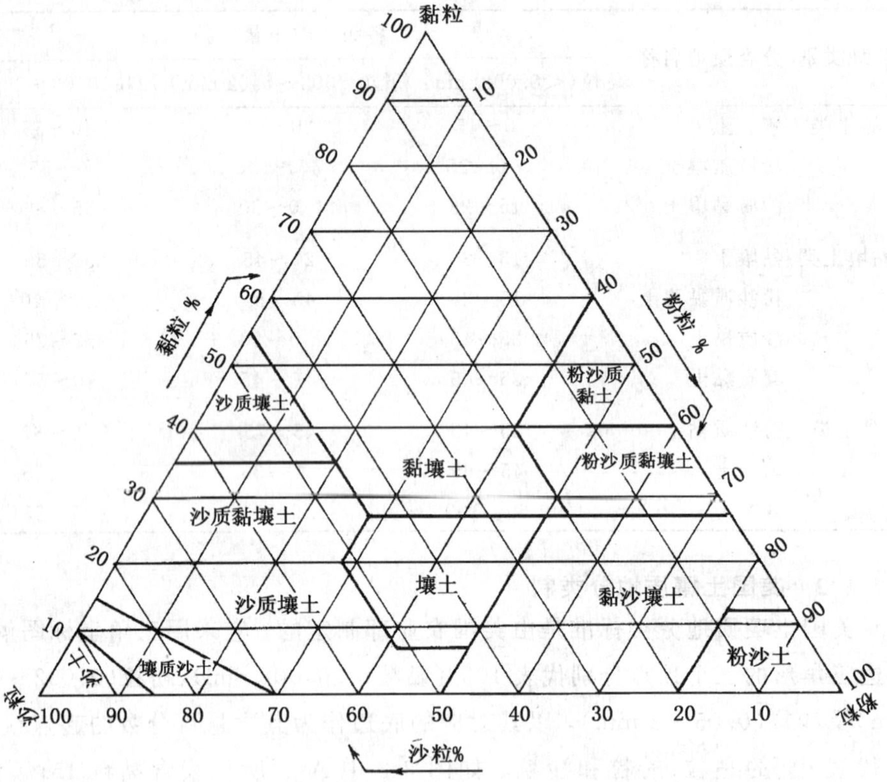

图 3-2　美国农业部土壤质地分类三角坐标图

表 3-5　卡庆斯基土壤质地分类(简明方案)

质地名称		物理性黏粒(＜0.01mm)(%)			物理性沙粒(＞0.01mm)(%)		
		灰化土类	草原土及红黄壤类	柱状碱土及强碱化土类	灰化土类	草原土及红黄壤类	柱状碱土及强碱化土类
沙土	松沙土	0～5	0～5	0～5	100～95	100～95	100～95
	紧沙土	5～10	5～10	5～10	95～90	95～90	95～90
壤土	沙壤土	10～20	10～20	10～20	90～80	90～80	90～85
	轻壤土	20～30	20～30	15～20	80～70	80～70	85～80
	中壤土	30～40	30～45	20～30	70～60	70～55	80～70

续表 3-5

质地名称		物理性黏粒(<0.01mm)(%)			物理性沙粒(>0.01mm)(%)		
		灰化土类	草原土及红黄壤类	柱状碱土及强碱化土类	灰化土类	草原土及红黄壤类	柱状碱土及强碱化土类
	重壤土	40～50	45～60	30～40	60～50	55～40	70～60
黏土	轻黏土	50～65	60～75	40～50	50～35	40～25	60～50
	中黏土	65～80	75～85	50～65	35～20	25～15	50～35
	重黏土	>80	>85	>65	<20	<15	<35

注:在分析工作中不包括大于 1 mm 的石砾,这一部分含量另行计算,然后按表 3-6 标准定石质程度,冠于质地名称之前。

3.2.1.4 我国土壤质地暂行分类方案

1975 年中国科学院南京土壤研究所,在总结我国群众经验的基础上,拟定出了中国土壤质地分类的暂行方案,共划分三类十一级(见表 3-6)。

表 3-6 我国土壤质地分类标准

质地组	质地名称	不同粒径的颗粒组成(%)		
		沙粒 1～0.05 mm	粗粉粒 0.05～0.01 mm	黏粒 <0.001 mm
沙　土	粗沙土	>70		
	细沙土	60～70	—	—
	面沙土	50～60		
	沙粉土	>20	>40	<30
壤　土	粉　土	<20	>40	
	粉壤土	>20	>30	
	黏壤土	<20	<40	>30
黏　土	沙黏土	>50	—	>30
	粉黏土	—	—	30～35
	壤黏土	—	—	35～40
	黏　土	—	—	>40

这个方案反映了我国土壤的生产性状,采用了群众的常用名称,并兼顾了我国南北方土壤的特点。如北方沙土普遍含 1～0.05 mm 沙粒较多,故沙土组就用 1～0.05mm 沙粒的含量作为划分的依据。胶泥土组主要考虑南方土壤的

情况,以＜0.001 mm的胶粒含量来划分，二合土组的主要划分依据是0.05～0.01 mm的粉粒多少。

这个暂行分类方案,是结合了我国南北土壤中不同粒级含量的实际情况提出来的,比较符合我国国情,但自20世纪50年代提出来后，一直没有普遍推广应用,说明仍需进一步补充、修正和不断完善。

3.2.2 不同土壤质地的生产性状

土壤质地不同,对土壤的各种性状影响较大。土壤的农业生产性状是指土壤质地的差异在农业生产中的反应。它包括土壤的肥力性状(作物在生长过程中,土壤的水、肥、气、热、扎根条件以及有无产生毒害物质的协调程度)、耕作性状(耕作时的难易程度、阻力大小、耕作质量好坏以及宜耕期的长短等)和作物反应(出苗难易、快慢、整齐度、早发苗或发晚苗以及成熟早晚等)的综合反应能力等三个方面的内容。这些性状的表现程度都与土壤质地密切相关。现将沙质土类、壤质土类和黏质土类三大类土壤质地的农业生产性状分述如下。

3.2.2.1 沙质土类

这类土壤泛指与沙土性状相近的一类土壤，其物理黏粒含量＜15%,主要分布于我国西北地区如新疆、甘肃、宁夏、内蒙古、青海的山前平原以及各地河流两岸、滨海平原一带。沙质土的性状主要有:①沙粒含量高,颗粒粗,比表面积小,组成的粒间大,孔隙数量多,故土壤通气透水性好,土体内排水通畅,不易产生托水、内涝和上层滞水。② 保蓄性差。保水、持水、保肥性能弱,雨后容易造成水肥流失,水分蒸发速率快,失墒多易引起土壤干旱。③土壤中原生矿物以石英、长石为主,潜在养料含量少,但养分转化快。④土温变幅大，白昼土壤升温快，晚上降温也快;早春土温低,但随气温回升,土温上升也快,对喜温作物如花生、棉花、瓜类、块茎、块根作物生长有利,俗称热性土,但晚秋也容易造成霜冻。⑤沙性土耕性好,宜耕期长,耕后土壤松散、平整，无坷垃或土垡，耕作阻力小，耕后质量好。这种土又称“轻质土”。⑥沙性土大,孔隙多，氧气充足，以氧化过程为主，土壤中无毒害物质存在。⑦发小苗不发老苗。沙性土“口松”,出苗快、齐、全。但因养分贫乏容易造成作物中后期脱肥,早熟,早衰。

3.2.2.2 黏质土类

这类土壤一般指含物理性黏粒＜45%者,质地细(黏重)，包括黏土以及和类似黏土性质的重壤土和部分中壤土。黏质土类土壤性状如下：

(1)通透性差　颗粒细微,粒间孔隙小,通气透水不良,排水不畅,容易造成地表积水、滞水和内涝。

(2)保蓄性强　土粒细小，胶体物质含量多，土壤固相比表面积巨大，表面能高，吸附能力强。吸水、持水、保水、保肥性能好，但肥效缓慢。

(3)养分含量丰富　土壤中以次生矿物为主，其本身养分和吸附外界养分多，潜在养分贮量丰富，特别是钾、钙、镁含量较多。但养分转化速度慢。

(4)土温变幅小　黏性土水分含量高，空气相对少，地温上升下降均缓慢，尤其在早春，气温低，土温不易回升，常常造成小麦返青晚，不利发苗，故常把黏质土称为冷性土。

(5)耕性差　由于黏质土比表面积大，土壤的黏结性、黏着性、可塑性、湿胀性强，耕作阻力大，耕作质量差，易起土坷垃或土垡，宜耕期也短。

(6)有毒物质多　由于大孔隙数量少，造成还原性状态，尤其在低洼地积水多，容易积累一些有毒物质如 H_2S、H_3P、CH_4 等，危害作物的根系。

(7)发老苗不发小苗　土壤黏重紧实，通气又差，春季土温低，往往播种后出苗不全，出苗晚，长势弱，缺苗断垄现象严重，而到作物后期水热条件合适，养分释放多，易出现徒长，贪青晚熟。

3.2.2.3　壤质土类

这类土壤在北方又称为二合土。主要分布于黄土高原、华北平原、松辽平原、长江中下游平原、珠江三角洲、河间平原以及河间冲积平原上。壤土由于沙粒、粉粒和黏粒含量比例较适宜，故它兼有沙质土和黏质土的优点，克服了二者的不足。其性状表现均适合农作物的生长发育的要求，是农业上较为理想的土壤质地。由于壤质土沙黏适中，大小孔隙比例分配较合理，保水保肥，养分含量充足，有机质转化也快，耕性好，土壤中水、肥、气热以及扎根条件协调，发小苗又发老苗，适应性较广。

从以上三种不同质地的农业生产性状分析看出，土壤质地对土壤性状(养分含量、保水保肥能力以及耕性等)的影响，主要是通过不同土壤质地的矿物组成、化学成分、比表面积和孔隙分布(粗细孔比例)而体现的。因此，在考虑质地的影响时，应对这几方面给予充分注意。

3.2.3　土壤质地层次性及其评价

除了以上提到的土壤表层(耕层)质地粗细有较大差别外，在同一土壤上下层之间，其质地粗细和厚度亦有很大差异，土壤不同质地层次在土体中的排列状况，称为土壤质地剖面。其形成层次性的原因很多，主要有三个方面：一是母质本身排列的层次性；二是成土过程中物质的淋溶和淀积；三是人为耕作管理活动。

3.2.3.1　母质本身原有的层次性

常见于河流冲积母质，如华北平原主要由冲积物多次冲积构成，质地剖面层次复杂多样。一般的模式有通体均一型(通体沙、通体黏或通体壤)、上粗下细型(蒙金型)、上细下粗型、中间夹沙型和夹黏型。不同的土层排列状况对水分运行、养分保存或供给、根系下扎、耕性的好坏影响较大。华北平原质地剖面如图3-3所示。

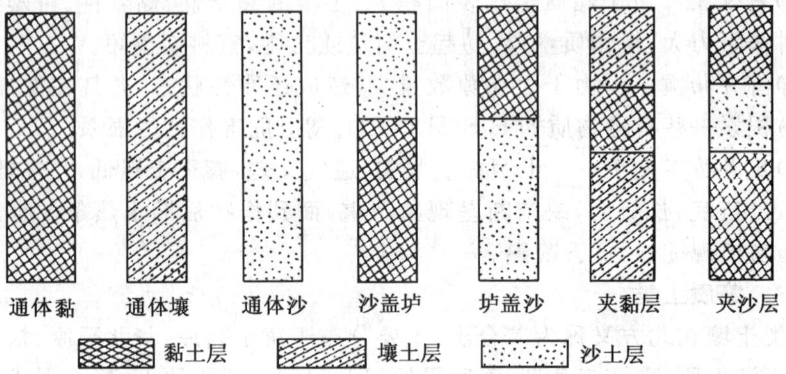

图 3-3　华北平原土壤质地剖面示意图

以上土壤质地层次构型以耕层为沙壤-轻壤，下层为中壤-重壤较好(群众叫蒙金型或上沙下黏型)，这样的层次排列比较理想，适合于农作物生长发育的要求，土壤中水、肥、气、热、扎根条件的调节能力强，耕作性状好，能为作物生长发育提供一个良好的土壤环境条件。

3.2.3.2　成土过程中形成的层次性

土壤在长期风化和成土过程中，由于黏粒或细土粒随水渗漏向下移动或因下层化学风化使黏粒增多，致使土体各层出现不同质地的分异现象。一般剖面上部较轻，下部在一定深度黏粒增多，形成黏化层(如华北地区的褐色土)；雨水长期冲洗、地表径流也可出现表层黏粒大量流失，形成上沙下黏的剖面层次。这种层次具有托水托肥的优点，但过于靠上不利作物生长。

3.2.3.3　长期耕作形成的层次性

经常不断的耕、耙、耱、中耕及农具的重压使土壤在耕层底下形成犁底层，这层土壤变得紧实，土粒呈成层排列，通气透水不良，在土体中影响上下土层水、气、热、肥的交换。对旱地来说应该逐年加深耕层以除之。

3.2.3.4 土壤质地层次评价

各地产生土壤质地层次性的原因不同，无论是水田还是旱地，都要求有一个合适的质地剖面构型，才能为作物生长提供一个良好的土壤环境，保证作物稳产高产。在生产实践中评价土壤质地好坏，除了强调表层质地外，还应注意以下几点：

①表层以下心土层和底土层的质地状况，有无障碍层次（如砾石层、沙礓层、黏土层、铁磐层、石膏层等）以及它们出现的深度和厚度。

②不同作物品种对土壤质地的适应性不同，如花生、红薯、西瓜要求偏沙的质地；小麦等禾谷类作物要求偏黏的质地。而大多数作物适合表层为轻壤土，其厚度不少于15～20 cm，能达到30 cm更好。下层质地为中壤至重壤，以40～50 cm为佳，这种质地构型就是北方农民常说的“蒙金土”。

③土壤所处的环境条件，如沙土不保水不保肥，但处于地势低洼之地，地下水位接近地表的情况下，漏水漏肥的现象就轻，水肥不易损失。

④要注意水地、旱地的差别。水地与旱地不同，水地是带水耕作，不存在黏结性、黏着性和可塑性的问题，表层质地中壤、重壤较好，过沙过黏的质地都不适宜。过沙容易淀浆板结，难以插秧。过黏又容易泥烂成浆，造成漂秧。

综上所述，判断土壤质地好坏，要根据作物的要求、环境条件以及土壤剖面构型，沙黏层次排列，有无障碍层次等综合分析，才能得出客观正确的评价。

3.2.4 不良土壤质地的改良

适宜作物种植的土壤条件称为土宜。不同作物要求土壤条件有较大的差异，如花生、西瓜喜温，适宜在沙质土壤上种植，这是由各种作物的生物学特性所决定的。

在我国现有耕地中，因耕层过沙过黏需要改良的面积有700万～1 400万 hm^2，土壤耕层过沙过黏，夹沙夹黏，通体沙，通体黏等土体构型，均不能满足作物对水、肥、气、热协调供应的需要，需加以改良。其改良途径和措施，要因地制宜，就地取材，循序渐进地进行。

3.2.4.1 掺沙掺黏，客土调剂

如果在沙地附近有黏土、胶泥土、河泥，可采用搬黏掺沙的办法；黏土地附近有沙土、河沙者可采取搬砂压淤的办法，逐年客土改良，使之达到三泥七沙或四

泥六沙的壤土质地范围。

3.2.4.2 翻淤压沙或翻沙压淤

沙土层下不深处有淤泥层，黏土层下不深处有沙土层，可采用深翻，或“大揭盖”将沙、黏土层翻至表层，经耕、耙使上下沙黏掺混，改变其土质。

3.2.4.3 引洪漫淤或引洪漫沙

洪水中所携带的淤泥是冲蚀地表的肥土，含养料丰富。把洪水有控制的引入农田，使淤泥沉积于沙土表层，既可增厚土层，改良质地，又能肥沃土壤。农民说“一年洪水三年肥”。“引洪漫沙”亦有改良黏质土的效果。其方法是漫沙将畦口开低，漫淤则将畦口抬高，每次漫沙漫淤不能超过 10 cm，逐年进行，可使大面积的沙地或黏土得到改良。这种方法实质上也是一种“客土法”。在靠近黄河中下游的河南新乡一带应用很广。

3.2.4.4 增施有机肥，改良土性

每年大量施有机肥，不仅能增加土壤中的养分，而且能改善过沙过黏土壤的不良性质，增强土壤保水、保肥性能。因为有机肥施入土壤中形成腐殖质，可增加沙土的黏结性和团聚性，降低黏土的黏结性，促进土壤中团粒结构的形成。因此，施用有机肥对沙土或黏土都有改良作用，它是一种后效长的常用的改良措施，其改良效果黏土大于沙土，因为腐殖质在黏土中容易累积，而在沙土中容易分解的缘故。

3.2.4.5 种树种草，培肥改土

在过沙过黏不良质地土壤上，种植耐瘠薄的草本植物，特别是种植豆科绿肥如沙打旺、草木犀，翻入土中既可增加土壤的有机质，又能丰富土壤的氮素。黏质土种植绿肥，地下根系发达，地上部分生长茂盛，还能促进土壤团粒结构的形成，增加土壤有机质和养分含量。

3.2.4.6 因土制宜，加强管理

大面积的沙土或黏土短期内难以有效改变其质地状况，必须因地制宜，从选择优势作物、耕作和综合治理着手进行改良。如对于沙土，首先营造防护林，种树种草，防风固沙；其次选择宜种作物（喜温耐旱作物）；三是加强管理，如采取平畦宽垅，播种宜深，播后镇压，早施肥、勤施肥，勤浇水，水肥宜少量多次等措施。对大面积黏质土，根据水源条件种植水稻或水旱轮作都可收到良好的效果。

4 土壤生物

【教学目标】

- **土壤生物在土壤生态系统中的地位**
  1. 何谓食物链、食物网和微生物量？
  2. 了解土壤动物种类及它们在土壤中的作用。
- **土壤微生物**
  1. 掌握土壤微生物基本种群以及在土壤的特殊功能。
  2. 掌握细菌、真菌和放线菌生长、繁衍的环境条件及其三者之间的差异。
- **了解根际和根土比的含义，根际土壤和非根际土壤的环境有什么不同，掌握根系分泌物三个种类的不同特点**
- **何谓菌根，菌根有何特性，有何功能**
- **重点掌握土壤生物对动植物残体的消化分解作用，以及在有机质形成、养分循环、改善土壤物理性状和促进植物生长中的作用**

4.1　土壤生物的种类及其在土壤生态系统中的地位

土壤生物指生活于土壤中的有机体，包括土壤微生物和土壤动物，它们是土壤中最活跃的组分（见表 4-1，图 4-1）。

表 4-1　土壤生物重要类群

动物（Fauna）全部异养	
大型动物：主要食草和食腐性	
脊椎动物	田鼠
节肢动物	白蚁、甲虫及其幼虫、千足虫
环节动物	蚯蚓
软体动物	蜗牛、蛞蝓
主要捕食性	
脊椎动物	鼹鼠、蛇
节肢动物	蜘蛛
中型动物：主要食腐性	
节肢动物	螨、弹尾虫（跳虫）
环节动物	线蚓
微型动物：食腐性、捕食性、食真菌、细菌	
线虫	线虫
原生动物	变形虫、纤毛虫
高等植物：自养	植物根、根毛、
微生物：主要自养	褐藻、二元体
异养	
真菌	酵母、霉菌、蘑菇
放线菌	链霉菌等
异养和自养	
细菌	好气细菌、厌气细菌
蓝细菌	蓝细菌

（引自 Brady and Weil，1999）

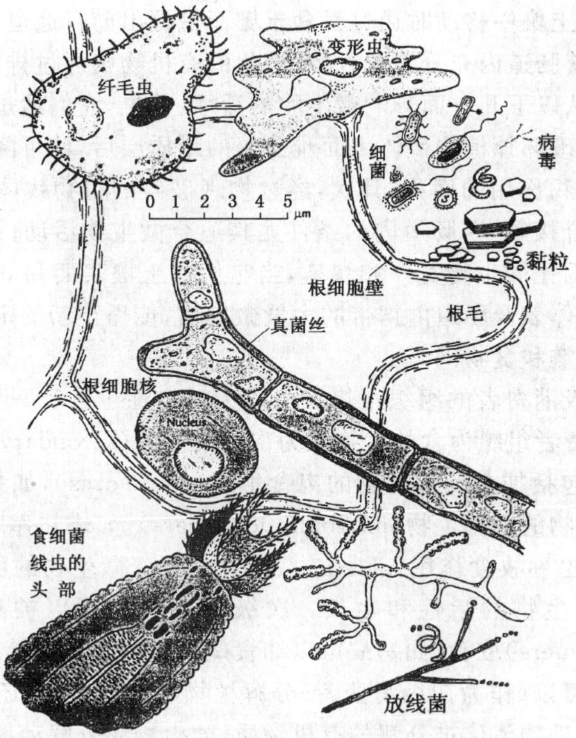

图 4-1 土壤生物的主要类群示意图
(引自 Brady N.C. Weil R.R. 土壤的本质与特性,1999)

4.1.1 土壤生物的种类

土壤中生物众多,每把土中就可能有上亿个生物,种类几乎涵盖所有生物类群。

当一片落叶、一段枯枝或一块树皮落到地面,它们立即受到土壤微生物、土壤动物的共同攻击。蚯蚓、螨类等土壤动物会吞食咀嚼这些组织或在其上穿孔,动物的作用又为微生物的进一步分解创造条件。这些将贮存于植物残体中的能量加以利用的生物称为初级消费者(primary consumers)。

4.1.1.1 土壤动物的作用

土壤动物对有机残体的分解作用包括物理和化学作用两个方面。中型和大型土壤动物除咀嚼破碎植物残体外，还将其从土表的一处移到另一处，甚至运到土壤内。蚯蚓在土壤中移动时通过吞食土壤而挖掘出前行通道，它们将有机残体与矿质土壤在其肠道内充分混合，没有消化的有机物则通过排泄混入土壤。土壤动物活动可以从以下几方面影响微生物的活性：首先，它们通过吞食咀嚼将植物残体破碎，尤其破坏掉植物残体表面难分解的蜡质层后，使可降解的组织暴露出来，扩大了微生物作用的面积；其次，经过物理破碎的植物残体在动物肠道内与微生物充分混合接触，因肠道内的条件尤其适合微生物活动；第三，土壤动物在土壤中移动范围比微生物宽广和快速，当它们在土壤表面和下层穿插挖掘等活动时，自然将其体表及肠道内携带的大量微生物，传播至新的定殖地点。

4.1.1.2　食物链和食物网

土壤中初级消费者的组织很快又会成为捕食性生物和寄生性生物的食物，这些以初级消费者组织为食的生物称为次级消费者(secondary consumers)。这些次级消费者包括捕食其他动物的肉食生物(carnivores)，如蜘蛛、蝎和百足虫等，和取食微生物的食菌生物(microphytic feeders)，如螨和弹尾虫。食菌生物对微生物的取食也称牧食作用(grazing)，牧食会改变微生物的群落结构，适量的牧食会促进微生物的活性和生长。次级消费者又可以被称为三级消费者(tertiary consumers)取食，如蚂蚁可以捕食蝎子、蜘蛛、蜈蚣等捕食者。

微生物除可以(作为初级消费者)分解植物残体外，许多还生活在动物的肠道内，它们帮助动物消化难分解的有机物质。微生物还分解动物排泄物中残余的有机物质以及死亡的动物和微生物的躯体，故微生物是生态系统中的终极分解者(decomposers)。系统分类上较大的生物种群包含属于初级、次级或三级消费者以及分解者的种。螨中的真螨多为初级消费者(植食性)，甲螨也为初级消费者(食碎屑性)，有的则为食菌性的次级消费者，有的为捕食性的三级消费者。同时各类群间的捕食关系不一定是单向的，食菌线虫以真菌为食，但有的真菌也能捕食线虫。土壤生物间相互作用构成了纵横交织的食物网(food webs)，见图 4-2。

4.1.2　土壤生物的数量和活性

土壤生物量通常可占土壤有机质总量的1%～8%。土壤有机质：土壤有机残体：土壤微生物：土壤动物＝1 000：100：10：1

某一特定的土壤生物的活性可用其在单位体积或单位面积土壤中数目、生物量或代谢活性来表征。通常代谢活性与其生物量紧密相关。土壤微生物的数目最高，生物量也最大。土壤中生物活性约80%应归结为土壤微生物。而蚯蚓、白蚁等土壤动物对土壤微生物的活动起促进作用。土壤微生物与蚯蚓或热带地区的白蚁一道,构成大多数土壤生物活动的主导力量。因此我们将重点放在土壤微生物和蚯蚓、白蚁及其他某些无脊椎动物上。

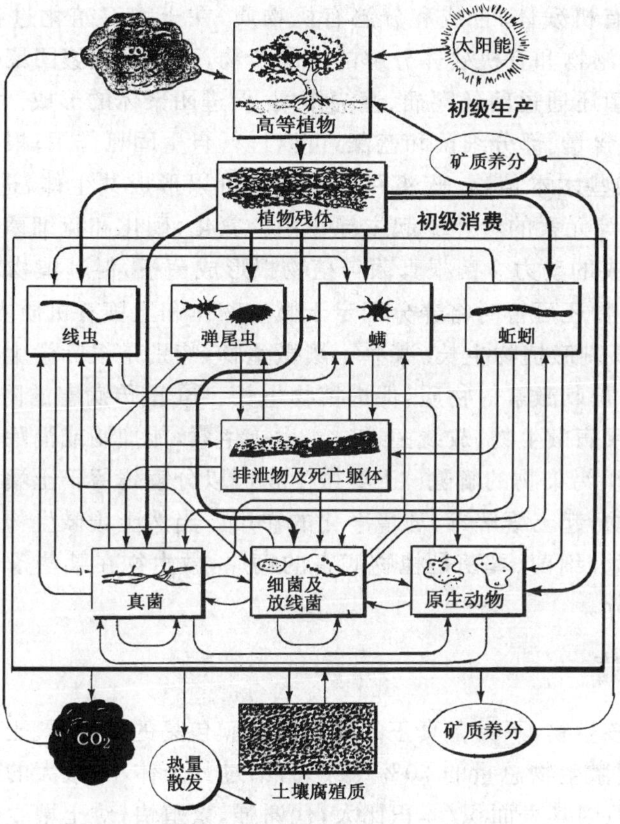

图 4-2 土壤食物网的简化示意图

(引自 Brady. N. C, Weil R. R. 土壤的本质与特性,1999)

4.2 土壤微生物

土壤微生物包括细菌、放线菌和真菌及蓝藻,由于它们具有细胞壁也称微植物系(microflora)。原生动物虽属于土壤动物,但因其个体少,也常被列为土壤微生物的一个类群。

土壤微生物的功能主要有以下几方面：① 分解有机物质，释放出碳、氮、磷、硫等营养元素。真菌和放线菌降解难分解的木质素、纤维素的能力很强；氨化细菌在分解蛋白质方面起主要作用。因其菌丝的机械穿插能力，真菌在有机残体分解的初期所起的作用比细菌大。② 土壤腐殖质的合成及土壤团聚体形成。微生物通过分解有机残体，合成和分泌有机物质，在土壤腐殖化过程中起主导作用。微生物的分泌物和有机残体分解的中间产物，可作为土壤团聚体形成的胶结物质。此外，真菌还通过菌丝穿插、缠绕作用，促进团聚体的形成。③ 进行生物固氮，增加土壤氮含量。部分细菌和蓝藻，可以进行自生固氮作用；根瘤菌和豆科植物、放线菌和某些木本植物、蓝藻和蕨类植物可以形成共生体，进行共生固氮。④ 在氮、磷、硫等元素的转化中起主导作用。氨化、硝化和硫细菌分别是 NH_4^+、NO_3^-、SO_4^{2-} 形成的动力。菌根真菌与植物根形成菌根，促进植物对磷及微量元素的吸收。微生物还可暂时将养分固定于微生物体和土壤有机质内，构成植物有效养分的库。⑤ 刺激植物生长。某些土壤微生物，特别是根际微生物能分泌氨基酸、维生素和生长刺激素等物质，促进植物生长。⑥ 土传病害的防除。原生动物通过取食某些致病微生物，放线菌通过产生抗生素，能抑制或消除土传病害的传播。⑦ 土壤有机污染物的解除。土壤微生物可以分解残留于土壤中的农药和施入的有机废弃物，起土壤解毒、环境净化的作用。当然土壤微生物也可能对植物有负影响，如部分细菌、真菌是植物病害的病原，微生物在某些条件下可能与植物争夺有效养分。

4.2.1 细菌

细菌是原核生物，不具备真正的细胞核和膜包裹的细胞器。土壤中细菌的数量大，可占土壤微生物总量的 70%～90%，不过其个体小，最大的细菌体长也不过 4～5 μm。但因其表面积/体积比大，代谢强，繁殖快，对土壤生物过程起着重要作用。土壤细菌以杆菌为主，其次为球菌，也有的为螺旋菌。

土壤细菌大部分是腐生型，靠死的有机物质获得能量和营养。这些有机物质包括动植物残体及其排泄物和分泌物。有机物质通过这些细菌的分解，释放其中的养分。部分细菌是土传植物病害的病原菌。细菌中有重要的自生固氮菌，如固氮菌中的拜叶林克氏菌、梭状芽孢杆菌和共生固氮菌根瘤菌。此外，细菌还是进行硝化作用和硫氧化作用的惟一生物。重要的土壤细菌有：芽孢杆菌属、假单孢杆菌属、土壤杆菌属、节杆菌属、色杆菌属、产碱杆菌属和根瘤菌属。

影响细菌生长的环境条件主要有：

4.2.1.1 湿度

土壤中的腐生细菌生活和取食于土壤粒子和有机质表面的水膜中，并主要依靠土壤水运动来移动。有的细菌如芽孢杆菌可以产生厚壁芽孢(endospore)来抵御干旱。

4.2.1.2 有机物质

细菌主要集中于有机物质较丰富的根际土壤，根际土壤与非根际土壤中细菌数目比常为10∶1。施用植物残体如秸秆、有机肥等能增大微生物的群体和活性。在食物来源不足时，细菌处于休眠状态。

4.2.1.3 温度和pH值

虽然在各种温度和pH值下都有细菌活动，但土壤细菌的最适温度为20～40℃，最适pH值为6.0～8.0。

4.2.2 放线菌

放线菌在细胞结构上同细菌一样，也属于原核生物。形态上与真菌相似为分枝丝状体。放线菌中大部分是腐生菌，少数是寄生菌，有的还如弗兰克氏菌(*Frankia*)可以和植物共生固定大气氮。它们能够降解非常难分解的有机物质如木质素、纤维素等。放线菌的一大特点是产生抗生素。土壤中常见的属有链霉菌属、诺卡氏菌属(*Nocardia*)、小单孢菌属。

4.2.3 真菌

土壤真菌种类繁多，已经鉴定的有几万种，分属170个属，还有上百万个种尚未分离鉴定。尽管数目小于细菌，但由于其个体生物量大，通常在多数土壤中有其总生物量及生物活性占优势。表层0～15 cm土壤中真菌的生物量可达1 000～15 000 kg/hm^2。在有机物质降解方面，真菌比细菌起的作用还大，原因有以下几方面：① 真菌分解难降解的纤维素和木质素的能力较强；②真菌的菌丝穿插作用使其移动性比细菌强，并且能插入底物内部，而不像细菌一样仅能停留在底物的表面；③ 真菌抗干燥的能力比细菌强，在干旱、半干旱地区土壤中真菌占优势；④ 在酸性土壤中，细菌和放线菌很少，真菌对植物残体的降解重要性更加突出。真菌将分解的植物残体的50%转化为自身的生物量(细菌仅能达到20%)，真菌死亡后，其体内养分可释放出来，成为植物有效养分，故真菌在土壤养分循环中有其重要作用。此外，真菌对土壤团聚体的形成和稳定也有重要贡献。但是，许多土壤真菌是重要的植物病原菌，侵染植物的种子、根和幼苗。

真菌可分为三类：酵母、霉菌和伞菌。酵母为单细胞真菌，存在于淹水及厌气环境。霉菌和伞菌为丝状真菌，由菌丝(hyphae)组成菌丝体(mycelia)，以孢子繁殖。霉菌由于可在细菌和放线菌分布较少的酸性土壤中活动，它们在土壤有机物分解中起的作用最大。霉菌在土壤中常见的 4 属分别是青霉属、毛霉属、曲霉属和镰孢霉属。伞菌主要分布在湿润的、富含有机物质的森林和草场土壤。地上部的子实体一般较大，有些可食，但有些有剧毒。对大多数伞菌而言，有机体一小部分为子实体，大部分由地下菌丝网组成。伞菌在森林中死亡树木的分解中起重要作用，有些伞菌则与植物根共生形成菌根。

4.3 土壤动物

生活史的一个或多个生理活跃阶段的全部或主要部分在土壤或近土表的残落物层(litter) 度过的无脊椎动物。通常根据体宽将土壤动物分为微型、中型和大型三类。微型土壤动物的体宽小于 100 μm，代表是原生动物和线虫；中型土壤动物的体宽为 0.1～2 mm，代表种类为弹尾虫和螨；大型土壤动物体宽超过 2 mm，包括蚯蚓、多足类、有翅昆虫的幼虫、蜗牛、蛞蝓等。本节主要讲述其身体大小及形态特征，栖息地、食性及其在土壤食物网中所处位置及对土壤物理性质、养分循环的影响。

4.3.1 原生动物

原生动物有寄生的和自生两种。土壤中的自生原生动物有鞭毛虫、纤毛虫和变形虫，其中裸变形虫是土壤原生动物的主要形态。灌溉后的牧场土壤中 95% 的变形虫是裸变形虫；虽然在耕作土壤中鞭毛虫和变形虫的数目大致相同，但变形虫占总原生动物生物量的 95%，数目和生物量分别可达 2×10^3～17×10^5/g 干土重和 5 g/m^2。

原生物吞食固体食物，它们主要取食细菌，同时在一定程度上取食真菌孢子和藻类。原生动物主要分布在细菌集中的表层土壤特别是根际土壤。原生动物中的鞭毛虫和白蚁共生，有助于白蚁对木质素的降解。原生动物在土壤过程中的作用主要有两方面：有选择地取食某些微生物(如细菌)，改变微生物的群落结构；通过取食细菌，把固持在细菌体内的氮以 NH_4^+ 的形式释放出来。

4.3.2 线虫

在已知的10 000多种线虫中有寄生的也有自生的，其有1 000种生活于土壤中。土壤线虫多是微型、透明的丝状动物。它们主要集中于表层土壤中，其数目可达$10^6/m^2$。所有线虫都需取食活的有机物质，部分寄生于植物根系，许多非寄生线虫都集中于根际土壤中取食根表面的微生物。它们的取食方式按取食微生物的种类有两种：取食真菌的线虫用尖锐的口针刺透菌丝，吸食原生质体；取食细菌的线虫把细菌整个吞下。食细菌线虫每年取食细菌量可达800 kg/hm^2，相当于氮20～80 kg/hm^2。大部分取食氮被分泌或通过粪便排泄出来。吞食进的细菌也仅有40%～60%被破坏吸收，剩余的则被重新排至土壤中，并且变得更加活跃。在灭菌后重新加入细菌的土壤中，加入原生动物或线虫后，氮和磷的矿化速度都有显著的提高。

4.3.3 微节肢动物

微节肢动物主要包括弹尾虫和螨类(Acarina)，它们在土壤中的数目仅次于原生动物和线虫。弹尾虫主要取食真菌，有些种类也可能取食植物的根。

螨类中甲螨(Oribatid)为腐生型，同时也取食真菌。其他螨类（中气门、无气门和前气门螨）主要生活于地表的残落层中，偶尔也见于土壤中，它们中有的取食植物，为重要的害虫，多数为捕食性和食菌性，它们在取食微生物时会对植物残体进行破碎。

4.3.4 蚯蚓和线蚓

蚯蚓分布广泛，是温带土壤中生物量最大的无脊椎动物。全世界目前已知蚯蚓有12科3 000多种，我国有8科25属200多个种，其中分布最广的是巨蚓科的环毛蚓。

4.3.4.1 蚯蚓的生态类型

(1)*表居型*（epigeic） 居住和取食都在土壤表面的残落物层，以植物残体为食。体型小，因土壤表面剧烈变化的温度和湿度的影响和天敌的捕食死亡率高，但繁殖快。体壁有色素沉积，为红色或深灰色。在土壤中挖掘和穿插能力差，对土壤物理性状影响不大，主要通过对有机残体的破碎，影响其分解速度。

(2)*上食下居型*（anecic） 居住在土壤内，到土壤表面取食有机物质。体型中等，身体背面体表有色素沉积，为灰褐色或紫褐色。它们将有机物质运至地下，挖掘至土壤表面的通道并将下层土壤和未完全消化物质排泄至土壤表面，对土壤通透性及土层混合影响很大。

(3)土居型（endogeic） 居住和取食均在土壤内，主要取食土壤有机质。体型大，体壁无色素沉积，代谢繁殖均比较缓慢，在土壤内挖掘纵横交织的通道，影响土壤的孔隙性。

4.3.4.2 蚯蚓对土壤肥力的影响

(1)土层混合作用 蚯蚓靠吞食土壤在土内穿行，每条蚯蚓每天可以吞食其体重的 2～30 倍的土壤。蚯蚓在挖掘和取食过程中将大量深层土壤运往土表。在热带的稀树草原，蚯蚓密度大，整个表层土壤可以看到不同时间蚯蚓排泄物的累积。同时，蚯蚓又把大量植物残体和富含有机物质的表土运往土内。

(2)有机物质分解 通过对有机残体的破碎，增大微生物作用的表面积，将植物残体运往土壤内，与土壤紧密混合，增大与微生物的接触。

(3)富集养分 取食有机物质和土壤微生物，将其中养分释放出来；选择取食富含有机物质的土壤颗粒，造成养分在排泄物中富集（表 4-2）。

表 4-2 蚯蚓排泄物与原土性质的比较

土壤性质	蚯蚓排泄物	土壤
粉粒和黏粒（%）	38.8	22.2
容重（g/cm^3）	1.11	1.28
结构稳定性*	849	65
阳离子交换量（cmol/kg）	13.8	3.5
交换性 Ca^{2+}（cmol/kg）	8.9	2.0
交换性 K^+（cmol/kg）	0.6	0.2
水溶性 P（mg/kg）	17.8	6.1
全 N（%）	0.33	0.12

* 破坏团聚结构所需的雨滴数。

(4)物理性质 蚯蚓在土壤内挖掘大量临时或半永久性的通道，1 m^3 土体内通道可长达 5～100 m，产生 0.1～9 L 的大孔隙。纵向的通道通向地表，并可深入土壤 1 m 以上。这些大孔隙可以促进土壤通气和水分入渗，有利于防止大雨时水的径流和土壤侵蚀。另一方面，化肥和农药也易通过大孔隙流进入下层土壤，造成地下水的污染。

4.3.4.3 影响蚯蚓活动的条件

蚯蚓喜好潮湿但排水通气良好的土壤。尽管少数种类的蚯蚓能耐较高的酸度，多数蚯蚓最适的pH是5.5～8.5。蚯蚓最适的土壤温度是10 ℃，温度过高或过低时会躲至土壤深层，这是温带地区蚯蚓在春秋两季在土壤中最为活跃的原因。农作措施中耕翻和农药的施用对蚯蚓存活最为不利，频繁耕翻是农田土壤中蚯蚓密度很低的主要原因之一。耕翻不仅会对蚯蚓造成直接的机械损伤，而且还会破坏其栖息环境，蚯蚓被翻至土壤表面后易干燥和被鸟兽捕食。由于蚯蚓以半分解有机物质及其上面的微生物为食，有机质含量高和施用厩肥和秸秆还田的土壤中蚯蚓活性高。直接与磷肥和铵态氮肥接触会造成蚯蚓的伤害甚至死亡。实行免耕、少耕，增施有机肥、秸秆还田或覆盖有利于农田中蚯蚓种群的增大。蚯蚓的天敌主要有鼹鼠、老鼠、蜈蚣和某些螨。

土壤蚯蚓数目是土壤质量的标志之一，每平方米5～10条说明土壤健康状况良好。测定土壤中蚯蚓密度最简便易行的方法是，通过挖掘和手拣，统计1 m^2土壤中25～30 cm长的蚯蚓数目。草场、果园由于不经常扰动，又有枯枝落叶和根等有机物质进入土壤，蚯蚓密度较大。肥沃的草场，蚯蚓密度可达500条/m^2。酸性很强的森林土壤和频繁耕翻的农田中每平方米蚯蚓常常不会超过1条。

线蚓(*Enchytraeid*)属环节动物门，是蚯蚓的近亲，体长为1～2 cm。土壤线蚓的数目一般比前几类无脊椎动物小，但在酸性土壤中它们生物量可占到整个土壤动物生物量的1/4～1/3；它们取食植物残体及附着其上的真菌。

4.3.5　白蚁和蚂蚁

世界上白蚁大约有2 000种，在地球2/3以上的陆地均有分布。它们集中分布于热带和亚热带的稀树草原和森林中，其活动对土壤和植物的影响可以蚯蚓相提并论。在降水小于800 mm的热带落叶林中，白蚁的密度可高达每公顷几千万至上亿只，它们在这些地区的重要性甚至超过蚯蚓。

白蚁为社会性昆虫，群居于建在地下和地上的复杂的巢穴中。其巢穴在地上部高达1～2 m，在地下的通道长达20～30 m。筑巢时白蚁将土壤深层黏土和经过咀嚼的有机残体混合胶结在一起。每年搬运的土壤达300～1 200 kg/hm^2。白蚁以腐朽的木材和植物残体为食，有的也取食活的树木和禾本科植物的茎，加上筑巢用的有机物质，白蚁每年从地表移走4 000 kg/hm^2的有机残体。低等白蚁借助肠道内的原生动物和微生物消化有机物质，而植菌白蚁（Macrotermes属）则将采集的植物残体，切碎后在蚁穴内发酵，并在其上种植真菌，利用真菌来降解复杂的有机物。在白蚁和微生物的协同作用下，经过白蚁肠道后，分解有机物质比蚯蚓消化完全的多。白蚁排泄物中剩余的有机物质被土壤其他生物可利用的程度很小，再加上白蚁仅在局部造成土壤和有机物质的混合，且混合后的物质坚硬无比，白蚁对土壤物理性质的改变并不像蚯蚓那样有利于植物生长。相反，由于白蚁移走大量有机残体，反而会造成地表裸露，导致土壤侵蚀。植菌白蚁采集活的植物组织，它们是重要的作物害虫。此外，白蚁的巢穴还会造成水坝的溃决。

蚂蚁也是社会性昆虫，全世界有 10 000 多种，尤其在热带，种类最多。蚂蚁主要以节肢动物特别是昆虫为食。有的蚂蚁采集植物种子，也有的蚂蚁用新鲜的植物组织和昆虫粪便种植真菌，这类蚂蚁是重要的农业害虫。蚂蚁的巢穴建在地下，由纵横交织的通道和穴室组成。蚂蚁筑巢将大量深层土壤运至地表，其通道可以增大土壤的水分渗入。

4.4 高等植物的根

高等植物进行光合作用，截获太阳能，将其转化为化学能贮存在植物体内；将 CO_2 转化为有机碳，构成生物组织。

4.4.1 根际

4.4.1.1 根际

存活的植物根显著影响的土壤区域称为根际，根际土壤与非根际土壤在物理、化学和生物学特性有明显的不同，这些特征在根际土壤和非根际土壤的比值称为根土比(R/S ratio)，即根际效应。根际土壤的 pH 值可比非根际土壤高出或低 10 倍以上。根系一方面通过吸收降低根际有效养分的浓度，另一方面又可将不溶解的无机化合物溶解释放出植物有效养分。根系对根际土壤影响的物质基础是分泌的大量的有机物质。

4.4.1.2 根际分泌物

根系分泌的有机物质即根际分泌物可分为三种类型：

(1) *由根细胞小分子的有机化合物* 包括有机酸、单糖、氨基酸和酚类物质，其中某些物质特别是酚类物质对植物和微生物的生长有刺激作用。

(2) *有根冠和根尖的表皮细胞分泌的大分子化合物* 它们与微生物细胞、黏土粒子结合构成黏胶。根在土壤中穿插时它们起保护和润滑作用；它们的存在保证了根表面与土壤的紧密接触，有利于水分和养分的吸收；它们还可以保护根系免受某些有毒化学物质的伤害，并为根际特定的微生物提供有利的生存环境。

(3) *脱落的根冠表皮细胞* 根际分泌物的总量可占植物所产生的干物质的2%～30%，一年生植物一个生长季根系的分泌物是留在根系的干物重的两倍。根系分泌物为土壤微生物提供了大量的能源物质，再加上某些根际分泌物具有类似生长激素的性质，根际土壤中微生物大量繁衍，其种群数量往往是非根际土壤的2～10倍。大量的有机物质和微生物的存在使得土壤动物尤其是土壤微动物如原生动物、线虫、弹尾虫、线蚓等也在根际土壤中富集。

4.4.2 菌根

某些高等植物的根可与一些土壤真菌形成互惠共生体称为菌根。菌根真菌从根系获得糖类等有机物质，根系供给菌根真菌的有机物质可占其光合产物总量的5%～10%。作为交换，菌根真菌可以帮助根系吸收水分以及磷、钾等养分。菌根真菌的菌丝可从感染的根扩展至土壤5～15 cm，同时真菌的菌丝可深入到比根毛还细的土壤孔隙中，这样就扩大了根系的吸收范围。此外菌根真菌还可以通过产生抗生素保护根系免受土传病菌和线虫的为害。

菌根分外生菌根和内生菌根两种。外生菌根真菌有几百种，它们受根际分泌物的吸引，在根表形成菌丝壳，同时穿破根系表皮进入皮层细胞的间隙，但不进入其中。外生菌根真菌为可在一定程度上营自生生活，故可以在人工培养基上大量繁殖。在贫瘠或复垦土壤上，接种菌根真菌，可提高树木生长速度50～500倍。最重要的内生菌根是囊泡-丛枝菌根，简称VA菌根。形成菌根时，菌丝穿透根皮层细胞的细胞壁进入细胞内部，并在其中形成细小但多分支的结构-丛枝，该结构担负着有机物质由根向真菌运输及养分由真菌向根转移的功能。VA菌根真菌同时也形成起有贮藏作用的囊泡。目前已知约有100多种真菌可以和从热带到极地的植物形成菌根。重要的农作物如玉米、小麦、旱稻、大豆、苜蓿、甘蔗以及蔬菜和果树等都能形成VA菌根。但是，十字花科植物如甘蓝、白菜、芥菜和蓼科植物如甜菜、菠菜等则不能形成菌根。VA菌根在为植物提供养分方面的作用已广为人知，在比较贫瘠的土壤上，其作用尤为突出，但在肥力较高和施肥的土壤上其作用有限。由于VA菌根真菌为严格共生真菌，目前尚不能进行人工培养繁育。

4.4.2.1 土壤酶

土壤酶是土壤中具有高度专一性和催化活性的蛋白质。土壤中养分循环涉及一系列物理化学、化学、生物化学反应，所有这些生物化学反应都是通过土壤酶催化来实现的。土壤酶活性是某一时刻土壤代谢强度和土壤肥力的表征。

4.4.2.2　土壤酶种类

目前发现的土壤酶包括水解酶、氧化还原酶、转移酶和裂解酶。与土壤碳氮循环有关的土壤酶主要有:淀粉酶、纤维素酶、木聚糖酶、蔗糖酶、多肽酶、蛋白酶、几丁质酶、脲酶。与磷循环有关的土壤酶主要有:磷酸酯酶，核酸酶、无机焦磷酸酶、多聚磷酸酶、三磷酸腺苷酶等。与硫循环有关的土壤酶有芳基硫酸酯酶和硫氰合成酶 (rhodanese)。

4.4.2.3　土壤酶形态

酶释放入土壤后，部分被蛋白酶降解，剩余部分则与腐殖质和黏粒结合。部分土壤酶存在于活的但不增殖的细胞中。

4.4.2.4　土壤酶来源

植物根系、土壤微生物和土壤动物都能分泌释放酶,酶部分是由活细胞主动分泌的胞外酶,部分则是破裂细胞释放出的胞内酶。一般认为,根系和土壤微生物对土壤酶贡献远大于土壤动物,而土壤动物中又以蚯蚓的作用最为显著。此外,处于分解过程中的动植物残体也会向土壤中释放各种酶。

4.4.2.5　土壤酶分布

土壤酶在土壤剖面中的分布与土壤有机质一致,酶活性在表土层中最大,主要分布在表土 0～40 cm 的层次中。

4.4.2.6　影响土壤酶活性的因素

影响土壤酶活性的因素分三类:① 土壤理化性质,其中最重要的是 pH、温度、有机质和黏粒含量。土壤酶在极端 pH 和高温下变性失活;土壤酶活性常常与有机质和黏粒含量呈正相关。② 耕翻,农药、化肥、脲酶抑制剂的施用,不同程度地降低土壤酶活性;③土壤污染,随农药、化肥和城市废弃物施用进入土壤的重金属和有机污染物是酶的活性抑制剂。

4.5　土壤生物对土壤及植物的作用

4.5.1　土壤生物的有益作用

土壤微生物和动物对土壤肥力和土壤生态功能的发挥是必不可少的,比较重要的作用包括以下几方面。

4.5.1.1　有机物质的分解和养分释放

土壤生物对植物最显著的贡献是将植物残体分解。植物残体分解过程中,固持于其中的氮、磷、硫等养分会被重新释放出来，成为植物的有效养分，同时，分解动植物残体产生的腐殖质可改善土壤的物理化学性状。

4.5.1.2 分解有毒有机物质

土壤的重要的生态功能之一是降解有毒物质，疑难血型鉴定有毒物质是生物的代谢产物，有些则是人工合成的化学物质如农药。由于土壤微生物种类繁多，一些微生物可以将对其他生物有害有机物质作为食物将其分解。

4.5.1.3 无机物质的转化

土壤溶液中硝酸盐、硫酸盐以及一定程度上磷酸盐的存在依赖土壤生物的作用。在通气良好的土壤中，铁、锰被自养微生物氧化成溶解度低的高价形态，使得这两种元素即使在酸性高的土壤中也大部分处于不溶状态，避免了高浓度下可能对植物的毒害作用。同样，微生物的氧化也控制着污染土壤中重金属被植物吸收的能力。

4.5.1.4 生物固氮

微生物可将大气中分子态植物不能吸收的氮固定为植物可以吸收利用的化合态氮，这个过程称为生物固氮。生物固氮是土壤中最重要的生物学过程之一。森林生态系统中，弗兰克氏属放线菌固定大量氮，在水稻田中进行生物固氮的则是蓝细菌。农田土壤中进行生物固氮的微生物主要是根瘤菌，它们与豆科植物共生，在根部形成根瘤。地球上生物固氮的大部分是由根瘤菌共生固氮完成的。

4.5.1.5 植物保护

尽管某些土壤生物危害植物，但土壤中也有许多生物可保护植物根系不受病原微生物或寄生生物的浸染，作为植物保护防治对象的土壤生物。

4.5.2 土壤微生物对植物生长的不利影响

土壤动物(某些啮齿类动物)可以对作物造成很大危害，在某些地区，蜗牛和蛞蝓是重要的害虫，它们对蔬菜为害尤为严重，如许多植物的根会遭受根结线虫的为害。

有些植物病害由细菌和放线菌引起，但大多数的土传植物病害的病原是真菌，它们可引起植物枯萎病、黄萎病、根腐病等。

4.6 土壤管理措施对土壤生物的影响

预防是防治土传植物病害最有效的措施。严格的植物检疫制度可限制土传病害从一个国家或地区向另一国家或地区的传播。通过轮作几年抗病的作物或品种可以减小土传病害的为害。焚烧染病作物的残体可以消灭真菌的孢子,减轻来年的危害。

调节土壤 pH 也是控制某些土传病害有效的途径,例如将土壤 pH 保持在 5.2 以下可以防治由放线菌引起的马铃薯疮痂病;将土壤 pH 调至 7.2 可以阻止或减弱引起甘蓝根肿病的真菌孢子的萌发。

湿冷的土壤条件会加重导致幼苗猝倒病的细菌为害,淹水后及时排水或垄作能控制此病害的发生;与硝态氮相比,铵态氮有利于导致枯萎病的镰刀霉的侵害。

土壤中的某些细菌和真菌会一致抑制病原菌的生长或浸染,使得在有致病能力的病原菌存在的条件下,不抗病植物也不会发病,或发病程度较差,这种土壤称为抑病土(disease—suppressive soils)。例如小麦全蚀病菌和在中美洲导致香蕉枯萎病的镰刀霉真菌在某些土壤上就不会导致严重的病害。在某些情况下,土壤的抑病作用是在较长期连作后产生的。

据报道,抑病土壤对小麦全蚀病的抑制作用与根际的假单孢菌有关。原先常用的防治土传病害的土壤熏蒸或加热灭菌方法,在杀灭病原菌的同时也破坏了土壤的抑菌能力。在土壤中施用大量有机物质可以提高土壤的生物多样性和微生物总体的活性水平,有利于对病原菌的拮抗。特别是在土壤中施用腐熟的堆肥,利用堆肥后期放线菌产生的抗生素抑制由链刀霉引起的病害,在园艺上已广泛应用。频繁的耕翻,会破坏土壤真菌的菌丝和蚯蚓的通道和对其有直接的机械损伤,耕翻还将土壤动物翻至土表,使其因干燥脱水而死并易受到鸟兽的捕食。免耕和少耕可以减少对土壤扰动,有利于土壤生物的活动。农药(如熏蒸剂和杀线虫剂)的施用至少会在短期内极大地降低土壤生物尤其是土壤动物的群体。

5 土壤有机质

【教学目标】

- **土壤有机质概述**
  1. 一般了解不同地带土壤有机质含量的差异及其影响因素。
  2. 了解自然土壤与耕作土壤有机质来源的异同。
  3. 掌握土壤有机质与土壤腐殖质概念，二者有何异同。
  4. 熟悉土壤有机质的基本组成，包括化学组成、化合物组成和形态特征。
- **土壤有机质的转化**
  1. 掌握碳水化合物、含氮化合物的转化过程及产物，重点掌握影响转化因素中的 C/N 的详细内容和基本原理。
  2. 理解影响有机物质在土壤中转化的推动力是微生物的含义。
- **土壤腐殖质的形成**
  1. 了解腐殖质形成过程的两个阶段的内容及相互关系，组成土壤腐殖质最基本的物质有哪些？
  2. 掌握土壤腐殖质的组分、所带功能团对各组分性质产生的影响。
- **掌握土壤有机质对土壤肥力、农作物产量、品质以及环境保护所产生的影响**
- **了解提高土壤有机质的原则和途径，以及为什么一再强调增施有机肥，以培肥土壤的科学道理**

土壤有机质是土壤的重要组成部分之一。虽然其含量很少，但在土壤肥力、环境保护以及作物生长等方面都起着极其重要的作用。首先它含有植物生长所需要的各种营养元素，为土壤微生物生命活动提供能源，对土壤物理、化学和生物学性质均有着深刻的影响。其次是对重金属、农药、化肥等有机、无机污染物起着明显的抑制和减轻毒害的作用。第三有机碳被认为是影响全球"温室效应"的主要因素，对全球碳素平衡有着重要意义。

土壤有机质是指存在于土壤中所含碳的有机物质，它包括土壤中的各种动、植物残体、微生物体及其分解、合成的产物。

5.1 土壤有机质的含量、来源及其组成

5.1.1 土壤有机质的含量

不同土壤类型，土壤有机质含量的差异很大。如草原草地土壤的表层有机质含量可达5%～6%，沙质土不足1.0%，热带土壤则更小一些。在我国耕地土壤表层有机质的平均含量为2.0%，华北地区土壤大多在1.0%左右，西北地区＜1.0%，南方水田土壤为1.5%～3.5%，东北的黑土可高达8%～10%，有些地区的沼泽土、泥炭土，有机质含量可超过20%，在土壤学中，一般把有机质含量高达20%以上的土壤称为有机土壤，有机质含量不足20%的土壤，称为矿质土壤。耕作土壤有机质含量通常在5%以下(见表5-1)。(有机质的含碳量平均为58%，故土壤有机质含量大致是有机碳含量的1.724倍)。

表5-1 不同地区旱地和水田耕层土壤有机质含量

地区	有机质含量(%)	
	旱地	水田
东北平原	4.45	4.96
黄淮海平原	0.99	1.27
长江中下游平原	1.74	2.74
南方红壤丘陵	1.65	2.52
珠江三角洲平原	2.01	2.73

影响土壤有机质含量差异的因素主要有气候、植被、母质、地形及耕作措施，

内容将在“12 土壤形成与分布”中具体讨论。

5.1.2　土壤有机质的来源

原始土壤中，最早出现在母质中的有机体是微生物。随着生物的进化和成土过程的发展，动、植物残体及其分泌物就成为土壤有机质的基本来源。

在自然土壤中，地面植被残落物和根系是土壤有机质的主要来源，如树木、灌丛、草类及其残落物，每年都向土壤提供大量有机残体。

农业土壤中，土壤有机质的来源较广，主要有：①作物的根茬、还田的秸秆和翻压绿肥；②人畜粪尿、工农副产品的下脚料（如酒糟、亚铵造纸废液等）；③城市生活垃圾、污水；④土壤微生物、动物的遗体及分泌物（如蚯蚓、昆虫等）；⑤人为施用的各种有机肥料（厩肥、堆沤肥、腐植酸肥料、污泥以及土杂肥等）。

5.1.3　土壤有机质的组成

5.1.3.1　土壤有机质化学元素组成

土壤有机质的基本元素组成是碳、氢、氧、氮，碳占 52%～58%、氧占 34%～39%、氢占 3.3%～4.8%、氮占 3.7%～4.1%，其次是磷和硫，C/N 比在 10～12 之间。

5.1.3.2　土壤有机质化合物组成

土壤有机质化合物组成十分复杂，一般可分为腐殖物质和非腐殖物质两大部分，其中腐殖物质占土壤有机质的 60%～80%，非腐殖质占 20%～30%，非腐殖物质是一些较简单、易被微生物分解并具有一定物理化学性质的物质。如糖类、有机酸和一些含氮的氨基酸、氨基糖等。

腐殖物质是经土壤微生物作用后，由酚类和醌类物质聚合由芳香环状结构和含氮化合物、碳水化合物组成的复杂的多聚体，是性质稳定的、新形成的暗棕色高分子化合物。它是土壤有机质的主体，也是土壤中比较难分解的物质。

5.1.3.3　土壤有机质的形态

进入土壤中的有机物质的形态一般有以下几种：

(1)新鲜的有机物质　指那些刚进入土壤不久，仍保持原来生物体解剖学上特征的那些动、植物残体，基本上未受到微生物的分解作用。

(2)半腐解的有机物质　指多少受到微生物作用的植物残体，已失去解剖学上的特征，多为暗褐色的碎屑和小块，如泥炭（草炭）。

(3)腐殖物质　指经微生物改造后的有机物质，是一类特殊的有机化合物。

通常与矿质土粒结合在一起，性质稳定的土壤腐殖质。

5.2　土壤有机质的转化

土壤中有机物质的转化可分为矿质化和腐殖化两个过程，前者是复杂的有机物质分解为简单无机化合物（CO_2 和 H_2O）的过程，并释放出矿质养分和热量，如下式表示：

$$R—(C,4H) + 2O_2 \xrightarrow[\text{氧化}]{\text{酶}} CO_2 + 2H_2O + \text{能量}$$

后者是分解中间产物后又合成更复杂、稳定、胶状的高分子聚合物的过程，它使有机质和养分得以保存起来。两个过程没有截然的界限，矿化过程的中间产物是合成腐殖质的基本材料，同时腐殖质并非是永远不变的，也可再经矿化释放出养分供作物利用，但矿化的速度和强度较为缓慢。土壤有机质分解和合成的关系如图 5-1 所示。

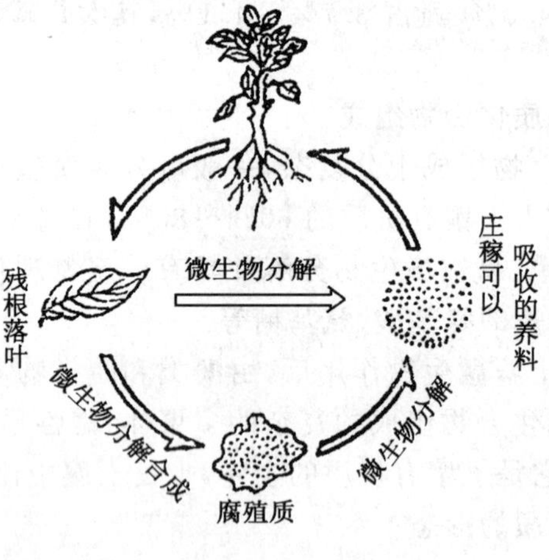

图 5-1　土壤有机质分解与合成示意图

5.2.1　不含氮的碳水化合物的转化

碳水化合物中，简单的糖类容易分解，而多糖则较难分解。尤其是与黏粒矿物结合的多糖，抗分解力较强。纤维素、半纤维素、脂肪、蜡质分解缓慢，最难分解的是木质素，但在其专性细菌作用下，也能缓慢分解。如高温纤维素分解细菌就能加速纤维素的分解。

多糖分解过程可用下式表示：

$$(C_6H_{10}O_5)n + nH_2O \xrightarrow[\text{酶}]{\text{水解}} nC_6H_{12}O_6$$

（纤维素、淀粉）　　　　（葡萄糖）

首先，在通气良好供氧充足条件下，经好氧微生物作用，使葡萄糖迅速分解成 CO_2 和 H_2O，并放出大量的热量。

$$C_6H_{12}O_6 \xrightarrow[O_2]{\text{酵母菌}} 2C_2H_5OH + 2CO_2 + W$$

$$C_2H_5OH \xrightarrow[O_2]{} CH_3COOH + H_2O + W$$

$$CH_3COOH \xrightarrow[O_2]{} CO_2 + H_2O + W$$

$$C_6H_{12}O_6 \xrightarrow[O_2]{\text{霉菌}} C_2H_4O_4 + H_2O + W$$

$$C_2H_4O_4 \xrightarrow[O_2]{} CO_2 + H_2O + W$$

其次，在通气不良，缺氧条件下，好氧微生物活动受到抑制，而厌氧微生物占据优势，使分解过程进行缓慢，其终端产物是 H_2、CH_4、CO_2 等一些还原性物质，并可能累积一些有机酸。如下式：

$$C_6H_{12}O_6 \xrightarrow[\text{缺氧}]{\text{丁酸细菌}} CH_3CH_2CH_2COOH + 2H_2 + CO_2 + W$$

（丁酸）

$$H_2 + CO_2 \xrightarrow[\text{缺氧}]{\text{甲烷细菌}} CH_4 + 2H_2O$$

上列各式表明，碳水化合物矿质化的结果，在好氧条件下产生 CO_2 和 H_2O，在厌氧条件下产生 H_2、CH_4 和 CO_2。CO_2 是植物光合作用的重要碳原，也是平衡全球碳素和产生“温室效应”的主要因素。

5.2.2 含氮有机物质的转化

土壤中的含氮有机物质主要为蛋白质、腐殖质、生物碱、络合态氨基酸和氨基糖等。多数是难溶性的化合物，不能直接被植物吸收利用。土壤含氮有机物质的转化主要有水解、氨化、硝化和反硝化。

5.2.2.1　氨化作用

有机态氮的氨化包括蛋白质类物质水解转化为简单的氨基酸和氨基酸脱氨基过程：

$$蛋白质 + H_2O \xrightarrow{水解酶} RCHNH_2COOH$$

$$RCHNH_2COOH + H_2O \xrightarrow{水解酶} RCHOHCOOH + NH_3\uparrow$$

$$RCHNH_2COOH + O_2 \xrightarrow{氧化酶} RCOOH + CO_2 + NH_3\uparrow$$

$$RCHNH_2COOH + H_2 \xrightarrow{还原酶} RCH_2COOH + NH_3\uparrow$$

从上述反应可以看出，无论通过水解、氧化和还原，都可以使氨基酸分解成氨。包括好气性和嫌气性的多种氨化细菌都可以在上述反应中起作用。

5.2.2.2　硝化作用

土壤中的氨在亚硝酸细菌的作用下氧化成亚硝酸，再经硝化细菌作用氧化成硝酸：

$$2NH_3 + 3O_2 \xrightarrow{亚硝酸细菌} 2HNO_2 + 2H_2O + 158 卡$$

$$2HNO_2 + O_2 \xrightarrow{硝酸细菌} 2HNO_3 + 42 卡$$

进行硝化作用的土壤条件是pH6～9，通气良好，而且C/N＜20∶1。酸性强的土壤施用石灰有利于硝化作用的进行，因为当土壤趋于中性后，有利于促使硝化细菌等微生物的活动。

5.2.2.3　反硝化作用

当土壤通气条件较差，如淹水或紧实而透气不良，土壤的pH值较高，且C/N比值大时，则容易发生反硝化作用：

$$5CoH_{12}O_6 + 24KNO_3 \longrightarrow 24KHCO_3 + 6CO_2 + 12NO_2\uparrow + 18H_2O$$

反硝化作用的氮素损失，随土壤有机质含量、NO_3-N 的数量、pH值和温度升高而增强。如用^{15}N标记$(NH_4)_2SO_4$施于稻田，40天损失了30%的氮，其中一部分的氮是通过反硝化作用损失的。

5.2.3　影响土壤有机质转化的因素

土壤有机质的转化由矿质化和腐殖化两大过程组成，它是土壤中最活跃的物质部分。矿质化是使进入土壤的有机物质经微生物作用不断分解、释放出养分被植物吸收利用，最终离开土壤。腐殖化是有机物质经微生物分解、合成而形成新的更复杂的腐殖质，有利于土壤培肥。由此看出，有机物质在土壤中的转化的主要驱动力是微生物。因此，凡是影响微生物活动的因素都会影响有机物质的转化过程。

5.2.3.1　土壤的水、气、热条件

土壤通气良好，氧气充足时，好气性微生物数量增多、活性增强。有机物质分解较快，而且彻底，有利于养分的释放。通气不良时好气性微生物活动受到抑制，而嫌气性微生物占据优势，则有机质的矿化缓慢且不彻底，并可能累积一些中间产物，如有机酸和还原性有毒物质（H_2S、CH_4、H_2、CO_2）等，但有利于有机质合成和累积。

微生物在一定的温度范围内，其活动与温度升高呈正相关。但温度过低（<0℃）和温度过高（>45℃）时，大多数微生物活动受到抑制或处于休眠状态，一般土温以25～35℃较为适宜。个别微生物如纤维分解细菌的最高忍耐温度可达60℃以上。

水分也是制约微生物活性的重要因素之一。大多数微生物抗旱能力较弱，土壤过干，大多数细菌、真菌会脱水处于休眠状态，活性显著降低。研究表明，土壤温度为30℃左右、土壤含水量为田间持水量的60%～80%时，微生物活动旺盛，有利于有机质矿化作用的进行。

5.2.3.2　植物残体的特性

研究表明，干枯的秸秆比新鲜多汁的植物难分解，前者含有比例较高的纤维素、脂肪、蜡质、木质素等难以分解的成分。这主要是因为植物本身组成的碳氮比（C/N）较大对分解速率产生的影响所致。

所谓C/N比是指有机物中的有机碳和有机氮的质量之比。微生物在分解有机物时，一部分有机碳被微生物吸收转化为自身细胞组织，一部分被氧化为CO_2和H_2O，放出能量供活动所需要，同时，还要吸收一定数量的氮素合成自身组织。细菌自身组织的C/N比为5∶1，而它在每同化一份有机碳时，还需4份碳作能量消耗。在细菌的生命过程中，分解有机质时满足其合适的C/N比值一般为

25∶1。<25∶1时，有充足的氮素，分解速率较快，也能提供农作物所需的氮素，>25∶1时，氮素不足，微生物会被迫从土壤中吸取必需的氮素，出现与作物争氮的局面，而导致作物缺氮，生长不良以致减产的后果。

由此可见，在向土壤施入有机物质时，如秸秆还田及其他有机肥，应注意C/N是否合适，当C/N过大，则需补充一定的速效氮肥，以降低其C/N比值，以免造成微生物与作物争氮的不良局面。

除C/N外，C/P、C/S比也对有机物质的分解有一定的影响，但作用一般不如C/N大。

另外，有机物质本身的鲜嫩程度、细碎程度以及紧实程度都是制约有机物质的分解速率的因素。

5.2.3.3　土壤pH值

一般微生物活动适宜的土壤酸碱度为中性附近(pH6.5～7.5)。土壤过酸(pH<4.5)和过碱(pH>8.5)时，多数微生物活动都会受到显著的影响。细菌在pH6～8之间活动旺盛，也有极少数能在极低pH下生存，如硫细菌、真菌喜欢在偏酸性条件下生长。霉菌在酸性、中性及碱性条件下均可生存。而放线菌一般适宜在中性或碱性环境生长(如表5-2)。

表5-2　土壤微生物活动的pH范围

微生物种类		微生物生长的pH范围		
		最低	最适	最高
细　菌	腐败细菌	4.5	6.0～8.0	9.0
	根瘤菌	4.3	6.0～8.0	10.0
	自生固氮菌	5.0	6.0～8.0	9.0
	硝化细菌	4.0	7.8～8.0	10.0
	硫细菌	3.0		10.0
真　菌	霉菌	1.5	6.5～7.5	9.0
放线菌		5.0	7.0～8.5	9.0
原生动物		3.5	7.0	9.0

5.2.3.4　灰分营养元素

微生物除了需要碳、氮元素以合成体内细胞外，还需其他各种灰分营养元素，如磷、钾、硫、钙、镁以及一些微量元素。一般情况下，有机残体分解所含的灰分元素的种类和数量，能基本满足微生物的需求。有些微生物只有在某些灰分元素充足时，活性才较高。多数细菌在交换性钙丰富时活动最旺盛。与豆科作物共生的根瘤菌对磷的要求比较严格，而且还要求一定数量的钼、铜等微量元素。蚯蚓在肥力高的土壤环境生长旺盛，尤其是钙镁丰富的土壤中繁殖率较高。因此，在调节生物活性时，要注意补充钙、镁营养元素。

5.3　土壤腐殖质的形成和性质

5.3.1　土壤腐殖质的形成

土壤腐殖质的形成是一系列极其复杂的由微生物主导的生物和生物化学过程，还有一些纯化学反应。一般认为腐殖形成可分为两个阶段：第一个阶段是植物残体分解产生简单的有机碳化合物；第二阶段是通过微生物对这些有机化合物的代谢作用和反复的循环利用，合成的多元酚和醌，或来自植物的类木质素，聚合形成高分子的多聚化合物，即腐殖质（见图 5-2）。

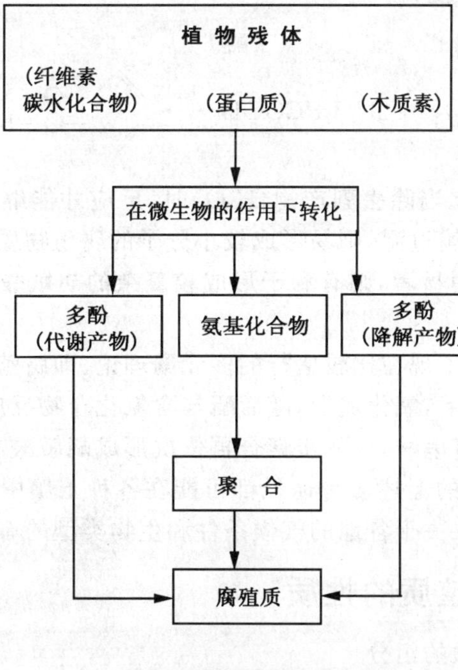

图 5-2　土壤腐殖质形成示意图

关于腐殖形成，归纳起来有 4 种途径：

①长期以来，认为腐殖质是由木质素衍生而成的。微生物对木质素进行不完全分解，其残余物构成了腐殖质的一部分。

②木质素分解生成酚醛和酸，在微生物酶的作用下转化为醌，醌与氨基化合物聚合，形成类腐植酸的大分子物质。

③认为多元酚是由微生物从木质素碳源（如纤维素）合成的，多元酚再经酶的作用氧化为醌，并转化为腐植酸类物质。

④微生物的代谢产生糖和氨基酸，再经非酶性的聚合作用形成棕色的含氮聚合物：

$$\text{植物残体}\xrightarrow{\text{微生物}}\text{酚、氨基酸、多肽}\xrightarrow[\text{纯化学反应}]{\text{微生物}}\text{腐植酸}$$

关于多元酚与氨基酸结合成腐植酸的反应可用以下简化式表示：

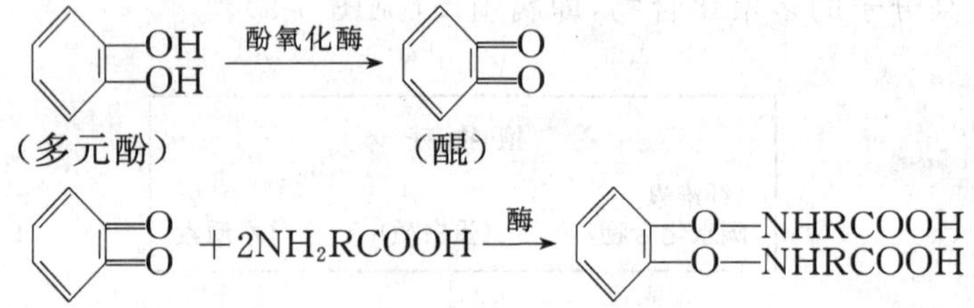

从上式可知，只有当除去副产物（H_2O）时，反应才能继续进行，否则侧链的增长便停止。如果土壤过湿，则易形成较小分子的腐殖物质，如灰化土中的腐殖质；周期性干湿交替明显者，则有利于形成较复杂的胡敏酸，如黑钙土中的腐殖质。

途径③和④构成了现在比较盛行的多元酚理论。即腐殖质形成是由多元酚，在多酚氧化酶的作用下，氧化成醌，随后醌与含氮化合物反应聚合成大分子的类腐殖物质，首先形成富里酸，进一步聚合再依次形成胡敏酸和胡敏素。

土壤腐殖质形成的上述 4 种途径都可能在各种土壤中存在，只是各自所占比例不同而已，主要取决于各地的气候条件和生物类型的有机组合。

5.3.2　土壤腐殖质的性质

5.3.2.1　土壤腐殖质的组分

腐殖物质是一类组成结构极为复杂的高分子聚合物，其主体是各种腐植酸及其与金属离子相结合的盐类，与矿物质部分结合形成有机无机复合体。目前，依据腐殖质的颜色和在不同溶剂中的溶解行为，把它分为胡敏素、胡敏酸和富里酸三个组分，其分组方法如下：

土壤 —用稀 NaOH 分离→
- 不溶解部分—胡敏素(黑腐素)
- 暗褐色部分 —酸化 pH2→
  - 棕褐色沉淀物—胡敏酸(褐腐酸)
  - 淡黄色溶液部分—富里酸(黄腐酸)

即：腐殖物质 ＝ 胡敏素 ＋ 胡敏酸 ＋ 富里酸

胡敏素是稀碱不溶的那部分腐殖物质，一般与黏粒矿物结合十分紧密，难以用试剂把它与黏粒矿物分离。胡敏酸和富里酸统称为腐植酸，占腐殖物质的60%左右，通常都以腐植酸作为腐殖物质的代表，土壤真正游离的腐植酸很少。富里酸的酸性很强，活性大，对矿物的风化和盐基的淋溶强度较大，是酸性森林土壤腐殖质的主要组分。

在腐殖质组分中，研究最多的是胡敏酸。由于胡敏素难以提取，到目前为止，了解甚少。从结构上看，胡敏素与胡敏酸是同素异构体，本质上并无太多的差别。胡敏素在腐殖质中所占比例很小，不是腐殖质的主要部分，因此，以下重点讨论腐植酸的性质。

5.3.2.2　土壤腐殖质的性质

(1)物理性质

①分子量大小与形状。腐植酸在土壤中的作用与分子量的大小和形状有密切关系。据报道，腐植酸分子量的变动范围为几百至几百万之间。其分子量大小与单体分子的缩合度有关，如富里酸，分子量为 670～1 450，结构简单、缩合度低；胡敏酸缩合度高，结构极为复杂，分子量为 890～2 270。一般认为，腐植酸分子结构核心是由芳香化羟基化合物和含氮化合物组成，在结构外围连着多种取代基——含氧和含氨基功能团，通过这些取代基还可以连接一些含氮的多肽、氨基酸、脂肪和碳水化合物。

利用电子扫描显微镜推断，腐植酸是非晶体物质，分子结构十分松散，形状呈无规则的变化，但受 pH 环境所控制，可以是纤维状—类海绵状—颗粒状—棒状的，在中性溶液中是网状的海绵体结构。

腐植酸结构松散，含有大量的微细孔隙，具有巨大的内外表面，这是腐植酸性质极其活跃和表现出多种功能的一个重要原因。

② 吸水性及溶解度。腐植酸是一种亲水胶体，具有很强的吸水能力，单位重

量腐殖质的持水量是黏粒矿物的 4～5 倍，最大吸水量可超过本身重量的 500%。腐植酸又是一种弱酸，可溶于碱性溶液生成腐植酸盐，在酸性条件(pH＜3)时，胡敏酸有沉淀析出。胡敏酸与一价的盐基离子形成的盐均溶于水，与二价离子形成的盐，其溶解度很低。富里酸一价、二价的盐类均溶于水，与三价离子形成的盐类，在中性以上的碱性环境中溶解度较低。

③ 颜色与光学性质。腐殖质不分组时，整体溶液呈黑色，不同组分间颜色有深浅之别。胡敏酸色深，呈棕褐色；富里酸色较浅，呈淡黄色。腐植酸的颜色主要决定缩合度的大小和发色基团的比例。

不同的腐植酸都有各自的红外光谱，从光谱上可以看出腐植酸结构上的变化，尤其是官能团的差异。另外，多数腐植酸都具有荧光效应，而且不同组分的荧光效应不同。用不同波长的光测定各组分的光密度，表明光密度与腐植酸分子量大小和芳化度呈正相关的趋势。

(2)化学性质

① 腐植酸的元素及化合物组成。腐植酸分子主要由碳、氢、氧、氮、硫等元素组成，还有一些灰分元素，如磷、钾、钙、镁、铁、硅等(见表 5-3)。

表 5-3 我国主要土壤腐植酸元素组成 (%)

腐植酸	C	H	O+S	N
胡敏酸	50～60	3.1～5.5	31～40	2.8～5.9
富里酸	45～53	4.0～4.8	40～50	1.6～4.3

从表 5-3 可知，富里酸的碳、氮含量比胡敏酸低，氧比胡敏酸高。一般以 58%作为腐植酸含碳(C)的平均数(在计算土壤腐植酸含量时以 100/85＝1.724 价为换算系数)。含氮量平均为 5%，C/N 比为 10：1～12：1。

腐植酸主要由芳香族的酚、醌化合物、含氮化合物组成，还有一些碳水化合物、脂肪酸等。用酸解法对腐植酸中的氮素分布进行大量研究表明，氮主要是氨基酸氮、氨基糖氮、铵态氮和残渣氮，其中氨基酸氮占腐植酸氮的 20%～50%，氨基糖占 1%～8%，其余约 50%的氮是残渣氮，目前，性质还不清楚。氨基酸、多肽、蛋白质是腐植酸的组成部分。用酚可以从腐植酸中分离出“腐植酸蛋白质”，其含量随胡敏酸中全氮含量的增加而提高，说明部分多肽是通过氢键与腐植酸结合的，并非腐植酸的组成部分。腐植酸中也有一定的碳水化合物，部分也是以氢键或配位键与腐植酸相连，而且采用不同方法测得的含量差别较大。

② 腐植酸的功能团、带电性及交换量。腐植酸的性质之所以活泼，如离子交

换、络合作用、缓冲作用、氧化—还原性、胶体的特性以及一些生物活性等，这些性质都与腐植酸分子上官能团的性质密切相关。在腐植酸的官能团中，最重要的是含氧官能团。含氧官能团有羧基（RCOOH）、酚羟基（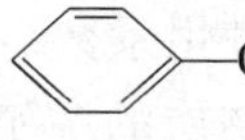—OH）、羰基（>C=O）、醌基（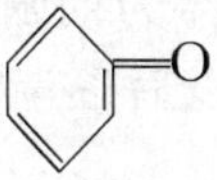）和醇羟基（—OH）、甲氧基（$—OCH_3$）等。一般认为，胡敏酸所含酚羟基数量较富里酸多，而富里酸的羟基含量比胡敏酸多，羧基和酚羧基都可解离出 H^+，是酸度的主要来源，羟基和酚羟基的总量称为腐植酸总酸度。一般富里酸的总酸度比胡敏酸要大。所有腐殖物质都含有甲氧基和羟基，见表 5-4。

表 5-4　腐植酸的含氧官能团含量　　　　($mol\ M^+/kg$)

种类	羟基	酸羟基	醇羟基	醌基	酮基	甲氧基	总酸度
HA	15～57	21～57	2～49	1～26	1～5	3～8	67
FA	52～112	3～57	26～95	3～20	12～27	3～12	103

（引自 Schnitzel，1977）

就腐植酸的电性而言，腐植酸是一种两性胶体，表面上既可带负电荷，又可带正电荷，而通常以带负电荷为主。电性的主要来源是分子表面的羟基和酚羟基的解离和氨基的质子化。羧基和酚羟基的解离产生负电荷，氨基的质子化则产生正电荷（如图 5-3）。一般情况，腐殖酸是带负电的胶体，故可吸附土壤的盐基离子，腐植酸具有较大的阳离子交换量，其交换量在 2 000～5 000 mmol M^+/kg 之间，平均为 35 000 mmol M^+/kg。在中性条件下，灰化土中胡敏酸的代换量为 3 000～5 000 mmol M^+/kg。

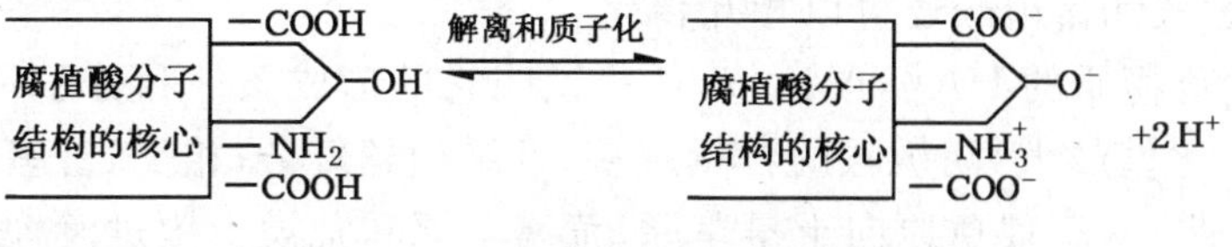

图 5-3　腐植酸的电荷来源

③ 腐植酸的稳定性。腐植酸的化学稳定性高，抗微生物分解的能力较强，因此分解速率非常缓慢，一般腐植酸的年矿化速率平均在 1%～2%。但新旧程度不同的腐植酸分解的速度有很大的差异。在温带条件下，一般植物残体的半分解

期小于 3 个月，而新形成的腐殖质的半分解期为 4.7～9 年。较老的胡敏酸的平均停留时间可达 780～3 000 年，富里酸为 200～630 年。

④ 腐殖化系数。是指土壤中单位有机物质经过一年后形成的腐殖质的数量，称为该物质的腐殖化系数，以碳量计算。选定一年为期限的原因，是因为进入土壤中的有机物质在第 1～3 个月分解速率最快，以后逐渐变慢，一年以后趋于稳定。

土壤有机质的腐殖化系数一般在 0.2～0.5 之间，旱地土壤较低，多为0.2～0.25，水田较高，为 0.25～0.4。影响腐殖化系数的因素很多，如有机物的化学组成中，木质素含量多的，腐化系数较高。同一有机物在不同气候条件下，腐化系数也不同。还有土壤的 pH、质地、含水量和温度都会对其产生影响。以水田为例，紫云英、稻草、绿萍在两个地区不同土壤中的腐化系数(如表 5-5)。

表 5-5　几种有机物在不同气候、土壤条件下的腐殖化系数

种　类	华　南		江　苏	
	红壤	黄棕壤	红壤	黄棕壤
紫云英	0.24	0.18	0.27	0.25
稻　草	0.26	0.20	0.29	0.25
绿　萍	0.47	0.43	0.47	0.52

(3)*腐殖物质的变异性*　土壤腐殖质形成过程也是土壤形成中的一个重要过程。不同的土壤，不仅腐殖物质的含量不同，而且组分的比例和各组分的复杂程度也有差异。这是和土壤形成的条件(如气候、植被、地形、母质、时间长短及农业技术措施等)分不开的，有的土壤以胡敏酸为主，有的土壤以富里酸为主。即使同是胡敏酸，在不同土壤其组分的分子量和分子结构也有差别。随着时间、条件的变化，胡敏酸和富里酸还可以相互转化。

土壤腐殖物质的 HA/FA 比值，往往说明它的形成条件和分子量的复杂程度，HA/FA 比值越大，胡敏酸的含量越多，且结构越复杂；相反，富里酸则越少。我国由东向西，从草甸草原向干旱草原、荒漠草原和荒漠土壤过渡，腐殖质的含量逐渐减少，胡敏酸的相对含量、分子量和芳化度也逐渐降低，HA/FA 比值逐渐降低。如黑土的 HA/FA 一般为 1.5～2.5，黑钙土为 1.0 左右，而灰钙土和灰漠土则仅为 0.6～0.8。我国北方大多数土壤，腐植酸以胡敏酸占优势，HA/FA >1。而我国南方土壤，腐植酸一般以富里酸占优势，HA/FA 值<1。由黑土带向暗棕壤、黄棕壤、红壤、砖红壤过渡，腐植酸中胡敏酸的相对含量、芳化度及分子

量等逐渐降低，而富里酸的相对含量则升高。暗棕壤的 HA/FA 一般在 1～2 之间，黄棕壤为 0.45～0.75，砖红壤则小于 0.45。

造成土壤腐殖质变异的因素很多，也很复杂。往往是多种因素综合作用的结果，但主要受气候、植被、土壤反应、母质成分等环境的制约。母质成分可以影响腐殖质的数量和缩合度。在一般钙质丰富的土壤中，HA/FA 往往较高，微生物的活动旺盛，而胡敏酸的钙盐溶解度又低，有利于胡敏酸的积累。如红壤地带石灰性母质上发育的红壤，腐植酸中 HA/FA 高于其他母质的土壤。pH 较高，干湿交替频繁，在一定程度上有利于胡敏酸缩合度和芳化度提高。渍水有利 HA 的积累，但不利于其芳化度的提高，因此水田的 HA/FA 一般比同一地区的旱田高。

在北方耕地中，腐殖物质的组分还与熟化度不同有关，一般随熟化度的提高，HA/FA 有上升的趋势，功能团的数量和代换量也相应增加。

5.4 土壤有机质的作用

5.4.1 提供农作物需要的养分

土壤有机质中含有大量的植物营养元素，这些营养元素在矿化分解过程中被释放出来供作物吸取利用。土壤有机质的矿化过程也是物质生物小循环的组成部分，它使土壤有限的营养元素得以重复利用，从而保持土壤肥力长盛不衰。

有机质的矿化分解产生的 CO_2 是作物碳素营养的重要来源。作物进行光合作用，固定大气中的 CO_2 合成有机物质。微生物分解有机物质和一切生物的呼吸作用放出 CO_2，使之又回到大气中，这就是自然界的碳素循环。碳素循环是地球生态平衡的基础。如果没有碳素循环，大气中的 CO_2 很快就会消耗殆尽。据估计，土壤有机质的分解、微生物和根系呼吸作用所产生的 CO_2，每年可达 1.35×10^{11} t，大致相当于陆地植物的需要量，可见土壤有机质的矿化分解产生的 CO_2 是大气中 CO_2 的重要补给源，也是植物碳素营养的主要来源。实验证明，农田作物的产量与田间 CO_2 的浓度密切相关。在光合作用高峰阶段，供给充足的 CO_2 可显著提高作物产量。在塑料大棚栽培蔬菜时，由于大棚内空气对流受到影响，在中午光合作用强烈时，往往发生 CO_2“饥饿”现象，严重影响蔬菜的产量，因此，如用酸中和碳酸盐，放出 CO_2，增加大棚内 CO_2 浓度，可以促进光合作用，提高蔬菜产量。

一些资料证实，作物的根系也有吸收并同化 CO_2 的功能。土壤中的 CO_2 同样也是作物碳素营养的直接给源。施用大量的有机肥，对改善土壤碳素营养状况，提高作物产量是显著有效的，但土壤中 CO_2 的含量也不宜过高，如含量 >5%，则作物的根系可能受到毒害。

土壤有机质还是土壤氮、磷最重要的营养库，是作物需要的速效氮、磷的主要给源，土壤全氮的 92%～98%是贮藏在有机质中的氮，有机态氮主要集中在腐殖质中，一般是腐殖质含量的 5%。据研究，作物吸收氮素有 50%～70%是来自土壤。但作物不能直接吸收有机态氮素，只有经过微生物的矿化分解变成铵态氮或硝态氮以后，并且在土壤有机质 C/N 较窄的情况下，植物才能吸收，因此，土壤有机质是土壤氮素的主要给源。在植物营养中，以氮素的供求矛盾最尖锐。在一定条件下，土壤有机质的矿化速度较为稳定缓慢，有机质提供氮的能力在一定时间内也变化不大，但作物对氮素的需求，不同的生长期差异很大，这就需要人为地调控氮素的供应，如中耕可促进有机质矿化，或施用化肥补充速效氮肥，以满足作物的需要。

土壤有机质中也含有大量的有机态磷，一般占土壤全磷的 20%～50%。磷在土壤中的行为非常复杂，由于矿化态磷的有效范围很窄，土壤对磷的固定作用非常普遍。大多数固定态的无机磷分解释放比较困难。相对而言，有机态磷是暂时固定在有机质中，随着有机质的分解又可较迅速释放出来变成速效磷，这比“固定”态难溶性磷转化为有效磷盐类要快得多。所以，有机质也是土壤速效磷的重要来源之一。此外，有机质在转化过程中，可以形成一些有机酸，包括腐植酸，可以增加矿质磷的溶解度，从而提高磷的活性。

有机质中的其他营养元素，如钾、钠、钙、镁、硫、铁、硅等几乎包括植物和微生物所需要的其他各种营养元素，经过微生物的分解，都可以转化为简单的无机态的形式被作物吸收利用。腐植酸尤其是富里酸以及其他的有机酸类，与土壤中的金属元素相络合或螯合作用，可防止重金属元素如铜、锌等生成沉淀，提高其有效性。另外有机酸还可促进土壤矿物的风化，溶解出一部分矿物态养分。

5.4.2 增强土壤的保肥性和缓冲性

腐植酸的酸性功能团解离，使腐殖质成为净负电荷的有机胶体，可吸附土壤溶液中的交换性阳离子，避免其随水流失，又能被其他阳离子交换下来，供植物吸收利用。土壤腐殖质的含量与矿物质相比，虽然不多，但由于腐殖质的代换量比黏粒等矿质胶体大几倍至十几倍，因此，增加土壤腐殖质含量，将大大增强土壤保蓄养分的能力。

前面讲过，腐植酸本身是一种弱酸，腐植酸和其腐植酸盐类组成缓冲体系，它可以缓冲土壤溶液中 H^+ 和其他养分离子浓度的变化，为作物生长创造一个良好的生长环境。土壤缓冲能力的大小还与其他因素有关，其中有机质对土壤缓冲性的影响力最大，土壤有机质的含量越高，其交换量越大，则土壤缓冲的能力也越强。

5.4.3 促进团粒结构形成，改善土壤物理性状

5.4.3.1 促进良好结构的形成

土壤肥力的高低不仅取决于土壤中养分的丰缺程度，更大程度上取决于土壤结构性的好坏。腐殖质在土壤肥力上的一个重要作用就是能促进土壤良好结构的形成。腐殖质以游离态形式存在的很少，多和矿质土粒相互结合，包被于土粒表面，形成有机—无机复合体。单纯由黏粒形成的团聚体比较紧密，小孔隙多，大孔隙少，对水、气、热、养分的协调能力差，且遇水分散，品质不良，而由有机质胶结形成的团聚体，大小孔隙分配合理，具有水稳性，是品质良好的结构体。在有机质丰富的黑土，表层土壤含有大量的团粒结构体，这与黑土有机质含量高有密切关系。总之，土壤腐殖质是土壤形成良好结构体所必不可少的胶结物质，一些结构不良的土壤可以通过增施有机肥，逐渐改善其结构状况。

5.4.3.2 降低土壤黏性和改善土壤耕性

土壤黏性（黏着力、黏结力）和土壤的黏粒含量密切相关，在一定水分条件下，土壤黏粒含量越高，则黏性越强，而土壤耕性的好坏与土壤的黏性和塑性关系最大。土壤的黏性太强，会使土壤耕性不良。腐殖质的黏性比黏粒小，腐殖质覆盖在黏粒的表面，可以减弱黏粒间的接触，降低黏粒间的黏结力。有机质多次胶结可形成较大的团聚体，进一步降低黏粒间的接触面，使土壤的黏性大大降低，土壤耕性及通透性等得以改善。因此，给黏质土壤施大量的有机肥，可以改变黏性太强和耕性不良的状况。同时，有机质还能通过改善黏性，降低土壤的胀缩性，减轻土壤干旱时出现大的裂隙。在陶瓷工艺上，也常向陶土中加入适量的腐植酸，以改善其塑性，防止模坯开裂变形，提高成品率。

5.4.3.3 降低土壤沙性，增强保水性能

土壤腐殖质的黏性低于黏粒，却高于沙粒，土壤有机质可以降低沙粒的分散性。由于土壤腐殖质是亲水胶体，富有小孔隙，吸水性极强，因此，给沙土增施有机肥，既可降低沙性土通透性过强的缺点，又可增强保蓄水分的能力。

5.4.3.4 对土壤热性质的影响

土壤有机质含有大量的潜能，其中大部分易转化成其他形态的能或放出热量。植物组织每克干物质含有16.745 2～20.932 0 kJ的热量。据估算，含有机质4%的土壤，每公顷耕层有机质的潜能为15.52×10^9～17.27×10^9 kJ；相当于20～50 t 无烟煤的热量。土壤有机质如此巨大的潜能，只有很少一部分被微生物利用，大部分留在土壤未分解的有机质中，还有一部分在有机质转化过程以热量的形式不断地从土壤中散失。据洛桑实验站研究，不施肥的低产土壤，每公顷每年损失 10 346 000 kJ 的热量，施厩肥较高产的土壤大约损失 15.52×10^7 kJ 的热量。可见土壤有机质每年产生的热量是巨大的。在保护地蔬菜栽培或早春育秧时，施用大量的有机肥，并添加热性物质，如半腐熟的马粪等，就是利用有机质分解释放出的热量以提高地温，促进作物生长或秧苗早发快长。

另外，腐殖质本身是黑色物质，它包被土粒后，使土壤颜色变暗，从而增加了土壤吸收热量的能力。同时，腐殖质热容量比空气、矿物质大，比水小，导热性质居中，因此，有机质含量较多，可使土温相对较高，且较稳定，利于保温，对冬作和春作防冻有利。

5.4.4 其他方面的作用

5.4.4.1 一定浓度下，能促进微生物和植物的生理活性

腐植酸盐的稀溶液能促进植物体内的糖类代谢和还原糖的积累，提高细胞渗透压，从而增强作物的抗旱能力，腐植酸钠还是某些抗旱剂的主要成分。有实验表明，用富里酸钠喷施西瓜，能显著提高西瓜的甜度。农民在瓜田施用农家粪可提高西瓜的产量和品质，也是这个道理。胡敏酸的稀溶液能促进过氧化酶的活性，加速种子发芽和养分的吸收过程，从而加快生长速度。几百万分之一到几十万分之一的胡敏酸溶液，还能加强植物的呼吸作用，增加细胞膜的透性，提高对养分的吸收能力，并加速细胞的分裂，促进根系的发育。

5.4.4.2 减少土壤中农药的残留量和重金属的毒害

腐殖质特别是褐腐酸可使残留在土壤中的某些农药如 D.D.T、三氮杂苯等的溶解度增大，加速其淋出土体，减少对农作物污染，腐殖质也可吸附某些农药，降低其活性。腐殖质与重金属络合或螯合，促使排出土体，降低其重金属的毒害作用。

腐殖质在分解时也可能产生一些不利于作物的毒害物质。在嫌气性条件下可产生一些有机酸及还原性气体如 H_2S、CH_4，当达到一定浓度时会对植物产生

毒害作用。

5.5 提高土壤有机质的途径

5.5.1 恢复和提高土壤有机质的迫切性

前些年,我国粮食生产增长缓慢,除自然灾害的因素外,还有农业发展缺乏后劲的因素,其主要原因就在于农业投入不足,投入不足首先表现在对土壤的投入不足。如对土壤进行掠夺式经营,片面地追求复种指数和粮食作物的产量,种地而不养地,致使土壤有机质含量下降,土壤性质恶化,土壤肥沃性和生产力降低。土壤肥沃性的下降与土壤有机质含量减少密切相关。如只重视施用速效化肥,而不施用有机肥,长此以往,使土壤中的有机质消耗过多,不仅使土壤可提供氮、磷等营养的数量减少,也使土壤的结构性变坏,如发生板结、沙化等现象。在西北牧区的草原土壤,由于过度放牧,牲畜超过了草场的承载能力,致使草场退化,产草量下降,土壤向沙化方向发展。培肥土壤,维持土壤肥力是相当重要的问题。首先要增加对土壤的投入,包括劳动、技术和物质的投入,如平整土地、灌溉、施肥、耕作、合理栽培、结构剂的使用。增施有机肥,增加土壤有机质含量是保证上述各方面措施取得良好效果的前提,是培肥土壤的基本措施,也是提高土壤肥沃性的关键环节。

5.5.2 提高土壤有机质的原则和途径

5.5.2.1 提高土壤有机质的原则

(1)*生态平衡原则* 在不同的土壤生态条件下,土壤有机质的转化模式不同。在有些地区,有机质的分解快于合成,有机质的含量就可能下降,反之,有机质就可能逐渐上升。但不管有机质含量下降或上升,在短时间内都不会看出有明显的变化。在各种条件和环境状态相对稳定时,土壤有机质的矿质化和腐殖化处于相对平衡状态,故土壤有机质的含量一般较稳定。因为土壤有机质含量是有机物质合成与分解的生物活动和环境条件长期相互作用的结果。在特定的气候带,特定的植被和土壤条件下,土壤有机质积累到一定数量后,将保持较稳定的数值。如大多数自然土壤,虽经几千万年的形成过程,但腐殖质的含量并没有积累高到惊人的水平,只有少数情况,土壤条件显著抑制有机质的分解(如渍水、嫌气、低温等),有机质可不断地积累下去,并达到较高的水平。因此,在一个地区的某种土壤提高其有机质含量并不是无限制的，一般认为最高也不过达到当地最肥沃土壤的水平。如果人为地打破土壤有机质的动态平衡如自然土壤开垦变为农田，改变植被类型（林地—草地）、旱地改水田等，土壤有机质的转化模式（分解、合成的速率及数量）也随着发生变化，从而使土壤有机质的含量发生变动，经过长期的作用又稳定于新的水平。但一般而言，使土壤有机含量下降则要比提高有机质含量相对快速得多。如草原原始土壤开垦变为农田后，在数年内有机质含量可能下降1%～2%或更多。但只要一直进行人工耕种要将农田有机质含量提高到开垦前的水平，永远都是不可能的。英国沃伯恩试验站给一块沙质土壤连续50年每公顷施用16 t厩肥，结果有机质含量几乎没有什么变化。

（2）经济原则　土壤有机质含量的提高是有限度的，那么，超量施用有机肥或其他大量的有机物质都是不现实，更是不经济的。因为在一定条件下，随加入有机物的增多，土壤微生物的数量也大量增加，分解的有机物质相应也越多，这样超量施用的有机物质大量被分解，使养分遭到浪费，从效益上看是不经济的，尤其是有机肥（如各种厩肥）的堆制、运输和施用需要大量的人力、物力。因此，在培肥土壤提高土壤有机质含量上，按照经济效益的规律，并不是施用的有机物质越多越好。

5.5.2.2　增加土壤有机质的途径

（1）施用有机肥　我国农民素有施有机肥的习惯，而且施用的种类和数量很多，如粪肥、厩肥、堆肥、青草、幼嫩枝叶、饼肥、蚕沙、鱼肥等等，其中粪肥和厩肥是普遍使用的主要有机肥。有些土壤如塿土就是因为长期施用大量的掺土有机肥而形成的具有层状堆积物表层的土壤。长期使用有机肥，使土壤的熟化度提高，其肥力几千年来壮而不衰。若以每公顷施用22 500 kg厩肥计，则土壤中增加的有机物质干重可达500 kg以上。

在大力发展畜牧业的同时，要鼓励农民积极发展有机肥，不但要提高其产量而且要提高质量。目前，我国农村主要以庭院经济为主，种植业和养殖业在一个农户中同时存在。充分发挥优势以作物为主的多种经营的生态农业模式，不仅可以维持土壤肥力，同时还可充分发挥各种资源的生态效益。因此，提倡施用有机肥也是发展生态农业的一个重要内容。近年来，我国农业有机肥的施用量日益减少，其主要原因一方面与有机肥的来源有限，另一方面是有机肥堆制和施用需要较多的劳力施用又很不方便，且肥效平缓，故农民越来越依靠化肥。农产品价格偏低，在一定程度上挫伤了农民种植和养殖业的积极性，出现农民施用有机肥的数量日趋减少。

(2)种植绿肥 绿肥是指把还在生长着的豆科绿色植物体翻入土壤的肥料。种植绿肥是一个培肥土壤、提高产量的有效措施。种植绿肥必须按各地的生产条件和栽培特点而定。在华北主要有以下两种方式。

① 休闲绿肥。是在麦茬夏季休闲和秋茬冬季休闲时种植绿肥,主要的绿肥品种有田菁、柽麻、草木犀和越冬毛叶苕子等,适用于耕地较多而肥力差的土壤。

② 粮肥间套。在冬闲、早春或夏季麦地行间套入毛叶苕子、草木犀或夏季田菁等。

南方种植绿肥较为普遍,如水稻——紫云英轮作制。据估算,每公顷产绿肥紫云英 27 000kg(包括地下鲜重),可提高土壤腐殖质含量 0.04%～0.08%。

种植绿肥应依据"因地制宜、充分用地、积极养地、养用结合"的原则,同时也要考虑经济效益。在翻压绿肥时要注意翻压的深度、时间、灌水及播种等农业措施综合考虑,如翻压后立即灌水和播种,则有可能因绿肥剧烈分解使土壤中氧气缺乏处于嫌气状态,产生一些有毒害的物质,影响种子萌发。在某些情况下,绿肥还可能引起激发效应,所谓激发效应是指由于加入了有机物质而使土壤有机质的矿化速率加快(正激发)或变慢(负激发)的效应。正激发加速了土壤中原有有机质的消耗,不利于有机质的积累,对土壤的培肥不利。

(3)秸秆还田 一般是指将作物收获后将秸秆切碎,不经堆腐直接翻入土壤。秸秆还田不仅节省劳力和运输,对促进土壤结构的形成、固定和保存氮素以及促使土壤难溶性养分的释放比施用腐熟的有机肥效果更好。

在进行秸秆还田时,要根据秸秆还田的 C/N 和田间肥力情况,适当添加速效氮肥,尤其是禾本科作物的秸秆的 C/N 较宽(80∶1～100∶1)。如果土壤较瘦且前期施用粪肥较少,施用时必须添加适量的速效氮肥如碳铵等,以避免秸秆在土壤中腐解引起微生物和作物竞争有效氮素,影响作物的生长发育。秸秆的施用量,一般是距播种期的远近、土壤的肥瘦及化肥的供应来决定,距播期较近,土壤较瘦、化肥较少的层次,不可大量施用秸秆,而在距播种期较远,土壤较肥沃,化肥供应充足的情况下,则可加大秸秆的施用量甚至全部秸秆还田。将秸秆切碎后均匀翻入土壤,有利于加速秸秆的腐解。通常翻压秸秆应在播种前半个月以上为宜,翻压的深度一般在 20～25 cm。

秸秆翻入后要适当镇压、灌水,有利于促进秸秆的分解,也可防止因秸秆架空,影响种子萌发。

(4)其他途径 增加土壤有机质含量的途径很多,可以说一切能增加土壤有机物数量的方法都是增加土壤有机质的途径。如在南方平原地区,河泥、塘泥含有大量的有机质，施用河泥、塘泥是增加土壤有机质的途径之一。城市近郊常利用城市生活污水和生活垃圾堆制的垃圾肥作为菜园地的主要有机肥源。另外，一些农产品加工的废渣，如亚铵法造纸的废液中含有机物约 20%，含氮约 1%，还有其他营养元素，经过处理来灌溉土壤不但增产效果良好，而且可提高土壤有机质和氮素含量，如每公顷施用 15 m^3 废液，相当于施用有机质 1 500 kg（干物重）、N 素 150 kg。

总之，在我国广大农村，要根据当地气候、土壤以及农民的施肥习惯和经营特点来确定。如以牧业为主的地区可采用粮草轮作或轮牧制度，以维持土壤有机质的含量；山区则应综合发展林牧业，并充分利用山青堆制青草肥；平原地区或集约化程度较高的地区可种植绿肥或秸秆还田以增加土壤有机质的数量，使土壤肥力不断提高。

6 土壤的孔性与结构性

【教学目标】

- **土壤的孔隙状况**

  1. 掌握土壤的孔隙、孔隙度、孔隙比和容重的基本含义，以及孔隙度、容重与土壤松紧状况之间的相互关系。
  2. 掌握土壤孔隙的类型和相应的功能，以及在田间测定水分的操作程序和注意事项，了解土壤水分含量的几种表示方法。
  3. 理解土壤孔隙状况对土壤肥力性状和作物生长产生的影响。

- **土壤的结构性**

  1. 掌握土壤的结构性、结构体的概念，不同结构体的成因，以及对土壤性质和作物生长产生的影响。
  2. 着重了解团粒结构的形成过程、机制及其对调节土壤肥力所做出的贡献。对团粒结构做出正确评价。

土壤的孔性、结构性是土壤重要的物理性质,反映了土壤中固、液、气三相组成物质的存在状态和容积比例,不仅影响土壤的物理、化学和生物学过程,而且对土壤肥力因素及耕作性状的调节也起着重要作用。土壤是一个极其复杂的多孔体系,其孔隙由固体土粒相互支架所构成,是水分、空气及生物栖息之地。它们在其中储存、移动、转化及活动变化,构成植物与环境间进行的物质、能量交换和循环过程,致使土壤形成、肥力的发展以及生物世界的不断演化繁衍才成为可能。本章着重介绍土壤孔隙、结构的基本概念、特点和应用。

6.1 土壤基质中三相物质的关系

土壤基质是指土壤的固体部分,它是保持和传导物质(水、空气、溶质)和能量(热量)的介质,它的作用主要取决于比表面积和孔隙状况,同时还取决于基模中三相物质的比例,特别是水的数量。水不仅占据土壤基模中一定的孔隙和满足其比表面积的吸附能力,并且因湿胀干缩,带来孔隙状况一系列物理性质的变化。三相物质比和一些必要的相关基础参数,常用质量或容积为基础表达其相互关系。图 6-1 为一幅模拟的示意图,右侧为固、气、液三相物质的质量,分别以 M_s、M_a、M_w 表示。M_a 与 M_s 和 M_w 相比,M_a 可以忽略不计。三相物质的总质量为 M_t。图的左侧为各项物质相应的容积,分别以 V_a、V_s 和 V_w 表示,土壤的总容积为 V_t。土壤基模中总孔隙的容积为 $V_p=V_w+V_a$。我们可以用以上符号,表达最常用的土壤基模三相物质的定量关系。

6.1.1 土壤比重(真比重)ρ_p

土壤比重又称真比重,是指固体土粒的密度与水的密度之比。由于 4℃时水的密度为 1 g/cm^3,所以土壤比重与土粒密度数值相等,而无量纲。土粒密度是单位容积(不包括土粒间孔隙容积)的土粒质量。因此影响土壤比重数值的大小主要决定于各种矿物的比重(见表 6-1)。沙质土壤的比重接近于石英的比重,黏质土壤含铁、镁矿物较多,比重一般较大。有机质的含量对比重也有一定影响,特别是耕层,含有机质多者,比重较小。绝大多数土壤的比重在 2.6～2.7 之间变动,故土壤比重一般取平均值为 2.65。

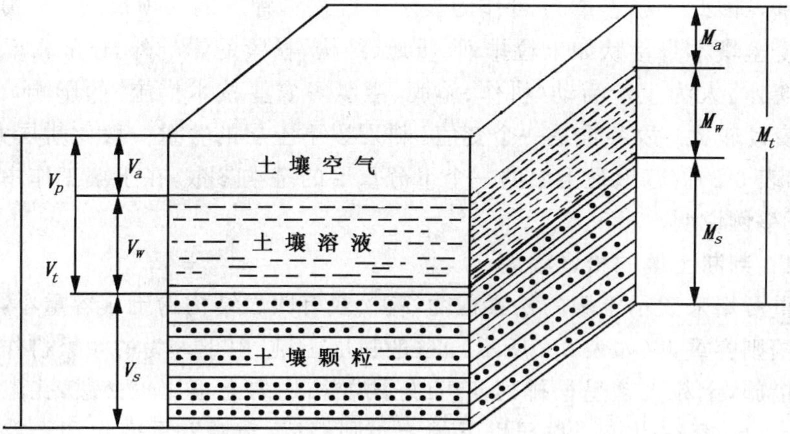

图 6-1　土壤三相物质比例关系

表 6-1　土壤中主要矿物的比重

矿物种类	比　重	矿物种类	比　重
石　英	2.65	普通角闪石	3.00～3.30
正长石	2.55	褐铁矿	3.20
斜长石	2.60～2.76	方解石	2.71
白云母	2.76～3.00	高岭石	2.60
黑云母	2.79～3.16	腐殖质	1.40～1.80

6.1.2　土壤容重(假密度) ρ_b

指单位容积(包括孔隙在内)的原状土壤的干重,单位为 g/cm^3。严格地讲应称为干容重(以 ρ_b 表示),其含义是干土粒的质量与总容积之比:

$$\rho_b = M_s/V_t = M_s/(V_s + V_a + V_w) \tag{6.1}$$

总容积包括固体土粒和孔隙的容积,应大于固体土粒 V_s,因而土壤容重 ρ_b 必然小于土壤比重 ρ_p。若土壤孔隙占 V_t 的一半,则土壤容重 ρ_b 一般在 1.35 g/cm^{3}左右,即使最紧实的土壤容重 ρ_b 也显著低于土壤比重 ρ_p,因为土粒不可能将全部孔隙堵实,其固体仍保持多孔体的特征。疏松的土壤,有团粒结构或刚翻耕耙碎的表土，土壤容重 ρ_b 可降低至 1.0～1.1。炭土和膨胀黏土，土壤容重 ρ_b 更低。因此土壤容重 ρ_b 可作为表示土壤松紧程度的一项尺度。土壤容重的大小除受土壤本身性状如土粒排列、质地、结构、松紧的影响外，还经常受到外界因素如降水、人为生产活动（耕作、施肥、灌溉等农业技术措施）的影响，尤其是耕作层变动较大，故容重是一个变值。耕层以下土层的容重一般比耕层大，也较稳定（如表 6-2）。容重是土壤的一个十分重要的基本参数，在土壤工作中用途较广，以下举例说明。

6.1.2.1　判断土壤的松紧程度

容重可用来表示土壤的松紧程度，疏松或有团粒结构的土壤容重小，紧实板结的土壤则容重大（如表 6-2 所示）。一般耕层土壤，由于人为的频繁耕作、灌溉、施肥等措施，土粒大多呈松排列，有良好团粒结构的土壤比较松散，孔隙度一般在 50％以上，容重也小。耕层以下的土层则相反，土壤容重变大和土粒排列紧密。团聚较好的土壤和疏松的土壤其孔隙度较高。土粒分散和紧实的土壤，孔隙度低且细孔较多。土壤的松紧状况是土壤重要的物理性质之一，它直接影响土壤肥力状况和植物根系的发育。过松的土壤，土粒间黏结力弱，大孔隙占优势，虽然耕作起来容易，但太松也使植物根系难以扎稳，保水能力差，易漏风跑墒，土壤养分也容易随降水或灌水流失。过紧实的土壤，小孔隙数量多，土壤通气透水性差，一是容易产生地面积水或地表径流；二是土内空气缺乏，影响微生物活动和养分转化；三是影响耕作质量、幼苗出土和植物根系的正常发育。

表 6-2　容重、孔隙度与土壤松紧度的关系

松紧程度	容重(g/cm³)	孔隙度(％)
最　松	＜1.00	＞60
松	1.00～1.14	60～56
适　合	1.14～1.26	56～52
稍　紧	1.26～1.30	52～50
紧	＞1.30	＜50

6.1.2.2　计算土壤重量

每公顷耕层土壤有多重，可用土壤的平均容重来计算，同样一定面积土壤（土地）上挖土或填土的方数，也要利用容重来计算。如（6.67×10^6 cm²）地面积的耕层厚度为 20 cm，容重为 1.15 g/cm³，其总重量为：

$$6.67\times10^6\times20\times1.15=1.5\times10^8(\mathrm{g})=150(\mathrm{t})=1.5\times10^5(\mathrm{kg})$$

因此，一般认为($6.67\times10^6\ \mathrm{cm^2}$)土地面积的耕层土壤质量是 1.5×10^5 kg

6.1.2.3 计算土壤各组分的数量

根据土壤容重，可以计算单位面积土壤的水分、有机质含量、养分和盐分含量等，作为灌溉排水、养分和盐分平衡计算和施肥的依据。

如上例中的土壤耕层，现有土壤含水量为 5%，要求灌水后达到 25%，则每亩的灌水定额为：

$$6.67\times10^6\times20\times1.15\times(25\%-5\%)=30(\mathrm{m^3})$$

又如上例，土壤耕层的全氮含量为 0.1%，则土壤耕层(0～20 cm)含氮素总量为：

$$6.67\times10^6\times20\times1.15\times0.1\%=150\ (\mathrm{t})\times0.1\%=150\ (\mathrm{kg})$$

6.1.3 土壤孔隙度(f_0)

土壤孔隙是指单位土壤总容积中的孔隙容积，一般以百分数表示。

土壤孔隙的形状是极不规则的，它是立体的或三维空间的，用现代几何学方法还很难计算出真实的容积和孔径。目前计算土壤的孔隙度有两种途径：一种是假定等径或不等径球体状土粒按不同的几何形状或松或紧或小球体镶嵌于大球体孔隙间的规则排列，用几何方法计算孔度。但土壤中的土粒并不完全呈球体状，故按上述计算出来的孔隙度只能是粗略近似值，从理论上给出土壤孔隙度的范围，一般在 25%～50%之间。对此，罗杰在土壤水一书中有详细论述。另一种途径是目前广泛采用的，即由单位土壤总容积(V_t)与土壤固体颗粒容积(V_s)的差，再被土壤容积(V_t)除，就是孔隙度(f_0)。

$$f_0=\frac{V_t-V_s}{V_t}=(\frac{M_s}{\rho_b}-\frac{M_s}{\rho_p})\div\frac{M_s}{\rho_p}=1-\frac{\rho_b}{\rho_p} \tag{6.2}$$

其中：$V_t=\dfrac{M_s}{\rho_b}$；$V_s=\dfrac{M_s}{\rho_p}$ (6.3)

6.1.4 土壤孔隙比(e)

土壤孔隙数量也可用孔隙比来表示，即土壤中孔隙的容积与土壤固相容积，亦即固体颗粒容积(V_s)的比值。

$$e=\frac{V_a+V_w}{V_s} \tag{6.4}$$

孔隙比优于孔隙度之处,在于当孔隙容积发生变化时,只是式中分子改变,而以孔隙度表示孔隙容积变化时,则分数的分子分母都在改变,孔隙比常用于土工和土力学工作中。农业和土壤物理工作中则以孔隙度(f_0)为主。(e)与(f_0)的关系按其定义可简单推知:

$$e=\frac{f_0}{(1-f_0)} \tag{6.5}$$

$$f_0=\frac{e}{(1+f_0)} \tag{6.6}$$

6.2 土壤基模的孔隙状况

土壤基模是一个极其复杂的多孔体系,由固体土粒和粒间孔隙所组成。在土壤中土粒与土粒,土团与土团,土团与土粒(单粒)之间相互支撑,构成弯弯曲曲、粗细不同和形状各异的各种孔洞,通常把这些孔洞称为土壤孔隙。土壤孔隙是容纳水分和空气的空间,二者瞬时都在变化,互为消长。土壤孔隙是土壤中物质和能量贮存和交换的场所,是众多土壤动物和微生物活动的地方,也是植物根系伸展并从土壤中获取水分和养料的介质。土壤中孔隙的数量越多,水分和空气的容量就越大。但是,土壤中的孔隙有粗有细,其作用各不相同,粗孔通气透水,细孔蓄水保水。所以,为了满足农作物对水分和空气的需求,有利于根系的伸展和下扎,要求土壤(尤其是耕作层)不仅要有适当的孔隙数量,而且也要有适宜的大小不同孔隙的搭配比例。

土壤基模孔隙状况通常包括孔隙度(孔隙总量)和孔隙类型(孔隙大小及比例,又叫孔径分布)两个方面。前者决定土壤气、液两相总量,后者决定气、液两相所占比例。

6.2.1 土壤孔隙的数量

土壤总容积(V_t)是土壤中固体颗粒的容积与土壤中各种大小孔隙容积的总和。

$$V_t=(V_s+V_a+V_w) \tag{6.7}$$

式中，V_s 为土壤固体颗粒容积；V_a 为土壤空气容积；V_w 为土壤水容积。

土壤孔隙的数量一般用孔隙度(简称孔度)表示。即单位土壤容积内各种大小孔隙容积(V_a+V_w)所占的百分数，它表示土壤中各种大小孔隙度的总和。由于土壤孔隙复杂多样，要直接测定并量度它，目前还很困难，一般用土壤的密度和容重两个参数计算得出。

$$f_0=1-\frac{\rho_b}{\rho_p} \tag{6.8}$$

从(6.8)式可看出，土壤孔隙度的大小与土壤的容重(ρ_b)和土壤真比重(ρ_p)有关，一般土壤比重被看做是固定值 2.65。土壤孔隙度随着土壤容重的减小而增大，反之减小。一般地说，土壤质地越粗，容重越大，而土壤总孔隙度就小。土壤质地细，容重小，则土壤总孔隙度就大。土壤质地粗者虽粗孔隙较多，细孔隙少，但土壤总孔隙度小，生产上表现通气透水性好，但保水保肥能力差。土壤质地细者虽粗孔隙较少，细孔隙多，但土壤总孔隙度大，生产上表现通气透水性差，但保水保肥能力好。同质地的土壤，由于所在土层位置不同则上层土壤的孔隙度大于下层土壤的孔隙度，因为上层土壤的容重小于同质地的下层土壤。

6.2.2　土壤孔隙的类型(孔径分布)

土壤的孔隙度或孔隙比，只能说明土壤中固相容积与孔隙容积(水和气的容积之和)的数量之比，它们并未反映出土壤孔隙"质"的差别。对植物而言，孔隙的粗细比例比孔隙度显得更为重要。因为粗细孔隙对土壤水和空气的传导、植物根系的穿扎和吸水保水作用不同。故 E. W Russell 在其著作中将孔隙的粗细分成以下几个等级：

a. 当孔径＞300 μm 时，水在其中能自由运动，适于许多植物根系发育。

b. 当孔径 30(或 60 μm)～300 μm 时，水在其中受到重力作用而排出。

c. 当孔径 10～30 μm 时根毛能伸入孔隙，较大的微动物如原生动物，具有粗菌丝的真菌能在其中活动。

d. 1～10 μm 的孔隙是较小的微生物生活的场所，水在其中有较高的毛管传导作用，易被植物根系吸收。

e. ＜1 μm 的孔隙保水的能力强、移动极缓慢，不易排出，具有较多这种极细孔隙的土壤耕性不良，通透性也差。

孔隙按粗细分级有许多方案，目前还没有统一的标准。但无论哪一种方案，孔径划分的界限都不是绝对的。各方案的具体分级数值相差不是太悬殊。一般在团粒结构性较好的土壤中，团粒间是粗孔，团粒内部是细孔，粗细孔隙搭配合适，对作物生长、微生物活动和耕性有利，它既能调节通气、保水、保温，还能降低黏重土壤的比表面。根据不同孔隙对土壤水吸力大小划分以下三种孔径。

6.2.2.1　土壤孔隙的类型

(1)非活性孔　非活性孔又叫无效孔、束缚水孔或微孔。这种孔是土壤中最细的孔隙，其当量孔径<2 μm (0.002 mm)。土壤水吸力为 0.15 MPa。在这种细小的孔隙中，土粒表面吸附的水膜几乎已将孔隙充满，连根毛也难以扎进去(根毛的直径大约为 1 μm 即 10^{-3} mm)，甚至连微生物也不能进入。这种孔隙中所保持的水分是靠土粒 表面吸附力的作用，水分不能移动或移动极其缓慢。故称这种孔隙为非活性孔隙。

在无结构的黏质土壤中，非活性孔较多。土壤质地愈黏重，土粒分散度愈高，土粒排列愈紧密，则非活性孔愈多。非活性孔较多的土壤，虽然能保持大量的水分，但这种水分不能为作物所利用，故称为无效水。又因通气透水性极差，植物扎根困难，土壤的黏结性、黏着性和可塑性均很强，耕作阻力大，导致耕作性质恶化。近年来，由于农业机械的推广应用，大型农机具作业造成土壤压板，导致土壤结构破坏，产生大量的非活性孔隙，限制作物根系正常发育而严重减产，已日益受到人们的关注。

(2)毛管孔隙　这种孔隙的孔径比非活性孔径粗。当量孔径为 2～20 μm (0.002～0.02 mm)，实验证明，在孔径小于 8 mm 的玻管中就开始表现毛管现象，但十分微弱；当量孔径<60 μm(即<0.06 mm)时，其毛管作用已相当明显；当量孔径为 2～20 μm 范围内，毛管水分活动强烈，供水时(降水、灌水或地下水)，借毛管引力(弯月面力)而保持在毛管孔隙中的水分，称为毛管水。

(3)通气孔隙　指大于毛管孔径的孔隙。当量孔径>20 μm (即>0.02 mm)，相应的土壤水吸力<150 MPa。这种孔隙不具有毛管引力，水分不能在其中保持，在重力作用下迅速排出或下渗补充地下水，成为通气的通道，故称为通气孔隙。通气孔发达的土壤可接纳大量的降水或灌溉水，不致造成地表径流或上层滞水。沙质土壤中多为粗大的通气孔隙，缺少细孔，通气透水性好，但保水性很差，容易漏水漏肥。黏质土壤则相反。一般旱地土壤通气孔隙应保持在 10%以上较为合适 。

6.2.2.2　各种孔隙度的计算

按照土壤中各级孔隙所占的容积计算如下：

$$总孔隙度(f_0)=非活性孔度+毛管孔度+通气孔度=1-\frac{\rho_b}{\rho_p} \tag{6.9}$$

$$非活性孔度=\frac{非活性孔容积}{土壤容积}\times100\% \tag{6.10}$$

非活性孔内所储存的水分为无效水，一般认为无效水包括最大吸湿水量和膜状水两部分。按无效水总量为最大吸湿水量的1.5倍计算，非活性孔度还可以用下列算式估算：

$$非活性孔度=\left(\frac{最大吸湿水量\times容重}{1.5(d)}+\frac{0.5最大吸湿水量\times容重}{1.25(d)}\right)\times100\% \tag{6.11}$$

1.5(d)和1.25(d)分别是最大吸湿水和膜状水的密度。

$$毛管孔度=\frac{毛管孔容积}{土壤容积}\times100\% \tag{6.12}$$

$$通气孔度=\frac{通气孔容积}{土壤容积}\times100\%$$

$$=总孔隙度-(毛管孔度+非活性孔度) \tag{6.13}$$

6.2.2.3　当量孔径

近半个世纪以来，随着显微照相和计算机图像分析技术的发展，已能观察出孔隙的截面形状极不规则，孔隙在各个方向上延续所构成管道的形状也不一致，在研究水分运动时无法按其真实孔径来计算，如同无法按土粒真实的粒径来划分粒级一样实难确定其真实孔径。目前普遍采用的是以"当量孔径"代替土壤真实孔径的方法。因此土壤学中所说的孔隙直径是指与一定的土壤水吸力相当的孔径，叫做当量孔径。

将圆形毛管侵入水槽中，毛管中的水面会上升到与毛管孔径相当适应的高度，毛管内的水汽界面呈现凹形弯月面。弯月面下的压力P_O低于水槽内水平气水界面下的压力P(即大气压下，通常在土壤水的能量处理中规定为零)，低于大气压的压力称为负压。据毛管理论可知压差P_O-P与水的表面张力，圆形毛管的半径r和水与毛管壁的接触角α有关，即：

$$P_O-P=\Delta P=\frac{2\delta}{r}\times\cos\alpha \tag{6.14}$$

湿润矿质土粒与水和空气间的接触角α通常为零，因而

$$\Delta p=\frac{2\delta}{r}=\frac{4\delta}{d} \tag{6.15}$$

式中，d 为毛管直径；δ 为水的表面张力。若向毛管内施以相当于 P 的压力，则可将毛管内的水排出。压力（实为压强）单位用帕(Pa)，过去习惯用巴(bar)和毫巴(mbar)，l bar＝1 000 mbar(1 mbar ＝100 Pa＝10^{-4}N/cm^2)或水柱高度(4℃时，1 cm 水柱＝9.809 mN/cmN^2)表示，二者在数值上极相近，但量纲不同。前者用于土壤容积为单位的情况，后者用于以质量为单位的情况。以 h(水柱)表示 Δp 代入 $\Delta p=\frac{2\delta}{r}=\frac{4\delta}{d}$($\delta$＝0.7 5 mN/cm^2)，则$d=\frac{3}{h}$(mm)。因此，以压力为 h 时饱和土壤中排出水量的容积百分数，即相当存在于孔径大于和等于 $d=\frac{3}{h}$(mm)孔隙中的水量，d 就是这些孔隙的当量孔径。逐渐增强 h_{n-i}，就可得出一系列的当量孔径为 d_{n-1}的孔隙所占的百分数 ，亦即土壤的孔径分布。

然而，当量孔径并非真实孔径，而且土壤保持水的力，除毛管力外还有土粒表面的吸附力，且后者比前者强得多。这两种力在保持土壤水时共同存在，无法严格区分。只能说在较粗的孔隙中以毛管力为主，在较细的孔隙中以土粒表面吸附力为主。目前大量实验结果证明，按毛管力推导的“当量孔径”概念也只对粗质地土壤和较粗的孔隙可以抽出主体部分的水，但在孔壁的弯曲处仍存有水，即使以最简单的光滑球体土粒，在接触点的水也有水楔存在，水楔表面的 Δp 为：

$$P_\alpha-P_\beta=\frac{2\,\delta}{(\frac{1}{r_1}-\frac{1}{r_2})} \qquad (6.16)$$

由此可见，这里不同于 $f_0=1-\frac{\rho_b}{\rho_p}$(6.8)，何况土粒表面并不光滑。好在这样的水楔只有在绝大部分孔隙中的水排出后才存在，且水量并不大。当量孔径与土壤水吸力之间的关系如下：

$$d=\frac{3}{T} \qquad (6.17)$$

式中，d 为当量孔径，单位为 mm；T 是土壤水在承受一定的吸力下所具有的能态，即土壤水吸力，单位为 hPa。

由公式可以看出，当量孔径与土壤水吸力成反比，孔隙愈小，则土壤水吸力愈大。每一当量孔径与一定的土壤水吸力相对应。例如，当土壤水吸力为 1 kPa 时，当量孔径为 0.3 mm，也就是说，此时的土壤水分是保持在孔径小于 0.3 mm 的孔隙中，而大于 0.3 mm 的孔隙中则无水。

农业土壤除沙质的和结构良好的以外，一般常嫌空气孔隙数量不足，影响空气的供给。华北地区调查资料表明，除耕层外，心土、底土的空气孔隙度都较低。

因此,常采用深翻或加深耕层来调节各土壤孔隙类型的比例,以增加空气孔隙和毛管孔隙,尽量减少无效孔隙,满足作物扎根和对水、气、热的要求。

许多试验证明,作物对孔隙总量及大、小孔隙比例的要求是:一般旱地土壤,总孔隙度应＞ 50%,空气孔隙度＞10%,无效孔隙尽量减少,毛管孔隙尽量增加。这样的孔径分布才能保证作物正常生长发育。因此,在评价其生产意义时,孔径分布比孔隙度更为重要。

6.2.3 影响土壤孔隙状况的因素

由于自然和人为因素的作用经常在变化,田间状态下影响土壤孔隙状况的基本因素有土壤质地、土粒排列方式、结构、有机质含量以及土壤的松紧状况等。

6.2.3.1 土壤质地

质地轻的土壤,因粗土粒多,单位容积的土粒所占的容积较大,而孔隙所占容积较小,故沙质土壤孔隙度不高,而空气孔隙度却较高。无结构黏质土或紧实的黏重土壤却正好相反,细土粒多,土粒所占容积不高孔隙容积却很大,无效孔度和毛管孔度之和也高。缺乏有机质时,质地愈黏,无效孔度愈高,壤质土居中,各种孔隙搭配适宜。华北平原土壤质地与孔隙状况的关系(见表 6-3)。

表 6-3 土壤质地与孔隙状况的关系

质地	比重	容重	孔隙度	无效孔隙度	毛管孔隙度	无效孔隙度＋毛管孔隙度	空气孔隙度
紧沙土	2.69～2.73	1.45～1.60	38～46	—	—	36～40	2～8
沙壤土	2.69～2.72	1.37～1.54	46～50	4～7	33～42	40～46	2～8
轻壤土	2.70～2.74	1.40～1.52	43～49	5～10	30～41	40～46	2～6
中壤土	2.70～2.74	1.40～1.55	43～49	6～12	28～40	40～46	3～7
重壤土	2.70～2.74	1.38～1.54	43～49	7～15	25～39	40～46	2～5
轻黏土	2.73～2.78	1.35～1.44	48～52	15	30～37	45～52	1～4
中黏土	2.73～2.78	1.30～1.45	48～52	14～19	26～36	45～52	2～6
重黏土	2.73～2.78	1.32～1.40	48～52	—	—	48～52	0～4

(中国科学院土壤队,1961)

6.2.3.2 土粒排列方式

一定容积的土壤,质地相近,因土粒排列方式不同,则孔隙度和大小孔隙所占的比例有很大的差别。当土粒呈松排列时孔隙度高,呈紧排列时则孔隙度低。假定全部土粒都是大小相等的刚性光滑球体,当球体呈松排列时其孔隙度为47.64%,紧排列时则孔隙度为 25.95%(如图 6-2)。

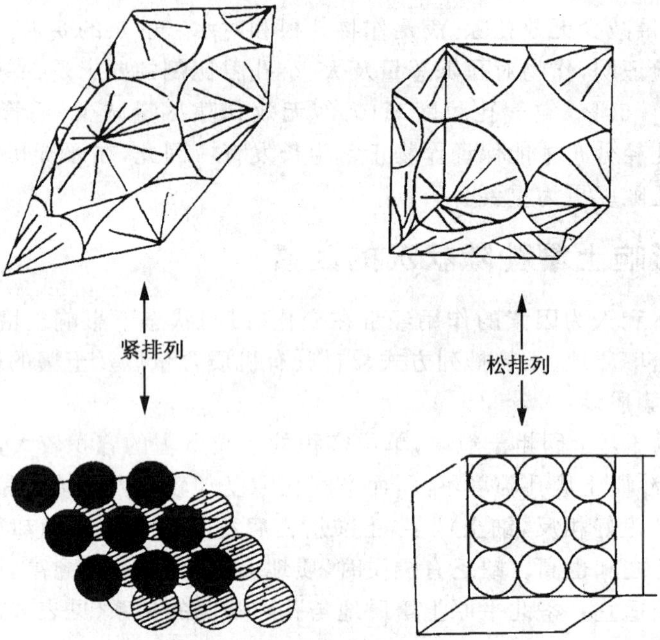

图 6-2　球形土粒的松紧排列

然而,土壤中土粒排列和孔隙状况远较理想土壤复杂得多。粗细不同的土粒,一是排列方式不同,并且常是相互镶嵌的,在粗土粒的孔隙中又镶嵌着细土粒。二是土团、根孔、虫孔以及裂隙的存在,使土壤孔隙系统更加复杂化。因此,要真实地、全面地反映各种大小、形状的孔隙的分布及连通情况,是很难做到的。

6.2.3.3　土壤结构

同样质地的土壤,有了结构以后,其孔隙状况和松紧都会发生根本的改变。沙质土壤大多是没有结构的。有结构的土壤一般是指壤质或黏质土壤的表层含有较多腐殖质,土粒团聚成类似团粒结构。这是因为有团粒结构的土壤疏松多孔,容重也小(有的甚至可到 1.0 以下),而孔隙度也相应增大(有的可达 60%～70%),大小不同的孔隙的分布也得到了改善。其他结构如耕层以下的犁底层,土粒排列紧实,呈片状结构;质地黏重的底土心土层一般多为块状和柱状结构。这些结构的孔隙度大大降低,尤其是通气孔大大减少而增加了无效孔隙度。据有关研究计算,土粒由紧排列经逐级团聚后,孔隙度增加的顺序为 26.6%→45%→59%→ 70%(见图 6-3)。

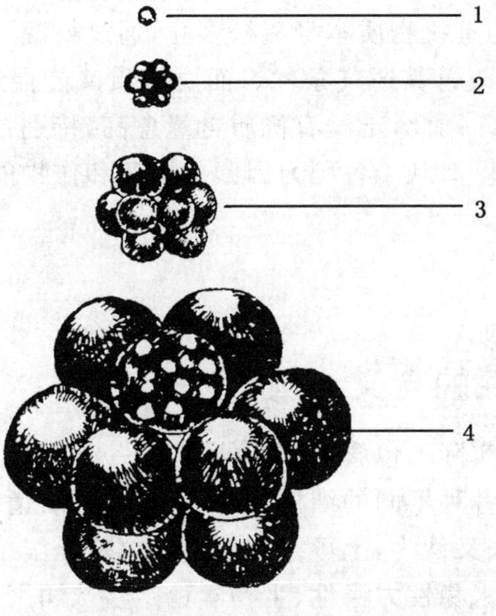

图 6-3　土壤孔隙状况与土粒的团聚度

1. 单粒　2. 一级团聚　3. 二级团聚　4. 三级团聚

6.2.3.4　耕作措施和土层深度

精耕细作是我国的优良传统农业生产技术，它对调节土壤各肥力因素有良好的作用。其作用是疏松了土壤，调节了孔隙状况，因而也改善了结构、土温、墒情、通气、养分转化及植物根系下扎等条件。过去农民注重秋耕，是因为秋耕的整套措施使土壤疏松并形成大小适宜的土团，从而改善了土壤结构状况，降低了土壤容重，增加了孔隙度和通气孔隙度。耕作前后，耕层与底土层、心土层的孔隙状况均有明显的变化(见表 6-4)。

表 6-4　深耕 1 m 对土壤松紧和孔隙的改善状况

取样深度	容重(%)		孔隙度(%)		空气孔隙(%)	
(cm)	深耕前	播种前*	深耕前	播种前	深耕前	播种前
0～15	1.28	1.31	52.3	51.2	14.32	12.20
30～45	1.42	1.34	47.7	50.7	6.5	11.3
60～80	1.40	1.28	48.8	53.2	4.5	14.1
80～100	1.44	1.28	46.9	52.1	5.8	10.4
100～120	1.53	—	44.0	—	3.9	—

* 即深耕后。

6.2.3.5　土壤有机质含量

新鲜的或半腐解的有机物质本身疏松多孔，通过耕翻与土粒掺混均匀，可使紧实的土质松散，大大改善其通气条件。而腐殖质又能促进土壤良好结构的形成，增加土壤的孔隙度。因此，土壤有机质含量愈高，特别是对黏质土壤，则孔隙状况得到的改善愈明显，有利于各肥力因素的协调和作物的生长发育。

6.3　土壤结构

6.3.1 土壤结构性的含义

"土壤结构"一词，实际上包含两方面的含义，一是泛指具有调节土壤物理性质的"结构性"，二是指各种不同的结构体的形态特性。所谓结构性，最早是指"原生土粒的团聚化"。后来又认为，土壤结构性不仅包括土壤结构的类型和数量，还应包括它们的稳定性(水稳性力稳性、生物学稳定性)、团聚体内外的孔隙分配以及它们在农业生产上的作用等。由此可见，土壤结构性反映了土壤的一种重要的物理性质的状态，主要指土壤中单粒和复粒(包括各种结构体)的数量、大小、形状，性质及其相互排列、相应的孔隙状况等综合特性。

任何一种土壤，除质地为纯沙外，各级土粒由于不同原因相互团聚成大小、形状和性质不同的土团、土块、土片，称为土壤的结构体。这些不同形态的结构体，在土壤中的存在及排列状况，会改变土壤的孔性，直接影响土壤肥力、养分运转及耕性的变化。也可以说，土壤结构性的好坏最终体现在土壤孔径的分布上。

6.3.2 土壤结构体的类型、特征及其改良

根据土壤结构体的大小、形状及性质的差异，可分为以下几种结构体。

6.3.2.1　块状结构体

块状结构体属于立方体型。长、宽、高三轴大体相等，边面一般不明显，外形不规则，结构体内部紧实。农民俗称为"土坷垃"就是在田间常见的块状结构体。块状结构体一般出现在有机质含量少，质地黏重的土壤表层，底土和心土层也常见到。表层土壤坷垃多，由于它们相互支撑，形成较大的空洞，加速了土壤水分丢失，漏风跑墒，还会压苗，使幼苗不能顺利出土。农民常说"麦子不怕草，就怕坷垃咬"。据原北京农业大学土壤教研组在京郊的调查材料表明，直径大于 4 cm 的坷垃危害程度明显，大于 10 cm 的坷垃危害严重，而 2～4 cm 的坷垃危害不大，

而且在盐碱地上还有减缓返盐的作用。这是因为土坷垃多,减弱了毛管作用,抑制了含盐地下水的蒸发从而减少了盐分在表层土壤的累积。

6.3.2.2 片状结构体

横轴远大于纵轴,呈薄片状。片状结构体常出现在耕作历史较长的水稻土和长期耕深不变的旱地土壤中,由于长期耕作受压,使土粒黏结成坚实紧密的薄土片,成层排列,这就是通常所说的犁底层。旱地犁底层过厚,对作物生长不利,影响扎根和上下层水、气、热的交换以及对下层养分利用。而水稻土有一个具有一定透水率的犁底层很有必要,它可起着减少水分渗漏和托水托肥的作用。消除旱地犁底层可采取逐年加深耕层的方法。

在旱地表层常出现土壤结皮和板结现象,结皮一般常出现在沙壤土到轻壤土质地土壤上,一般较薄(1~2 mm),一旦表层失水,干裂成碎土片且边缘向上翘起。板结多出现在中壤以上的土壤,它是结皮的深化和继续,一般厚度为3~5 mm,也有厚到几个厘米的,干后裂成大口,耕翻成大土块,坚实不易破碎,常压坏幼苗,撕断根系,引起漏风跑墒。消除结皮和板结的办法是适时中耕。

6.3.2.3 柱状结构体和棱柱状结构体

纵轴大于横轴成直立型。棱角不明显的叫做圆柱状结构体,棱角明显的叫做棱柱状结构体。它们大多出现在黏重的底土层,心土层和柱状碱土的碱化层。这种结构体大小不一,坚硬紧实,内部无效孔隙占优势,外表常有铁铝胶膜包被,根系难以伸入,通气不良,微生物活动微弱。结构体之间常出现大裂缝,造成漏水漏肥。消除办法常采取逐步加深耕层,结合施大量有机肥料进行改良。

6.3.2.4 团粒结构体

包括团粒和微团粒。团粒结构是指在腐殖质的作用下形成近似球形较疏松多孔的小土团,直径为0.25~10 mm之间,直径<0.25 mm的称为微团粒。近年来,有人将<0.005 mm的复合黏粒称为黏团。团粒结构一般在耕层较多,群众称为“蚂蚁蛋”,“米糁子”。团粒结构数量多少和质量好坏在一定程度上反映了土壤肥力的水平。

微团粒结构体在调节土壤肥力的作用中有着重要意义,首先,它是形成团粒结构的基础,在自然状态下,起初是土粒与土粒相互联结成黏团,黏团再次团聚成微团粒,微团粒进一步团聚成团粒。其次,微团粒在改善旱地土性方面的作用虽然不如团粒,但对长期淹水条件下的水稻土,难以形成较大的团粒,而微团粒的数量在水稻土的耕层大量存在。我国南方农民俗称的蚕沙土,泡水不散、松软、土肥相融,对水稻发棵很有利。许多研究表明,微团粒结构是衡量水稻土肥力和熟化程度的重要标志之一。微团聚体数量愈多,水稻土的肥力越高,产量高而且稳定。在上述几种结构体中,块状、片状、柱状结构体按其性质、作用均属于不良结构体。团粒结构体才是农业生产上要求的结构体,属于良好的土壤结构体(如图 6-4)。

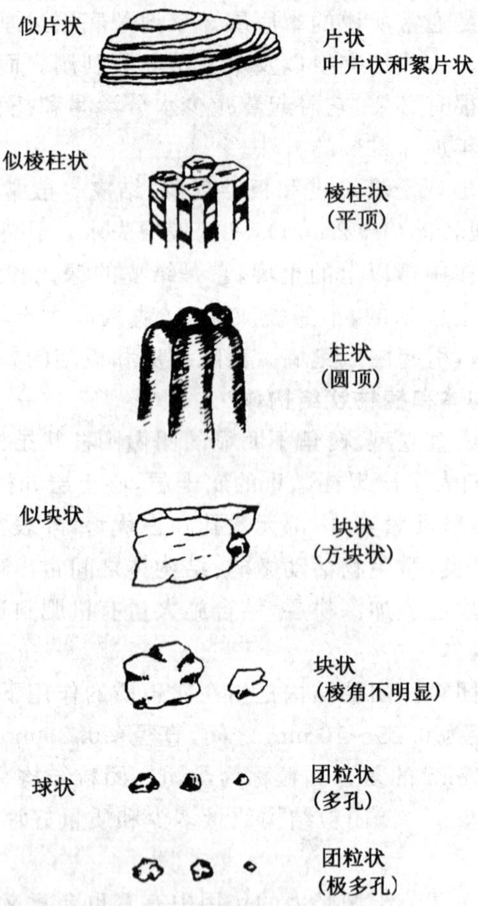

图 6-4　常见的几种结构体

(引自 N.C.Brady,1990)

6.3.3　团粒结构体的形成

土壤团粒结构的形成,大体上分为两个阶段。第一阶段是由单粒凝聚成复粒。块状、柱状和片状结构体,通常是直接由单粒黏结而成,或是土体沿一定方向破裂而成的。它们没有经过多次复合或团聚的过程,故形成的孔隙度较小,而且孔径大小比较一致。

第二阶段则由复粒相互黏结,团聚成微团粒、团粒,或在机械力作用下,大块土垡破碎成各种大小、形状各异的粒状或团粒状结构体。

团粒结构体是经过多次复合、团聚而形成的。先是单粒相互凝聚成复粒,再经过逐级复合、胶结作用,依次形成第二级、第三级……即形成微团聚体,然后由微团粒再经过多次团聚形成较大的团粒。使团粒结构体的粒径不断增大,孔隙度不断提高,大小孔隙比例分配逐渐趋向合理。

近年来,研究者提出"黏团"的理论,认为团粒结构最初是由黏粒相互黏结成"黏团",进而由黏团复合、团聚成微团粒、团粒。因此,把"黏团"看成团聚化的基本单元。黏团与其他黏团或有机胶体相互团聚,甚至可把粉粒、沙粒联结在一起,形成微团粒、团粒(图 6-5)。

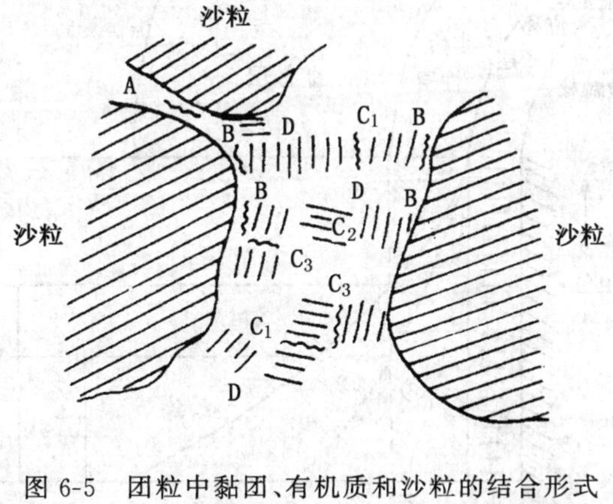

图 6-5　团粒中黏团、有机质和沙粒的结合形式

A. 沙粒—有机胶体—沙粒　B. 沙粒—有机胶体—黏团　C. 黏团—有机胶体—黏团（C_1. 面对面　C_2. 边对面　C_3. 边对边）　D. 黏团—黏团,边对面

(引自 Emerson,1959)

6.3.3.1　团粒结构形成的过程及条件

由上所述，形成团粒结构体主要有以下基本因素：一是构成团粒结构体的基本物质是土粒（包括各种各样的单粒、复粒、黏团及微团粒）。二是联结以上各种土粒的各种胶结剂（有机和无机）。三是在一定外动力推动下，促使土粒相互靠近，胶结物质才能发挥胶结作用。土壤团粒形成的复杂过程并将几种作用机制分述如下：

（1）胶体的凝聚作用　土壤溶液实际上是一种胶体分散体系。土壤胶体的凝聚作用是指分散在土壤溶液中的胶粒相互凝聚而从介质中沉降析出的过程。但只是在黏粒分散成悬液时才有实际意义，凝聚而成的团粒大小，只不过相当于黏团。因此，凝聚只能说是在悬液条件下团粒形成的第一步。

黏粒表面一般带负电荷，在非活动层的边缘有一个负的电动电位（即 ξ 电位，如图 6-6）。当黏粒在悬液中不断运动时，黏粒的 ξ 电位增大，相互的排斥力就愈大，此时黏粒不能相互凝聚成团。只有当 ξ 电位下降到某一临界值（为 20～30 mV），黏粒间斥力小于黏粒间的吸引力（范德华力）时，黏粒才能相互凝聚成团。

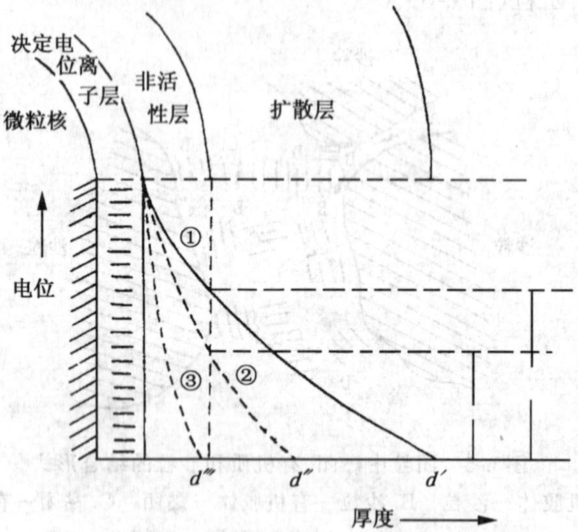

图 6-6　ξ 电位与扩散层厚度的关系（非活性层也称史特恩层）

降低 ξ 电位至临界值有以下两个途径：

①改变交换性阳离子组成。交换性阳离子的凝聚能力一般随原子价数和水化半径而不同。价数愈高，则与黏粒的相互吸力愈强，距离黏粒表面的距离愈短，则 ξ 电位愈小，因而凝聚能力愈强。同价离子中，其凝聚能力取决于离子的水化半径，水化半径大的离子与黏粒表面的距离大，故凝聚力弱，反之则较强。在一价阳离子中，氢离子的水化半径最小，故凝聚力最强，几乎接近钙、镁离子的凝聚力。按照各种离子的凝聚能力，排列顺序为：

$$Fe^{3+} > Al^{3+} > Ca^{2+} > Mg^{2+} > H^{+} > NH_4^{+} > K^{+} > Na^{+}$$

└→在一价阳离子中水化半径最小

如溶液中代换性离子为三价、二价等阳离子或 H^+ 时，则黏粒易从悬液中析出；如为 NH_4^+、Na^+ 等一价离子时，则黏粒在悬液中分散。生产实践中常用 Ca^{2+} 促进土粒凝聚，例如在碱土中施用石膏（$CaSO_4 \cdot 2H_2O$）。Fe^{3+}、Al^{3+} 虽然比 Ca^{2+} 的凝聚力强，但它的固磷作用很强，Al^{3+} 本身也可能产生毒害或增加土壤的酸度，因此一般不宜采用。

②增加电解质的浓度。土壤溶液中的电解质浓度（c）和胶粒双电层厚度（s）的关系为：

$$\sqrt{c} \propto \frac{1}{s}$$

由此可见，c 愈大或 s 愈薄，则胶粒趋向凝聚。在农业生产实践中，采用烤田、晒垡及冻垡等措施，都能起到提高局部土壤溶液电解质浓度的作用，促进土壤胶体凝聚和微团粒的形成。

由高价阳离子凝聚而成的黏团或微团粒一般具有一定程度的水稳性，由低价阳离子浓度增加而形成的团粒则多半是非水稳性的，当充水后电解质浓度降低时，黏粒又成分散状态。凝聚后形成的黏团或微团粒还有剩余的负电荷，它们可以再次相互团聚形成较大的团粒（如图 6-7）。

（2）水膜的黏结作用　在湿润的土壤中，黏粒表面带的负电荷，可以吸附极性水分子，使之定向排列，形成一层水膜，离黏粒表面愈近的水分子定向排列程度愈高，排列愈紧密。当黏粒相互靠近时，水膜为相邻土粒共有，黏粒之间就通过水膜而联结在一起。较粗的土粒也可通过水膜而相互联结起来，但联结的力量很弱，因为粗土粒的表面不带负电荷，而且比表面很小，与水相互接触的面也小，故联结力较弱。土粒的粒径愈小，比表面积愈大，这种联结力愈强（如图 6-8）。

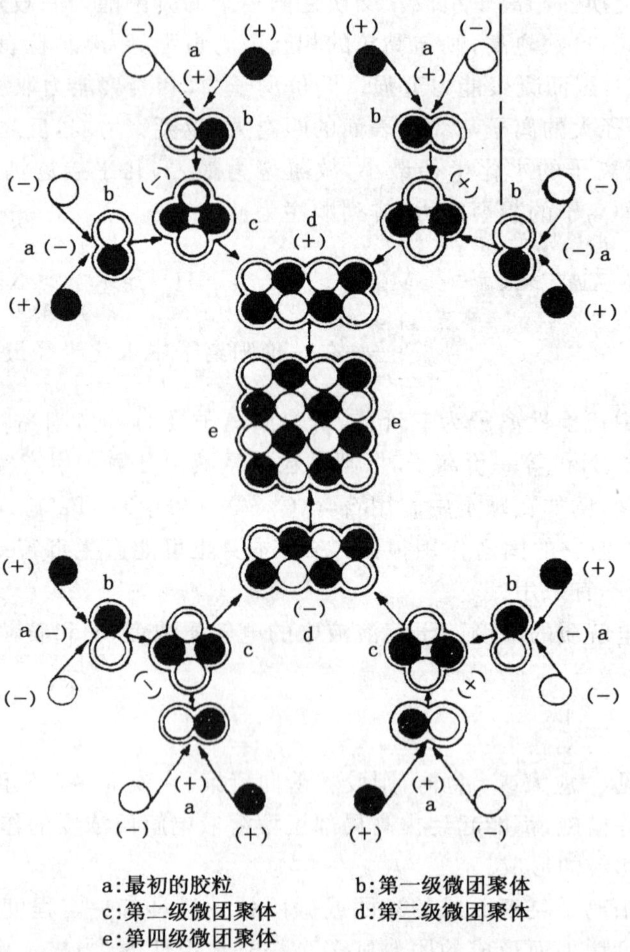

图 6-7 胶体凝聚时微团粒形成模式图

a. 胶粒和电解质解离的离子 b. 第一级微团粒 c. 第二级微团粒 d. 第三级微团粒 e. 第四级微团粒

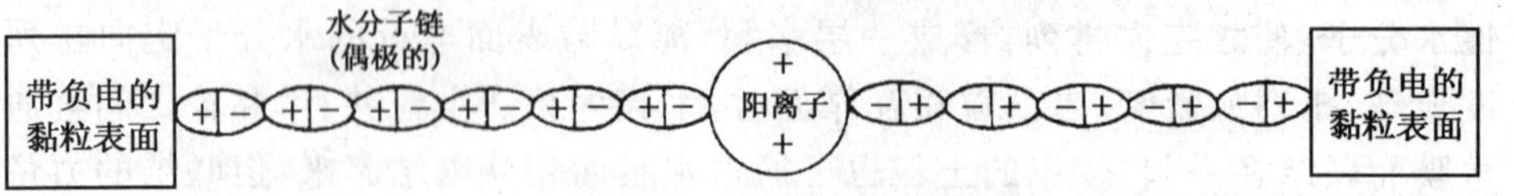

图 6-8 水分子在结构形成中作用机制示意图

（引自 H. D. Foth）

当水分进一步增加时，在土粒与土粒的接触点上产生弯月面状水环。由于弯月面内侧产生负压（即压力亏缺），能把相邻的土粒牵引在一起。这种由弯月面所产生的黏结力，通常称为毛管力或毛管黏结力。毛管黏结力的大小取决于触点水环的数量、各点毛管黏结力大小及水膜的厚度。土粒愈细，土粒的半径小，水环数量就愈多，总毛管黏结力也就愈大。水膜增厚，弯月面曲率减小，则黏结力也弱。通过弯月面力而黏结成的微团粒一般都是非水稳性的。

(3)胶结剂的联结作用　土壤中的胶结物质种类很多，归纳起来可分三类，现分别叙述如下。

① 简单的无机胶体。此类胶结物质主要有 $Fe_2O_3 \cdot nH_2O$、$Al_2O_3 \cdot nH_2O$、$SiO_2 \cdot nH_2O$ 和 $MnO_2 \cdot nH_2O$ 的水合物等。它们往往成胶膜形态包被于土粒表面。当它们由溶胶转变为凝胶时，使土粒靠近胶结在一起，再经干燥脱水之后，凝胶变成不可逆性。

$$\text{溶胶} \xleftrightarrow[\text{非水稳}]{} \text{凝胶} \xrightarrow{\text{不可逆}} \text{脱水（水稳）}$$

由此形成的结构体具有相当程度的水稳性。我国红壤中的结构体，主要是由含水的铁、铝氧化物胶结而成的。如核状、块状或粒状等结构体。此种胶结紧密，内部孔隙度低，孔径也小，对土壤孔性调节作用不大。

另外，在北方土壤中，如 $CaCO_3$、$CaSiO_3$ 等无机化合物，也能胶结土粒，胶结后成核状结构体，其品质很差。

②有机胶体。在有机物质参与下形成的团粒，一般形成的团粒品质较好，均具有水稳性和多孔性。它能使土粒、黏团、微团粒相互团聚的有机物质种类很多，但胶结机理各不相同，如腐殖质、多糖类、蛋白质和木质素等，许多微生物的分泌物和真菌的菌丝也有胶聚作用。这些物质中，最重要的是腐殖质和多糖类两种。

腐殖质：在腐殖质各组分中，以褐腐酸（又叫胡敏酸）胶结土粒的作用最为重要。因为它的缩合程度高、分子量大，具有较强的胶结作用。其胶结机理如下：

丘林(1950)根据加彭的理论，把土壤有机—矿质胶体的结合方式分为两种：

一种是通过钙离子(Ca^{2+})为键桥联结起来的，称为Ⅰ组微团粒（褐腐酸钙团粒 G1），主要分布于离根较远，通气良好的地方。

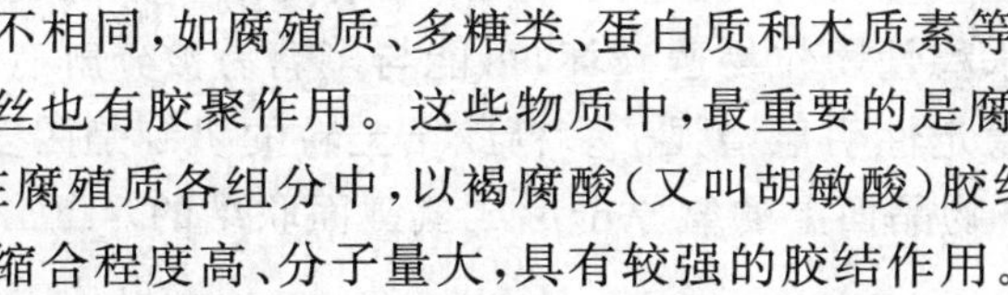

这种联结并不牢固，可用中性盐 NaCl 拆开。

另一种是通过黏粒表面上的铁、铝氧化物胶膜与腐殖质相联结，可用下式表示(式中的 Al 也可用 Fe 代换)：

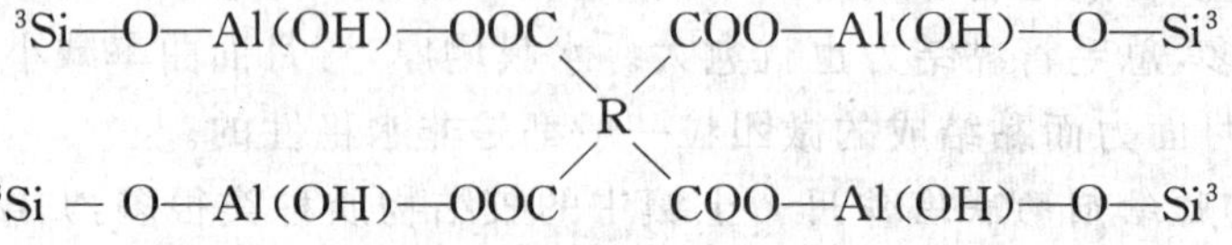

此种联结比较牢固，不能用 NaCl 拆开，只有用稀碱溶液处理或通过研磨，才能分散。

丘林把 Fe、Al 联结称为 Ⅱ 组(褐腐酸铁团粒 G2)，它大多分布在近根区，这是因为水分状况良好，根际微生物活动旺盛，有机质丰富，易造成供氧不足，使铁还原成亚铁，提高了铁的活性，有利于在矿物颗粒表面上形成胶膜。

G1、G2 均属于水稳性团粒，只是结合松紧不同而已。腐殖质胶结具有不可逆性(经机械重压易破碎或被微生物分解后不再具有胶结能力)，胶结作用只有一次性。这就需要经常不断补充新鲜有机物质(有机肥、绿肥等)以不断合成新的腐殖质。

土壤腐殖质通常带负电荷，不能与带负电荷的黏土矿物相互吸引，但在黏土矿物带正电荷的部位上，如高岭土的晶棱上则可吸附腐植酸。

多糖类：它是微生物分解有机物质的产物，占有机物质总量的 5%～10%，是一种线性的、绕曲的高分子聚合物，在其链条上含有大量的—OH 基，在土粒之间通过氢键也能起胶结作用，但它比腐殖质更容易遭到微生物的分解。如在低洼地区，水分过多，水稳性团粒易遭破坏，可能与多糖易被分解有关。在旱地土壤中，胶结土粒后，其稳定性明显增强。多糖胶结土粒的机制是因多糖分子上有很多—OH 基与黏土矿物晶面上的氧原子形成氢键而联结的。

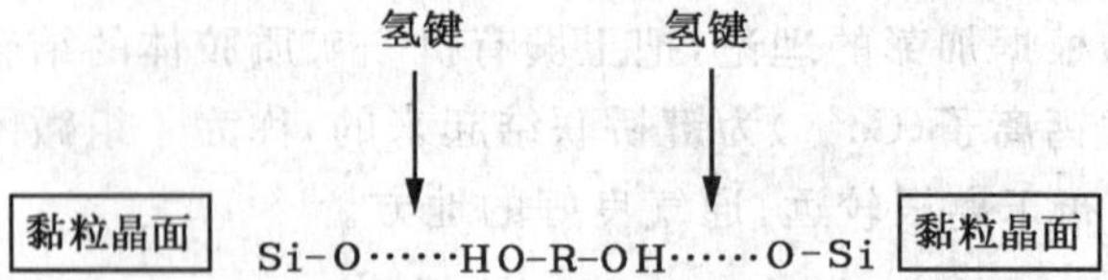

总之，虽然多糖类物质对土壤结构的形成能起一定的作用，但为时较短。原因是抵抗微生物分解的能力很弱(即生物学稳定性较差)。

其他有机物质，如木质素、蛋白质均有不同程度的胶联作用。许多微生物的细胞的分泌物也有一定的胶结力，其中嫌气性的又大于好气性的。另外，植物根系的分泌物以及蚯蚓肠道黏液等都能把分散的土粒黏结成较稳定的团粒。

③黏粒。黏粒本身粒径小，具有很大的内、外表面积，它在团粒形成过程中也起着一定的作用。黏粒一般带有负电荷，它们通过吸收阳离子，在具有偶极矩的水分子的胁迫下，把土粒联结在一起。当水分减少后，原来被水分子联结的土块，土垡崩裂成小土团。这种胶结所成的团粒很不稳定，遇水或在外力作用下容易遭到破坏。另外，不同种类的黏粒矿物，胶结力也不一样，如蒙脱石的胶结能力比高岭石和水化云母强。

④土粒表面的胶膜。土壤矿物质颗粒的表面在长期的风化过程中发生了深刻的变化，形成一层不透明的胶膜。这层胶膜的形成，与矿物表面铝硅酸晶格中的阳离子失去有关。这层胶膜遇水易于水化，吸水膨胀以及进行离子交换，并在外力及土壤本身的压力下，可使土粒靠近胶联在一起形成团粒。土壤颗粒越细，其比表面积愈大，则黏结能力越强。

⑤钙和其他阳离子的媒介作用。带正电荷的钙离子与土壤中带负电荷胶体（腐殖质）相互吸引产生凝聚作用。这种凝聚作用形成的团粒稳固性较大。土壤中少量的 $CaCO_3$ 亦有一定的胶结作用，能够形成水稳性的团粒。但过多 $CaCO_3$，能把土粒胶结成致密坚硬的土块，反而起了不良作用。

(4)干湿交替和冻融交替作用　土壤周期性湿润和干燥，使土壤产生体积膨胀和收缩，这主要是由胶体物质的干缩湿胀性质决定的。干旱土体各部分和各种胶体脱水程度及速率不同，引起干缩程度不一致，致使土壤沿着黏结力薄弱之处裂开，破碎成小土团。土壤吸水时，水分进入小孔隙，使封闭于孔隙内的空气被压缩，空气承受一定压力后便发生爆破，使土块崩解成小土团。土块愈干，充水后封闭的空气愈多，雨后或灌水后的碎土效果越好。

水结冰后体积增大 9%，就会向四周产生一定的挤压力。孔径愈小，其中的水结冰的温度愈低。在大气降温时，大孔隙中的水先结冰，形成冰晶，附近小孔隙中的水向冰晶移动，使冰晶体积增大，对四周产生挤压力，破碎土块形成大小不等的土团。另外，冻结可使胶体脱水凝聚，有助于团粒的形成。

在冻融交替过程中，冻结时，大小孔隙中的水结冰先后不同，对周围土壤产生不均匀的压力而出现裂隙，一旦融化，就会沿裂隙酥散。因此，土壤一冻一化，冻融交替进行，可以起到“酥土”作用。北方农民常常采用秋耕、冬灌、冬犁晒垡等措施，有利于促进团粒结构的形成。但过于频繁，也会产生破坏团粒结构的不良作用。

(5)生物的作用　生物作用包括土壤动物、微生物的活动及植物根系伸展产生的挤压作用。植物有巨大的根群，在生长过程中，从四面八方穿入土体，对土壤产生分割和挤压作用。另外根系的分泌物及其死亡分解后所形成新鲜的多糖和腐殖质又能团聚土粒，形成稳定的团粒。还有土壤中的掘土动物，如蚯蚓、鼠类活动也会增加土壤裂隙，蚯蚓的粪便就是一种很好的团粒。

(6)土壤耕作　适当的土壤耕作有利于土壤团粒结构的形成，其作用可归纳如下：①耕作结合耙、耱等措施可以疏松土壤和碎土，破除土表结皮和板结，有利于形成暂时的非水稳性团粒结构。②耕作结合施肥，特别是施有机肥与土粒充分混匀，使土肥相融，有利于发挥有机胶结剂的作用，形成良好的水稳性团粒结构。③耕作必须掌握在宜耕期(尤其是黏质土)进行，在宜耕期进行耕作，可以起到松土、调节土壤孔隙的作用，为作物创造一个良好的上虚下实的耕层构造，尤其在有机质含量少而土质较黏的土壤上。如耕作不当(如过湿、过干、过于频繁和农机具不合适)时，反而会破坏原有团粒结构，使土壤板结。

6.3.4 团粒结构体与土壤肥力

土壤结构性是指土粒的排列方式和所产生的孔隙状况。因此在衡量土壤结构性的好坏时，应从两个方面考虑：一是从土壤整体来看，要考查其结构体的类型、大小、形状、数量及孔隙分配状况等参数；二是从结构体本身来看，如结构体的外形、大小、数量及品质(即稳定性)。生产实践表明，团粒结构在调节土壤肥力的过程中起着良好作用，但不同品质的团粒结构体的调节作用有明显的差异。

6.3.4.1　良好团粒结构体具备的条件

(1)要具有一定结构体形状、大小　旱地一般以直径为 0.25～10 mm 为宜，边、面不明显，近似球形较好，其中以 1～3 mm 大小为最佳，过大或过小都对形成适当的孔隙比例不利。水田因经常淹水，不易形成大的团粒结构，＜0.25 mm 的微团粒数量较多而且较稳定，它对水田的透水、通气、保肥及使表层土壤松软都具有良好的作用。

(2)要有多级孔隙　只有当单粒相互凝聚成黏团，黏团相互团聚成微团粒，微团粒再经多次团聚成较大团粒结构体后，才能构成数量多及大小孔隙比例合适的孔隙状况。大孔隙可通气透水，小孔隙保水保肥。土壤的水、肥、气、热协调性趋于更优良。

(3)要具有一定的稳定性，即水稳性、力稳性和生物学稳定性 水稳性系指浸水后不立即散开。力稳性指在一定外力作用下不致受到完全破坏。在降水、灌水及农机具频繁耕作的外力作用下是使土壤结构体遭到破坏的主要原因。没有一定力稳性，团粒很易受到破坏，不能继续发挥团粒结构的功能。生物学稳定性是指结构体抗拒微生物对有机物质分解、破碎土粒相连结的能力。因为有机—无机相结合的复合体(即团粒)，通常有机质包被于矿质土粒的表面或黏附在团粒之间，随着有机质被分解，结构体也逐步解体。

黏结结构体的有机质种类很多，但其抵抗微生物分解的能力各不相同。人工合成的结构改良剂所形成的团粒生物学稳定性强于由腐殖质黏结形成的团粒，后者的稳定性又强于由多醣胶结形成的团粒。另外，团粒的生物学稳定性还取决于有机质与矿物质相结合的牢固程度。同类有机质，凡结合紧密的，其稳定性就高。

总之，要使作物获得高产稳产，对土壤来讲，就是要创造一个良好的土壤环境条件，满足农作物对水、肥、气、热的需求。而团粒结构的数量及品质在土壤肥力各因素的协调中起着重要作用。

6.3.4.2 团粒结构对土壤肥力的调节作用

(1)能解调土壤水分与空气的矛盾 团粒结构数量多的土壤，由于孔隙度高，通气孔隙也多(图 6-9)，大大改善了土壤透水通气能力，可以大量接纳降水和灌溉水量。当下雨或灌溉时，水分通过通气孔隙很快进入土壤，当水分经过团粒附近时，能较快地渗入团粒内部的毛管孔隙并得以保蓄，使团粒内部充满水分，多余的水继续下渗湿润下面的土层，从而减缓了土壤的地表径流造成的冲刷 、侵蚀。由此可见，具有团粒结构的土壤，既不像黏质土那样不透水，也不像沙性土那样不保水。实验证明，土壤透水性与孔隙粗细的关系比孔隙度更密切。粗孔隙增加 10 倍，则透水性可增大 100 倍(表 6-5)。

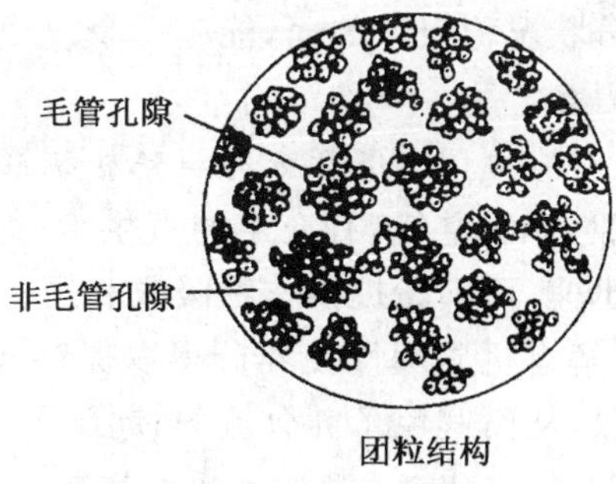

图 6-9 团粒结构与土壤孔隙状况示意图

表 6-5 土壤的孔隙渗水系数与孔隙度和孔径的关系

孔隙度	不同孔隙直径(mm)的孔隙渗水系数					
	1.0	0.5	0.3	0.1	0.05	0.01
30	0.20	0.05	0.018	0.002	0.000 5	0.000 02
35	0.30	0.075	0.027	0.003	0.000 75	0.000 03
40	0.50	0.125	0.045	0.005	0.001 25	0.000 05
45	0.70	0.175	0.053	0.007	0.001 75	0.000 07
50	0.90	0.225	0.081	0.009	0.002 25	0.000 09

渗水系数是指单位水压下,单位时间内通过单位面积土壤水的数量,单位为 $cm^3/(cm^2 \cdot s)$。当土壤中的大孔隙里的水分渗过后,外面的空气乘机补充进去,团粒间的大孔隙多充满空气。而团粒内部小孔、毛管孔隙多,吸水力很强,水分进入快并得以保持,由于水势差的存在使源源不断水流供给作物根系吸收利用。土壤中既有充足的空气,又有足够的水分,解决了土壤中水、气之间矛盾。

同时,具有团粒结构的土壤,可使进入土壤中的水分蒸发大大减弱。这是因为团粒间的毛管通路较少,而且干后表面团粒收缩,体积缩小,与下面的团粒断开了联系,成为一层隔断层或保护层,使下层水分不能借毛管作用上升至表层而消耗。由此可见,有团粒结构的土壤不但进入水分数量多,而且蒸发也少,又能保持水分状况稳定。因而,能起一个“小水库”的作用,耐旱抗涝的能力比其他的土壤强得多。

(2)能协调土壤养分的消耗和积累的矛盾　有团粒结构的土壤,团粒之间的大孔隙,充满空气,有充足的氧供给,好气微生物活动旺盛,有机质分解快,养分转化迅速,可不断提供作物吸收利用。而团粒内部水多气少,嫌气微生物活动旺盛,分解有机质缓慢使养分得以保存,养分由外层向内层逐渐释放,不断地供作物吸收,从而避免了养分流失,起到了一个“小肥料库”的作用。

(3)稳定土温,调节土壤热状况　有团粒结构的土壤,团粒内部小孔隙数量多,保持的水分充足,使土温变幅减小。因为水的比热大,不易升温或降温,相对来说起到了调节土壤温度的作用。据资料表明,黏土白天土温比沙土低,夜间比沙土高,而且土温变化平稳,有利于根系的生长和微生物的活动。

(4)改善土壤耕性和有利于作物根系伸展　有团粒结构的土壤疏松多孔,作物根系伸展阻力较小,团粒内部又有利于根系固着和支撑。同时,黏结性、黏着性也小,可大大减少耕作阻力,提高耕作效率和质量。

总之，有团粒结构的土壤，松紧合适、通气透水、保水、保肥、保温，扎根条件良好，土壤的水、肥、气、热比较协调，能为农作物生长发育创造一个最佳的土壤环境条件，从而有利于获得高产稳产。

7 土壤水分

【教学目标】

- **一般了解土壤水的类型、形态和水进入土壤后所受到各种力的作用，及水在土壤中的变化过程（包括保持、运动及有效性）。**
- **土壤水能态**

  1. 弄清土壤水能态的含义，土水势及分势的物理意义及产生条件、影响因素及应用范围。
  2. 了解土水势与土壤水吸力的概念和主要区别。土壤水分特征曲线说明什么问题及影响因素。
  3. 熟悉测定水分能态的方法，如张力计和中子仪的基础原理、安装、操作程序及所要注意的问题。
- **土壤水运动**

  1. 掌握土壤液态水运动与达西定律的关系；达西定律各参数表达的物理意义，应用范围及 K 值影响的因素。
  2. 着重掌握非饱和流在田间条件下的运动规律，了解土壤水入渗、再分布和渗漏过程的特点及影响因素。
  3. 掌握气态水运动，如蒸发、夜潮及冻后聚墒产生条件，蒸发损失过程以及如何控制水汽运动，尽力减少水分损失的有效措施。
- **土壤水平衡及有效性**

  1. 掌握土壤水平衡的表达式、各项所代表的含义以及影响一个地区土壤水分平衡的主要因素。
  2. 了解“土壤—植物—大气连续体”统一体系的意义及其优势性。
  3. 了解土壤水分的有效性、有效水、最大有效水的含义及其影响因素。

土壤水是土壤重要的组成部分之一，也是土壤肥力最活跃的因素之一。土壤水的数量和运动变化，不仅影响土壤的形成、气热状况，还深刻地影响土壤内部许多物质的转化过程。如矿物质的风化和有机质的分解与合成。

土壤水是农作物吸收水分的给源，也是自然水循环的一个重要环节。土壤水不是纯水而是一种溶有无机、有机和胶状颗粒悬浮物等多种物质的极稀薄的溶液。农作物在吸水的过程中，同时也摄取了各种矿物质养分。

土壤水的周年变化受土壤水收支平衡的制约，主要由当地气候条件如降水量及其分布所主导。水多为涝，水少为旱，旱涝两害是当前严重影响我国农业生产和生态环境的突出问题。本章主要介绍土壤水的基本知识，运动变化规律与作物吸水的相互关系。

7.1　土壤水的类型及性质

我国早期土壤学研究沿袭前苏联的原理和方法，土壤水的研究长期以来也一直沿用数量法。该方法根据土壤水分所受的力的作用把土壤水分分为如下几类：一是吸附水，或称束缚水，受土壤吸附力作用所保持，其中又可分为吸湿水和膜状水；二是毛管水，受毛管力的作用而保持；三是重力水，受重力支配，是进一步向土壤剖面深层运动的水。如图 7-1 所示。

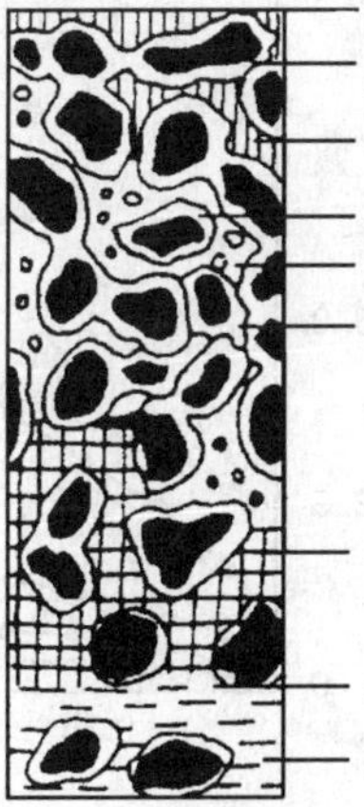

图 7-1　土壤水形态类型示意图

7.1.1　吸湿水

吸湿水是由土粒表面吸附力所保持的水分，其中最靠近土粒表面的由范德华力保持的水称为吸湿水（又称紧束缚水），吸湿水的含量称为土壤吸湿量。

由于吸湿水是土粒表面分子吸附水汽分子（当然也可来自液态水）的结果，土壤吸湿水实际上是土壤自然风干时所保持的水量，其大小主要决定于土壤的比表面积和大气的相对湿度。土粒愈细，比表面积愈大，大气相对湿度愈高，则土壤吸湿水量愈大，如图 7-1 所示，凡是影响比表面积的因素如质地，有机质含量，胶体的种类和数量，盐类组成等，均会影响土壤吸湿水的含量。当大气相对湿度达到饱和时，土壤的吸湿水达到最大量，这时吸湿水占土壤干重的百分数称为土壤最大吸湿量或土壤吸湿系数，它是土壤水分常数之一。一般耕地土壤的最大吸湿量，因质地不同而异。质地愈黏，最大吸湿量愈大，质地愈沙，最大吸湿量愈小。所以最大吸湿量的大小是黏土＞壤土＞沙土。

吸湿水具有与纯自由水不同的特点。首先，在于它所受土粒表面的吸附力很强，最内层有几十万到上百万千帕，其外层也有 3 141.08 kPa，故具有固态水的性质，不能流动，要在 105～110℃高温下烘几个小时，使之汽化后才能从土壤中逐出。其次，它的比重很大(约 1.5 g/cm^3)，无溶解能力，冰点下降－78℃，并在干土吸湿时放热。最后，因为它所受的吸力远大于植物根的吸水力(平均为 1 520 kPa)，植物无法吸收利用，属于土壤水中的无效水，对生产的直接意义不大。但它可用于帮助分析土壤水的有效性，一般土壤中无效水总量约为最大吸湿量的 1.5～2.0 倍。图 7-2 表示不同相对湿度下土壤粒级的吸湿水量。

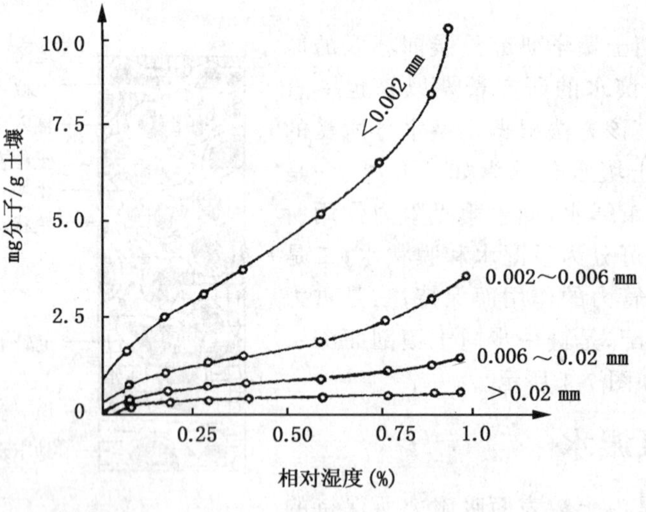

图 7-2　不同相对湿度下不同土壤粒级的吸湿水量

7.1.2　膜状水

当土壤水分达到最大吸湿量时，土粒表面还有剩余的吸附力，虽不能再吸收水汽，但可以吸附液态水，这部分水被吸附在吸湿水的外层，定向排列为水膜，称为膜状水。膜状水达到最大时的土壤含水量，称为最大分子持水量。膜状水比吸湿水所受的吸附力小得多，在633.28～3 141.00 kPa，它具有液态水的性质，可以移动，但因黏滞度较大，其移动速率非常慢，一般是由水膜厚处向水膜薄处移动，如图7-3所示。

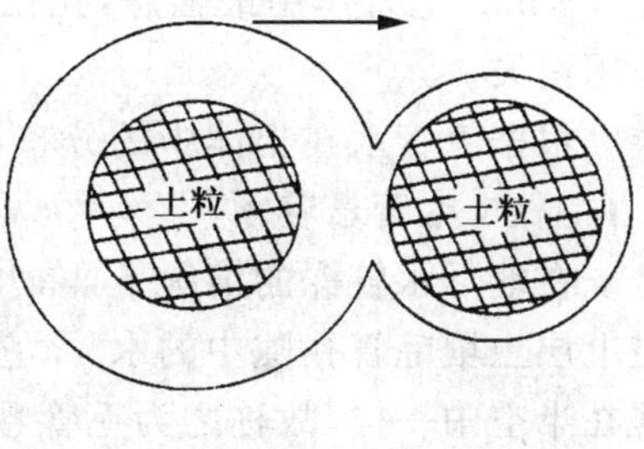

图 7-3 膜状水移动示意图

膜状水的内层所受吸力大于根的吸水力，植物根无法吸收利用，为无效水，而它的外层所受吸力小于根的吸水力，植物可以吸收利用，但数量极为有限。当植物因根无法吸水而发生永久萎蔫时的土壤含水量，称为萎蔫系数或萎蔫点。它因土壤质地、作物和气候等不同而不同。一般土壤质地愈黏重，萎蔫系数愈大，表7-1给出了不同质地土壤的萎蔫系数参考范围。萎蔫系数是植物可以利用的土壤有效水含量的下限。

表 7-1 不同质地土壤的萎蔫系数 （%）

土壤质地	粗沙壤土	细沙土	沙壤土	壤　土	黏壤土
萎蔫系数(θ_m)	0.96～1.11	2.7～3.6	5.6～6.9	9.0～12.4	13.0～16.6

7.1.3 毛管水

土壤中粗细不同的毛管孔隙连通一起形成复杂的毛管体系。当土壤含水量逐渐增大，超过最大分子持水量的那部分水，在毛管力的作用下，保持在土壤的毛管孔隙中，不受重力作用的支配，这种靠毛管力保持在土壤毛管孔隙中的水就称为毛管水。

毛管水是土壤中最宝贵的水。它不受重力支配而流失，所受力为8.11～633.28 kPa，比植物根的吸水力小得多，是植物所需水分的主要给源。毛管水移动性大，能较迅速地运动，一般向消耗点移动，如向根系吸水点和表土蒸发面移动。它也是土壤养分的溶剂和输送者。

毛管水的移动，受毛管力的制约。毛管水运动方向总是由毛管力小的地方向毛管力大的地方运动。在毛管孔范围内，孔径愈细，毛管作用愈强。一般认为孔径1～0.1 mm毛管作用渐显，孔径0.1～0.05 mm，毛管作用明显，孔径0.05～

0.005 mm 毛管作用最强烈，孔径<0.001 mm，因孔径过细被水膜“堵死”，毛管作用消失。

根据毛管水在土体中的分布，又可将它分为毛管悬着水和毛管上升水。

7.1.3.1　毛管悬着水

在地下水较深的情况下，降水或灌溉水等地面水进入土壤，借助毛管力保持在上层土壤毛管孔隙中的水分。它与来自地下水上升的毛管水并不相连，好像悬挂在半空中一样，故称之为毛管悬着水。毛管悬着水是山区、丘陵、岗坡地，以及四平地上地势较高处植物吸收水分的主要给源。

土壤毛管悬着水达到最多时的含水量称为田间持水量。在数量上它包括吸湿水、膜状水和毛管悬着水。当一定深度的土体含水量达到田间持水量时，若继续供水，并不能使该土体的持水量再增大，而只能进一步湿润下层土壤。田间持水量是确定灌水量的重要依据，是农业生产上十分有用的水分常数。

田间持水量的大小，主要受质地、有机质含量、结构、松紧状况等的影响。不同质地和耕作条件下的田间持水量有很大不同，表 7-2 给出了一些大致范围。

表 7-2　不同质地和耕作条件下的田间持水量　（%）

土壤质地	沙土	沙壤土	轻壤土	中壤土	重壤土	黏土	二合土		
							耕前	耕后	紧实
田间持水量(θ_m)	10～14	16～20	22～26	20～24	24～28	28～32	32	25	21

当土壤含水量达到田间持水量时，土面蒸发和作物蒸腾损失的速率起初很快，而后逐渐变慢；当土壤含水量降低到一定程度时，较粗毛管中悬着水的连续状态出现断裂，但细毛管中仍充满水，蒸发速率明显降低，此时土壤含水量称为毛管水断裂量。在壤质土壤中它大约相当于该土壤田间持水量的 75%左右。当土壤水达到毛管水断裂量后，毛管悬着水运动显著缓慢下来，如果这时正值作物生长旺盛时期，蒸腾速率很快，作物虽能从土壤中吸到一定水分，但因补给减缓，也可能出现水分入不敷出，暂时出现萎蔫现象，应注意及时补墒。

7.1.3.2　毛管上升水

是指借助于毛管力由地下水上升进入上层土体的水。毛管上升水的最大含量称为毛管持水量。

从地下水面到毛管上升水所能到达的绝对高度叫毛管水上升高度。毛管水上升的高度和速度与土壤孔隙的粗细有关。在一定的孔径范围内，孔径愈粗，上升的速度愈快，但上升高度低；反之，孔径愈细，上升速度愈慢，上升高度则愈高。不过孔径过细的土壤，则不但上升速度极慢，上升的高度也有限。沙土的孔径粗，毛管上升水上升快，高度低；无结构的黏土，孔径细，非活性孔多，上升速度慢，高度也有限，而壤土的上升速度较快，高度最高。如图 7-4 所示。在毛管水上升高度范围内，土壤含水量的多少也不相同。靠近地下水面处土壤孔隙几乎全部充水，称为毛管水封闭层。从封闭层至某一高度处，毛管上升水上升快，含水量高，称为毛管水强烈上升高度；再往上，只有更细的毛管中才有水，所以含水量就减少了。毛管水上升高度和强烈上升高度，因质地不同而异（见表 7-3）。一般的趋势是沙土最低，壤土最高，黏土居中。

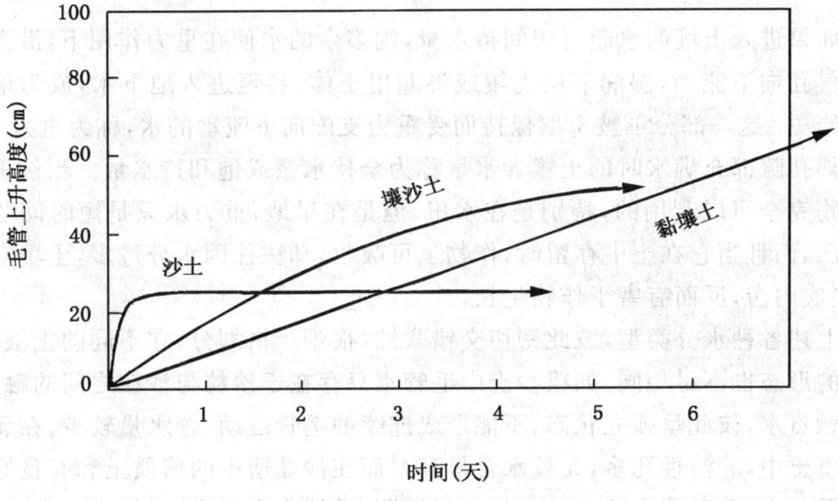

图 7-4 不同质地土壤自地下水位向上的水分运动

（摘自 N.C. Brady 和 R.R. Weil. The Nature and Properties of Soils，12 ed，P178）

表 7-3 不同质地土壤的毛管水上升高度和强烈上升高度参考范围 (m)

土壤质地	沙土	沙壤土	轻壤土	中壤土	重壤土	黏土
毛管水升高度	0.5～1.0	2.0～2.5	2.2～3.0	1.8～2.2	<3.0	<0.8～1.0
毛管水强烈上升高度	0.4～0.8	1.4～1.8	1.3～1.7	1.2～1.5	1.2～1.5	

毛管水上升高度特别是强烈上升高度，对农业生产有重要意义。如果它能到达根系活动层，就为作物源源不断的利用地下水提供了有利条件。但是若地下水矿化度较高，盐分随水上升至根层或地表，也极易引起土壤的盐渍化，危害作物，

这是必须加以防止的。其主要的防止办法就是利用开沟排水，把地下水位控制在临界深度以下。所谓临界深度是指含盐地下水能够上升到达根系活动层并开始危害作物时的埋藏深度，即由地下水面至地表的垂直距离。在盐碱土改良的水利工程上，计算临界深度，往往采用毛管水强烈上升高度（或毛管水上升高度）加上超高（即安全系数 30～50 cm）。

$$临界深度(m)=毛管水强烈上升高度+安全系数 \qquad (7.1)$$

一般土壤的临界深度为 1.5～2.5 m。沙土最小，壤土最大，黏土居中。

7.1.4 重力水

如果进入土壤的水超过田间持水量，则多余的水便在重力作用下，沿大孔隙即通气孔向下流动，湿润下层土壤或渗漏出土体，甚至进入地下水，成为地下水补充给源。这一部分不被土壤保持而受重力支配向下流动的水，称为重力水。土壤全部孔隙都充满水时的土壤含水量称为全持水量或饱和持水量。当然重力水是作物完全可以利用的，特别是在水田，但是在旱地，重力水只是短时间通过土体而已，而且当它在土中存留时，作物虽可吸收，却往往因水分过多，土壤空气不足，造成内涝，反而有害于作物生长。

上述各种水分类型，彼此密切交错联结，很难严格划分。在不同的土壤中，其存在的形态也不尽相同。如粗沙土中毛管水只存在于沙粒与沙粒之间的触点上，称为触点水，彼此呈孤立状态，不能形成连续的毛管运动，含水量较少。在无结构的黏质土中，非活性孔多，无效水含量高。而在沙黏适中的壤质土和有良好结构的黏质土中，孔隙分布适宜，水、气比例协调，毛管水含量高，有效水也多。

7.2 土壤含水量的表示方法和土壤水分测定

7.2.1 土壤水分含量的表示方法

土壤含水量是表征土壤水分状况的一个指标，又称为土壤含水率、土壤湿度等。土壤含水量有多种表达方式，常用的有以下几种。

7.2.1.1 质量含水量

质量含水量是指土壤中水分的质量与干土质量的比值。因为在同一地区重力加速度相同，又称为重量含水量，无量纲，常用符号 θ_m 表示。质量含水量可用小数形式，也可用百分数表示，多用后者。数学表达式为：

$$\theta_m = (\text{水重}/\text{干土重}) \times 100\% \qquad (7.2)$$

定义中的干土一词，一般是指在105℃条件下烘干的土壤。而另一种意义的干土是含有吸湿水的土，通常叫“风干土”，即在当地大气中自然干燥的土壤，又称气干土，其质量含水量当然比105℃烘干的土壤高(一般高几个百分点)。由于大气湿度是变化的，所以风干土的含水量不恒定，故一般不以之作为计算 θ_m 的基础。

〔例1〕　土壤烘干前湿重为95 g，烘干后重79 g，求质量含水量。

将测定数据代入式7.2，即求该土壤质量含水量为：

$$\theta_m = [(95-79)/79] \times 100\% = 20.3\%$$

7.2.1.2　容积含水量

容积含水量是指单位土壤总容积中水所占的容积百分数，又称容积湿度、土壤水的容积百分数，常用符号 θ_v 表示。θ_v 用小数形式表达，这时的量纲为 cm^3/cm^3；但常用无量纲的百分数表示。数学表达式如下：

$$\theta_v = (\text{小容积}/\text{土壤总容积})\ cm^3/cm^3,$$

或 $$\theta_v = (\text{水容积}/\text{土壤总容积}) \times 100\% \qquad (7.3)$$

由于水的比重可近似等于1 g/cm^3，可以推知 θ_v 与 θ_m 的换算关系式

$$\theta_v = \theta_m \cdot \rho \qquad (7.4)$$

式中，ρ 为土壤容重。

〔例2〕　设上例土壤容重为1.2 g/cm^3，求其 θ_v。

$$\theta_v = (20.3\% \times 1.2) = 24.4\%$$

一般地说，质量含水量多用于需计算干土重的工作中，如土壤农化分析等。在多数情况下，容积含水量被广泛使用。这是因为 θ_v 可以较直接用于计算水通量和由灌溉或降水渗入土壤的水量，以及由蒸散或排水从土壤中损失的水量。而且，θv 也表示土壤层厚度和水的深度比，即单位土壤深度内水的深度。

7.2.1.3 相对含水量

田间持水量是一个应用相当普遍的土壤水分"常数",其定义为:在一个地下水埋藏较深、排水条件良好的平地上,充分供水,地表覆盖避免蒸发,待水入渗完1～2天之后,测得土壤含水量的数值即为田间持水量,以(θ_f)表示。

相对含水量是指土壤含水量(θ_m)占田间持水量(θ_f)的百分数。它可以说明土壤水的饱和程度、有效性和水、气的比例等,是农业生产上常用的土壤含水量的表示方法。其求法如式 7.5。

$$\text{土壤相对含水量}=\theta_m/\theta_f\times 100\% \tag{7.5}$$

7.2.1.4 土壤水贮量

土壤水贮量是指一定面积和厚度土壤中含水的绝对数量。在土壤物理,农田水利学、水文学中经常要用到这一参数,它主要有两种表达方式。

①水深(D_w)指在一定厚度(h)一定面积土壤中所含的水量相当于相同面积水层的厚度,量纲为[L]。可以推知 D_w 与 θ_v 的关系如下:

$$D_w=\theta_v\cdot h \tag{7.6}$$

D_w 的方便之处在于它适于表示任何面积土壤一定厚度的含水量,与大气降水量、土壤蒸发量进行直接比较。D_w 的单位是长度单位以 cm 表示,为与气象资料中常用的 mm 比较,D_w 更多用 mm 单位。

〔例 3〕 如某土层厚度为 10 cm,容积含水量为 25%,求水深。

$$D_w=(10\times 25\%)=2.5(\text{cm})=25(\text{mm})$$

计算一定厚度土壤的 D_w,如 1 m 土体内含水水深($D_w\cdot 100$),如果土壤是均一含水的土层,可直接用式 7.6 计算。如果土壤含水不均一,则需用下式分层计算:

$$D_{w,100}=\sum_i^n\theta_i\cdot h_i \tag{7.7}$$

式中,n 为 1 m 土体划分的含水量均一的层次数;θ_i 为第 i 层土壤容积含水量;h_i 为第 i 层土壤厚度(cm);D_w,100 为 1 m 土体含水深度(cm)。

②容积水(产生) 即一定面积一定厚度土壤中所含水量的体积数,量纲为

[L^3]。在数量上，它可简单由 D_w 与所指定面积（如 1 hm^2）相乘求出，但要注意二者单位一致性。在灌排计算中常用到这一参数，以确定灌水量和排水量。但是，容积水体积与计算土壤面积和厚度都有关系，在参数单位中应标明计算面积和厚度，所以不如 D_w 方便。一般在不标明土体深度时，通常指 1 m 土深。

若都以 1 m 土深计，每公顷含水容量（以 $V_{方/公顷}$ 表示）与水深之间的换算关系可推知，如式 7.7 所示：

$$V_{方/公顷}=(10)D_w \tag{7.8}$$

7.2.2 土壤含水量的测定方法

土壤含水量的测定方法很多，常用的有以下几种。

7.2.2.1 经典烘干法

目前国际上仍在沿用的标准方法。其测定的简要过程是：先在田间地块中选择具有代表性的取样点，按所需深度用土钻（或在土壤剖面上用采样刀）分层采集土样，放入铝盒并立即盖好盖（以防水分蒸发），尽快称重（即湿土加空铝盒重，记为 W_1），打开盖，置于烘箱中，在 105～110℃条件下，烘至恒重（需 6～8 h），再称重（即干土加盒重，记为 W_2）。设空铝盒重为 W_3，该土壤质量含水量为：

$$\theta_m=(W_1-W_2)/(W_2-W_3)\times100\% \tag{7.9}$$

一般应采 3 个以上平行土样，求取平均值。

此为经典方法，较简便、准确、可靠，但也有不足之处。如需取出土壤特别是深层比较费力，且定期连续测定土壤含水量时，不可能在原处再取样，而不同位置上由于土壤的空间变异性，给测定结果带来误差。另外，烘干至恒重需时间较长，不能及时得出结果。

7.2.2.2 快速烘干法

包括红外线烘干法、微波炉烘干法、酒精燃烧法等。这些方法虽可缩短烘干和测定的时间，但需要特殊设备或消耗大量药品。同时，也不能避免由于每次取出土样和更换位置等操作所带来的误差。

7.2.2.3 电阻法

此法在测定非盐碱土上的土壤含水量时，可取得较精确的结果。其原理是：把合适的电极放在一个由石膏、尼龙或玻璃纤维等多孔体制成的块状传感器内，然后把它埋在待测的土壤中。多孔体土壤中吸水并与土壤水达到平衡，其吸水的数量因土壤含水量而异。把安置在传感器中的电极用导线联到一个测定电阻的装置上测出电阻。利用已校订的土壤含水量与所测电阻的关系，便可求得土壤含水量。此法和中子法一样可在原地连续测定，不需取出土样。但要注意施肥前后，因土壤水中的溶质浓度变化而影响测试结果。

7.2.2.4　中子法

此法是把一个快速中子源和慢中子探测器置于埋入土内的封闭套管中。其中的中子源（如镭-铍、镅-铍源）以很高速度放射出快中子，当这些快中子与水中的氢核质子碰撞时，就会改变运动的方向，并失去一部分能量而变成慢中子。土壤水愈多，氢核质子愈多，产生的球型慢中子云的密度就愈高。慢中子被探测器和一个定标器量出显示数据，经过标定公式求出土壤水量。此法虽较精确，但目前绝大多数的设备只能测出较深土层（10 cm 以下）中的水分含量，而不能用于表层土壤水分的测量。另外在有机质多的土壤中，短时间有机质含量变化大的土壤，会影响含水量测定的精度。

7.2.2.5　TDR（时域反射仪）法

TDR (Time domain reflectometry)是一种远程遥感测定技术，早期它主要应用于通讯方面的线路检测。20 世纪 70 年代末期，科学家们才开始把它应用于土壤电特性的测定，并由测定的土壤介电常数来推算土壤含水量。由于 TDR 能精确、快速和连续测定土壤水分，因此，它正在逐渐成为测定土壤水的一种新仪器。

7.2.3　土壤墒情和田间验墒

我国北方农民把土壤水分状况称为墒情。墒情对土壤耕作、播种、作物生长关系很大，所以常在耕种前或作物生长期间进行验墒，即根据土壤湿润程度、土色深浅和揉捏成形等来判断土壤的含水量及其有效性，以便采取相应的农业技术措施。

7.2.3.1　墒情的种类

通常把土壤墒情分为：汪水、黑墒、黄墒、潮干土和干土。

（1）汪水　汪水指大雨或灌水后，土壤成过湿状态，表土有积水现象，相当于田间持水量以上的含水量。这时旱地不能进行耕种。多余的水分渗失后，便是黑墒。

（2）黑墒　黑墒指含水量丰富的土壤，约为田间持水量 75%以上，土色发暗，手捏土壤容易成团（沙土除外），手上有湿印和凉感。这种墒情含水偏多，不宜耕作，但水分移动较快，为速效水，呈“水就根”状态。如春播时为黑墒往往土温偏低，幼苗生长缓慢，但在夏季作物生长旺盛，需水较多，对作物有利。由于墒多，可能造成空气不足，耕作时容易出现坷垃。

(3)黄墒　黄墒指含水量比黑墒稍低的土壤。一般壤质土含水量在田间持水量的 50%～75%，土色发黄，手捏成团，扔在地上约有一半散开，手上稍有湿印和凉感。这种墒情最适于旱地耕、种，故北方有“麦播黄墒”的说法。这时土壤的水、气、热比较协调，有利于种子发芽和幼苗生长，但是由于粗毛管中的水柱断裂，水分运动比较缓慢，呈“根就水”状态。当夏天作物生长旺盛，耗水量大时，中午前后可能因水分供不应求而出现暂时萎蔫现象。

(4)潮干土　潮干土又叫灰墒，指含水量比黄墒更少的土壤，含水量约为田间持水量的一半以下，呈半干半湿状态，手捏不成团，容易散开。土壤水分为迟效水。除抗旱力较强的高粱、谷子勉强可以播种外，应设法灌水补墒或借墒抢播。

(5)干土　指含水量很少的土壤，一般在萎蔫系数以下，是无效水，不能进行耕作和播种。干土层厚度为土壤干旱程度的重要指标之一，其厚度超过播种深度则种子无法出土，超过分蘖节深度则作物将严重受旱。

同一土壤的不同墒情其含水量和有效性有很大不同。不同质地土壤的同一墒情，其含水量也有很大差异。如同样是黄墒，不同质地土壤的含水量分别为：沙壤土 9%～13%，轻壤土 11%～15%，中壤土 13%～18%，重壤土 14%～19%等。含水量随质地变黏而增加。表 7-4 是不同质地和墒情下的土壤含水量的参考范围。

表 7-4　华北地区几种不同质地和墒情下的土壤含水量

土壤质地	田间持水量	黑墒（速效水）	黄墒（弱效水）	潮干土（迟效水）	干土（无效水）
壤　土	24～28	>18～20	14～19	11～14	<11
中壤土	22～26	>17～19	13～18	9～13	<9
轻壤土	20～24	>14～16	9～15	6～9	<6
沙壤土	16～20	>12～14	9～13	5～9	<5
沙　土	10～14	>8	5～8	3～5	<3

土壤含水量的单位为占干土重的%。

7.2.3.2　墒情的层次性

土壤墒情具有明显的季节性变化和剖面层次性差异。表层墒情变化最大，随着土层深度加大，墒情变化减缓。田间验墒时，不仅要看表层，有时还要查看下层。为方便计，把旱地土壤 1 m 深度内的墒情分为三层，即表墒、底墒和深墒。

(1)表墒(0～20 cm)　相当于耕层的厚度，这一层墒情最重要。它受气候、作物和农业措施等的影响最大，变化最剧烈。

(2)底墒(20～50 cm)　受上述影响渐弱，但仍然是主要根系分布层。它对水、肥、气、热变化起承上启下的作用，对作物生长关系最大。

(3)深墒(50～100 cm)　受上述影响更少，但作物根系仍有少量分布，尤其对深根作物影响较大。此层墒情变化较小，深墒丰富时，对底墒和表墒有一定的补给作用。

由上可知，应把表、底、深墒作为一个整体来考虑。

7.2.3.3　田间验墒

田间验墒一般要着重考虑以下4个方面内容。

(1)干土层的厚度和整地质量　一般干土层在3 cm左右，其下能保持适宜的墒情(如黄墒)，则可以播种，且能正常出苗；干土层达6 cm左右，其下墒情也差，将影响播种和作物生长；干土层在10 cm左右，则旱情严重，作物生长受到抑制。要及时进行灌水补墒。表土整地质量的好坏将会影响保墒效果和播种作业质量。

(2)表、底、深墒的含水量及其相互补给作用

(3)作物生长情况　作物所处的生育期，植株长相，根系分布和耗水的深度以及作物对墒情的要求等。

(4)近期天气变化情况　预测墒情的变化和旱情发展的趋势。

总之，应根据这些内容看天、看地、看庄稼，进行墒情综合分析，然后采取有效措施，搞好抗旱保墒工作。

7.3　土壤水的能态

7.3.1　土壤水的保持力

通过降雨或灌溉等途径进入土壤的水分，之所以能保持在土壤中，是因为它受到了土壤中各种力的作用。保持土壤水的力主要包括两种，一种是土粒和水界面上的吸附力，另一种是在土壤孔隙中，土壤固体表面、水和空气界面上的毛管力。

吸附力主要是指土粒表面分子和水分子之间的分子引力，又称为范德华力。另外，土壤胶体表面电荷对水的极性引力，也能在一定程度上保持土壤水分，是吸附力的一部分。

在很短距离内范德华力很强，可达几十万甚至上百万千帕。受其吸附的那部分土壤水，水分子被吸附的很紧，这部分水一般不能流动，带有固态水的性质。

同时，由于范德华力是分子吸力，其作用距离很短，只有几个至十几个水分子层厚，所以由它保持的土壤水数量极为有限。极性引力较范德华力弱，约为几百到几千千帕，所以吸附的水分具有更多的液态水的性质，可以流动，但具有很高的黏滞度。

毛管作用是人们常见的自然现象。将一支毛细管插入水中，可以见到在露出水面的那段毛管中有一上升水柱，在水柱顶端固、气、水交界处出现一个凹向空气的弯月面，这就是毛管作用，或称毛细作用。毛管作用是由毛管力所引起的。所谓毛管力实质上是毛管内固、气、水界面上产生的负压力，也叫弯月面力。毛管力的大小与毛管孔径成反比，见式 7.10。

$$H=\frac{3}{d} \tag{7.10}$$

式中，H 为毛管力(hPa)；d 为毛管孔径(mm)。

土壤中土粒间的孔隙大小不一，相互交错相联，构成土壤中极其复杂的孔隙网络，保持在这些孔隙里的水受到毛管力的作用，这部分水称之为毛管水。毛管力可由几百千帕或一千多千帕到 30.4 kPa 或 5.07 kPa，毛管水完全具有液态水的性质，可以在孔隙中自由流动，是土壤水中最活跃的部分，也是农业生产中最有价值、最宝贵的水分。

20 世纪初白金汉(E. Buckimgham，1907)提出用能态的方法来研究土壤水的问题。土壤水能态，主要是指土壤水在受各种力的作用后其自由能的变化。用来表示土壤水能态的主要方法有土水势和土壤水吸力。

7.3.2 土壤水势

土壤水在各种力如吸附力、毛管力、重力等的作用下，与同样温度、高度和大气压等条件下的自由纯水相比(即以自由水作为参比标准，假定其势值为 0)，其自由能必然不同。这个自由能的差用势能来表示，称为土水势(符号为 ψ)。

土壤水总是由土水势高处流向土水势低处。同一土壤，其湿度愈大，土壤水能量水平愈高，土水势也愈高，土壤水便由湿度大的地方流向湿度小的地方。否则相反。但是不同土壤则不能只看土壤水含量的多少，更重要的是要看它们土水势的高低，才能确定土壤水的流向。例如，含水量为 15％的黏土其土水势一般低于含水量只有 10％的沙土。如果这两种土壤互相接触时，水流将由沙土流向黏土。故用土水势研究土壤水有许多优点：首先，可以作为判断各种土壤水能态的统一标准和尺度；其次，水势的数值可以在土壤-植物-大气之间统一使用，把土水势、根水势、叶水势等统一比较，判断它们之间的水流方向、速度和土壤水有效性；三是，对土水势的研究能提供一些更为精确的测定手段。

由于引起土水势变化的原因或动力不同，所以土水势包括若干分势，如基质势、压力势、溶质势、重力势等。

7.3.2.1　基质势(ψm)

在非饱和情况下，土壤水受到土壤吸附力和毛管力的制约，其水势自然低于纯自由水参比标准的水势。假定纯水的势能为0，则土水势是负值。这种由吸附力和毛管力制约的土水势称为基质势(ψm)。土壤含水量愈低，基质势也就愈低。反之，土壤含水量愈高，基质势愈高。至土壤水达到饱和时，基质势增到最大值，同参比标准相等，即等于0。

7.3.2.2　压力势(ψp)

压力势是指在土壤水饱和的情况下，由于受静水压力作用而产生土水势变化。在非饱和土壤中的土壤水的压力势一般与参比标准自由水面相同，即等于0，但在饱和的土壤中孔隙都充满水，并连续成水柱。土表与大气接触，仅受大气压力，压力势为0，而在土体内部的土壤水除承受大气压外，还要承受其上部水柱的静水压力。在这种情况下，其压力势就要大于参比标准自由水面，为正值。在饱和的土壤中，愈是处在深层次的土壤水，所受的压强愈大，压力势值愈高。此外，有时被土壤水包围的气泡，它对周围的水可产生一定的压力，称为气压势。

7.3.2.3　溶质势(ψs)

溶质势是指由溶解于土壤水的溶质引起土水势的变化，也称渗透势，一般为负值。土壤水中溶解的溶质愈多，溶质势愈低。溶质势只有在土壤水运动或传输过程中存在半透膜时才起作用，在一般土壤中不存在半透膜，所以溶质势对土壤水运动影响不大，但对植物吸水却有重要影响。溶质势的大小等于土壤溶液的渗透压，但符号相反。

7.3.2.4　重力势(ψg)

重力势是指由重力作用而引起的土水势变化。所有土壤水都受重力作用，与参比标准的高度相比，高于参比标准的土壤水，其所受重力作用大于参比标准，故重力势为正值。高度愈高则重力势的正值愈大，反之亦然。参比标准高度一般根据研究需要而定，也可设在地下水面。

7.3.2.5　总进水势(ψt)

总土水势是以上各分势之和，用数学表达为：

$$\psi t = \psi m + \psi p + \psi s + \psi g + \cdots\cdots \quad (7.11)$$

在不同的土壤含水状况下,决定土水势大小的分势不同。在土壤水饱和状态下,若不考虑半透膜存在,则 ψt 等于 ψp 与 ψg 之和;若在不饱和情况下,则 ψt 等于 ψm 与 ψg 之和;在考察根系吸水时,一般可忽略 ψg,而因根吸水表皮细胞存在半透膜性质,ψt 等于 ψm 与 ψs 之和,若土壤含水量达饱和状态,则 ψt 等于 ψs。在根据各分势计算 ψt 时,必须分析土壤含水状况,且应注意参比标准及各分势的正负符号。

7.3.3 土壤水吸力

土壤水吸力是指土壤水在承受一定吸力的情况下所处的能态,简称吸力(suction),但并不是指土壤对水的吸力。上面讨论的基模势 ψm 和溶质势 ψs 一般为负值,在使用中不太方便,所以将 ψm 和 ψs 的绝对值定义为吸力(S),也可分别称之为基模吸力和溶质吸力。由于在土壤水的保持和运动中一般不考虑 ψs,所以谈及的吸力是指基模吸力,其值与 ψm 相等,但符号相反。

吸力同样可用于判明土壤水的流向。土壤水总是有自吸力低处向吸力高处流动的趋势,但具体运动方向需联系其他作用力(或能量驱动)才能做出判断。

7.3.4 土壤水分特征曲线

当土壤中的水分处于饱和状态时,含水率为饱和含水率 θs,而吸力 S 或基模势 ψm 为 0,若对土壤施加微小的吸力,土壤中尚无水排出,则含水率维持饱和值。当吸力增加至某一临界值 Sa 后,由于土壤中最大孔隙不能抗拒所施加的吸力而继续保持水分,于是土壤开始排水,相应的含水率开始减小,如图 7-5,土壤水的基模势或土壤水吸力是随土壤含水率变化而变化的,其关系曲线称为土壤水特征曲线或土壤持水曲线。土壤水分特征曲线表示土壤水的能量和数量之间的关系,是研究土壤水分的保持和运动经常应用的资料,也是反映土壤水分基本特性的曲线。

饱和土壤开始排水意味着空气随之进入土壤中,故称该临界值 Sa 为吸气值,或称为进气值。一般地说,粗质地沙性土壤或结构良好的土壤其进气值较小,而细质地的黏性土壤其进气值相对较大。由于粗质地沙性土壤的孔隙大小较为均一,故进气值的出现往往较细质地土壤明显。

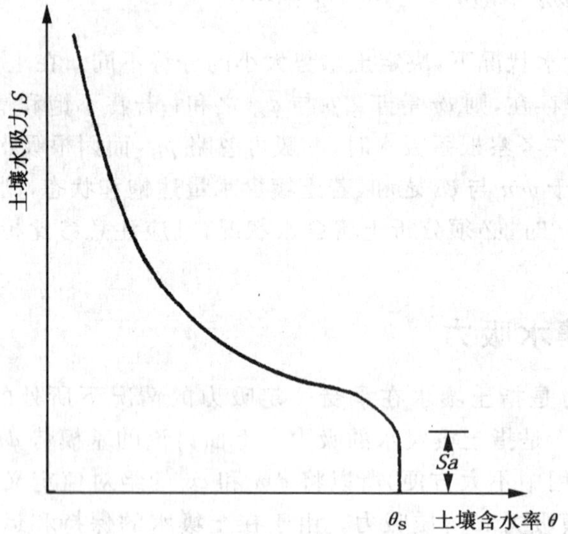

图 7-5　土壤水分特征曲线示意图

当吸力进一步提高，次大的孔隙接着排水，土壤含水率随之进一步减小，随着吸力不断增加，土壤中的孔隙由大到小依次不断排水，含水率越来越小。当吸力很高时，只在十分狭小的孔隙中才能保持着极为有限的水分。

注意，同一土样，在从干到湿的吸水过程中得到的吸水曲线（或称湿润曲线）与从湿到干的脱水过程得到的脱水曲线（或称干燥曲线），并非是同一条土壤水分特征曲线，即两者不重合，这种现象称为“滞后现象”，如图 7-6 所示。滞后现象在沙土中比在黏土中明显，这是由于在一定吸力下，沙土由湿变干时，要比由干变湿时含有更多的水分。其原因还不十分清楚，可能与土壤孔隙的几何特点和孔内被封闭气泡占据一定容积等有关。

由于土壤干湿背景不同，在相同吸力情况下可能有不同的含水量，从而给利用水分特征曲线，找出吸力与含水量之间的相关性带来不便。但是，如果了解了不同质地土壤的干湿变化对滞后作用的影响，则还是可以利用土壤水吸力的资料来估计其含水量。利用水分特征曲线说明土壤水数量与植物生长及其有效性的关系比用土壤水类型和含水量更为优越，特别是用于壤土和黏土比用于沙土更为适宜。

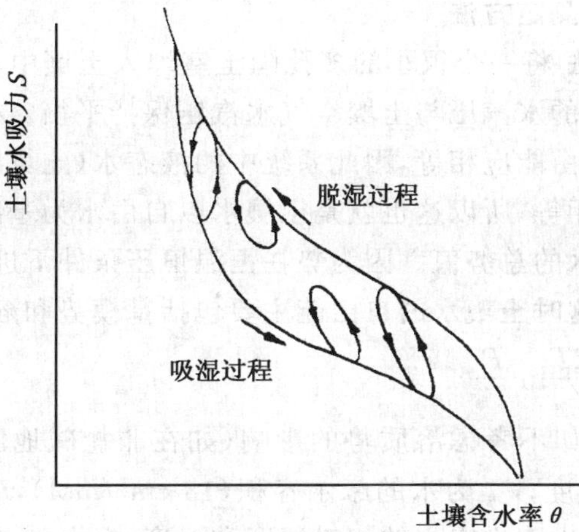

图 7-6 滞后现象示意图

7.3.5 土壤水能态的定量表示和测定方法

7.3.5.1 土壤水能态的定量表示方法

土水势的定量表示是以单位数量土壤水的势能值计算。单位数量可以是单位质量、单位容积或单位重量。最常用的是单位容积和单位重量。

单位容积土壤水的势能值用压力单位帕(Pa)帕斯卡(Pascal,简称帕 Pa)表示;单位重量土壤水的势能值用相当于一定压力的水柱的高度表示(mm)。帕(Pa) 与毫米水柱 H_2O(mm) 和过去曾很通用但现今已被国标所废除的大气压(atm)、巴(bar)等单位之间的换算关系是:

1 Pa=0.102 0 mm 水柱

1 mm 水柱=9.806 4 Pa (0℃时)

1 atm=10 330 mm 水柱=1.013 3 bar

1 bar=0.989 6 atm=10 200 mm 水柱≈100 kPa=1 000 hPa=0.1 MPa

1 mbar=1 hPa

由于土水势的范围很宽,由零到上百万千帕,使用十分不便。有人建议使用土水势的厘米水柱高度的负对数表示,称为 pF。例如土水势为-1 000 cm 水柱,则 pF 为 3。土水势为-10 000 cm 水柱,则 pF 为 4。这样可以用简单的数字表示很宽的土水势范围,如田间持水量时 pF 一般为 2.15~2.81,萎蔫系数时的 pF 一般为 4.2。

7.3.5.2 土水势的测定方法

热电耦湿度计法 将一个很小的多孔陶土室埋入土壤中，由于水汽易于通过陶土室，故陶土室内的水汽压与土壤空气水汽压保持平衡。根据热力学原理，同一系统中，各相的自由能应相等，因此系统中的液态水(土壤水)的自由能和陶土室中水汽的自由能相等。所以这也就是土壤水以自由水为基准的摩尔自由能。如果用势值就是土壤水的总势值。因为势在恒温恒压条件下进行，可忽略温度势、压力势和重力势。这时土壤水的自由能主要包括基模势和溶质势，所以可得

$$\psi_w = \frac{RT}{V_m}\ln\frac{P}{P_0} \tag{7.12}$$

式中，ψ_w 是土水势，如不考虑溶质势的影响(如在非盐碱地区)，$\psi_w \approx \psi_m$；R 为气体常数；T 为绝对温度；V_m 为水的摩尔容积(18 cm^3/mol)，P/P_0 就是陶土室内的相对湿度，只要测出陶土室内的相对湿度和温度，根据(7.12)式即可计算出土水势。这样可以直接测试土壤根际(半透膜存在条件下)的土水势。

土水势又是在不同条件下土壤水各个分势的代数和。因此，只要准确测得土壤水的各个分势，就可以计算出土壤的总土水势。测定土壤水分势的方法很多。

在没有半透膜存在的情况下，饱和土壤中的土水势，仅包括压力势和重力势两个分势。饱和土壤中的压力势等于被测点到地面的垂直距离(mm)，量纲为毫米水柱。压力势为正值。重力势的测定方法是量取被测点与参比高度的垂直距离，量纲与压力势同。在参比高度以上的被测点的重力势为正值，相反为负值。

测定基模势最常用的方法主要有张力计法、压力膜法两种。张力计法在田间、盆栽和室内均可使用。张力计的构造如图 7-7 所示。它的底部是一个细孔陶杯，孔径在 1.0～1.5 μm 之间，其上连接一塑料管或抗腐蚀的金属管，管上连一水银压力计或真空压力表。使用时把陶杯和管内都装满无气水，并使整个仪器密闭，然后埋入土中，使陶杯与土壤紧密接触。这样杯内水通过细孔与土壤水相连并逐渐达到平衡，此时仪器内的水承受与土壤水相同的吸力，其数值可由真空压力表或水银压力表显示出来。特别应该注意的是，张力计的水柱内不能有气泡，整个仪器必须密闭，保持真空，不能与大气相通。由于陶头的中心位置与真空表、压力表水银面的距离经常有变化，因此，张力计在安装和计算前必须进行零点校正。由于陶杯的孔径限制，一般只能测定－85～0 hPa 范围内的土壤基模势，超过－85 kPa 时就有空气进入陶杯而失效。田间植物可吸收的土壤水大部分在张力计可测范围内。水银真空压力计还可以作为自动灌水系统的调控器，所以它有一定实用价值。

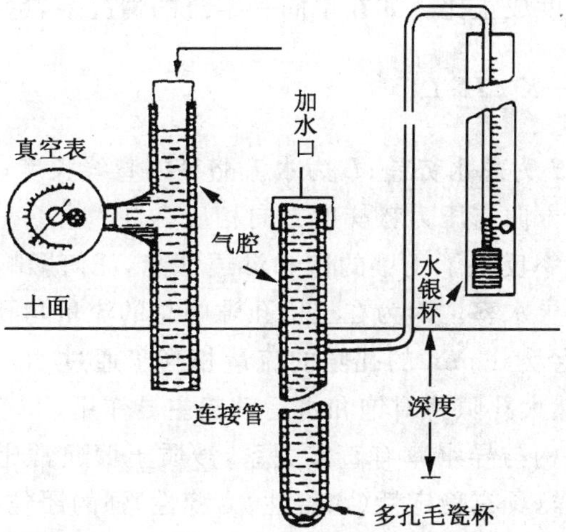

图 7-7 张力计结构示意图

用压力膜的方法可以测量更大范围的土壤基模势值，不过需要采集原状土样在室内进行。根据压力膜装置本身设计能力的限制，它的测量范围为−1.5～0 MPa。用压力膜可以测定土壤的吸水（湿润）曲线和脱水（释水）曲线。

7.4 土壤水分运动

7.4.1 土壤液态水的运动

土壤液态水的运动有两种情况：一种是饱和流，即土壤孔隙全部充满水时的水流，这主要是重力水的运动；另一种是不饱和流，即土壤只有部分孔隙中有水时的水流，这主要是毛管水和膜状水的运动。

7.4.1.1 饱和流

在土壤中，有些情况下会出现饱和流，如大量持续降水和稻田淹灌时会出现垂直向下的饱和流；地下泉水涌出属于垂直向上的饱和流；平原水库库底周围则可以出现水平方向的饱和流。以上各种饱和流方向也不一定完全是单向的，大多数是多向的复合流。

饱和流的推动力主要是重力势梯度和压力势梯度，基本上服从饱和状态下多孔介质的达西定律，即单位时间内流经单位面积土壤的水量——土壤水通量——与土水势梯度成正比。如在单向一维流的情况下，达西定律可表示为：

$$Q=-K_s\Delta H/L \tag{7.13}$$

式中，Q 为通量；ΔH 为总水势差；L 为水流路径的直线长度；K_s 为土壤饱和导水率。“－”表示水流方向与压力势梯度方向相反。

土壤饱和导水率反映了土壤的饱和渗透性能，任何影响土壤孔隙大小和形状的因素都会影响导水率。因为在土壤孔隙中总的流量与孔隙半径的 4 次方成正比，所以通过半径为 1 mm 的孔隙的流量相当于通过 10 000 个半径 0.1 mm 的孔隙的流量，显然大孔隙将对饱和水运动起主导作用。

土壤质地和结构与导水率有直接关系，沙质土壤通常比细质土壤具有更高的饱和导水率。同样，具有稳定性(水稳性、力稳性)强的团粒结构的土壤，比具有稳定性差的团粒结构的土壤传导水分要快得多，后者在潮湿时结构就破坏了。细的黏粒和粉沙粒能够阻塞甚至较大孔隙的连接通道，天气干燥时龟裂的细质地土壤起初能让水分迅速移动，但过后，因这些裂缝因尘粒膨胀而闭塞起来，会把水的移动减少到最低程度。

土壤中的饱和水流也受有机质含量和无机胶体性质的影响，有机质有助于维持大孔隙高的比例，有些类型的黏粒特别有助于小孔隙的增加，这就会降低土壤导水率。例如，含蒙脱石多的土壤就比 1∶1 型的黏粒多的土壤通常具有低的导水率。从实用观点看，饱和水流的情况对排水不良的土壤显得更重要一些。

7.4.1.2　非饱和流

土壤非饱和流的推动力主要是基模势梯度和重力势梯度。它可用非饱和达西定律来描述：

$$Q=-K(\varphi)\frac{\mathrm{d}\varphi}{\mathrm{d}x} \tag{7.14}$$

式中，$K(\varphi)$为非饱和导水率；$\frac{\mathrm{d}\varphi}{\mathrm{d}x}$为总水势梯度；“－”表示水流方向与总水势梯度方向相反。

非饱和导水率是土壤含水量或基模势(ψm)的函数，土壤水吸力和导水率之间的一般关系如图 7-8 所示。在土壤水吸力为零或接近于零时，也就是饱和水流出现时的吸力，其导水率比在 $S\geqslant 0.1$ MPa 时的导水率大几个数量级。在低吸力水平时，沙质土中的导水率要比黏土中的导水率高些；在高吸力水平时，则与此相反。这是因为在质地粗的土壤里促进饱和水流的大孔隙占优势，相反，黏土中的很细的孔隙(毛管)比沙土中突出,因而助长更多的非饱和水流。

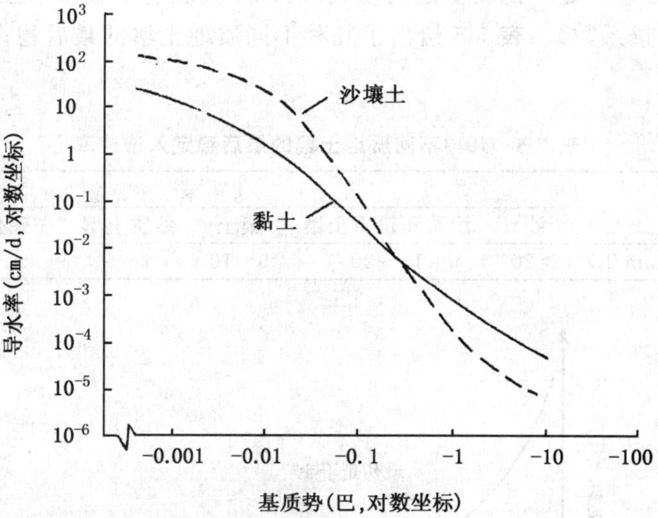

图 7-8　沙质土和黏质土的吸水力与导水率之间的关系

7.4.2　水分向土壤入渗和土壤水的再分布

7.4.2.1　水分入渗

入渗是指液态水进入土壤的过程,通常是指水自土表进入土壤的过程。在地面平整,上下层质地均一的土壤上,水进入土壤的情况由两方面因素决定:一是供水速率,一是土壤的入渗能力。在供水速率小于入渗能力时(如低强度的喷灌、滴灌或降雨时),土壤对水的入渗主要是由供水速率决定的。当供水速率超过入渗能力时,则水的入渗主要取决于土壤的入渗能力了。土壤的入渗能力是由土壤的干湿程度和孔隙状况(质地、结构、松紧等)决定的。例如干燥的土壤、质地粗的土壤以及有良好结构的土壤,入渗能力就强。相反,土壤愈湿、质地愈细和愈紧实的土壤,入渗能力就弱。但是,不管入渗能力是强还是弱,入渗速率都会随入渗时间的延长而减慢,最后达到一个比较稳定的数值,如图 7-9 所示。这种现象在壤质和黏质土壤上都很明显。土壤入渗能力的强弱,通常用入渗速率来表示,即在土面保持有大气压下的水层,单位时间通过单位面积土壤的水量。单位是毫米/秒、厘米/分、厘米/时或厘米/日等。在土壤学上常使用的 3 个指标为最初入渗速率、最后入渗速率、入渗开始后 1 h 的入渗速率。对于某一特定的土壤，一般只有最后入渗速率是一比较稳定的参数，故常用其表达土壤渗水强弱，又称之为透水率(或渗透系数)。表 7-5 给出了几种不同质地土壤的最后稳定入渗速率参考范围。

表 7-5　几种不同质地土壤的最后稳定入渗速率

	土壤				
	沙	沙质和粉质土壤	壤土	黏质土壤	碱化黏质土壤
最后入渗速率(mm/h)	＞20	10～20	5～10	1～5	＜1

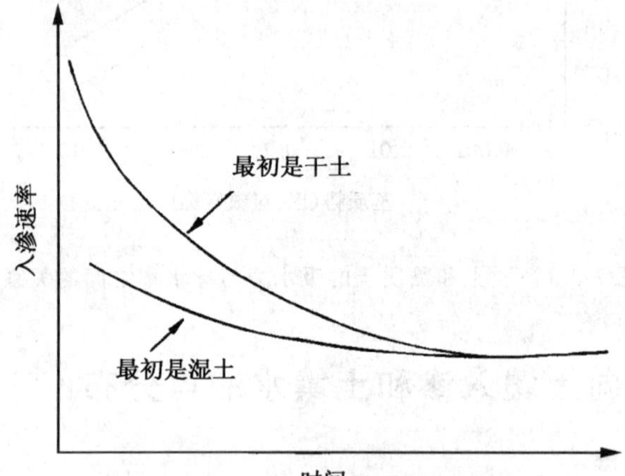

图 7-9　土壤入渗速率与时间的函数关系

对于层次性土壤，如北方常见的沙盖垆(粗土层下为细土层)和垆盖沙，其入渗情况略有不同。沙盖垆最初的入渗速率高，当湿润前锋(简称湿润锋，即入渗水与干土交界的平面)达到细土层时，入渗速率急剧下降，因为细土层的导水率低(指饱和导水率)，如供水速度快，在细土层上可能出现暂时的饱和层。在垆盖沙的情况，最初的入渗速率是由细土层控制的，当湿润锋到达粗土层时，由于湿润锋处的土壤水吸力大于沙土层中粗孔对水的吸力，所以，水并不立即进入沙层，而在细土层中积累，待其土壤水吸力低于粗孔的吸力时，水才能进入沙层。因沙土饱和导水率高，渗入的水很快而向下流走，无论表土下是沙土层还是细土层，在不断入渗中最初都能使上层土壤先积蓄水，以后才下渗，入渗后，水在均一质地的土壤剖面上的分布情况如图 7-10 所示。

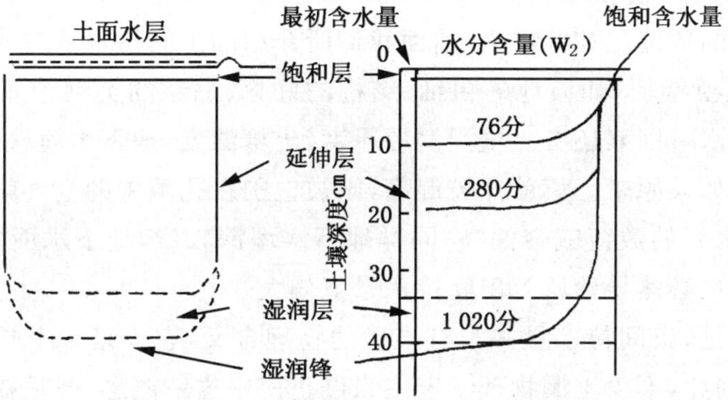

图 7-10　入渗中土壤水剖面

左:土壤水剖面示意图　右:土壤水含量随深度变化示意图

(引自 Hillel 1971 和 Bodman 1944)

从图 7-10 可以看出,入渗结束时表土可能有一个不太厚的饱和层(有时没有),在这一层下有一个近于饱和的延伸层或过渡层,延伸层下是湿润层,此层含水量迅速降低,厚度不大。在湿润层的下缘,就是湿润锋。

7.4.2.2　土壤水再分布

在地面水层消失后,入渗过程即告终止。由于土壤水入渗而被湿润的土层内的水分在重力、吸力梯度和温度梯度的作用下即在水势梯度作用下还将继续运动。在土壤剖面深厚,没有地下水出现的情况下,这个土壤水运动过程,被称之为土壤水的再分布过程。土壤水再分布过程也是随时间推移而速率逐渐变慢的,但其过程很长,可达数十天乃至几个月十几个月甚至 1～2 年或更长的时间。再分布过程是近些年才明确的,它对研究植物从不同深度土层吸水有较大意义,因为某一土层中水的损失量,不完全都是植物吸收的,而是上层来水与本层向下再分布的水量以及植物吸水量三者共同作用的最终结果。

土壤水再分布过程中,土壤剖面的上层释水,下层吸水,经过一定时间之后,起初吸水的地方又逐渐释水。因此,某些土层经历着吸水—脱水以至再吸水—再脱水的交替过程,这必然涉及到滞后作用。也就是说,同一土层在吸水和释水时,其含水量和相应的基模势值不是单值关系,可能有很大的区别。特别在粗质地土壤上这种滞后现象更为明显。

根据入渗再分布理论可知,田间土壤水分由饱和到非饱和以及此后相当长的时间内，在水势梯度推动下，不停地运动，一直持续进行着，短期内不可能到一个绝对稳定的数值。如此看来，前面我们所介绍的田间持水量并非是一个常量。除土壤的基模特征（如质地的粗细、结构的好坏、黏粒的类型等如表 7-2）之外，影响田间持水量因素还有土壤湿润层厚度、土壤温度、地下水埋深以及剖面层次不均一等。如果原来土壤就比较湿润，则被包围在孔隙中的空气就少，湿润层也厚，于是持水量的数值就会偏高；同样地下水埋深较浅，地下水面之上处于平衡毛管上升水也必然导致所测田间持水量值偏大。

由此可见，田间持水量并没有准确的物理含义，它不是一个常数，而且重现性又很差，因此，不少土壤物理学家主张停止使用这一概念。但是在实际中，它仍然具有一定作用，当土壤含水量达到田间持水量时，土面蒸发和作物蒸腾损失的速率起初很快，而后逐渐变慢；当土壤含水量降低到一定程度时，较粗毛管中悬着水的连续状态出现断裂，但细毛管中仍充满水，蒸发速率明显降低。在壤质土壤中它相当于该土壤田间持水量的 75%左右。如果这时正是作物生长旺盛时期，蒸腾速率很快，作物虽能从土壤中吸取到一定水分，但因补给减缓，也可能出现水分入不敷出，暂时出现萎蔫现象，应注意及时补墒。灌水超过田间持水量后，会造成水分的浪费。因此田间持水量又是农田灌水的参考标准。

7.4.2.3 土壤水的渗漏

在地下水埋深较浅时，土壤水通过剖面上的再分布可能达到地下水，从而补给地下水，促使地下水位抬高，或者随着地下水流侧向排到它处。这时人们将再分布进一步延续的过程称之为“内排水”。也叫土壤水的渗漏。

7.4.3 土壤气态水的运动

前文介绍的主要是关于液态水的运动，土壤中保持的液态水可以汽化为气态水，气态水也可以凝结为液态水。在一定条件下，两者处于互相平衡之中。土壤气态水的运动表现为水汽扩散和水汽凝结两种现象。

水汽扩散运动的推动力的是水汽压差，这是由土壤水吸力梯度和温度梯度所引起的。其中温度梯度的作用远远大于土壤水吸力梯度，温度梯度是水汽运动的主要推动力。所以水汽运动总是由水汽压高处向水汽压低处，由温度高处向温度低处扩散。当水汽由暖处向冷处扩散遇冷时便可凝结成液态水，这就是水汽凝结。水汽凝结有两种现象值得注意。一是“夜潮”现象，二是“冻后聚墒”现象。

“夜潮”现象多出现于地下水埋深较浅的“夜潮地”。白天土壤表层在大气蒸发力的作用下，水分因不断蒸发而减少。夜间降温，使得底土温度高于表土，水汽由底土水汽压高处向水气压低处的表土方向移动，遇冷便凝结，使白天晒干的表土又恢复潮湿。这对作物需水有一定补给作用。

“冻后聚墒”现象是我国北方冬季土壤冻结后的聚水作用。由于冬季表土冻结，水汽压降低，而冻层以下土层的水汽压较高，于是下层水汽不断向冻层集聚、冻结，使冻层含水量不断增加。这就是“冻后聚墒”现象。虽然它对土壤上层增水的作用有限(2%～4%)。但对缓解土壤春季旱情有一定意义。“冻后聚墒”的多少，主要决定于该土体的含水量和冻结的强度。含水量高冻结强度大，“冻后聚墒”就比较明显。

7.4.4 土壤水分蒸发

土壤水不断以水汽的形态由表土向大气扩散而逸失的现象称为土面蒸发。它是自然界水循环的重要的一环，也是造成土壤水分损失、导致干旱的一个主要因素。在一定条件下，蒸发还可以引起土壤沙化或盐渍化。土壤蒸发的强度由大气蒸发力(通常用单位时间，单位自由水面所蒸发的水量表示)和土壤的导水性质共同决定的。例如太阳辐射强度大、温度高、空气湿度小、风速大、土壤导水率高，则土壤蒸发的强度就大，反之则小。

要使蒸发过程持续进行，须具备以下 3 个前提条件：①不断有热能到达土壤表面，以满足水的汽化热需要(15℃时 1 g 水的汽化热约为 3.47 kJ)；②土壤表面的水汽压须高于大气的水汽压，以保证水汽不断进入大气；③表层土壤须能不断地从下层得到水的补给。

前两个条件是由气象因素决定的，一般指太阳辐射，空气湿度，气温和风速等。这些因子综合在一起，统称为大气蒸发力(或称潜在蒸发力)，表示在土表得到充分水源前提下能被大气夺走的最大水量。第 3 个条件是由土壤性质决定，这主要指土壤导水率。由此可见，土面蒸发的强度实际上是由大气蒸发力和土壤导水率两个方面所制约，当能满足第 3 个条件时，蒸发强度就由大气蒸发力所决定；相反，如果土壤没有什么水可供应蒸发，或者它的导水率很低，再强的大气蒸发力也无济于事，这时的蒸发强度主要由土壤性质所决定。随着土壤含水量由高到低，土面蒸发一般要经历 3 个阶段(见图 7-11)。

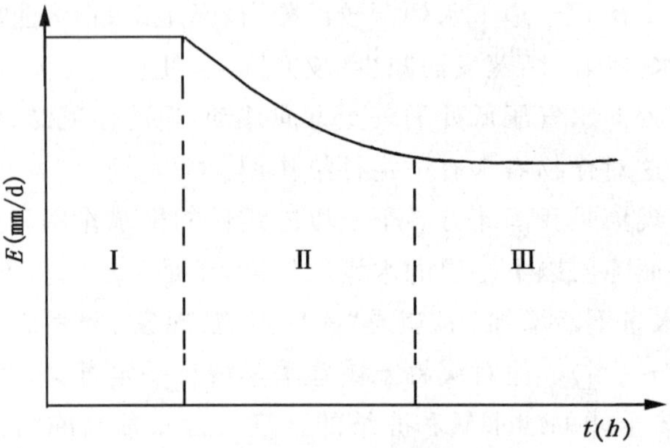

图 7-11　蒸发三阶段的示意图

7.4.4.1　稳定蒸发阶段

这是蒸发率不变的阶段。开始蒸发初期，土壤几乎被水饱和，导水率高，在大气蒸发力作用下，表层源源不断从土体内部得到水的补给，最大限度地供给表土蒸发。这时土面蒸发率保持不变，主要由大气蒸发力所控制。灌溉或降雨之后表土湿润，这个阶段可持续数日，大量的土壤水因蒸发而损失，在质地黏重的土壤上尤为明显，因此灌后(或雨后)及时中耕覆盖，是减少水分损失的重要措施。

7.4.4.2　蒸发率降低阶段

在第一阶段之后，土壤水明显减少，特别表层更是如此。随着土壤含水量的降低，导水率则以指数关系降低得更快，因而向地表运动的土壤水通量将小于大气蒸发力。这时，由下层向地表传导多少水，就蒸发掉多少水，所以这个阶段也称为土壤导水率控制阶段，蒸发率随着导水率降低将逐渐减少。

7.4.4.3　扩散控制阶段

也叫蒸发率最低阶段。当蒸发率越来越小时，土面的水汽压逐渐降到与大气的水汽压平衡，表土就接近于气干，出现一层干土层。不仅这个干土层的导水率很低，接近于 0，而且导水率也很小，到达地表的辐射热难以向下传导，下层的水也不能迅速向土面运行。这时的蒸发机制与前面两个阶段有所不同：水已不是从地表汽化扩散到大气中去，而是在干土层以下的稍潮湿土层中，逐渐吸热汽化；以气体形式通过干土层的孔隙慢慢扩散至表层，然后散失到大气中。因此可以说，表层出现干土层也是土壤自我保护，避免过快失水的本能。

7.5 土壤水分平衡

土壤水是自然界水分循环的一个重要环节。大气降水或灌溉水进入地面,一部分可能通过地表径流汇入江河湖泊,另一部分则入渗成为土壤水。前文讲过,入渗进入土壤的水分经再分布,形成土壤含水剖面,土壤水进一步下渗,补充地下水(即所谓内排水)。另外,在有植被的地块,根层周围土壤水经作物根系吸收并由叶面蒸腾,以及地面水分蒸发等途径又回到大气中。因此,土壤水在自然环境中有着许多收支水流过程,也就是土壤水分平衡过程。要了解土体含水状况及其周年变化情况,以便为农业生产管理提供依据。

尽管田间的各种水流过程错综复杂,但仍遵守质量守恒定律。田间土壤水分平衡,是指对于一定面积和厚度的土体,在一段时间内,其土壤含水量的变化应等于其来水项与去水项之差,正值表示土壤贮水增加,负值表示减少。

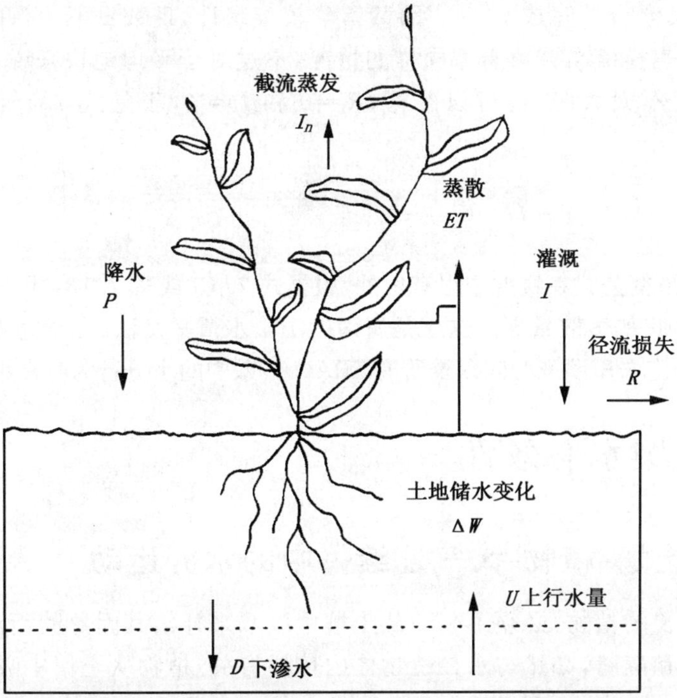

图 7-12 田间土壤水分收支示意图

图 7-12 是一田间土壤水分平衡示意图。据此可列出其土壤水分平衡的数学表达式：

$$\Delta W = P + I + U - E - T - R - I_n - D \tag{7.15}$$

式中，ΔW 为计算时段末与时段初土体储水量之差（mm）；P 为计算时段内降水量（mm）；I 为计算时段内灌水量（mm）；U 为计算时段内上行水总量（mm）；E 为计算时段内土面蒸发量（mm）；T 为计算时段内植物叶面蒸腾量（mm）；R 为计算时段内地面径流损失量（mm）；I_n 为计算时段内植物冠层截留量（mm）；D 为计算时段内下渗水量（mm）。

降雨量和灌溉量可用雨量筒和水表定量。为简便起见，二者可以合并，以 P 表示。田间蒸腾和蒸发很难截然分开，常合在一起，统称蒸散 W_{ET}。截留是降水或喷灌时被植冠所截获而未达到土表的那部分水量，苗期自然很少，但生长中后期有时可占降水量的 2%～5%，这部分来水未参与土面蒸发而直接从植冠上蒸发掉，因此又常合并写成 W_{ETI}。因截留量较难统计，且数量不大，许多情况下予以忽略。地表径流与截留有着同样的情况，不过对于平坦地块来说，不出现暴雨或降雨强度不太大时，也可以忽略，$R=0$ 和 $I_n=0$，于是式 7.15 可简化为式 7.16。

$$\Delta W = P + U - W_{ET} - D \tag{7.16}$$

土壤水平衡公式在实践中很有用处，根据式 7.15 或式 7.16，用已知项可以求得某一未知项（如蒸散量等），这就是所谓的土壤水量平衡法，在研究土体水分状况周年变化、确定农田灌溉时间以及研究 SPAC 体系中的水分行为时常用到。

7.6　土壤水有效性

7.6.1　土壤-植物-大气连续体中的水分运动

正常生长的植物，必须不断地从土壤中吸水来补偿其因蒸腾而消耗的水分。植物的吸水和蒸腾，必然与水在植物体内传导有关。植物从土壤中吸水然后又经叶面蒸腾到大气中去，可以看做是一个统一物理过程的连续体系。这个体系被称为“土壤-植物-大气连续体”，英文缩写成 SPAC。在 SPAC 连续体中，水流总是由水势高处流向水势低处,其通量与水势差成正比,与相应的阻力成反比;其阻力在植物体中最小,在土壤中其次,在叶与大气间最大。土壤与植物之间的总水势差只不过零点几兆至几兆帕范围,而土壤与大气之间的总水势差可达几十兆帕甚至更多。

当土壤供水充足,能满足植物蒸腾的需要时,蒸腾强度是由大气蒸发力决定的。但在土壤供水不足或土水势降低,不能满足植物蒸腾消耗时,叶水势降低,膨压下降,叶片气孔关闭,蒸腾减弱。这时蒸腾强度就不单纯决定于大气蒸发力了,而是与土壤导水率,土水势有密切关系。当土水势>根水势>叶水势,植物能顺利地从土壤中吸水,并满足蒸腾耗水时,植物就不会萎蔫;否则,土水势低,蒸发率高,土水势<根水势<叶水势,水通过植物的阻力加大,植物吸不到水,或入不敷出时,植物就会发生萎蔫。可见植物从土中吸水,经过本身的传导又蒸腾到大气中去,与气象因素和土壤水的有效性关系极其密切。

7.6.2 土壤水的有效性

土壤水的有效性是指土壤水能否被植物吸收利用及其难易程度,不能被植物吸收利用的水称为无效水,能被植物吸收利用的水称为有效水。其中因其吸收难易程度不同又可分为速效水(或易效水)和迟效水(或难效水)。

通常把土壤萎蔫系数看做土壤有效水的下限,低于萎蔫系数的水分,作物无法吸收利用,属于无效水。这时的土水势(或土壤水吸力)约相当于根的吸水力(平均为−1.5 MPa)或根水势(平均为−1.5 MPa)。

一般把田间持水量视为土壤有效水的上限。所以田间持水量与萎蔫系数之间的差值即土壤有效水最大含量。

土壤有效水最大含量(%) = 田间持水量(%) − 萎蔫系数(%) (7.17)

土壤有效水最大含量因不同土壤和不同作物而异，如表 7-5 所示。

表 7-5 土壤质地与有效水最大含量的关系 (%)

	土壤质地					
	沙土	沙壤土	轻壤土	中壤土	重壤土	黏土
田间持水量	12	18	22	24	26	30
萎蔫系数	3	5	6	9	11	15
有效水最大含量	9	13	16	15	15	15

土壤质地由沙变黏，田间持水量和萎蔫系数也随之增高，但增高的比例不同。黏土的田间持水量虽高，但萎蔫系数也高。其有效水最大含量并不一定比壤土高，因而在相同条件下，壤土的抗旱能力反比黏土为强。

一般情况下，土壤含水量往往低于田间持水量，所以有效水含量难以达到最大值，而只是当时土壤含水量与该土萎蔫系数之差。即在有效水范围内，其难易程度也不同。

$$土壤有效水含量(\%) = 土壤含水量(\%) - 萎蔫系数(\%) \qquad (7.18)$$

在田间持水量至毛管水刚开始出现断裂时的土壤含水量之间，由于含水多，土水势高，土壤水吸力低，水分运动迅速，容易被植物吸收利用，所以称为“速效水”（易效水）。当土壤含水量出现毛管水断裂时，粗毛管中的水分已不连续，土壤水吸力逐渐加大，土水势进一步降低，毛管水移动变慢，呈“根就水”状态，根吸水困难增加，这一部分水属“迟效水”（或“难效水”）。可见土壤水是否有效及其有效程度的高低，在很大程度上决定于土壤水吸力和根吸力之比。一般土壤水吸力＞根吸水力则为无效水，反之为有效水。但是从SPAC系统中可以知道，土壤水有效性不仅决定于土壤含水量或土壤水吸力与根吸水力的大小，同时，还取决于由气象因素决定的大气蒸发力以及植物根系的分布密度、深度和根伸展的速度等。例如在同一含水量或土壤水势时，大气蒸发力弱，根系分布密而深，根伸展速度也大时，植物可能得到一定水分而不发生永久萎蔫。反之，大气蒸发力强，根系分布浅而稀，根伸展的速度慢，植物虽然仍能吸到一部分水，但因入不敷出，最终会发生萎蔫。通过加深耕层、培肥土壤、促进根系发育，是提高土壤水有效性、增强抗旱能力的根本措施。

8 土壤空气和热量状况

【教学目标】

● **土壤空气状况**

1. 了解土壤空气的组成特点与大气的差异以及产生的原因。
2. 重点掌握土壤空气运动的方式，为什么说扩散运动方式是土壤空气运动的主要机制？
3. 了解土壤空气影响植物生长和土壤肥力的哪些方面？
4. 在农业生产中，一般采用哪些措施来调节土壤空气状况？

● **土壤热量状况**

1. 了解土壤热量的来源，为什么说太阳辐射能是土壤热量最基本的来源？
2. 重点掌握土壤的热性质以及它们在土壤中的变化和相互关系。
3. 掌握土壤温度的日变化、年变化和对植物生长和土壤肥力的影响。
4. 采用哪些措施可以在一定程度上调节土壤的温度状况？

8.1 土壤空气状况

土壤空气是作物生长发育不可缺少的条件，是土壤三相组成物质之一。土壤空气的数量和组成可直接影响种子的萌发、根系的生长、微生物活动以及土壤养分状况。

8.1.1 土壤空气的组成

土壤空气主要来自大气，少量是土壤中生物、生物化学和纯化学过程产生的气体。故土壤空气与大气的组成基本相近，但也存在一些差异(如表 8-1)。

表 8-1 土壤空气与大气组成比较　　（容积％）

	气体成分			其他气体
	O_2	CO_2	N_2	
近地面大气	20.94	0.03	78.05	0.98
土壤空气	18～20.03	0.15～0.65	78.8～80.24	—

8.1.1.1 土壤空气中 CO_2 含量高于大气

土壤空气中 CO_2 的含量，通常比大气高数倍至数十倍。当施入有机肥料后，CO_2 含量可达 2％以上。这主要是土壤微生物生命活动和植物根系呼吸作用的结果。CO_2 溶于水，使土壤溶液趋于酸性，有利于矿质养分的溶解和释放。但 CO_2 浓度超过 1％后，就会抑制种子萌发，延缓根系的发育。

8.1.1.2 土壤空气中的氧气低于大气

土壤空气中 O_2 含量比大气少，是因为土壤中的生物活动，如微生物分解有机质、植物根系和土壤动物的呼吸，都要不断地消耗 O_2 而呼出 CO_2。尤其在作物生长旺季，呼吸强度大，或当增施有机肥料，土壤微生物好气分解旺盛时，消耗 O_2 和产生的 CO_2 最多。O_2 过于缺乏，会抑制作物根系呼吸和好氧微生物的活动，严重时可使生物窒息死亡。

8.1.1.3 土壤空气中水汽含量高于大气

大气的相对湿度通常只有 50％～90％，而土壤空气的相对湿度大多是近饱和的(99％以上)。只要土壤含水量在吸湿系数以上，土壤水分就会不断地蒸发，而使土壤空气呈水汽饱和状态。土壤空气中水汽饱和程度，一般近表层小而下层较大，水汽饱和对微生物活动有利，但并非意味能满足作物的需水要求。

8.1.1.4 土壤空气中还原性气体可能高于大气

土壤通气严重不良时，如淹水、表土过度板结、土质过黏，使土壤有机质在嫌气微生物作用下进行不彻底的分解，产生还原性气体，如 CH_4、H_2S、NH_3、H_2 等。还原性气体产生和累积、不仅会对作物产生毒害作用，还会影响土壤养分的供应和转化，应及时采取措施，改善土壤的通气条件。

8.1.1.5 土壤空气成分随时、空而变化

大气的成分相对较稳定，而土壤空气成分随时间、空间而不断变化。CO_2 含量随土层加深而增加，O_2 则相应减少；冬季表土 CO_2 含量最少，开春后随气温升高，根系呼吸加强，微生物活动加快，CO_2 含量增加，到夏季最高（如表 8-2 和图 8-1 所示）。

表 8-2 覆膜与裸露棉田不同生长期内土壤空气（O_2、CO_2）含量 （容积%）

深度(cm)	覆膜				露地			
	5 月初(5.1)		7 月底(7.29)		5 月初(5.1)		7 月底(7.29)	
	CO_2	O_2	CO_2	O_2	CO_2	O_2	CO_2	O_2
0	—	—	0.915	—	—	0.056	0.056	—
5	0.158	20.497	1.006	20.439	0.70	20.649	0.211	20.653
10	0.420	20.397	1.060	20.275	0.104	20.513	0.279	20.668
15	0.250	20.486	0.865	16.953	0.134	20.857	0.385	20.506
20	0.483	20.478	1.348	20.060	0.150	20.121	0.406	20.634
30	0.573	19.865	1.159	20.005	0.313	20.181	1.157	20.362
50	0.922	19.929	1.520	19.698	0.402	20.198	1.281	19.873
平均	0.615	20.124	1.268	19.953	0.369	20.329	0.847	20.022

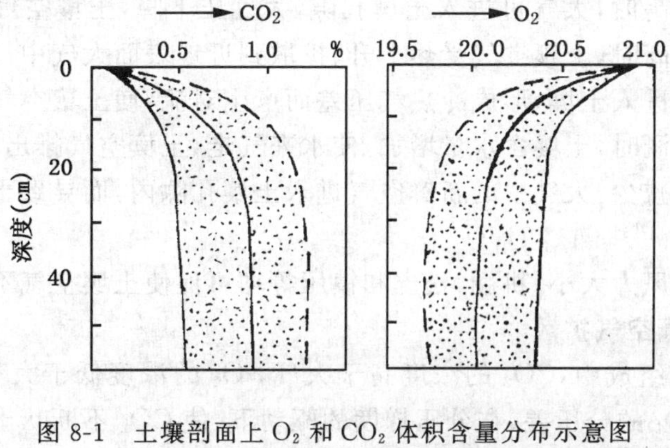

图 8-1 土壤剖面上 O_2 和 CO_2 体积含量分布示意图

（引自 J. Richter，1986）

从表 8-2 看出，覆膜田块 CO_2 含量明显高于裸露地，而 O_2 则反之。这是由于膜阻碍了土壤空气与大气的自由交换的缘故。

从图 8-1 看出，土壤空气中的 O_2 和 CO_2 含量是互为消长的，二者总和维持在 19%～22%之间。CO_2 是土壤含碳（有机物）氧化（根呼吸）的产物，故 CO_2 含量的增加，一般土壤中 O_2 含量相应要减少，但二者不是等量关系。Rixon 等（1986）把土壤中 CO_2 的释放量与 O_2 的消耗量的体积比定义为土壤的呼吸商（RQ，respiratory quatient），并指出在土壤通气良好的条件下，RQ 约为 1。（1980）在英国洛桑试验站的裸地羽衣甘蓝地上测得的结果 RQ 在 0.97～1.25 之间变动。

8.1.2　土壤空气的运动

土壤是一个开放的耗散体系，时刻都在与外界进行物质和能量交换。同样，土壤空气在土体内不停地运动，并不断与大气进行交换。土壤空气运动的方式有两种：即对流和扩散。影响土壤空气运动的因素有气象、土壤性质及农业措施，气象因素主要有气温、气压、风力和降雨等。

8.1.2.1　土壤空气对流

土壤空气对流是指土壤与大气间由总压力梯度驱动气体的整体流动，也称为质流。其流向总是由高压区流向低压区。

很多因素引起土壤与大气间的压力差，而使土壤空气与大气产生对流，如气压、温差、降雨或灌溉和地面风力等。

大气压升高时，大气可进入土壤孔隙，大气压下降，土壤空气排出土体进入大气。土温升高时，土壤空气受热上升、扩散到近地表面大气中，而大气则下沉。通过土壤孔隙进入土壤，形成冷热气压差而产生对流，使土壤空气得以更新。

降雨或灌溉时，土壤含水量增加，使水来气走，土壤空气排出土体。反之，干旱使土壤水分减少，大气中的新鲜空气进入土壤孔隙内，而导致土壤空气的整体流动。

还有地面风力大小，耕翻、松土和镇压等均可促使土壤空气不停地运动。

8.1.2.2　土壤空气扩散

土壤空气组成中，CO_2 的浓度高于大气，O_2 的浓度低于大气，使之分别产生了 CO_2 和 O_2 的分压差，在分压梯度的驱动下，使 CO_2 不断从土壤中向大气扩散，O_2 不断从大气向土壤空气扩散，这种 O_2 从大气进入，而 CO_2 从土体排出的气体扩散作用，亦称为土壤呼吸。一般认为扩散作用是土壤空气与大气进行交换的主要机制。

O_2 和 CO_2 在土壤中的扩散过程，可以用费克(Fick)定律表示。

即：$$qd = -Ddc/dx$$

式中，q 表示扩散通量(单位时间通过单位面积扩散的质量)；D 表示在该介质中的扩散系数(其量纲为面积/时间)；c 表示气体(O_2 或 CO_2)的浓度(单位容积扩散物质的质量)；x 表示扩散的距离；dc/dx：表示浓度梯度，对于气体来说，其浓度梯度用气体分压梯度表示，则 $qd = -(D/B)(dp/dx)$
式中，B 表示偏压与浓度比。

扩散系数 D 代表气体在单位分压梯度下，单位时间通过单位面积土体剖面的气体量。D 值大小取决于土壤性质，不同气体的扩散系数不同，如 O_2 的扩散系数比 CO_2 约大 1.25 倍。

气体在土壤中的扩散系数 D_S 明显小于在空气中的扩散系数 D。因为土壤孔隙的曲折复杂，又有含水量、质地、结构、松紧程度、土层排列等多种因素的影响。

8.1.2.3　土壤通气性的调节

土壤通气性是指土壤空气与大气不断进行气体交换的能力。只有在通气性较好的土壤中，才能进行顺利的气体交换，使土壤消耗了的 O_2 得到补充，并排除过多的 CO_2 和其他有害气体，使土壤空气不断得到更新。

土壤通气性主要取决于空气孔隙的数量和大小，要求土壤不仅要有适当的孔隙总量，更重要的是要有一定的空气孔隙度。对旱地来说，其空气孔隙度最低要保持在 10%以上，否则气体交换将受到影响，O_2 就嫌不足。

通常采用以下农业措施来调节土壤三相容积比例关系，达到调节土壤空气孔隙和改善土壤通气状况的目的。

①深耕结合施用有机肥料，培育和创造良好的土壤结构和耕层构造，增加土壤总孔隙度和空气孔隙度，改善通气性，从根本上解决水、气之间矛盾。

②客土掺沙、掺黏，改良过黏、过沙的土壤质地，提高土壤的透气性。

③雨后、灌水后及时中耕，消除土壤板结，以利通气。

④灌溉结合排水，利用调节土壤墒情的办法来改善土壤通气状况。目前采用喷灌、滴灌等先进的灌水方法，既能节水又能改善土壤的通气状况。

8.1.3 土壤通气性与肥力

土壤空气状况是土壤肥力的重要因素之一。不仅影响作物根系的发育和吸收能力,还影响土壤中的化学和生物化学过程、养分的形态及供肥能力。

8.1.3.1 影响种子萌发

种子萌发首先需要吸收水分和一定量的氧气。如果土壤中 O_2 不足,就会影响种子萌发的生化过程。种子正常发育需要 O_2 的含量在 10%以上,如果小于 5%,种子萌发将受到抑制。在土壤嫌气条件下,土壤微生物分解有机质会产生醛类和酸类物质,也会影响和抑制种子的萌发。

8.1.3.2 影响根系生长和吸收功能

植物的根系正常生长发育必须有一定供氧量。土壤空气中 O_2 含量(浓度)必须高于某一值(临界值),低于这个浓度就会影响作物的正常生长。据研究,土壤空气中 O_2 浓度小于 9%~10%时,根系发育受影响,小于 5%则绝大部分作物的根系停止发育。表 8-3 列出了部分作物正常生长的土壤空气中 O_2 浓度的临界值。水稻等水生植物除外,因为它们自身能形成纤维束筛管,气体可以通过筛管从茎顶端到根之间进行交换。作物抵抗缺氧能力的大小顺序为:水稻>玉米>番茄>豌豆。

表 8-3 土壤空气氧浓度临界值

作 物	O_2 临界值 (vol%)	资料来源
大 麦	7~10	Geisler,1969
玉 米	14	Geisler,1969
豌 豆	20	Ammore,1961; Geisler,1969
棉 花	10	Tacket,1964
谷类胚芽	10	Gill,1956

一般在通气良好的土壤中,植物根系长、颜色浅、根毛多;而缺氧则会阻碍根系伸长和侧根萌生,根系短而粗,颜色暗,根毛大量减少。中国农业大学实验站对棉花地的观测结果表明:土壤空气中 O_2 和 CO_2 含量维持在 21%左右,O_2 占其中 85%以上时棉花根系发育良好;当 O_2 占 70%以上时,棉花根系能正常生长;而 CO_2 占 60%以上时,根系完全停止生长。

植物根系的生长发育状况,自然要影响根系对养分和水分的吸收功能。根系呼吸作用产生的能量，是植物吸收土壤水分和养分的能源。土壤通气良好时，O_2的供应充足，根系进行有氧呼吸，释放的能量就多，有利于根系对养分的吸收。反之，通气不良，则 O_2 缺乏，根系厌氧呼吸释放的能量就少，养分吸收量则相应降低，尤其对钾和氮的吸收影响较大。玉米在缺氧时对各种养分吸收能力递减顺序是：钾＞钙＞镁＞氮＞磷。反之，通气后，各养分吸收能力递增顺序是：钾＞氮＞钙＞镁＞磷。可见，通气良好的土壤可提高玉米对钾、氮肥的吸收利用率。

根系吸收水分虽然不同于吸收养分需要较大量的能量，但土壤通气状况对根系吸水也有很大的影响。通气不良，CO_2 和其他还原性物质过多，往往降低根系吸水能力，也将使植物的蒸腾作用下降。

8.1.3.3 影响土壤微生物活动和养分状况

土壤通气良好，O_2 供应充足，大多数有益微生物活动旺盛，土壤有机质分解迅速而彻底，可以释放更多的速效养分供植物吸收利用。若微生物在缺 O_2 情况下，对有机质进行嫌气分解缓慢而不彻底，不利于向植物供应有效养分。

土壤通气性对氮素的影响很大。在嫌气条件下，只有固氮能力很弱的嫌气性固氮菌能够活动，而固氮能力很强的根瘤菌和好气性自生固氮菌的活动则受到抑制。土壤氨化作用可以在任何条件下进行，但硝化作用则需要供应足够的 O_2，通气不良，土壤缺 O_2，不但影响硝化作用的进行，还可能引起土内的反硝化过程，造成土壤氮素损失。

8.1.3.4 影响植物生长的土壤环境状况

植物生长的环境状况主要包括土壤的氧化还原和土壤中有毒物质含量状况。土壤的通气性对土壤的氧化还原状况影响很大，通气良好时，土壤呈氧化状态，而通气不良则土壤呈还原状态。土壤的氧还状况直接影响土壤有机质分解的程度和速度，影响土壤中变价元素的存在状态。通气不良，土壤还原性加强，有机质分解不彻底，可能产生过多的还原性气体，如 H_2S、CH_4 等。H_2S 是含铁酶(如细胞色素氧化酶、过氧化物酶等)的抑制剂，土壤溶液中 H_2S 含量达 0.7×10^{-9} 时，水稻即表现枯黄，稻根发黑。CH_2 的存在可以降低大麦根的生长速度，抑制番茄的生长等。

土壤氧还状况也影响变价元素的存在状态，如铁、锰等。若土壤通气不良，土壤中还原过程强，Fe^{2+}、Mn^{2+} 等还原性物质过多，也会对植物产生毒害。土壤通气性引起氧还状况的变化，从而引起土壤中主要元素的存在形态(见表 8-4)。

表 8-4　土壤通气性对土壤中主要元素形态的影响

状态	元素					
	C	N	P	S	Fe	Mn
氧化状态	CO_2	NO_3^-	PO_4^{3-}	SO_4^{2-}	Fe^{3+}	Mn^{4+}
还原状态	CH_4	N_2 和 NH_3	H_3P	H_2S	Fe^{2+}	Mn^{2+}

最后必须指出，土壤空气对植物生长的影响，仍是一个迄今不完全清楚的问题，有许多过程和因素需进一步研究。如土壤微生物需 O_2 有一个很宽的范围。许多研究者发现，土壤中很邻近的两点可能同时存在着硝化和反硝化两个截然相反的过程。Frede (1984)在空气容量为15%的土壤上曾测得反硝化逸出的氮素一年可达 40 kg/hm^2。

这些事实表明，仅仅一个空气容量指标并不能完全肯定土壤是否能满足植物和微生物对氧的需求。

8.2　土壤热量状况

土壤热量状况也是土壤肥力的重要因素之一。它对植物生长、微生物活动、养分转化以及土壤水分、空气的运动等都有重要影响。土壤温度是衡量土壤热量的尺度，反映土壤热能获得和散失的平衡状况。

8.2.1　土壤热量的来源

8.2.1.1　太阳辐射能

土壤热量最基本的来源是太阳辐射能。在地球大气圈的顶部测得的太阳辐射强度(又称为太阳常数)，一般为 1.9 K/(cm^2 · min)。其中 99%的太阳能包含在 0.3～0.4 μm 的波长内，称这一范围内的波长为短波辐射。太阳辐射通过大气层时，一部分热量被大气吸收散射，一部分被云层和地面反射，土壤吸收的只有一少部分。

8.2.1.2　生物热

有机物质分解过程中释放出的热量，一部分被微生物利用，大部分用于提高土温。进入土壤的植物组织，每千克含有 16.7452～20.932 kJ 的热量。据估算，含有机质 4%的土壤耕层，每英亩的潜能为 6.28×10^9～6.99×10^9 kJ，相当 20～50 t 无烟煤的热量。可见，土壤有机质每年产生的热量是巨大的。早春育秧或在保护地栽种蔬菜时，施用有机肥、并添加热性的马粪等，就是利用有机物质分解时放出的热量，以提高土温，促苗早发快长。

8.2.1.3 地热

从地球内部的热向地面传导的热能。地热是一种重要的地下资源。尤其是在一些异常地区，如火山口附近、有温泉之地可对土壤温度产生局部影响外，一般对土温的作用不大。

8.2.2 土壤的热性质

8.2.2.1 土壤热容量

土壤热容量依据单位土壤的计量形式（容积或质量）不同，分为容积热容量和质量热容量。土壤的容积热容量是指单位容积的土壤，在温度升降1℃时所吸收或释放的热量，用 C_v 表示，常用单位 J/(cm^3 · ℃)。质量热容量以单位质量土壤来计算，习惯上称之为重量热容或比热，用 C 表示，常用单位 J/(g · ℃)。

对于均质均相的物质而言，C_v 与 C 有如下换算关系：

$$C_v = \gamma \cdot C$$

式中，γ 表示某物质的比重(g/cm^3)。

有些书中引用土壤容重 ρ，来换算土壤的 C_v 与 C：

$$C_v = \rho \cdot C$$

是不太准确的，因为土壤是一个多相的分散体，其热容取决于其所含固相、液相和气相物质占土壤质量或体积比及其各自的热容。由于各相物质的热容不同，见表8-5，很难用一个简单的式子来概括土壤 C_v 与 C 的关系。

表8-5 土壤各组成的热容

	土壤组成			
	土壤空气	土壤水分	沙粒和黏粒	有机质
质量热容(J/(g · ℃)	1.004 8	4.186 8	0.75～0.96	2.01
容积热容(J/(cm^3 · ℃)	0.001 3	4.186 8	2.05～2.43	2.51

如果用容积热容表示土壤热容 C_v 为：

$$C_v = C_{vs}V_s + C_{vw}V_w + C_{va}V_a$$

式中，C_{vs}、C_{vw}、C_{va}分别表示土壤固相、液相和气相的容积热容；V_s、V_w、V_a 表示单位容积土壤固相、液相和气相所占的容积，其中 V_w 显然就是土壤容积含水量 θ_v。

由于土壤空气的容积热容量很小（表 8-5），相对于土壤固相和液相来说可以忽略不计。于是可写成：

$$C_v = C_{vs}V_s + C_{vw}\theta_v$$

式中，C_{vs}可类似用固相比重 ρ_s 与质量热容量 C_s 换算。根据土壤容重（ρ）的定义，ρ 与 ρ_s 之比即为 V_s 由此可得：

$$C_v = \rho C_s + \theta_v C_{vw}$$

一般情况下，水的容积热容常以 4.18 J/(cm³ · ℃)，当土壤有机质含量不高时，固相物质的质量热容量可近似取 0.85 (J/(g · ℃)，则可变为：

$$C_v = 0.85\ \rho + 4.18\ \theta_v$$

由上式可以看出，土壤热容随土壤密度和含水量的增加而增大，对于一特定土壤而言，其固相物质和容重变化极小，而其含水量则变化较大。一般情况下，沙土的含水量比黏土小，而空气含量相对较高，故其热容一般低于黏土。所以沙土的温度容易升降，常称其为“热性土”，而黏土则相反，常称之“冷性土”。农业生产中，可根据土壤热容量的性质，调节土壤水和空气的相对含量来达到调节土温的目的。

8.2.2.2　土壤导热率

土壤吸收热量后，除了按热容增温外，同时还能够把吸收的热量传导给邻近的土壤，产生如同水流那样的热运动，这就是土壤中的热传导。在稳态下，土壤热传导符合付里叶热定律。

土壤导热率 λ 反映了土壤导热性质的大小，它是指在单位温度梯度下，单位时间通过单位面积土壤传导的热量。土壤是由三相物质组成的多孔体，不同土壤组分的导热率有明显的差别（表 8-6），所以土壤导热率受土壤组成的影响很大。

由表 8-6 可见，土壤中各组分的导热率以固相最大，液相次之，而气相极小。

表 8-6 土壤成分(10℃)和冰(0℃)的导热率 [J/(cm·s·℃)]

	成分					冰
	石英	其他矿物平均	有机质	水	空气	
导热率	21	7	0.6	1.37	0.06	5.2

因此,影响土壤导热率的因素主要是土壤的松紧、土壤含水状况以及土壤质地等。土壤的松紧程度反映了土壤的孔隙状况,它是土粒之间排列的紧密程度,相同土质的土壤其紧实度不同,容重也就不同。疏松多孔而且干燥的土壤,其孔隙中充满了导热率极小的空气,热量只能从土粒间接触点的小狭道传导(图 8-2),所以土壤导热率很低。而湿润的土壤因水代替空气充填孔隙或在土粒外形成水膜,增加了热量的传导途径(如图 8-3),故其导热率大。

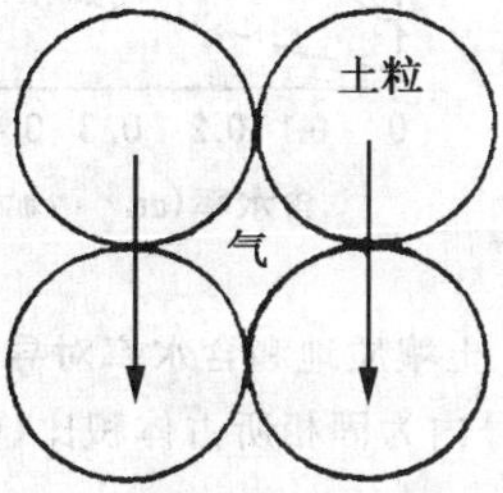

图 8-2 干燥土壤热传导示意图

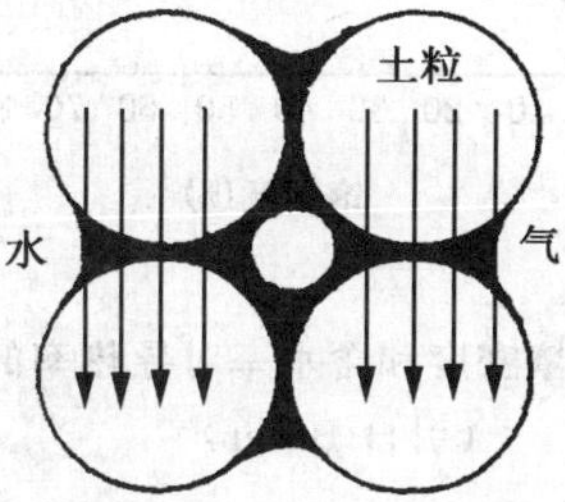

图 8-3 湿润土壤热传导示意图

图 8-4 反映了土壤密度和含水状况对导热率的影响,图 8-5 反映了土壤质地及含水率对导热率的影响。图 8-2、图 8-3 中均可看出,在同样质地和密度的土壤中,从干燥湿润含水量增加,导热率也迅速升高,但随着含水量升高到一定程度,水几乎完全成为土壤热流的介质媒体。这时导热率升高的速度逐渐降低,甚至无明显变化。从图 8-4 中可以看到,土壤质地越粗,导热率随含水量增加而变大的速率越快。这是由于在粗质的沙土中,若土粒的比表面积小,少量的水(或含水)即可在土粒之间形成水膜,使热流易于通过。而黏土中土粒比表面积大、孔隙多,需大量的补水才能完全形成水膜。

土壤导热率的高低,对土温的变化影响很大。导热率低的土壤,如干燥的沙土,白天收入的热量不易下传,使受热的表层土温升高较快,夜间降温时下层热量也不易上传,使表层土温下降也大,所以昼夜温差大。而导热率高的土壤,如黏质土,土温变幅小,昼夜温差不大。

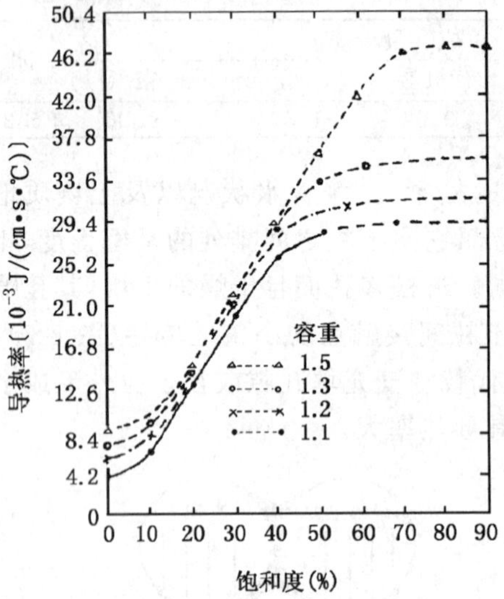

图 8-4　土壤密度和含水率对导热率的影响（引自 Baver）

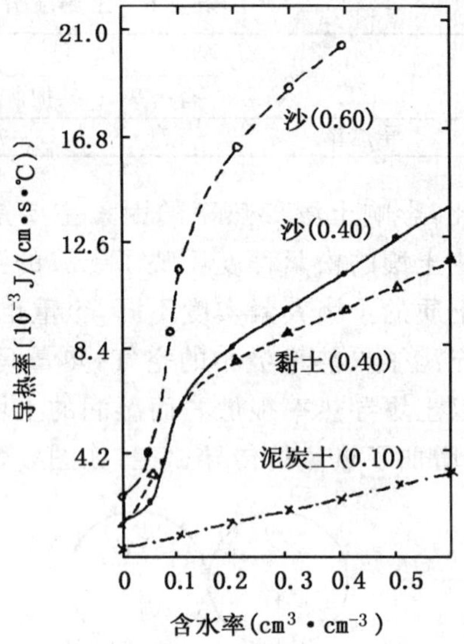

图 8-5　土壤质地和含水率对导热率的影响 图中括号内为固相所占体积比（引自 Baver）

8.2.2.3　土壤热扩散率

在研究土壤热传导时，常用到土壤热扩散率这一参数。土壤热扩散率是指单位时间流入（或流出）单位容积土壤的一定热量，导致土壤温度升高或降低的程度，常用 D 表示，单位 J/(cm^3·s)。D 可用土壤容积热容 C_v 和导热率 λ 计算。

$$D = \lambda / C_v$$

在有些文献中常又称 D 为土壤导温度，但这一名词是不严谨的，因为温度仅仅是热量的一个度量指标，它不能被传递，因而谈不上导温的问题。

如前文所述，土壤含水状况及其相应的孔隙状况，土壤质地等因素直接影响着土壤导热率 λ 和热容 C_v，因而 D 也受这些因素的影响。图 8-5 反映了土壤质地和含水率对 D 的影响，可看出，当土壤含水率由小增加到 12%左右时，土壤热扩散率 D 逐渐增加至最大值，但当土壤含水率继续增大时，D 反而减少了。这是因为土壤含水率增加时，λ 和 C_v 都增大，在后期土壤含水率增大时，虽然 λ 增大，但 C_v 增大得更快一些，所以 D 反而逐渐减小。

一般情况下，热扩散率小的土壤，如干土、沙质土等，其表层土温易于升降，温度变幅大,而热扩散率大的土壤,如湿土、黏土质等,土温变幅小(见图 8-6)。

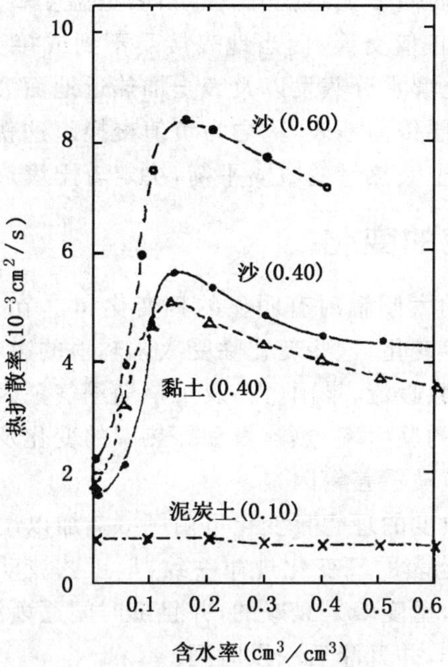

图 8-6　土壤质地和含水率对热扩散的影响

图内为固相所占体积比(引自 Baver)

8.2.3　土壤热量平衡状况

土壤热量主要来源于太阳辐射能,其次是土壤微生物分解有机物释放的能量,地球内热和土壤贮水的潜能等,但这部分所占比重甚小,其数量比起太阳辐射能小得多,所以把太阳辐射能称为基本热源,而其他热源则称为一时性热源。一时性热源虽然数量不大,但它在一定的情况下对调节土温的作用是不可忽视的,如农业生产实践中用牲畜粪便作酿热物进行温床育苗就是一个例证。

太阳垂直照射时,每分钟辐射在 1 cm^2 地面上的能量是 8.12 J。但是在不同季节,随着太阳光对地面投射的角度和距离不同,辐射的能量也不同。太阳辐射能经过大气层时受水气尘埃的吸收和散射,使到达地面的能量变化很大,所以太阳辐射能到达地面的数量受当地气候、纬度、海拔高度、地形、坡向、大气透明度和地面覆盖等的影响而差异很大。

土壤热量的支出主要包括土壤水分蒸发、加热土体自身等而消耗。

太阳辐射到达地表后，一部分能量被反射回大气层加热近地面空气，大部分能量则被土壤吸收，从而使表土温度升高。当表土温度高于下层土温时，热量将逐渐传入深层，称之为正值交换；而当地表接受不到或接受很少太阳辐射（如夜间或冬季），而因地表土壤水分蒸发以及表土加热近地面大气而使表土温度低于下层土温，热量将由深层传向地表，称之为负值交换。这就是土壤中的热量交换或热流，它事实上就是土壤热量的收支平衡，决定着土壤热状况。

8.2.4　土壤温度的变化

由于照射到地表的太阳辐射有明显的日变化和季节变化，所以土壤热状况也有明显的日变化和年变化。这些变化除受太阳辐射的影响外，还受一些其他因素的影响，如阴云、寒潮、暖流、暴雨（雪）及干旱期等气象因素以及土壤本身性质（如土壤干湿交替引起的反射率、热容量和导热率的变化及这些性质随土层深度的变化）、地理位置和植被覆盖等因素。

均质土壤的土壤温度的理想日变化可由图 8-7 加以说明。假设土温也随理想状态下的太阳辐射地表的日变化规律一致，呈正弦波动。从图 8-7 中可以看出，在相继的每一深度，温度峰是衰减的，并且随时间逐渐漂移，也就是说下层土壤温度的变幅比上层小，并且滞后一段时间。

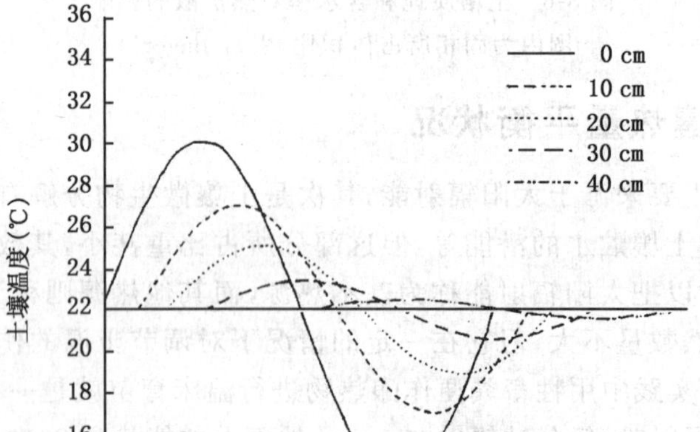

图 8-7　不同深度土壤温度随时间的变化

土壤温度随季节的变化可用图 8-8 加以说明。图 8-8 是无冰冻地区土壤温度剖面随季节的变化，可以看出，表层土温随季节的变幅要大于下层土壤，土层越深土温变幅越小。此外，从图中还可看出，下层土温的季节变化较上层有明显滞后，如从春到夏，土温开始升高，而当从夏到秋时，图中约 2 m 深以上土层土温已开始下降，而下层土温仍在升高。注意，图中曲线只是示意的，不同地区的具体测值不同，但总的规律应是一致的。

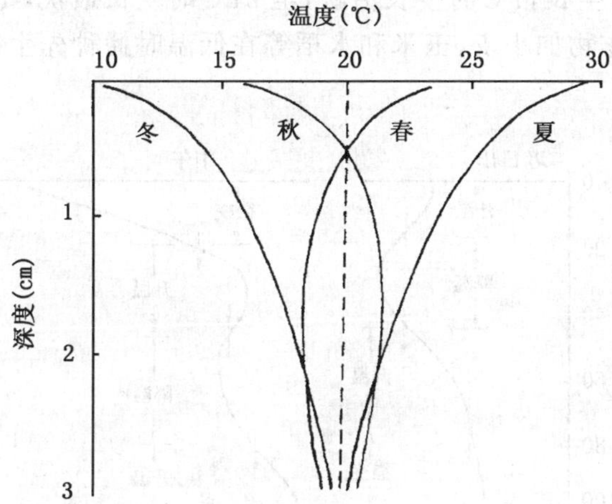

图 8-8 无冰冻地区随季节变化的土壤温度剖面

由于土壤剖面热状况的变化不一致，就造成了相邻土层土温差，从而导致热流的产生。图 8-9 表示土壤剖面中，土温的日变化和热流方向的变化。

8.2.5 土壤温度与肥力

土温对作物生长发育的影响是多方面的。种子萌发、作物生长、开花结实、养分的释放和吸收等等，都要求有一定的温度范围。土温超过了作物生长所能忍耐的最高或最低限度时，作物生长就会受到阻碍。

种子发芽出苗要求适宜的土温条件。不同作物的种子开始萌发的平均土温是：小麦、大麦和燕麦为 1～2℃，棉花、水稻和高粱为 12～14℃。种子萌发的速率随平均土温的提高而加快。如麦类在土温 1～2℃下萌发期是 15～20 天，5～6℃时萌发需要 6～7 天，在 9～10℃萌发只需要 4～5 天。在温度较低时，发芽较为整齐，幼苗也比较健壮。高粱、水稻和棉花播种后，如遇阴冷降温过程，容易引起烂种,烂秧现象。所以要注意作物播种期的选择和播种后天气的变化。

土温对作物根系生长的关系很密切。一般根系在 2～4℃时开始微弱生长,10℃以上根生长比较活跃,土温超过 30～35℃时根系生长便受到阻碍。冬麦和春麦根系生长最适是在土温 12～16℃。棉花根系生长最适土温在 24℃以上。玉米根系生长最适土温为 24℃左右.豆科作物根系生长在 22～26℃最好。甘薯根系生长在 18～19℃时比生长在 10℃和 26℃时为好。成年苹果树根系在平均土温 2℃时即可略有生长,7℃时生长活跃,至 21℃时生长最快,冬季根系可以在深层生长。禾谷类作物如小麦、玉米和水稻等在低温时播种先生根,在温度较高时播种先出芽。

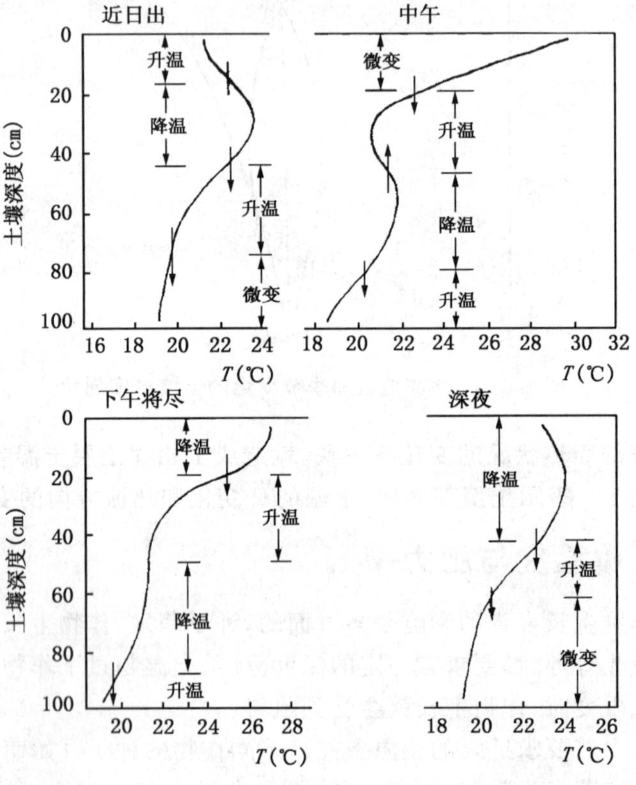

图 8-9 夏季某日的不同时间土壤温度随深度的典型变化

(引自 Baver)

夏季土温过高，常使根系组织加速成熟，甚至发生“烧根”现象或幼茎“烧伤”现象。冬季土温过低易产生冻害，并影响作物根系对水肥的吸收。

适宜的土温能够促进作物的营养生长和生殖生长。例如早春蔬菜播种在热性的沙质土上，加风障保湿，大大有利于蔬菜生长，能提早上市。春麦苗期地上部分生长最好的土温为20～24℃，后期以12～16℃为好，8℃以下或32℃以上则很少抽穗。冬麦生长最适宜的土温较春麦低4℃左右，24℃以上虽能抽穗，但不能成熟. 各种作物营养生长最旺盛时期所要求的土温：小麦为16～20℃，冬小麦为12～16℃，玉米为24～28℃，棉花为25～35℃。棉花、水稻均有因土温低而延迟生殖生长的现象。

大多数土壤微生物在15～40℃范围内最活跃。土温过高或过低，其活动均受到抑制，并且影响土壤中有机质的矿质化和腐殖化过程。硝化细菌和氨化细菌在土温28～30℃时最活跃。土温过低会导致土壤氮素缺乏而影响作物生长。旱作物遇到低温时，钾素的吸收量显著减少，施用钾肥对旱作物克服冻害有良好作用。水稻遇低温时，对磷的吸收量下降，因此应注意在冷性土中施用磷肥。

此外，土壤的化学、物理变化过程受土温的影响也很大。在一定范围内，土温高，理化反应加快，有效养分释放多，土壤水分和土壤空气的运动加速。反之土温低，养分释放慢，水分运动减缓甚至冻结。

所以土温的变化，不仅直接影响作物生长，而且还深刻的影响土壤中物质的转化和肥力的变化。

8.2.6 土壤温度的调节

根据农业生产的需要，通常采取以下农业技术措施调节土壤温度。

(1)根据土性合理选择种植作物　冷性土宜种大豆、甜菜、马铃薯、葱蒜等作物。热性土宜种棉花、玉米、谷子、高粱、小麦等作物。冷性土春播宜晚、秋播宜早。热性土春播宜早、秋播宜迟。

(2)翻耕松土　涝洼地墒足，但土温低，冬春季节晒垡或播种前串地以散墒提高地温。或排水、或进行早秋耕、早春耕以提高地温。早春耧麦使土壤疏松，增加大孔隙含量，能提高土温2℃左右；苗期中耕，可减少导热率和热容量，使土表升温，有利于发苗发根；越冬作物冬前培土，可以起到防风防冻保温作用。

(3)灌溉排水　夏季灌水可以降土温，排水可以提高土温。早春育秧时灌水、可以保温防寒；旱地冬前浇冻水、可起到保苗、杀虫防旱的效果；在水稻整个生育阶段，都是用水层厚度来调节土温的。

(4)施用有机肥料　施用有机肥料如深色的马粪、羊粪、烟灰、草木灰等热性肥料有助于增强土壤所吸热率，提高土温。

(5)广泛采用多种措施来调控土温　如塑料地膜、温室栽培、阳畦、遮荫、风障、镇压等以利提早播种，提高土温，充分利用日光能，增加蔬菜产量，提高经济效益。

(6)喷洒土面保墒增温剂(土面增温剂)　目前土面增温剂有以下几种：如有机合成酸渣剂、天然酸喷制剂、棉籽油脚制剂、沥青制剂等品种。有调节土壤水分、提高土温和重新分配热量的作用。在苗圃育苗中使用，能起到出苗早、苗壮、苗齐的作用。

9　土壤胶体及其对离子的吸附交换作用

【教学目标】

● **土壤胶体**

1. 掌握土壤胶体的含义、类型和基本构造。
2. 重点了解土壤胶体的性质及其在土壤物理、化学和生物学过程中的重要作用。
3. 了解土壤的保肥供肥性与土壤胶体组成的关系，为什么说土壤腐殖质含量高的其保肥性强？

● **土壤离子交换作用**

1. 了解土壤产生吸收（吸附）性的根本原因、吸收类型及其产生的机理。
2. 重点掌握阳离子交换作用产生的机理以及对土壤性状产生的影响。

土壤胶体是土壤中最细小、最活跃的部分，土壤胶体的组成和性质对土壤的理化性质，如土壤的吸附性、酸碱性、缓冲性以及土壤结构都有很大的影响。土壤肥力的高低与土壤胶体的组成、数量和性质密切相关，土壤胶体是土壤肥力性状赖以表现的物质基础中最精华的部分；同时，土壤胶体的形成过程也是土壤形成过程的反映，由于土壤形成条件的不同，土壤的胶体类型、含量和性质均有较大的差异。所以，要了解土壤的形成过程和土壤肥力的实质，必须弄清土壤胶体的性质。本章将着重讨论对土壤肥力影响较大的土壤胶体的组成、结构、性质及其相关的离子交换性的一般规律。

9.1 土壤胶体

9.1.1 土壤胶体的概念

9.1.1.1 土壤胶体是一种分散系统

任何胶体系统都是一种分散系统，而分散系统通常由两种物质所组成，一种物质的分子呈连续分布状态，称为分散介质；另一种物质的分子是不连续的，称为分散相，分散相均匀地分散在分散介质中，构成胶体分散系统。

在自然界中这种分散系统是很多的，如烟是微细的碳粒分散在空气里，云雾是小水滴分散在大气里，豆浆是大豆蛋白分子分散在水里等。

土壤本身就是一个复杂的多元分散系统。在一般情况下，是把土壤固相颗粒作为分散相，而把土壤溶液和土壤空气看做分散介质。

9.1.1.2 土壤胶体的大小范围

一般胶体是指作为分散相的那些细小颗粒，其大小的上限是 0.1 μm，下限为 1 nm（<1 nm 属于溶液范围）。但是胶体大小的界限也不是绝对的，而主要应根据表现出的胶体性质而定，如光学、电学性质等。

根据以上这种认识，土壤胶体的大小范围与通常所指的胶体有所不同。一般将其上限规定为 0.001 mm，即 1 μm，这比一般胶体大 10 倍，因为这样大小的颗粒已明显表现出胶体性质，如黏粒又称为胶粒。

9.1.2 土壤胶体的种类

土壤胶体从形态上可分为无机胶体(也称矿质胶体)、有机胶体和有机-无机复合胶体。

9.1.2.1 有机胶体

土壤中的有机物质，尤其是腐殖质，是土壤中含有的一类分子量大、结构复杂的高分子化合物，具有明显的胶体性质，故称之为土壤有机胶体。土壤腐殖物质是土壤有机胶体的主体，此外，土壤中还有少量的蛋白质、多肽、氨基酸以及多糖类高分子化合物也具有胶体的性质。值得注意的是，土壤中还有大量的微生物，它们本身也具有胶体性质，是一种生物胶体。土壤中大量的微生物对增加土壤的表面积和吸附性，促进土壤结构的形成有很大的作用。

土壤有机胶体在土壤中的含量同其他胶体相比并不多，但其性质却极为活跃，因为它带有大量的活性功能团，尤其是表面的酸性功能团如 H^+ 解离后，使其带有大量的负电荷，阳离子代换量可高达 300～500 cmol(M^+)/kg。大多数土壤的有机胶体是非晶质的，有很高的亲水性，虽然数量不多，但起的作用却很大。

9.1.2.2 无机胶体

无机胶体又称矿质胶体，主要是层状铝硅酸盐矿物和无定形氧化物组成。一般为极细微的黏粒，在数量上，无机胶体比有机胶体高几倍到几十倍。通常用土壤中黏粒($d<0.001$mm)的含量来反映土壤无机胶体的数量。不同的土壤，无机胶体的含量差异很大，沙性土无机胶体的含量要比黏性土少得多。土壤中无机胶体的数量和组成对土壤的理化性质影响较大。土壤无机胶体主要包括：

(1)*层状硅酸盐矿物* 它是无机胶体的主要组分，大都是呈结晶态的次生矿物，主要有1∶1型的高岭石类、2∶1型的蒙脱石类及水化云母类。有关矿物的一般特性已在土壤矿物质一章中介绍过。值得注意的是，不同类型的黏粒矿物表现出的胶体性质差异较大。1∶1型的高岭石矿物单位晶胞小，形成的颗粒较大，其胶体的分散度低，胀缩性、黏性和吸收容量都不如2∶1型矿物大。2∶1型蒙脱石类矿物结晶的晶胞较大，而形成的颗粒较小，其胶体分散度高，胀缩性、黏性和吸收容量都较大。电荷来源主要是由于同晶替代作用，其中以2∶1型矿物的同晶替代较多，电荷数量也多；1∶1型的同晶替代少，电荷也较少，因为它是边角－OH 的解离产生的电荷，其数量一般很少。

(2)*含水氧化物类胶体*

① 含水氧化硅胶体。多为游离的无定形氧化硅的水合物($SiO_2 \cdot nH_2O$)，

当发生电离时,使 H^+ 解离到溶液中，致使胶体带负电。

$$H_2SiO_3(SiO_2 \cdot nH_2O) = H^+ + HSiO_3^- = H^+ + SiO_3^{2-}$$

土壤中氧化硅的含量很多，多以石英存在于沙粒和粉粒之中，只有无定形的氧化硅才可能具有胶体性质，无定形的氧化硅可溶于土壤溶液，形成 $Si(OH)_4$，通过聚合过程，向稳定状态转化，即从单体一水溶胶一水凝胶一干凝胶一最终形成类似蛋白石的脆性物质。不论溶胶或凝胶,都是一种活性很高的吸附剂。尤其是氧化硅凝胶,它具有很大的表面积和孔隙度,在 pH 值 3.5 以上，带负电荷,能吸附阳离子或极性物质或其他带正电的溶胶。在一定条件下,凝胶也可转化为溶胶,随水流动、迁移。土壤中氧化硅胶体的存在和集聚,对土壤的形成和理化性质都有重要影响。一般把无定形氧化硅看做酸胶基,它与氧化铁、铝等碱胶基相互作用是形成土壤黏粒矿物的途径之一,氧化硅溶解随水流动沉积,不仅可填充土壤空隙,有利于细孔隙的形成,同时沉积的氧化硅凝胶可使土壤松脆。如形成脆盘。氧化硅胶体带有一定的负电荷,随 pH 值升高，负电荷数增加,但总的来说，其交换量很有限。

② 含水氧化铁、铝胶体。含水氧化铁、铝在土壤中多以结晶态的矿物存在,最常见的铁氧化物是针铁矿和赤铁矿,还有磁赤铁矿、磁铁矿、纤铁矿和氢氧化铁或水铁矿等。各种铁氧化物在不同土壤中的种类和含水数量不同,各种氧化铁的颜色也不同,因此对土壤的染色也不同。

土壤中的氧化铁一般以两种以上的形态混合存在,它可以形成黏膜包被在土壤颗粒的外面,也可以形成溶胶沿剖面移动或者结晶形成小的颗粒存在于土壤中,还有部分形成络合物或者被吸附在黏土矿物表面。氧化铁普遍存在于黏粒和非黏粒之中,但一般在黏粒中较多。土壤中氧化铁的形态可以相互转化,受土壤 pH、温度、有机质和 Fe^{2+} 的浓度的影响,如当 $pH>7$ 时，可形成 $Fe(OH)_3$ 生成针铁矿。

土壤中含水氧化铝胶体是矿物风化而来的,有晶态的,也有非晶态的,Al_2O_3、$Al(OH)_3$、AlOOH 是晶态，无定形铝主要是羟基铝及其聚合物,Al^{3+} 在溶液中可形成较大的 OH-Al 聚合物呈溶胶状。氧化铝的形态和数量对土壤结构、土壤酸碱性、土壤缓冲性等都有重要影响。

氧化铁、氧化铝胶体都是两性胶体,其带电性随环境的酸碱度变化而改变,在酸性条件下(一般 $pH<5$)带正电，而碱性条件下可带负电。

$$Al(OH)_3 + H^+ = Al(OH)_2^+ + H_2O$$ 带正电

$$Al(OH)_3 + OH^- = Al(OH)_2O^- + H_2O$$ 带负电

9.1.2.3　有机—无机复合胶体

土壤中的有机胶体和无机胶体通过物理、化学或物理化学的作用，相互结合在一起形成有机—无机复合体。在复合的过程中，很多有机化合物可以和黏粒形成稳定性不等的各种复合体。实际上，土壤有机质因其性质极为活跃，绝大部分是以有机-无机复合体的形式存在的。一般把土壤的有机-无机复合体中含碳量占土壤总碳量的百分数称为有机无机复合度，作为衡量土壤有机-无机复合体的数量指标。据资料（熊毅，1975），土壤有机无机复合度可达 50%～70%，不同土壤类型差异很大。

土壤有机-无机胶体的形成对改善土壤的理化性质有重要作用，有机-无机复合体的稳定性比单纯的有机胶体高，实际上土壤腐殖质的稳定性正是由于形成有机-无机复合体所造成的。在很多情况下，有机质在矿质胶体的表面形成一层胶膜，可以改变（或改善）无机胶体的表面性质，由于胶膜的作用使一些原来颗粒较大而胶体性质较差的矿质颗粒，也表现出胶体的性质，使土壤胶体颗粒的大小，最大可达黏粒的上限，甚至达到细粉粒的范围（1 μm）。有机-无机复合胶体的黏性、塑性要比黏粒弱，其表面积和代换量一般比复合前有机胶体和无机胶体两者之和小，不具有加和性。土壤有机-无机复合体是形成良好的稳定性团聚体的基础，其水稳性要比单纯的矿质团聚体高，从而对土壤的结构性、通透性、耕性等产生重要影响。

一般把有机无机复合体分为 G_0、G_1、G_2 组。

关于土壤有机无机复合体分组最早始于丘林（1937），他提出土壤有机矿质结构的假说，进而将土壤复合体分为两组：G_1 组和 G_2 组。但是在 G_1 组中往往混有一部分能直接分散于水中的“非团聚化细土”，实际上它是一组水分散的复合体，故把它称为 G_0 组。

G_1 组是通钙离子为键桥把有机质和矿物质连接起来的。

如：

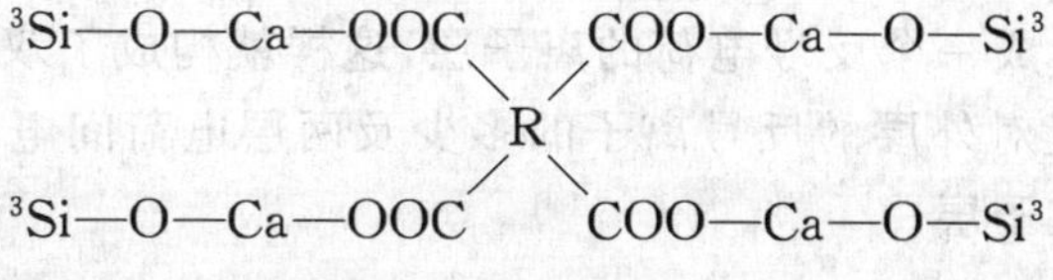

但这种连结并不牢固，可用中性 NaCl 溶液拆开。

G_1 组复合体主要是胡敏酸钙凝聚的。它主要分布在离根较远，通气性良好的地方。其特点是腐殖质和活性氧化物含量较低，有机物质中的木质素和半纤维素较少。由于 G_1 组缺乏活泼的胶体表面，若要使它黏结体变大，需要靠游离胶体的胶结。

另一种是由铁、铝氧化物的胶结作用连接起来的。这种有机质胶结作用可用下式表示（其中的 Al 也可换成 Fe）。

如：

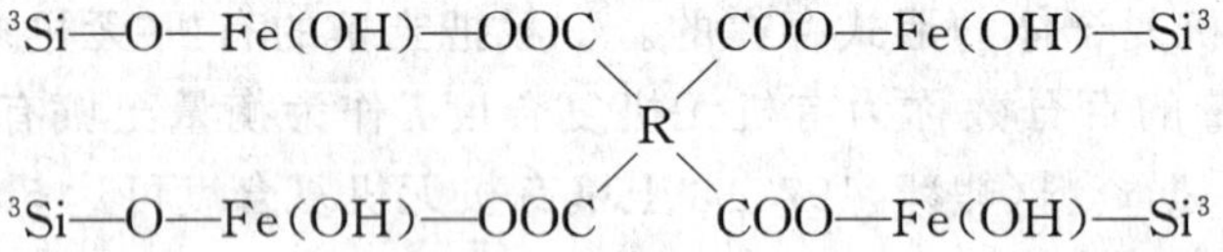

这种连接比较牢固，不能用 NaCl 拆开，只能用稀碱溶液或研磨处理才能分开。

近根的团聚体主要由 G_2 构成。由于这里的水分状况比较好，根际微生物活动旺盛，有机质丰富，在微生物的参与下，大量粗有机质分解，造成氧气不足，使氧化铁还原成亚铁，提高了铁的活性，有利于在矿物颗粒表面凝聚生成。它的特点是：腐殖质和活性二三氧化物含量较高，在有机物质中，同时包含腐殖质和未腐化物质（木质素、纤维素和半纤维素）。

9.1.3 土壤胶体的基本构造

土壤胶体分散系包括胶体微粒（分散相）和微粒间溶液（分散介质）两部分。描述胶体微粒的构造，通常用双电层理论。根据双电层理论，胶体微粒在构造上，可分为微粒核和双电层两部分（如图 9-1）。

9.1.3.1 微粒核（胶核）

它是胶体微粒的核心物质，主要由腐殖质、硅酸盐矿物、土壤氧化物、蛋白质分子以及有机-无机复合胶体的分子群组成。

9.1.3.2 双电层结构

作为胶粒微粒核的物质在溶液中通常是带电荷的，由于静电引力的作用，在微粒核的外围形成一个反号电荷的离子层，这样就构成了双电层。微粒核表面的电荷数量和密度对外层的反号离子的多少及两层电荷间电位具有决定作用，故称为决定电位离子层。

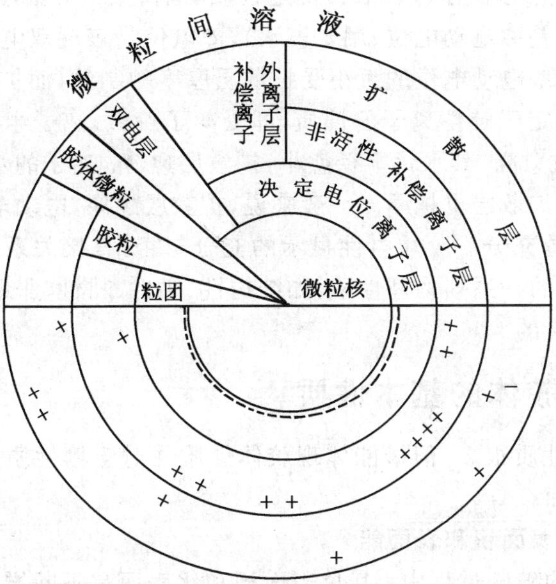

图 9-1　胶体微粒构造示意图

外层电荷(离子)对决定电位离子层起补偿作用,使整个胶体微粒达到电中性,故称之为补偿离子层,而这些来源于溶液中的反号离子就称为补偿离子。

在溶液中胶核表面的电荷通过静电引力,将反号离子吸引在胶核的外围,而反号离子由于热运动,总有远离胶核表面的趋势,同时反号离子被吸附的力大小与离子的电荷数量成正比,与其距离的平方成反比。因此,胶核表面处的反号离子多而活性低,离胶核表面越远,反号离子越少而活性增大。根据补偿离子的活性又可把补偿离子层分为两层:靠近胶核表面的决定电位离子层的补偿离子被吸附得很紧,活性很小,难以解离,不起交换作用,故称为非活性补偿离子层。另一层距胶核表面较远,吸附的较松,有较大的活动性,可以和周围的离子交换,称为扩散层。扩散层中的离子分布很不均匀。

非活性补偿离子,被吸附得很牢固,它和微粒核决定电位离子层一个整体,故称为胶粒。当胶体和周围环境起代换作用时,大都发生在胶粒表面,而不在胶粒内部,故胶粒是起胶体作用的基本单位。

在双电层的两层电荷之间存在着电位差,电位的高低随着离胶核表面距离的增加逐渐降低。由决定电位离子层到扩散层外缘的电位差,称之为全电位

(ζo)，全电位的大小取决于胶核表面的电性质(电荷数量和密度)。从胶粒(滑动面)到溶液的电位差称电动电位(用ζ表示)，ζ电位是表现双电层特性的重要指标，可以测定出来。电动电位的大小受扩散层厚度的制约，而扩散层的厚度在一定浓度条件下，决定于补偿离子的性质，即受离子价数，离子半径及水化程度等的制约。离子价数愈高，其水化半径愈小，扩散层愈薄。离子的水化程度越大，则水化半径也越大，扩散层也越厚。一般来说，扩散层越厚，电动电位越高，胶粒的电性也就显示得越充分。胶粒电性显示的充分与否，直接关系到胶体存在的状态，从而影响土壤的一系列物理性质，如结构性、黏性、耕性、胀缩性等等，这在实践中都是很有意义的。

9.1.4　土壤胶体的基本性质

土壤胶体的性质很多，但最能体现胶体性质并对土壤性质产生巨大影响的主要有以下几方面。

9.1.4.1　胶体的表面积和表面能

在固体物质的破碎过程中，其总表面积和比表面是不断增加的。所谓比表面是指单位质量的物质的表面积总和，即

$$比表面=总面积 / 质量 \tag{9.1}$$

例如，设有一半径为 r 的球形土粒，土壤的密度为 2.65 cm^3/g，则其比面为

$$\begin{aligned}比表面&=4\pi r^2\div(4/3\ \pi r^3\times 2.65)\\&=1.13/r(cm^3/g)\end{aligned} \tag{9.2}$$

从(9.1)式可以看出，比表面和颗粒半径成反比，也就是说，一定质量的物体，颗粒愈细则总比表面积愈大。如半径为 0.1 cm 的 1 g 沙粒，则其比表面为 11.3 cm^2/g，而半径为 0.000 1 cm 的 1 g 黏粒的比表面则可达 11 300 cm^2/g，增加了 1 000 倍。土壤胶体如黏粒、腐植酸分子等都相当细微，土壤胶体的表面积很大，加之黏粒矿物的层状结构和腐殖质的网状多孔结构还有很大的内表面积，可以吸附大量的养分离子(如图 9-2)。因此，1 g 土壤胶体的表面积是巨大的(见表 9-1)。

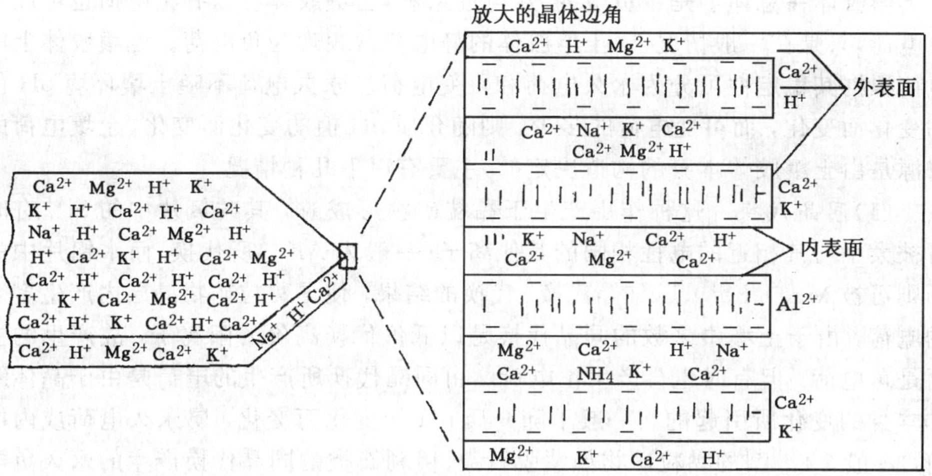

图 9-2　层状铝硅酸盐的内外表面

表 9-1　各种胶体的比表面积

胶体类型	比表面积(m^2/g)
蒙脱石	600～800
伊利石	50～200
高岭石	1～40
蛭　石	600～800
水铝英石	70～300
腐殖质	800～900

不同土壤的胶体组成不同，土壤的比表面积也不同。一般土壤中有机质含量高，2∶1 型黏粒矿物多，则比表面积较大，如黑土。反之，如果有机质含量低，1∶1 型黏粒矿物较多，则其比表面积就较小，如红壤、砖红壤。

随着土壤胶体比表面积的增加，其表面能也发生很大的变化。表面能是指界面上的物质分子(表面分子)所具有的多余的不饱和能量。在胶体与液体或气体接触的界面上，由于液体分子或气体分子对它的引力小于胶体内部分子的引力，使胶体表面分子产生多余的不饱和能量。按照热力学定律，多余的能量消耗在与外界其他分子的作用上，从而达到稳定状态。土壤的物理吸附作用就是表面能作用的结果。一般表面能的大小与比表面呈正相关。比表面积愈大，表面能就越高，产生的物理吸附作用就愈强。因此，一般土壤质地愈黏，其物理吸附作用愈强。随着表面积和表面能的增加，土壤胶体的性质如胀缩性、可塑性、黏性等明显增强。

9.1.4.2　土壤胶体的带电性

土壤胶体带电的事实，可以通过电泳现象观察到，当直流电通过一土壤胶体溶液时，胶粒大多向阳极聚集，而所吸附的离子却向阴极聚集。这一现象说明土壤胶体在总体上是带负电的。从电性来看，土壤胶体可以有正电荷也可以有负电荷，只是在一般情况下，土壤胶体的静电荷常表现为负电荷。土壤胶体上的电荷根据其稳定性可分为永久电荷和可变电荷。永久电荷不随土壤环境 pH 值的变化而变化，而可变电荷的多少，则随介质 pH 值的变化而变化。土壤电荷的来源是由土壤胶体本身的构造决定的，主要有以下几种情况。

(1)同晶代换　这种作用产生于黏粒矿物形成时，其硅氧片中的 Si^{4+} 有时可被大小与其相近的电性相同的其他离子(一般为 Al^{3+})所代换，而水铝片中的铝则可被 Mg^{2+}、Fe^{2+}、Fe^{3+} 等代换。代换的结果，使得黏粒矿物晶层内产生多余的电荷，由于土壤中多数的同晶代换是以低价代换高价的阳离子，故产生的主要是负电荷，但有时也会产生正电荷。由同晶代换所产生的电荷是由于晶体结构本身的变化所引起的。一般不随介质 pH 的变化而变化，属永久电荷或内电荷，一般 2∶1 型的黏粒矿物如蒙脱石类、伊利石类的同晶代换产生的永久负电荷较多，而 1∶1 型的高岭石类则较少。

(2)矿物晶格断键　矿物在风化破碎的过程中，其晶格边缘的离子，有一部分未被中和，这就产生了剩余价键，它以负电荷居多。以这种方式产生的电荷，高岭石＞伊利石＞蒙脱石。

(3)表面分子的解离　黏粒矿物的晶格表面的 OH 基，腐植酸分子的酸性含氧官能团(如羟基、酚羟基)和羧基和黏粒中的无定形胶体(如硅酸胶体、氧化铁、铝等)，在介质的 pH 值发生变化时，就有不同程度的解离，从而使胶粒带电。如高岭石在 pH＜5 时，它表面的 OH 基就解离出 H^+，使高岭石胶粒带负电。而二三氧化物(R_2O_3)在酸性条件下(pH＜5)，则成为带正电荷的胶体，如图 9-3 所示。

通常自然土壤的 pH 值在 5～9 之间，而土壤胶体的大部分，特别是腐植酸的等电点远远低于这个范围，所以大部分土壤胶体都带负电荷。只有两性胶体的可变电荷和少量的同晶代换可产生一定正电荷。但是，从整体来看，土壤胶体以带负电荷为主。当 pH＜5 的土壤，则可能带有较多的正电荷，甚至比负电荷还多。

一般情况下，土壤胶体整体上显负电性，使土壤胶体以静电引力把土壤溶液中的阳离子吸附在土壤胶体的表面，而不致随水流失，使土壤具有保肥性。

9.1.4.3　土壤胶体的凝聚和分散

胶体有两种存在状态。一种是分散相均匀地分散在介质中，称溶胶；另一种是分散相在外因的作用下，相互凝结聚合在一起，称为凝胶。溶胶和凝胶并不是永久不变的,在一定条件下,可以相互转化。由溶胶变成凝胶的过程称为胶体的凝聚;反之,由凝胶转化为溶胶的过程,称为胶体的分散。土壤胶体在大多数情况下都是凝聚状态,凝聚态的土壤胶体可以用一价的阳离子如 Na^+、K^+ 使其分散。

土壤胶体存在状态主要受两种力的作用。一是胶粒之间的静电斥力,它使胶体分散,二是胶粒之间的分子引力,它使胶粒相互吸引呈凝聚的趋势。如果静电斥力大于分子引力,则胶体呈分散的溶胶状,反之,若静电斥力小于分子引力则胶体呈凝胶状。这两种力的大小都与胶粒之间的距离有关。在胶粒电荷和胶粒大小一定的情况下,随着胶粒间距离的减小,引力可能超过斥力,使胶粒相互团聚。影响胶粒静电斥力大小的另一主要因素是胶粒静电荷的数量,而静电荷的数量则受补偿作用的控制。不同阳离子的补偿作用不同。如果土壤胶体所吸附的是二价以上的阳离子,其水化半径又较小,如 Ca^{2+}、Mg^{2+}、Fe^{2+} 等。它们对土壤胶体所带的负电荷的补偿作用就大,这样胶粒的剩余电荷就较少,在胶粒间的静电斥力大大减小,甚至接近于零,此时分散的胶粒之间的距离可达到分子引力作用的范围之内,使胶粒相互团聚凝结起来。如果土壤胶体所吸附的主要是一价阳离子,其水化半径较大,如 Na^+、K^+、NH_4^+ 等,它们对胶体所带的负电荷的补偿作用较小,静电斥力就相当高,同时扩散层的厚度较大,分子引力较小,因而胶体不能凝聚,而呈分散状态。

土壤中常见的阳离子按其对胶体的凝聚力的大小,可排成如下顺序:

$$Fe^{3+} > Al^{3+} > H^+ > Ca^{2+} > Mg^{2+} > NH_4{}^+ > K^+ > Na^+$$

由此可见,阳离子价数高的其凝聚力大于价数低的,一般三价阳离子的凝聚力是二价阳离子的 4～6 倍,而二价阳离子的凝聚力比一价阳离子高 20～25 倍。一种离子凝聚力的大小取决于其所带相反电荷的数量和水化半径的大小。离子的价数越高,离子的电荷也越多,对胶体本身的电荷的中和能力越强。而离子的水化半径越小,或离子的水膜越薄,则使胶体的扩散层越薄,使胶体粒之间的距离更近,有利于胶粒的相互凝聚。对于价数相同的离子,水化半径小的,其凝聚力大于水化半径大的。离子的水化度越高,其水膜越厚,则其凝聚力越低。H^+ 的情况很特殊,这是因为 H^+ 作为单纯的质子,其电场强度很大,而半径又极小,故其凝聚力很强。因此,在土壤中,一般二价以上的阳离子和 H^+ 一般起凝聚作用,而一价(H^+ 除外)离子经常起分散作用。

此外,溶液中的离子浓度对胶体的分散和凝聚的影响也是很大的。即使凝聚力很强的三价阳离子，如果其浓度很低，也不能使分散的胶体凝聚下来。相反，当溶液中的一价阳离子的浓度很高时，由于每个阳离子都没有充分水化，水膜很薄，其凝聚能力较强，同样也可使溶胶变成凝胶。如在盐渍化土壤中，在含钠、钾盐较高，其表层有凝聚很好的假团聚体柱状或团粒结构。但当盐分淋失后，这些结构体就不复存在了，土壤的通透性立刻就变得很糟，其他的物理性状也随之恶化。对于土壤胶体，由一价阳离子形成的凝胶，当稀释时，则又可转化为溶胶。但是由二价以上的阳离子形成的土壤凝胶一般是不可逆的，即不能再分散成溶胶。因为高价的阳离子被土壤胶体吸附得很紧，不易被代替出来。所以，由二价或三价阳离子形成的凝胶可以进一步形成稳定性较高的结构体，对土壤的其他理化性质都有较好的影响。

土壤中的电解质浓度是经常变化的，如干湿交替、冻融作用以及各种农业技术措施包括施肥、灌水、中耕、烤田等，都可使土壤溶液中的电解质浓度发生变化，从而使胶体的状态发生变化，或凝聚或分散，如施用石灰、可显著增加土壤中Ca^{2+}的浓度，从而促进土壤胶体凝聚，形成良好的结构。又如集中施用化肥，显著提高局部土壤溶液的电解质浓度，也可改变局部土壤胶体的状态。

总之，土壤胶体的凝聚与分散，直接影响土壤的许多重要性质，尤其是土壤的结构、通透性和土壤耕性等。

9.2 土壤胶体对离子的吸附作用

农民施用化肥如铵态氮肥随水施入土壤，并不担心化肥随水流失，化肥可保存在土壤中逐渐被植物吸收利用。这是为什么呢？要弄清这个问题，就必须了解土壤的吸附性能。

9.2.1 土壤胶体吸附性的含义

土壤的吸附性就是土壤能吸附并保持一些物质的性质。它主要是吸收(附)并保持土壤溶液中的离子、分子以至一些悬浮物质的性质。

人们在长期的实践过程中，早就发现并利用土壤的吸附性。如施用人粪尿作肥料时，常将人粪尿和土壤拌匀，以防止其中的氨挥发损失；堆制有机肥时，覆土而避免养分逸失，也减少臭味的散发和空气污染。

土壤的吸附性与土壤胶体是分不开的，它是土壤胶体最主要的性质，对土壤的化学、物理、生物学性质影响很大，可以说土壤的吸收性对土壤性状的影响是全面而深刻的，直接反应了土壤肥沃性的高低。

9.2.2 土壤吸附性的类型及其意义

按吸附的机理和作用力的性质可将吸附性分为下列5种类型。

9.2.2.1 机械吸附

机械吸附是指土壤对进入其中的固体物质的机械阻留作用。土壤是个多孔体系，有大孔隙，也有小孔隙，孔隙的状况极其复杂，如大小孔隙相互连接，孔径弯曲多种多样。这样随水(灌水或降水)进入土壤的一些固体物质，如有机残体，肥料颗粒和细小的黏粒等被截留，使这些物质保存于土壤中。机械吸附对可溶性的分子和离子，如水溶性养分等不起保存作用。机械吸附的程度与土壤质地有关，一般质地细的土壤，小孔隙多，能截获较多的固体物质，如水稻田的犁底层，比较紧实，透水性较差，它的形成增强了机械吸附作用。

9.2.2.2 物理吸附

物理吸附是指借助于土壤表面张力而吸附在土壤颗粒表面的物质分子。由于土壤的细粒部分具有巨大的表面积和表面能，要降低土壤颗粒的表面能，只有靠降低其表面张力来完成。当土壤细粒吸附表面张力较小的物质分子以后就可以降低其表面能，这就是物理吸附的机理。降低土壤表面张力的物质主要是有机化合物分子，如肥料中的尿素、氨基酸、醇类、有机碱以及农药制剂中的一些分子，气体的NH_3、CO_2也可降低土壤颗粒的表面能。这些物质降低了土壤颗粒的表面张力，吸附并暂时保存在土壤中，物理吸附的力主要是分子间的引力，其吸附力较弱，它不能对表面张力大的无机酸、无机盐类进行吸附。

土壤物理吸附强弱主要受质地和胶体类型的影响，土壤表面积越大的土壤，其物理吸附越强烈。另外，温度升高，可降低物理吸附的量。利用物理吸附的原理，可以测定土壤的表面积和比表面积，如甘油吸附法，是把土壤(或土壤胶体)放在饱和的甘油蒸汽中，让甘油分子吸附在土壤胶体的表面(包括内表面)，根据吸附的甘油量可以计算出土壤的比表面积。

由于土壤的物理吸附作用，使土壤溶液的浓度不均一，便于根系选择适宜的浓度进行吸收，只是它所保存的养分无论在时间上或在空间上都是比较有限的。

9.2.2.3 化学吸附

化学吸附是指进入土壤溶液的某些成分经过化学作用，生成难溶性化合物或沉淀，因而保存于土壤中的现象。这种吸附是以化学反应为基础的，故称为化学吸收。在土壤中易发生化学吸收的部分主要是土壤溶液中的阴离子，如：

磷酸根：PO_4^{3-}　HPO_4^{2-}　$H_2PO_4^-$

硅酸根：SiO_3^{2-}　$HSiO_3^-$

碳酸根：CO_3^{2-}

硫酸根：SO_4^{2-}

有机酸根：$C_2O_4^{2-}$（草酸根）等。

这些阴离子在土壤中容易和土壤中的高价阳离子发生化学反应，形成沉淀物质。如在酸性土壤中被固定的磷酸三钙、磷酸八钙，其溶解度很小，在酸性土壤中与 Fe^{3+}、Al^{3+} 形成磷酸铁铝，溶解度更低，这就导致磷素不能被作物吸收利用，从有效转为无效。土壤对磷的固定是非常普遍的，关于磷的固定，将在养分一章详述。

化学吸收虽然可以减少可溶性物质（养分）的流失，但却使这些营养物质的有效性大大降低，事实上它是提高磷肥或其他营养物质肥效的最大障碍。因此，在农业生产上，要尽量减少或避免发生化学固定。

9.2.2.4 生物吸附

生物吸收是指借助于生活在土壤中的生物（包括植物、微生物和一些小动物）的生命活动，把有效性养分吸收、积累、保存在生物体中的作用，又称为养分生物固定。生物吸收的方式有 3 个特点：

(1)选择性　生物根据自身生物学特性及生命活动的需要，有选择地而不是完全机械被动地吸收养分，当然有些养分是通过被动吸收的。生物体的元素并不都是生物必需的，但大部分元素都是生物所必需的，这些被生物累积下来的养分，越来越适合生物体的需要。

(2)表聚性　由植物根系和其他生物主要活动在土壤的表层，而根系又往往把下层的土壤养分集中到表层，长此以往，使表层土壤中养分的含量和种类都比下层更丰富更完全。一些深根性作物如豆类、棉花等作用更为明显。如磷在土壤剖面上的含量以表层最高，往下逐渐降低，这就是生物吸收作用对磷表聚的结果。

(3)创新性　随着生物在土壤母质上的发展，使土壤中增加了原来没有的营养元素，这就是生物固氮作用，使土壤的氮素从无到有，从少到多，土壤的肥沃性越来越高。另外，土壤生物的活动对土壤母质具有生物风化作用，可以加速土壤母质的矿化分解，丰富土壤中的营养元素，故生物吸收对土壤和土壤肥力的形成和发展是很关键的。在土壤的形成因素中，生物因素是主导因素。在农业实践中，人们利用生物固定的原理去培肥土壤，如种植绿肥（可固氮）以肥田。

被生物固定的养分虽然暂时失去了有效性，但随着生物的死亡和分解，又可释放出来供作物吸收利用；也可以避免养分随水流失和逸散，减轻化学吸收固定养分的作用。因此，在种植绿肥时施用磷肥，既可促进固氮作用，又可提高下茬作物所需磷的有效性。施用菌肥可以提高土壤的磷、钾等元素的有效性，而使固定作用减轻。

9.2.2.5　物理化学吸收（附）

物理化学吸附是发生在土壤溶液和土壤胶体界面上的一种物理化学反应，土壤胶体借助于极大的表面积和电性，把土壤溶液中的离子吸附在胶体的表面上而保存下来，避免这些水溶性的养分流失，被吸附在胶体表面的养分离子并不失去其有效性，还可被解吸下来供作物吸收利用，也可通过植物根系接触代换被吸收。物理化学吸附对土壤的理化性质及肥力的影响极大，也是本节的重点内容。

土壤的物理化学吸附主要是对阳离子的吸附。按物理化学的概念，溶质在溶液中呈不均一的分布状态，胶体表面吸附的离子浓度和溶液中的离子浓度不同，近胶体表面离子浓度高，远胶体表面离子浓度小，这种浓度差异现象服从最小自由能原理，称为物理化学吸附作用。在土壤学上通常用胶体的固液相界面由静电作用而产生的双电层到自由溶液中离子浓度分布的均匀性来解释这种吸附作用。

离子吸附的动力主要是静电引力，这是因为土壤胶体一般都带有大量的电荷，有正电荷也有负电荷，因此它可以吸附土壤溶液中符号相反的其他阴阳离子。

按照吸附的离子种类可分为阳离子吸附和阴离子吸附。

9.2.2.6　阳离子吸附

通常情况下，土壤胶体综合表现为带负电，故在胶体上吸附的离子主要为阳离子。土壤中常见的吸附性阳离子有：Ca^{2+}、Mg^{2+}、Na^{+}、K^{+}、NH_4^{+}、Fe^{3+}、Fe^{2+}、Al^{3+}和H^{+}等。其中Al^{3+}和H^{+}称为致酸离子，它们和土壤酸度有密切关系。除Al^{3+}和H^{+}离子以外的其他阳离子，它们都能和阴离子形成盐类，传统上称这些阳离子为盐基离子。它们大多是植物能迅速吸收同化的营养元素的一种形态。

不同地区的土壤，在阳离子组成上有很大的差异，而阳离子的组成对土壤的酸碱度、缓冲性和养分的有效性有很大的影响。当土壤胶体吸附的阳离子都属于盐基离子时，则土壤呈盐基饱和状态，这一土壤称为盐基饱和土壤。当土壤胶体所吸附的阳离子仅部分地为盐基离子,而其余一部分为 H^+ 和 Al^{3+} 时,则这一土壤胶体呈盐基不饱和状态,称为盐基不饱和土壤。各种土壤盐基饱和的程度是不同的,通常用盐基饱和度来表示。所谓盐基饱和度就是指土壤胶体上交换性盐基离子占全部交换性阳离子的百分数,即

$$盐基饱和度\% = 交换性盐基量(mmol/kg)/阳离子交换量(mmol/kg)$$

盐基饱和的土壤具有中性或碱性反应,而盐基不饱和的土壤则呈酸性反应。南方土壤中 H^+ 和 Al^{3+} 等致酸离子较多,土壤的盐基饱和度小,而北方土壤的盐基饱和度大, Ca^{2+} 和 Mg^{2+} 占有较大的数量和比例;盐渍化土壤中, Na^+ 和 K^+ 所占的比例较大,而水稻土壤中, NH_4^+ 有时占有较大的比例。土壤胶体上阳离子的组成和盐基饱和度,是土壤在自然条件下,长期平衡的结果,随着土壤条件的变化,土壤所吸附的阳离子的组成也经常变化,如灌溉、施肥和作物的吸收均可影响土壤胶体的阳离子组成。

土壤胶体所吸附的阳离子不仅保存了土壤中的速效养分,防止养分流失,同时,它们也可以通过阳离子交换作用而进入土壤溶液,被作物吸收利用,土壤有效养分的绝大部分都是以这种形态存在的,一般把这部分被土壤胶体吸附而又能交换下来的养分称为交换态养分,它对当季作物养分的吸收利用具有决定性作用。如某种交换态养分少,那么土壤溶液中的这种养分也不会多,这样就可能导致作物缺乏该种养分元素。

9.2.2.7 阴离子吸附

土壤胶体一般带负电,但某些胶体或胶体的局部也可带正电荷,如溶液中pH 值低于等电点时,两性胶体——含水氧化铝、铁或腐植酸中的氨基($-NH_2$)就会带正电荷。这种胶体就可以吸附阴离子,发生阴离子吸附作用。和土壤中阳离子吸附相比,阴离子的吸附作用则弱得多,有些阴离子反而出现负吸附现象。

土壤中的阴离子种类很多,不同的阴离子和土壤胶体的亲和力不同,有的容易被土壤吸附,有的不易被土壤吸附,有些离子既可被交换吸附,又可产生化学吸收,而且常发生化学固定,因而其性质很难区分,如 PO_4^{3-} 、 SO_4^{2-} 、 CO_3^{2-} (特别是 PO_4^{3-})。所以一般按照土壤对阴离子吸附能力的大小和难易程度笼统的将其分为3类。

①易被土壤吸收的,如 PO_4^{3-} 、 HPO_4^{2-} 、 H_2PO^{4-} 、 SiO_3^{2-} 、 $HSiO_3^-$ 和有机酸根离子如草酸根 $C_2O_4^{2-}$ 等都属于此种情况。

②不易被吸附甚至发生负吸附的阴离子，如 Cl^-、NO_3^-、NO_2^- 等。

③介于二者之间的阴离子如，SO_4^{2-}、CO_3^{2-} 等。

吸附顺序如下：

F^- ＞草酸离子＞柠檬酸离子＞$H_2PO_4^-$ ＞HCO_3^- ＞醋酸离子＞PO_3^{3-} ＞SO_4^{2-}＞Cl^-

阴离子的吸附，一方面受离子交换能力的影响，另一方面与土壤胶体类型和 pH 值有关。一般而言，含高岭石、氧化铁和三水铝石的土壤容易带正电荷，对阴离子的吸附作用较明显，而富含 2∶1 型黏粒矿物的土壤则不明显。

阴离子的负吸附，是指阴离子不但不被胶体表面吸附，而且使溶液中离子浓度增高，即近胶体表面的浓度低于远胶体表面溶液中的浓度，这种现象，称为阴离子的负吸附。这是由于土壤胶体一般带负电荷，对阴离子产生排斥的结果。由于土壤胶体只带有部分的正电荷，且常发生土壤胶体表面的化学固定，从而掩盖了负吸附现象，使一般土壤的负吸附现象并不十分明显，负吸附的规律是随着土壤胶体数量和交换量的增加而增加，随着阴离子价数的增加而增加，随陪伴阳离子的价数增加而减少。

因此，在农业上，根据阴离子吸附的特点，对于一些含阴离子养分的肥料或其他药剂，在施用时应注意。如硝态氮肥要防止负吸附，不应施后立即灌水或在下雨前大量施用，含 Cl^- 的化肥要早施、深施、作基肥，以便其 Cl^- 提早排出土体以减少 Cl^- 的毒害，含 F^- 的药剂应注意其吸附性强的特点，以免影响其药效。

10 土壤的化学性质和过程

【教学目标】

● **土壤的离子交换作用**

1. 了解离子交换作用系统是由土壤胶体和溶液中的离子通过静电引力、发生在固液相界面上的吸附和解吸作用所构成。
2. 何谓离子交换作用、离子吸附、离子解吸和离子平衡，了解在反应过程中所遵循的规律。
3. 了解阳离子交换反应的过程，阳离子交换量的含义、作用及影响的环境条件。

● **土壤的酸碱性**

1. 掌握土壤酸性产生原因、酸性物质的来源、类型及调节的有效方法和措施。
2. 掌握土壤碱性产生的原因，碱性物质的来源、碱性不同的表示方法以及治理措施。

● **土壤氧化还原作用**

1. 掌握土壤氧化还原作用、氧化还原电位的概念，以及氧还体系在土壤中的表现。
2. 了解氧化还原作用对土壤性状和作物生长的影响和调控措施。

● **土壤的缓冲性**

1. 了解土壤缓冲性的含义、类型、产生的机理，以及对土壤性质的影响。
2. 掌握土壤中酸碱缓冲体系的过程和作用，以及影响土壤酸碱缓冲体系的因素。
3. 了解氧化还原缓冲体系的实质及对土性的影响。

10.1 土壤离子交换作用

土壤的离子交换作用与土壤离子吸附作用不同,离子吸附是土壤颗粒与溶液中的离子之间的相互关系，主要是土壤胶体通过静电引力把溶液中的离子吸附在自己的表面上。而离子交换是指离子与离子之间相互作用。在土壤溶液中存在的阳离子可以将胶体上吸附的阳离子代换下来,即溶液中的离子与胶体表面上的离子互换位置,这种现象称为离子交换作用。一般把胶体表面的离子脱离胶体进入溶液,称为离子解吸。溶液中离子被吸附到胶体表面上,称为离子吸附。由于离子的解吸和吸附作用产生了离子交换，土壤的离子吸附往往是通过离子交换作用表现出来的。

土壤中离子吸附与交换发生在土壤固、液相的界面上。土壤固相表面的类型、表面积大小、电荷特征、双电层构造及溶液状况,是决定土壤离子吸附与交换的重要因素。

10.1.1 离子交换作用的反应过程

前面已经提到，土壤胶粒和土壤溶液共同组成土壤胶体分散系统，土壤胶体微粒上吸附的阳离子和土壤溶液中的阳离子在一定条件下保持动态平衡关系。当土壤溶液的离子组成发生变化时,则土壤胶体上的交换性阳离子必然也发生变化，即产生离子交换作用,使之达到新的平衡。土壤阳离子交换反应的过程,可用如下反应式表示：

$$\boxed{\begin{array}{c}\text{土}\\\text{壤}\\\text{胶}\\\text{体}\end{array}}\begin{array}{l}Ca^{2+}\\Mg^{2+}\\K^{+}\\Na^{+}\end{array} + 6KCl \rightleftharpoons \boxed{\begin{array}{c}\text{土}\\\text{壤}\\\text{胶}\\\text{体}\end{array}}\begin{array}{l}K^{+}\\K^{+}\\K^{+}\\K^{+}\end{array} + \begin{array}{l}CaCl_2\\MgCl_2\\KCl\\NaCl\end{array}$$

当 KCl 进入土壤溶液时，它打破了原来交换性阳离子和溶液中离子的平衡。K^+取代了原来吸附在胶粒上的诸离子的位置，而原来吸附在胶粒上的阳离子则进入土壤溶液中，形成反应式向新移动的平衡。这个反应和复分解反应基本类似，它是胶体扩散层的活性补偿离子和溶液中的离子互换位置的反应。实质上，它是借助静电引力，发生在胶体表面(界面)上的化学反应，其性质不只是化学的，也是物理的。因此，土壤胶体表面与溶液间的离子交换反应是一个物理化学反应，是由固液界面上的不同离子的吸附过程和解吸过程组成的。

胶体和溶液间的离子交换反应，既有阳离子交换反应，也有阴离子交换反应，对土壤性质影响巨大，目前研究较多和比较清楚的是阳离子交换反应。因此，通常讲土壤的离子交换指的是阳离子交换反应。

10.1.2 阳离子交换反应的基本规律

10.1.2.1 阳离子交换反应是可逆反应

当溶液中的离子被吸附到胶体表面上和溶液中的离子达到平衡后，如果溶液的浓度或组成发生变化，则胶体上吸附的交换性离子和溶液中的离子产生离子交换，回归土壤溶液中，建立起新的平衡，这对植物营养的供应有重要意义。当植物从土壤溶液中吸收了阳离子后，胶体上的交换性阳离子迅速的补给到溶液中去。通过施肥可恢复和提高交换性阳离子养料的水平，供作物吸收利用。

10.1.2.2 阳离子交换反应是按等当量进行的

和其他化学反应一样，各种离子间的交换是以离子价为依据的等当量交换，即等量电荷的离子交换。如一个二价的阳离子可以交换两个一价阳离子。有的高价离子在进行反应时，由于伴随其他反应的发生，不易找出明显的等当量关系。如在酸性条件下，Al^{3+}被交换时，往往水解生成 $Al(OH)^{2+}$和 $Al(OH)^{2+}$等络离子，这些基性络合物容易与土壤发生物理吸附，从而使吸附量大于解吸量。

10.1.2.3 阳离子交换反应受质量作用定律的支配

由于离子交换反应是一个可逆反应，当温度一定时，有一平衡常数。因此，对于离子价数较低、交换能力较弱的阳离子，如提高它的浓度，根据质量作用定律，也可以交换价数较高离子、吸附能力较强的阳离子，这对保持土壤阳离子养料有重要意义。

10.1.2.4 阳离子交换反应过程进行迅速

在土壤水分充足时，胶体的补偿离子充分水化，交换反应只需几秒钟即可完成，灌水可促使交换反应的进行。对于相当干燥的土壤，补偿离子不能充分水化，活动性较差，此时交换反应就进行得缓慢。另外，黏粒矿物内层的离子交换的速度比扩散层的离子慢得多。

10.1.3　影响阳离子交换反应的因素

影响阳离子交换反应的因素主要有离子本身的交换能力、溶液浓度和胶体表面性质。另外，环境条件对离子交换也有明显的影响。

10.1.3.1　离子交换能力

在浓度相近的情况下，不同阳离子对胶体上其他阳离子的交换能力是不同的。影响离子交换能力的因素主要是离子的电荷数、离子的水化半径及离子的浓度。离子价数越高，则其交换能力越强，如三价的阳离子的交换能力大于二价，二价大于一价 $M^{3+}>M^{2+}>M^{+}$。同价离子，其交换能力的大小依其离子半径和水化程度的不同而异(见表10-1)。

表 10-1　离子半径及水化程度与交换能力的关系

一价离子的种类	Li^+	Na^+	K^+	Rb^+	Cs^+
未水化离子半径(nm)	0.060	0.095	0.133	0.142	0.148
水化离子半径(nm)	1.003	0.790	0.537	0.532	0.5
离子在胶粒上的吸附力	小	→	→	→	大
离子对其他离子的代换力	小	→	→	→	大

从表 10-1 可以看出，同是一价离子，离子半径越大，水化程度越弱，则水化半径越小，其代换能力越强。如 $K^+>Na^+$，这是因为 K^+ 的原子质量比 Na^+ 大，K^+ 的离子半径大，电场强度小，离子水化的水膜薄，而水膜薄的离子易靠近胶体，故交换力就强。土壤中的阳离子，按其代换能力大小可排序如下：

$$Fe^{3+}>Al^{3+}>H^{+}>Ca^{2+}>Mg^{2+}>NH_4^{+}>K^{+}>Na^{+}$$

其中 H^+ 比较特殊，这是由于 H^+ 离子半径小构造特殊，活动能力极强造成的。同时它也是土壤溶液中最不缺乏的离子，代换力又强，在降雨量大，排水良好的地区，土壤会逐渐酸化，易形成酸性土壤。

10.1.3.2　离子浓度

离子交换作用受质量作用定律支配，交换能力很弱的离子如 Na^+、K^+ 等一价离子，如果浓度足够大，可以交换吸附力很强而浓度较低的离子，如 Ca^{2+}、Mg^{2+} 等。在农业生产中这类例子很多，如施用铵态氮肥，NH_4^+ 可以将胶体上的 Ca^{2+} 等代换下来，而 NH_4^+ 被吸附保存在胶体表面，不致随水流失，达到保肥的目的。而长期用苦水(含 Na^+)浇地，水中的钠会将胶体上的钙代换下来，使土壤碱化。其他农业措施,如灌水或施用石灰对土壤都有复钙作用。

10.1.3.3 胶体的表面性质

不同类型的胶体的表面性质差异很大，如电荷的分布、密度、表面能的大小等都不同。胶体对交换力相同或相近的离子的亲和力不同，如代换力相似的钙和镁,蒙脱石对钙的亲和力远大于镁。另外,矿质胶体中2∶1型硅酸盐矿物，其晶穴的直径与 K^+ 和 NH_4^+ 大小相近，当 K^+ 或 NH_4^+ 进行交换反应时很容易陷入晶穴中，很难再被其他阳离子交换出来。

10.1.3.4 酸度与温度条件

交换反应的环境条件中影响最大的是溶液的 pH,pH 升高，土壤胶体的可变电荷增大,使土壤的吸附量增加，如果溶液的 pH 降低，H^+浓度增大，就可能会影响其他交换能力弱的阳离子的吸附。

土温下降,可促进吸热反应的交换过程,但由于阳离子交换反应的速度很快,所以温度的影响并不太大,通常不考虑温度的影响。

10.1.4 阳离子交换量

阳离子交换量是指土壤能吸附的交换性阳离子的最大量,一般在 pH＝7 的条件下(即用中性的溶液作交换剂)测定。通常把阳离子交换量作为评价土壤肥力的重要指标之一。它直接反映土壤速效养分(交换性阳离子)的数量，也能表示土壤保肥能力的大小和缓冲能力的强弱。一般认为阳离子交换量＜10 coml(＋)/ kg 干土，保肥力和缓冲性都较小，10～20 cmol(＋)/ kg 干土为中等，＞20 cmol(＋)/ kg 干土则较大。

不同土壤的阳离子交换量相差很大,影响阳离子交换量的因素有以下几方面。

10.1.4.1 胶体的数量、种类和成分

交换反应主要是由胶体物质进行的,故胶体的数量越多,比表面积愈大,所能吸附的阳离子也愈多,交换量也愈大。土壤质地愈细,土壤中的矿质胶体,尤其是黏粒含量愈高,则土壤的交换量愈大,因此,一般黏性土的吸收能力比沙土大,保肥性能强。不同种类的胶体的交换量也有很大差异,最大的是有机胶体,可达 200～500 cmol/ kg 干土(见表 10-2)。有机质含量高的土壤,其交换量比当地有机质含量低的土壤要高。一般含有机质不多的矿质土壤，矿质胶体的不同类型交换量也有很大的差别,一般 SiO_2/R_2O_3 比值大的胶体交换量较大。我国北方土壤中的有机质含量较低,但 2∶1 型蒙脱石类矿物较多，其交换量并不低，南方

土壤如红黄壤类，虽然质地较黏重，但矿质胶体主要以1∶1型的高岭石类矿物及氧化铁、铝为主，交换量反比华北、西北土壤低。

表10-2 不同类型土壤胶体的阳离子交换量

胶体种类	SiO_2/R_2O_3	一般范围(cmol/kg 干土)	平均值(cmol/kg 干土)
蒙脱石	4	60～100	80
伊利石	3～4	20～40	30
高岭石	2	5～15	10
含水氧化铁、铝	—	极微	—
有机胶体	—	200～500	350

10.1.4.2 pH值

土壤pH影响土壤可变电荷的数量，当土壤pH升高时，土壤可变负电荷一般呈增加趋势，故阳离子交换量上升；反之，pH下降或趋于酸性，则土壤的阳离子交换量减小(见表10-3)。

表10-3 不同pH值下黏粒矿物的交换量

黏土矿物	不同pH值		物的交换量* (cmol/kg 干土)
	2.5～6	7	
蒙脱石	95	100	5
高岭石	4	10	6

* pH=7时的增加值

10.1.5 离子交换对土壤肥力的影响

10.1.5.1 土壤离子交换对土壤养分状况的影响

(1)影响土壤的保肥性 土壤溶液中的可溶性盐类或人为施用的化肥大多数都是植物易吸收的养分，即速效养分。它们的溶解度很高，易随水流失。正是由于土壤胶体的吸附作用，使很大部分的水溶性易流失的养分被吸附在土壤胶体表面，可避免这些速效养分流失，使其成为土壤的养分贮存库。同时，也可避免土壤溶液中离子养分的浓度过高而“烧伤”作物。利用土壤的吸附容量可以估测施肥量，对于吸收能力强的土壤可以一次多施，如黏性土；对于吸收能力弱的土壤，如沙性土，如果一次施入太多的速效化肥，可能导致作物疯长、倒伏及肥料的流失，应采取少量勤施的方法。

(2)影响土壤的供肥能力　吸附在土壤胶体表面的离子，如 Ca^{2+}、Mg^{2+}、K^+、NH_4^+、SO_4^{2-}、$H_2PO_4^-$ 等交换性离子都是速效养分，它们可以和根毛胶体上的 H^+ 或 OH^- 直接起交换反应——接触交换，而被植物直接吸收，也可与溶液中的离子发生代换，再和植物根毛上的离子交换而被作物吸收(间接交换)，也可随水进入植物体，被植物同化吸收(质流)。这一养分的吸附－释放—吸收供应过程就是土壤的供肥机制。在一般情况下，土壤溶液中的速效养分的数量很少，如果没有土壤胶体的释放供应，很快就会消耗殆尽，正是由于土壤胶体吸收保存了大量养分又不断释放到土壤溶液中，才保证了植物在整个生长期内对养分的需求。因此，速效养分中的绝大部分都是交换态养分。

土壤的供肥能力还与土壤胶体上吸附的各种离子的有效度有关。土壤肥力的高低，在某种程度上并不取决于养分的绝对含量，而是取决于有效养分的多少和有效程度的高低。由土壤化学吸附、专性吸附等方式保存的养分，都是固定态的养分，即使数量很多，但对植物的有效性很差，如土壤固定的磷酸离子和 K^+、NH_4^+ 等。

吸附在土壤胶粒表面的交换性离子都是速效性的，由于它们受到的吸附力大小不同，而被解吸的难度差别很大，故有效度也不同。

影响交换性离子有效度的因素：

首先，是该离子的饱和度，即该离子占交换性盐基离子的百分数，离子的饱和度越大，则其有效度越高。因此，在考虑离子有效性时，不仅要看该离子的绝对数量，还要看该离子的相对饱和度。

其次，要看陪伴离子的性质。胶粒表面的各种阳离子，彼此互为陪伴关系，它们之间常有拮抗作用发生，例如 Ca^{2+} 和 K^+，若 Ca^{2+} 是陪伴离子，K^+ 是被陪伴离子，由于 Ca^{2+} 的交换力大于 K^+，Ca^{2+} 多占据胶体上的强吸附点，占据的强吸附点愈多，K^+ 占据的强吸附点就越少，也就越容易被解吸，则有效度就越高。一般而言，陪伴离子的交换力越强，浓度越高，陪伴离子的有效度越大。相反，陪伴离子的交换力越弱，则被陪伴离子的有效度越低。如 Na^+ 为 K^+ 的陪伴离子，则降低了 K^+ 离子的有效度。因此，在盐渍化土壤上常显示 K^+ 的供应不足。又如 Mg^{2+} 的交换力大于 K^+，如果交换性阳离子中 K^+ 的相对饱和度很高，也可引起 Mg^{2+} 的有效性降低。故在给酸性土施 K 肥时，作物有时可出现严重的缺 Mg^{2+} 症状，其原因即在于此。

第三，黏粒矿物的类型和专性吸附也影响交换离子的有效度。如蒙脱石对 Ca^{2+} 的吸附就大于高岭石，因为蒙脱石层间对 Ca^{2+} 的吸附比高岭石表面对

Ca^{2+}的吸附力强；伊利石对K^+的吸附力特强，主要是K^+被闭锁在晶穴之中，使其成为非交换性离子，有效性大大降低。

10.1.5.2　影响土壤的酸碱性

土壤胶体上阳离子的组成决定了土壤的酸碱反应。土壤酸碱性与土壤的盐基饱和程度有关，一般盐基不饱和的土壤(土壤胶体上有较多的致酸离子Al^{3+}和H^+)呈酸性反应，而盐基饱和的土壤则呈中性或碱性。关于这方面的内容请看土壤酸碱性一节。

10.1.5.3　影响土壤的缓冲性

土壤胶体上吸附了大量的交换性阳离子，从而使土壤对酸、碱具有缓冲能力。可以把土壤胶体看做是一种弱酸(盐基不饱和)或弱酸强碱盐(盐基饱和)，土壤胶体和土壤溶液组成一个缓冲体系，对进入土壤的少量酸性或碱性物质起缓冲作用，不致使土壤pH有剧烈的变化。一般盐基饱和度大的土壤对酸的缓冲能力强，而盐基饱和度小的土壤对碱的缓冲能力强。

10.1.5.4　影响土壤的物理性质

土壤胶体的聚散特性受土壤胶体上的阳离子组成影响很大，胶体的聚散特性则直接关联着土壤的结构性，而结构性是体现土壤物理性质的重要方面。它决定土壤胶体的基本物理性质，如黏结性、胀缩性和可塑性是否能充分显现，从而影响到植物的扎根条件和土壤耕性。结构性的好坏，又影响土壤孔隙分布状况，影响土壤水、气、热的变化。通常交换性Na^+所占比例超过15%时，土壤的物理性质，尤其是黏重土壤明显恶化，表现为通透性不良，热状况和耕性差，胀缩性强等，给作物生长和管理措施造成不良影响。干旱地区的部分土壤，其交换性Mg^{2+}比Ca^{2+}相对较多，交换性Mg^{2+}的行为有时和Na^+相似，使土壤物理性质恶化，如我国新疆、甘肃、宁夏等地的部分土壤就有这种情况。

10.2　土壤酸碱性

土壤酸碱反应是土壤的重要化学性质。土壤的酸碱性直接影响作物的生长和微生物的活动以及土壤的其他性质与肥力状况等。土壤的酸碱性是土壤胶体的固液相性质的综合表现，在土壤溶液中由游离的H^+或OH^-显示出来。酸性土壤的溶液中，含的H^+比OH^-多，显酸性，碱性土壤的溶液中OH^-比H^+多，显碱性。由此可见，土壤胶体表面的阳离子组成对土壤的酸碱性影响极大。

我国土壤的酸碱性反应，大多数在pH4.5～8.5之间。在地理分布上有“东南酸西北碱”的规律性。大致表现以(北纬 33°)为界，长江以南的土壤多为酸性或强酸性土壤，长江以北的土壤多为中性或碱性。

10.2.1　土壤酸性

10.2.1.1　土壤酸性的来源

土壤之所以呈酸性反应，是因为土壤含有致酸物质，如酸性盐、有机酸、无机酸,更主要的是胶体带有大量的致酸离子 H^+ 和 Al^{3+}(水解后产生 H^+)。这些致酸物质的形成与气候、母质、生物等因素以及人类农业措施有关。在高温、高湿的条件下,土壤风化作用强烈,同时强烈的淋溶作用使大量的盐基被淋失,而吸附力极强的 Al^{3+} 和 H^+ 较多时，H^+ 进入矿物晶格，对矿物产生一定的破坏作用,使其中的 Al^{3+} 成为交换性 Al^{3+}，交换性 Al^{3+} 水解，又产生相当数量的游离 H^+，从而使土壤显酸性反应，这是土壤酸性的主要成因。

另外,植被的类型、母质的成分以及不同的农业措施对土壤酸性的发展也有影响,如在冷湿条件下,来源于针叶林的有机质可形成较多的富里酸,使土壤进行酸性淋溶,加速盐基的淋失,使土体中 H^+ 增多。土壤微生物和根系呼吸产生的 CO_2 和有机质分解产生的有机酸,也可增加土壤溶液中的 H^+。一些矿物成分中含有酸性基如黄铁矿(FeS)等，经氧化而产生硫酸。农业上施用生理酸性肥料如硫铵或明矾，都有大量酸根残留在土中。其他酸性污水、酸雨等也可使土壤急剧酸化。

10.2.1.2　土壤酸度的类型

土壤的酸性，一方面与溶液中的 H^+ 有关，另一方面主要和土壤胶体上吸附的致酸离子有关，这两者之间存在着平衡关系。因此,可以把土壤酸度分为两类。

(1) *活性酸度*　活性酸度是土壤溶液中存在的氢离子(H^+)的浓度直接表现出来的酸度。土壤溶液中氢离子的浓度越大,则活性酸度也越强。通常用 pH 值来表示。pH 值是氢离子浓度的负对数。如土壤溶液中$[H^+]=10^{-5}$(cmol/L)则，pH=5。pH 每差 1 个单位，则氢离子浓度相差 10 倍。pH 是表示酸度的强度指标。土壤微生物和植物生长及土壤养分有效性高低,都直接受 pH 的控制。按土壤 pH 的大小可把土壤酸碱性分为以下几级(见表 10-4)。

(2) *潜在酸*　土壤潜在酸是由土壤胶体上吸附的 H^+ 和 Al^{3+} 所产生的酸度，这些致酸离子只有在离子交换作用进入土壤溶液时，才显出酸性。所以它是土壤酸性的潜在来源，故称为潜在酸。

土壤胶体上吸附的 H^+、Al^{3+} 所反映的潜在酸度的数量，可用交换酸度或水解酸度来表示。

表 10-4　土壤酸碱性的分级

酸　性	pH	中性和碱性	pH
超强酸度	＜3.5	中　性	6.5～7.5
极强酸度	3.5～4.4	碱　性	7.6～8.5
强酸性	4.5～5.4	强碱性	8.6～9.5
酸　性	5.5～6.4	极强碱性	＞9.5

① 交换酸度。用中性盐溶液（KCl、NaCl、$BaCl_2$ 等）处理酸性土壤时，土壤胶体上交换性的阳离子大部分被浸提剂中的阳离子交换下来进入溶液。此时，交换性 H^+ 可使溶液酸性增加，而交换性 Al^{3+} 因水解也使溶液酸性增加。然后，用酸碱滴定方法测得溶液的酸度，就称为交换酸度。

$$H-\boxed{\text{胶粒}}\equiv Al+4KCl \rightleftharpoons K-\boxed{\text{胶粒}}\begin{matrix}-K\\-K\\-K\end{matrix} + KCl+AlCl_3$$

$$AlCl_3+H_2O \longrightarrow Al(OH)_3+HCl$$

② 水解酸度。它是土壤潜在酸的另一种表示方法。采用弱酸强碱盐类的溶液通常用的是 pH8.2 的 1 mol NaACO 浸提土壤，把绝大部分的交换性 H^+ 和 Al^{3+} 交换出来而形成的酸度称为水解酸度。由于采用了强碱弱酸盐作交换剂，这样被交换下来的 H^+ 以及 Al^{3+} 水解产生的 H^+ 和弱酸根形成弱酸，降低了溶液中 H^+ 的活度，从而促进交换反应进行得更彻底。另外，部分吸附态的 Al^{3+} 还可以对碱进行化学吸收，这就进一步提高了溶液的酸度。所以，土壤的水解酸度一般都高于交换酸度。应当注意的是，有的强碱弱酸盐的阴离子可将某些红壤和灰化土胶体上的 OH^- 代换下来，而使溶液变碱，降低水解酸度，有时甚至低于交换酸度。

$$CH_3COONa + H_2O \qquad CH_3COOH + NaOH$$

$$H-\boxed{\text{胶粒}}\equiv Al+4CH_3COONa \rightleftharpoons Na-\boxed{\text{胶粒}}\begin{matrix}-Na\\-Na\\-Na\end{matrix} + Al(OH)_3+4CH_3COOH$$

其实，水解酸度和交换酸度只是在不同的溶液环境中测得的潜在酸度的不同数值，二者并没有本质的区别。它们都是表示潜在酸的一种方法，是土壤酸度的容量指标，都可以作为改良酸性土壤时计算石灰需要量的参考数据。

活性酸和潜在酸是同属一个平衡系统（溶液与胶体）的两种酸。二者可以相互转化，潜在酸被交换出来即变成活性酸，活性酸被胶体吸附就成为潜在酸（如下式）。

$$\boxed{\begin{matrix}\text{土壤}\\\text{胶体}\end{matrix}}Ca^{2+} + 3H^{+} \rightleftharpoons \boxed{\begin{matrix}\text{土壤}\\\text{胶体}\end{matrix}}\begin{matrix}H^{+}\\H^{+}\end{matrix} + Ca^{2+}$$

（活性酸）　（潜在酸）

10.2.2 土壤碱性

中性至碱性的土壤反应不再受 H^+ 和 Al^{3+} 的控制。它们多是盐基饱和的，其胶体上没有交换性的 H^+ 和 Al^{3+} 或羟基 Al^{3+} 等。主要是碱金属或碱土金属离子。土壤反应主要由溶液中一定数量的碱或胶体表面的碱金属或碱土金属的阳离子所控制。土壤碱性的形成也与气候、生物、母质等因素及农业措施有关。碱性土壤大都分布在干旱、半干旱地区，降雨少，淋溶作用弱，使岩石矿物及母质风化释放出来的碱金属和碱土金属的简单盐类，不能彻底淋出土体，土壤胶体表面充斥着大量的这些阳离子，土壤溶液中也有相当数量的这些盐类。这些盐类经水解可产生 OH^-，使土壤溶液显碱性，这是土壤碱性形成的根本原因。

另外，生物对钾、钠、钙、镁等元素的富集作用也是碱性发展的重要方面。土壤母质的化学成分如石灰岩母质含有大量的 $CaCO_3$，基性、超基性岩含有丰富的钾、钠、钙等盐基物质，导致土壤中也含有较多的盐基成分，使土壤呈碱性反应。

碱性土壤的溶液之所以呈碱性反应，是因为土壤溶液中有弱酸强碱盐（水解性盐类）的存在，主要是碳酸盐和重碳酸盐类，如 Na_2CO_3、$NaHCO_3$、$Ca(HCO_3)_2$、$CaCO_3$、$MgCO_3$ 等，Na_2CO_3、$NaHCO_3$ 水解时，产生的 OH^- 可使 pH 升高，如果土壤中这类可溶性盐分含量很高，可使土壤 pH 增高，呈强碱性，如一些碱土或碱化土。

土壤碱性的强弱除了用土壤 pH 值表示外，还可以用总碱度和碱化度来表示。总碱度是指土壤溶液中或灌溉水中碳酸根和重碳酸根的总量。另一指标是碱化度（ESP），是指土壤胶体上吸附的 Na^+ 占土壤阳离子交换量的百分数。土壤碱化度常被用来作为碱土分类及碱化土壤改良利用的指标和依据。当碱化层的碱化度＞30％、表层含盐量＜0.5％及 pH＞9 时为碱土；当碱化度在 5％～10％为轻度碱化土壤；10％～15％时为中度碱化土壤；15％～20％时为强碱化土壤。

在碳酸盐类中，$CaCO_3$ 和 $MgCO_3$ 溶解度很低，在正常的 CO_2 偏压下，它们在土壤溶液中的浓度很低。所以含 $CaCO_3$ 及 $MgCO_3$ 的土壤，其 pH 一般不高，呈弱碱性，这种因石灰性物质所引起的弱碱性反应(pH7.5～8.5)，在土壤学中称为石灰性反应，这种土壤称为石灰性土壤。这种土壤用10％的 HCl 检验，有 CO_2 气泡冒出，称为盐酸反应。

在我国北方，石灰性土壤的分布很广。因受大气或土壤中 CO_2 偏压的控制，石灰性土壤的耕层 pH 常在 8.0～8.5 之间，而在其深层，因植物根系及土壤微生物的活动都很弱，CO_2 偏压很小，pH 可达 8.5 以上。

土壤的碱性过高对作物生长不利。一些碱性土因其胶体上大量充斥着一价的 Na^+，使土壤的物理性质恶化，诸如通透性差，水、气、热不协调，黏性强、塑性大，耕性不良。农民形容碱土为“干时硬棒棒，湿时水汪汪”，生产力低下，“十年九荒”。

在改良碱性土壤时，既要调节其 pH 降低其碱性又要考虑改善其物理性状，兼而治之，才能达到改良的目的。

10.2.3　土壤酸碱性对作物生长的影响

10.2.3.1　对养分有效性的影响

一般地说，在很多情况下 pH 对植物生长的影响，是 pH 对土壤养分有效性的影响。土壤养分的有效度在不同 pH 值条件下差异很大。如当盐基饱和度＜100％时，pH 随土壤溶液中的钙和镁含量增加而增加，钙和镁的有效性在 pH＜6 的范围内，随 pH 升高而增大，钼的有效性在 pH 较低的范围，也随 pH 增大而提高。在 pH 低时，钼与镁形成难溶性化合物而变得无效。因此，在强酸性土壤上有些植物如柑橘会发生缺钼现象。铁、锰、铝的有效性是随 pH 的降低而提高，在强酸性土壤，铁、铝、锰的浓度很高，常使植物受到毒害作用，而石灰性或碱性土壤，铁、锰的有效性很低，植物又往往发生缺铁症状。磷和硼

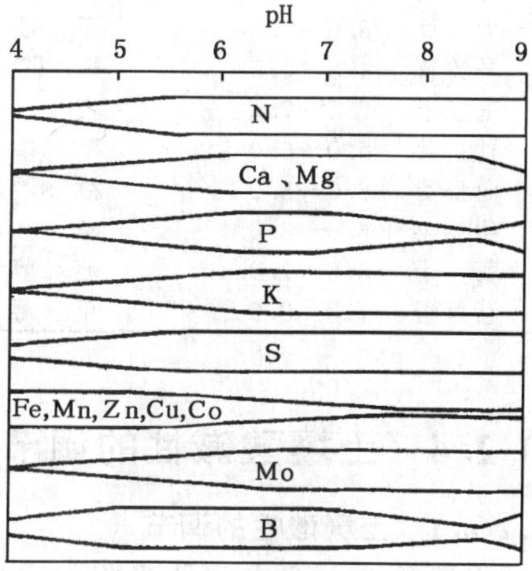

图 10-1　植物养分有效性与 pH 的关系

在很酸的土壤和石灰性土壤中有效性都很低。从整体来看，大多数土壤养分在 pH6.5（中性）附近的有效性都较高（见图 10-1）。

10.2.3.2　pH 对土壤生物的影响

土壤微生物在强酸性土壤中真菌比细菌的活性大。pH 对微生物的影响主要是表现在对土壤有机质的转化，尤其是影响氮、磷、硫及其他灰分元素的分解释放。此外，pH 对土壤中的某些植物病原微生物的活性也有影响，如使土壤保持酸性可防止马铃薯的疮痂病，pH<5.5 可控制菌中的立枯病，而硝化细菌受到抑制，从而影响氮素的转化。

10.2.3.3　作物对 pH 的适应性

不同的作物适应不同的 pH 范围，有些作物对酸碱反应很敏感，如甜菜、紫苜蓿等要求中性和微碱性，茶树、柑橘、羽扇豆则要求强酸性和酸性土壤。大多数农作物的适应性较广，对 pH 值要求不太严格，表 10-5 是一些主要栽培作物所适宜的 pH 范围。

表 10-5　主要栽培作物所适宜的 pH 范围

大田作物		园艺作物		林业作物	
水　稻	5.0～6.5	豌　豆	6.0～8.0	槐	6.0～7.0
小　麦	5.5～7.5	甘　蓝	6.0～7.0	松	5.0～6.0
大　麦	6.5～7.8	胡萝卜	5.3～6.0	洋　槐	6.0～8.0
棉　花	6.0～8.0	番　茄	6.0～7.0	白　杨	6.0～8.0
大　豆	6.0～7.0	西　瓜	6.0～7.0	栎	6.0～8.0
马铃薯	4.8～6.5	柑　橘	5.0～6.5	红　松	5.0～6.0
玉　米	5.5～7.5	杏	6.0～8.0	桑	6.0～8.0
甘　薯	5.0～6.0	苹　果	6.0～8.0	桦	5.0～6.0
向日葵	6.0～8.0	桃	6.0～7.5	泡　桐	6.0～8.0
甜　菜	6.0～8.0	梨	6.0～8.0	油　桐	6.0～8.0
苕　子	6.0～7.0	菠　萝	5.0～6.0	榆	6.0～8.0
紫苜蓿	7.0～8.0	草　莓	5.0～6.5	侧　柏	6.0～7.5

10.2.4　土壤酸碱性的调节

10.2.4.1　土壤酸性的调节

土壤酸性主要由胶体吸附的交换性 H^+ 和 Al^{3+} 所控制，在改良土壤酸性时，不仅要中和活性酸，而且主要是中和潜在酸，才能从根本上改善土壤的酸性。通常是施用石灰来改良土壤酸性；即用 Ca^{2+} 或 Mg^{2+} 把土壤胶体上致酸离子代换下来，并在土壤溶液中被中和掉。

$$\boxed{\begin{matrix}\text{土壤}\\\text{胶体}\end{matrix}}\begin{matrix}H^+\\H^+\end{matrix}+Ca(OH)_2 \rightleftharpoons \boxed{\begin{matrix}\text{土壤}\\\text{胶体}\end{matrix}}=Ca+H_2O$$

石灰需用量可根据潜在酸量来计算，即：

石灰需要量＝土壤体积×容重×潜在酸量

石灰需要量的理论值可根据 CEC 及盐基饱和度来计算，即：

石灰需要量＝土壤体积×容重×CEC×(1－盐基饱和度)

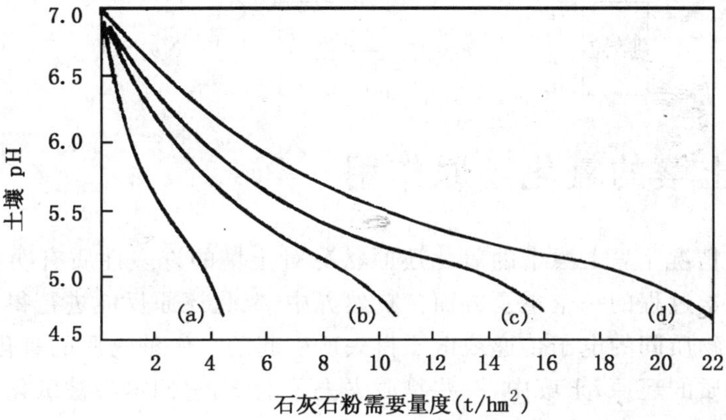

	O.M.%	CEC		O.M.%	CEC
(a)沙土	2.5	5	(b)沙壤土	3	12
(c)壤土和粉壤土	4	18	(d)粉黏壤土	5	25

图 10-2 pH 值升至 7 时的石灰粉需要量

一般将土壤 pH 中和至中性附近，每公顷地要施用石灰几百吨到几千吨(见图 10-2)。通常施用的石灰性物质的形态有三种，即 $CaCO_3$、CaO 和 $Ca(OH)_2$。不同形态的石灰性物质中可能混有少量的镁。这三种形态的石灰粉剂，相同重量的中和能力是不等的，CaO 最强，$Ca(OH)_2$(熟石灰)次之，$CaCO_3$(石灰石)最弱。中和的速度差异也很大，$Ca(OH)_2$ 最快，但不持久，$CaCO_3$ 最慢，但比较持久。在施用时还要注意石灰物质的细度，不要太细或太粗，施入土壤时要和土壤充分混匀，并注意施用的时期。对于淋溶作用较强的土壤，每隔 3～4 年施一次。

10.2.4.2　土壤碱性的调节

调节土壤碱性的方法主要有几下几种。

①施用有机肥料，利用有机肥分解释放出大量的 CO_2，或有机酸，从而降低土壤 pH 值；

②施用硫磺/硫化铁及废硫酸或绿矾（$FeSO_4$）等；

③施用生理酸性肥料；

④对碱化土、碱土，可施用石膏、硅酸钙，以钙将胶体上的 Na^+ 代换下来，并随水流出土体，从而降低土壤 pH 并改善土壤的物理性状（如下反应式）。

$$\boxed{\text{胶粒}}\begin{matrix} Na^+ \\ Na^+ \end{matrix} + CaSO_4 \rightleftharpoons \boxed{\text{胶粒}}{=}Ca + Na_2SO_4$$

10.3　土壤的氧化还原作用

在某些情况下，土壤中的氧化还原状况对土壤的许多性质有明显的影响，也是土壤化学过程的一个重要方面。自然界中，氧化还原反应进行得十分活跃，它主要是由物质间的电子传递或电子得失所引起的。一种物质的氧化必然伴随着另一种物质的还原。土壤中，一些物质失去了电子，它们本身被氧化；另一些物质得到电子，它们本身被还原，构成了一系列氧化还原过程。

10.3.1　土壤中氧化还原体系与通气性

土壤中产生氧化还原反应的物质很多，存在着多种氧化还原体系。主要有：

氧体系　$O_2 + 4H^+ + 4e = 2H_2O$

氮体系　$NO_3^- + H_2O + 2e = 2\,OH^- + NO_2^-$

铁体系　$Fe^{3+} + e = Fe^{2+}$

锰体系 $MnO_2 + 4H^+ + 2e = Mn^{2+} + 2H_2O$

硫体系　$SO_4^{2-} + H_2O + 2e = SO_3^{2-} + 2OH^-$

　　　　$SO_3^{2-} + 3H_2O + 6e = S^{2-} + 6OH^-$

氢体系　$2H^+ + 2e = H_2$

有机物体系　包括各种有机酸类、酚类、醛类和糖类化合物。

土壤中氧化态或还原态物质的相对浓度直接受土壤通气性的控制。通气条件良好，土壤空气中氧的含量就高，则氧的分压大，土壤溶液中氧的浓度也高，氧化态物质的浓度与还原态物质浓度的比值增大，氧化还原电位也高；反之，则低。故氧化还原电位可以作为土壤通气性的指标。

10.3.2 土壤氧化还原电位

氧化反应是物质失去电子的反应，还原反应是物质获得电子的反应。对于同一种物质，放出电子的物质称为氧化剂，获得电子的物质称为还原剂，它们同处于氧化还原平衡状态下：

$$\text{氧化剂} + n\text{e} = \text{还原剂}$$

二者之间关系为：

$$Eh = E_0 + \frac{Rt}{nF}\lg\frac{[\text{氧化剂}]}{[\text{还原剂}]} = E_0 + \frac{0.059}{n}\lg\frac{[\text{氧化剂}]}{[\text{还原剂}]} \qquad (10.1)$$

式中，Eh 为氧化还原电位；E_0 为标准电位；方括号表示两种物质的活度。

由式(10.1)看出，对于一给定的氧化还原体系，由于 E_0 和 n 为常数，所以氧化还原电位由氧化剂和还原剂的活度比所决定。氧化剂占的比值愈大，该体系的氧化强度就大，则 Eh 值就高。故也可以把 Eh 作为该体系的氧化强度的一个指标。

E_0 是氧化剂与还原剂的活度比为 1 时的 Eh 值，它也是一个强度指标，由该氧化还原体系的本性所决定。

如土壤中的铁体系，在通气良好条件下，溶液中的铁大部分呈氧化态 Fe^{3+}，少量的铁呈 Fe^{2+}；反之，通气不良时，则 Fe^{2+} 的浓度增高。由此可见，由于通气条件改变，土壤溶液中的 Fe^{3+} 和 Fe^{2+} 的相对浓度也相应地发生变化。把一根惰性电极(铂电极)插入溶液中，电极反应为：

$$Fe^{3+} + e = Fe^{2+} \qquad (10.2)$$

此时还原态 Fe^{2+} 和铂电极接触，将一个电子转移给铂电极，使铂电极趋向于带负电荷，而 Fe^{2+} 本身被氧化成 Fe^{3+}。同时，溶液中原有的氧化态 Fe^{3+}，则从铂电极上获得一个电子，使电极带正电荷，而本身被还原成 Fe^{2+}。这两种趋势同时并存，方向相反，其总的净趋势的大小和方向，决定于 Fe^{3+} 和 Fe^{2+} 的相对浓度的比值。它们之间的关系可用 Nernst 公式表示：

$$Eh=E_0+\frac{Rt}{nF}\lg\frac{[\text{氧化剂}]}{[\text{还原剂}]}=E_0+\frac{0.059}{n}\lg\frac{[\text{氧化剂}]}{[\text{还原剂}]} \qquad (10.3)$$

其他氧化还原体系可以类推，表 10-6 所示。

表 10-6　土壤中常见的氧化还原体系

体　系	E_0(V)		$Pe^0=\lg K$
	pH=0	pH=7	
氧体系　$\frac{1}{4}O_2+H^++e \rightleftharpoons \frac{1}{2}H_2O$	1.23	0.84	20.8
锰体系　$\frac{1}{2}MnO_2+2H^++e \rightleftharpoons \frac{1}{2}Mn^{2+}+H_2O$	1.23	0.40	20.8
铁体系　$Fe(OH)_3+3H^++e \rightleftharpoons Fe^{2+}+3H_2O$	1.06	−0.16	17.9
氮体系　$\frac{1}{2}NO_3+H^++e \rightleftharpoons \frac{1}{2}NO_2+\frac{1}{2}H_2O$	0.85	0.54	14.1
$NO_3+10H^++8e \rightleftharpoons NH_4^++3H_2O$	0.88	0.36	14.9
硫体系　$\frac{1}{8}SO_4^{2-}+\frac{5}{4}H^++e \rightleftharpoons \frac{1}{8}H_2S+\frac{1}{2}H_2O$	0.30	−0.21	5.1
有机碳体系　$\frac{1}{8}CO_2+H^++e \rightleftharpoons \frac{1}{8}CH_4+\frac{1}{4}H_2O$	0.17	−0.24	2.9
氢体系　$H^++e \rightleftharpoons \frac{1}{2}H_2$	0	−0.41	0

10.3.3　土壤氧化还原作用及其对植物生长的影响

氧化还原状况与土壤的发生、发育和演变有着密切关系，在不同类型土壤的土层中，*Eh* 值一般变动在 100～800 mV 之间，有时还会下降到负值。通气良好的土壤表层 *Eh* 值较高，沿土壤剖面向下，*Eh* 值逐渐降低，在地下水饱和的土层中 *Eh* 很低，有时呈负值。

旱地土壤与水田土壤的氧化还原状况差别很大。旱地土壤如排水条件良好，其 *Eh* 一般在 200 mV 以上，多数变化于 300～400 mV 和 600～700 mV 之间。水田土壤的 *Eh* 往往低于 200～300 mV，长期淹水的水稻土则可低于 −100～100 mV。此时，由于 Fe、Mn 的还原被淋溶到下层淀积，使水稻土剖面产生明显的层次分化。

通常把 *Eh* 值 300 mV 作为土壤氧化还原状况的分界线，*Eh* ＞ 300 mV 时土壤呈氧化状态，＜300 mV 时的土壤呈还原状态。*Eh* 值过高或过低都对植物生长不利。当 *Eh* ＞750 mV 时，土壤中好气条件太强，有机质分解过旺，易造成养分的大量损失。而 Fe、Mn 完全以高价化合物的形式存在，溶解度极小，植物易造成缺 Fe 而发生“失绿病”,也会因缺 Mn 而发生“灰斑”、“白斑”病。当 *Eh* 值<200 mV时,Fe、Mn 化合物呈还原态,土壤溶液中 Fe^{2+} 浓度高,会使水稻田秧苗中毒。我国南方有些地区,水稻受害的水溶态 Fe^{2+} 的临界浓度为 50~100 mg/kg^{-1}。随着 Fe、Mn 的还原,土壤颜色由红棕、黄褐色变为青灰色。当 *Eh* 值降为负值后,某些土壤可能出现 H_2S,对作物产生毒害。

水田大量施用绿肥或有机肥后,在高温淹水嫌气条件下,使水稻根系变黑,土壤发出臭味,这主要是由于 Fe^{2+} 与 S^{2-} 化合生成 FeS 沉淀附着在根的表面呈黑色所致。土壤中的硝化过程及硝酸盐的累积是在 *Eh* 值很高的好气条件下进行的。土壤通气不良,引起 *Eh* 下降和反硝化过程的发展,*Eh* 与氮化合物体系的关系如下:

Eh(mV)	480~750	340~480	200~340	0~200
氧还体系	硝酸盐	亚硝酸盐与硝酸盐	亚硝酸盐	氧化氮
	NO_3^-	NO_3^-、NO_2^-	NO_2^-	NO、N_2 体系

$NO_3^- \rightarrow NO_2^- \rightarrow NO \rightarrow N_2$ 体系的存在,是土壤通气不良条件下引起土壤氮素损失的过程。在 *Eh* 值−100~ +100 mV 范围内,硫酸盐首先还原成金属的硫化物,再形成硫化氢,导致土壤中硫酸盐损失。由此可见,土壤中的氧化还原过程直接受土壤通气条件的控制,氧化还原的强弱影响土壤中变价元素的状态及土壤养分的有效性。

10.4 土壤缓冲性

10.4.1 土壤缓冲性的概念

狭义的土壤缓冲性是指土壤对少量的酸碱物质的抵抗能力,广义上的缓冲性包括土壤 *Eh* 的缓冲性及土壤对各种外来污染物的缓冲性。

如果把少量的酸或碱加到纯水中,则水的 pH 立即变化。但把少量的酸或碱加入到土壤中,其 pH 变化缓慢且幅度很小,土壤酸度不致因环境条件的改变而产生剧烈的变化。

土壤中存在着复杂的氧化还原体系,其氧化还原电位的变化与土壤中氧化物质与还原物质的相对数量有关,因此,*Eh* 在某种还原物质或氧化物质大量存在时，Eh 值可以相对稳定不变，从而表现出一定的缓冲性。

当少量的重金属、农药等污染物进入土壤时，由于土壤的吸附、固定及转化作用，可以降低污染物对农作物的毒害，保持土壤正常的健康状态。这就是土壤的自净能力，也可以看做土壤对污染物的缓冲性。但当加入土壤中的污染物的数量超过土壤的自净能力时，土壤受到污染，其功能不能正常运转。

土壤是一个由固、液、气三相组成的多组分开放的体系，包含了众多的不同化合物。在其固液界面、气液界面发生各种复杂的化学、生物化学过程，常常具有一定的自身调节能力。因此，从广义上讲，土壤是一个巨大的缓冲体系，对营养元素、污染物质、氧化还原等同样具有缓冲性和抗衡外界环境变化的能力。对营养物质的缓冲性决定于土壤的保肥和供肥性能。从而为植物生长和土壤生物(尤其微生物)的活动创造了一个良好、稳定的土壤环境条件。故土壤的缓冲性可以看做一个能表征土壤质量和土壤肥力的指标。

10.4.2 土壤缓冲性的机理

10.4.2.1 土壤的酸碱缓冲性

(1)土壤酸、碱缓冲作用的原理 在土壤溶液中有一些弱酸，如碳酸、硅酸、磷酸、腐植酸和许多有机酸及其盐类组成的缓冲体系。但是，这些缓冲物质的数量通常很少。土壤具有很强的缓冲能力，主要是由于固相物质参与所致。一般把土壤胶体看做是具有弱酸或弱碱性质的酸胶基和碱胶基组成的。因而，它们的酸碱缓冲性是由下面反应决定的，例如：

弱酸及其盐类共存时： $$HAc \rightleftharpoons H^+ + AC^- \qquad (10.4)$$

$$NaAc + HCl \rightleftharpoons HAc + NaCl \qquad (10.5)$$

土壤胶体(M 代表价金属离子)

$$\boxed{胶粒}\ M + HCl \rightleftharpoons \boxed{胶粒}-H + MCl \qquad (10.6)$$

(2)土壤酸碱缓冲体系 不同土壤固相物质构成的缓冲体系所缓冲 pH 范围不同，通常分为碳酸钙、硅酸钙、阳离子交换、铝和有机物质缓冲体系。以下分别介绍这些物质所起的作用：

①碳酸盐体系。石灰性土壤的缓冲作用主要取决于 $CaCO_3—H_2O—CO_2$(分压)的平衡。缓冲的 pH 范围在 pH8.5～6.7 之间，其反应式为：

$$CaCO_3 + H_2O + CO_2(\text{气}) \rightleftharpoons Ca^{2+} + 2HCO_3^- \qquad (10.7)$$

理论上，根据 $CaCO_3$ 和 CO_2 的溶解度及碳酸的离解常数，可以得到 CO_2 分压(PCO_2)与 pH 值的简化关系：

$$pH = 6.03 - \frac{2}{3}\lg PCO_2 \qquad (10.8)$$

由式(10.8)可见，土壤空气中 CO_2 浓度愈高，土壤 pH 值愈低。大气中 CO_2 的浓度约为 0.03%，所以石灰性土壤风干后，pH 值稳定在 pH8.5 左右。而田间土壤空气中 CO_2 浓度一般为 0.2%～0.7%，所以田间原位测定石灰性土壤 pH 值可低至 7.5 左右。

②硅酸盐体系。硅酸盐矿物含有一定数量碱性金属和碱土金属离子，通过风化、蚀变释放出钠、钾、钙、镁等元素，并转化为次生黏粒矿物，进而对土壤的酸性物质起缓冲作用。镁橄榄石(Mg_2SiO_4)的脱盐基、脱硅作用的缓冲机理如下所示：

$$Mg_2SiO_4 + 4H^+ \longrightarrow Mg^{2+} + Si(OH)_4 \qquad (10.9)$$

③交换性阳离子体系。土壤胶体上吸附的各种盐基离子，能对土壤 H^+ 离子(酸性物质)起缓冲作用。而胶体表面吸附的 H^+、Al^{3+}，又能对 OH^-(碱性物质)起缓冲作用。土壤阳离子交换量愈大，缓冲能力愈大。对两种阳离子交换量相同的土壤，则盐基饱和度愈大的土壤，对酸的缓冲性愈强。从理论上说，对盐基饱和的土壤来说，在盐基饱和至土壤极限 pH 值范围内，主要是交换性阳离子体系的缓冲作用。

④铝体系。在土壤 pH<4.0 时，Al^{3+} 以 $Al(H_2O)_6^{3+}$ 形态存在，加入碱性物质使土壤溶液 OH^- 增多时，Al^{3+} 周围的六个水分子中，就有一两个水分子解离出 H^+，以中和加入的 OH^-。其反应式为：

$$2Al(OH_2)_3^{3+} + 2OH^- \longrightarrow Al_2(OH)_2(H_2O)_8^{4+} + 4H_2O \qquad (10.10)$$

当土壤溶液继续外加 OH^- 时，Al^{3+} 周围的水分子还将继续解离出 H^+ 以中和之，而使溶液 pH 不发生剧烈变化。同时羟基铝的聚合作用将继续进行，反应式为：

$$4Al(OH_2)_6^{3+} + 6OH \longrightarrow [Al_4(OH)_6(OH_2)_{12}]^{6+} + 12H_2O \qquad (10.11)$$

当土壤 pH>5.0 时，Al^{3+}形成 $Al(OH)_3$ 沉淀，失去它的缓冲能力。

⑤有机酸体系。土壤腐植酸、胡敏酸和富里酸是一种大分子有机酸，含有羧基、羟基、酚羟基、醇羟基等功能团，此外，土壤中还存在多种低分子有机酸，在土壤溶液中构成一个良好的缓冲体系。对酸、碱具有缓冲作用。

(3)土壤酸、碱缓冲容量和滴定曲线　缓冲容量是指使单位土壤改变一个单位 pH 所需要的酸或碱量，是土壤酸碱缓冲能力强弱的指标。土壤缓冲容量可用酸、碱滴定获得，即在土壤悬液中连续加入标准酸或碱液，测定 pH 的变化，以纵坐标表示 pH，横坐标表示加的酸或碱量，绘制滴定曲线，又称缓冲曲线。

从三种不同土壤的 pH 缓冲曲线(图 10-3)可见，黄棕壤胶体的极限 pH 值约为 3.9，红壤约为 4.5，砖红壤为 5.0。

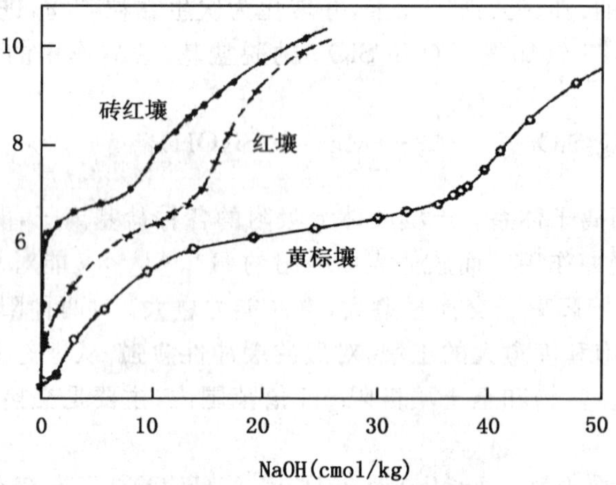

图 10-3　砖红壤、红壤和黄棕壤胶体的中和曲线(于天仁，1987)

(4)影响土壤酸碱缓冲性的因素

①土壤无机胶体。不同土壤的无机胶体种类不同，其阳离子交换量不同，缓冲性差别较大。土壤胶体的阳离子交换量愈大，缓冲性也愈强。在无机胶体中缓冲性由大变小的顺序为：蒙脱石>伊利石>高岭石>含水氧化铁、铝。

②土壤质地。从不同土壤的质地来看，黏土>壤土>沙土，这是因为前者黏粒含量高，相应的阳离子交换量亦大。

③土壤有机质。土壤有机质含量虽仅占土壤的百分之几，但腐殖质含有大量的负电荷，对阳离子交换量贡献大。通常表土的有机质含量较底土高，缓冲性也

是表土较底土强。

10.4.2.2　土壤氧化还原缓冲性

土壤氧化还原缓冲性是指当少量的氧化剂和还原剂加入土壤后，其氧化还原电位(Eh)不会发生剧烈变化，即土壤所具有抗衡 Eh 变化的能力。

在理论上，对一种物质的氧化还原缓冲性可以通过(式 10.3)推导加以说明。对于(式 10.3)假定氧化态活度为 x，氧化态与还原态总浓度为 A。则还原态的浓度为 A-x；当氧化态的浓度略有增加时，氧化还原电位的增高为：

$$\frac{\mathrm{d}Eh}{\mathrm{d}x}=\frac{RT}{nF}\cdot\frac{A}{x(A-x)} \tag{10.12}$$

$\frac{\mathrm{d}Eh}{\mathrm{d}x}$的倒数可作为土壤氧化还原缓冲性的一个指数，称为缓冲指数。

$$\frac{\mathrm{d}x}{\mathrm{d}Eh}=\frac{nF}{RT}\cdot\frac{x(A-x)}{A}=\frac{nF}{RT}x(1-\frac{x}{A}) \tag{10.13}$$

从式(10.13)可见，某种物质的总浓度愈高，缓冲指数愈强。在 $A=2x$ 时，即当氧化态与还原态的活度为 1 时，其缓冲性最强。对于不同物质，值大者的缓冲性强，这种关系可从(图 10-4)中看出，在曲线两端，当加入少量的氧化剂或还原剂时，Eh 即有显著变化，而愈向中间变化愈小，在氧化态和还原态各占 50%时的变化接近于零。这与酸碱缓冲性的情况相似。

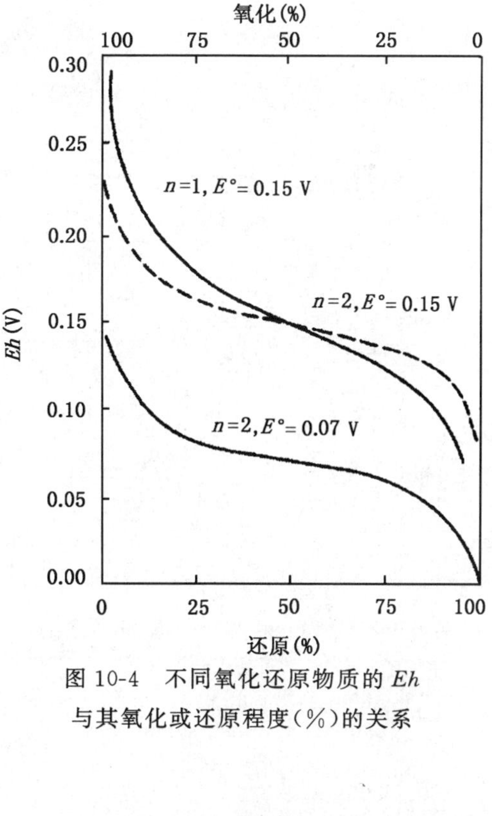

图 10-4　不同氧化还原物质的 Eh 与其氧化或还原程度(%)的关系

值得指出的是，因土壤中的情况复杂，理论推导式(10.13)难以简单的用于土壤。这是因为：①土壤是一个由多种氧化还原物质组成的混合体系，其 Eh 值不仅与各种物质的比例有关，而且与氧化还原反应速率有关，特别在有机质含量高的土壤，可出现氧化还原缓冲反应滞后现象。②与酸碱反应一样，氧化还原反应也存在固相的参与，这就使反应速度更慢。尽管如此，但只要实验条件一致，仍然可对不同氧化还原状况土壤进行相互比较。

11 土壤养分

【教学目标】

● **土壤氮素**

1. 一般了解土壤氮素的来源、含量及其影响因素。
2. 掌握土壤氮素各形态相互转化之关系和条件。
3. 重点掌握土壤氮素的挥发、化学分解、反硝化、淋失的损失过程及影响因素。
4. 了解土壤“固定态铵”的形成条件和机理。

● **土壤磷素**

1. 一般了解土壤中磷素的来源、含量及影响因素。
2. 重点掌握磷在土壤中容易发生“化学固定”的过程、机理以及与土壤 pH 的关系。
3. 掌握如何提高磷肥利用率，应采取哪些有效措施。

● **土壤钾素**

1. 了解在沙质土和我国南方土壤中容易缺钾，而北方一般土壤不易缺钾的原因。
2. 重点掌握矿物态钾、缓效钾、速效钾之间的平衡关系，以及缓效钾发生的条件和机理。

● **一般了解土壤中微量元素含量的临界值和微量元素的有效性与 pH 的相关性。了解微量元素一般的施用技术和方法**

研究证明，生物体中含有90多种元素，其中已被肯定的植物生长发育必需的元素有16种：碳、氢、氧、氮、磷、钾、钙、镁、硫、硼、铁、锰、铜、锌、钼、氯。碳、氢、氧主要来自大气和水，其余元素则主要由土壤提供(见图11-1)。由此可见，土壤是植物养分元素的主要来源，土壤养分的丰缺程度直接关系到农作物的生长状况和产量水平。

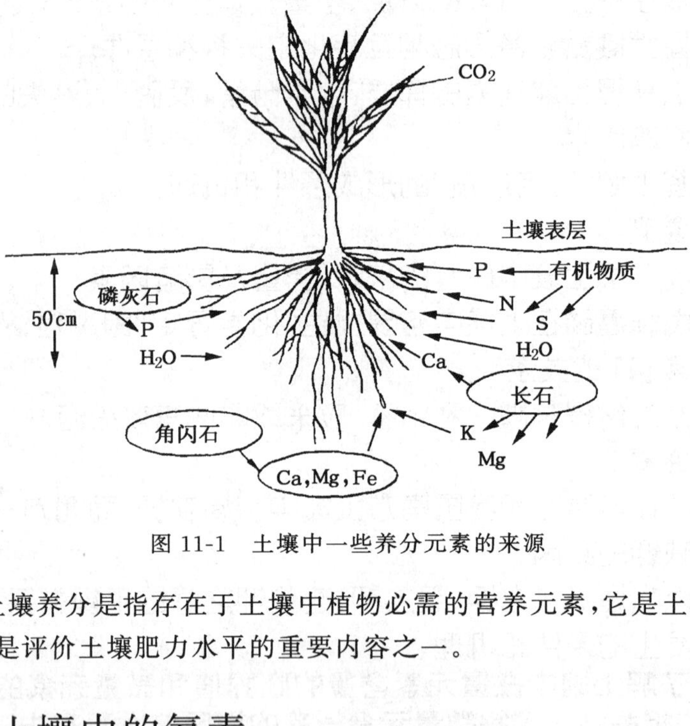

图11-1 土壤中一些养分元素的来源

所谓土壤养分是指存在于土壤中植物必需的营养元素，它是土壤肥力的物质基础，也是评价土壤肥力水平的重要内容之一。

11.1 土壤中的氮素

11.1.1 土壤中的氮素含量

土壤中氮素的含量受自然因素(气候、地形及植被)和农业措施(耕作、施肥、灌溉及利用方式)的影响，变异性很大。我国土壤除东北黑土类、中部的棕壤、山地草甸土、草原栗钙土及低洼沼泽土外，一般土壤耕层含氮量都在0.2%以下，有些如冲刷严重、贫瘠的荒漠以及沙丘土壤含氮量可低至0.05%以下(见表11-1)。

表 11-1 我国主要地区耕作土壤的含氮量状况

地　区	变化范围(%)	地　区	变化范围(%)
东北黑土区	0.15～0.35	华南地区	0.06～0.21
黄淮海地区	0.03～0.10	西南地区	0.04～0.19
西北黄土区	0.04～0.10	蒙新干旱地区	0.05～0.20
长江中下游地区	0.05～0.19	青藏高寒地区	0.05～0.27

氮素是构成生命体的重要元素。在作物生产中，作物对氮的需要量较多，而土壤供氮不足是引起产量下降和品质降低的主要限制因素。同时氮素施用过量会造成江河湖水的富营养化和地下水硝态氮(NO_3^--N)累积污染等。

11.1.2 土壤中氮素的来源

11.1.2.1 生物固氮作用

大气和土壤空气中的分子态氮(N_2)不能被植物直接吸收利用，必须经过微生物固定为有机态氮后，再经其他微生物分解转化为无机态氮，才能成为植物可利用的氮源。土壤中有固氮作用的微生物有三大类。

(1)共生固氮菌　包括根瘤菌和一些放线菌、蓝藻菌，与豆科作物共生为主，固氮能力强。如温带耕地中，紫花苜蓿每年每公顷固氮量为 225～300 kg，三叶草根瘤菌固氮量为 150～210 kg，紫云英根瘤菌固氮量为 90～112 kg，绿萍-蓝藻为 150～225 kg。

(2)自生固氮菌　有两种，一种为好气性细菌，一种为嫌气性细菌，它们均需要有机质作为能源。还有具有光合作用能力的蓝绿藻也能自生固氮，自生固氮菌的固氮能力不高，在温带耕地土壤中好气自生固氮菌的固氮量每年每公顷只有 7.5～45 kg，在热带森林地为 75～225 kg，草地为 45～450 kg。

(3)联合固氮菌　指某些固氮微生物与植物根系有密切关系，有一定的专一性，但不如共生关系那样严格，如固氮螺菌与玉米，多粘杆菌与小麦都有较强的亲和性，能联合固氮。嫌气性自生固氮菌的固氮能力不如好气性固氮菌强，但它在水田中对土壤氮素的补给具有重要意义。

11.1.2.2 大气降水及雷电现象

空中雨滴形成时可将溶解的氮氧化物，如 NO_2、N_2O、NO 和 NH_3，随水进入土壤。空中闪电、雷击时，可使 N_2、H_2 合成 NH_3 和烟道排出的氮化物随降水一起输入土壤。据测在温带随降水进入土壤的 NO_3^- 和 NH_4^+ 为 15 kg/hm^2 左右。

11.1.2.3 由灌溉水输入的氮

有的地区，地下水中含有一定量的 NO_3^- 和 NH_4^+，提水灌溉时一同将氮素进入土壤。有时高达 10 mg/kg，群众称为“肥水”。

11.1.2.4 施用肥料

包括农家有机肥料和化学氮素肥料。施用农家肥料（如粪肥、厩肥、堆肥、绿肥、根茬、枯叶落叶以及各种土杂肥等）对提高土壤氮素肥力和改善供氮能力起了重要作用。但仅施用有机肥料，难以满足作物高产、稳产对氮素的需求。施用氮素化肥对促进我国种植业生产发展发挥了巨大的作用。在氮肥用量过高的地区，也出现了氮肥利用率降低，损失量大，并引起环境污染的严重问题。

11.1.3 土壤中氮素的形态

土壤中的氮素形态可分为无机态和有机态两大类。土壤空气中的气态氮一般不计算在土壤氮素内。

11.1.3.1 无机态氮

土壤中无机态氮数量很少，表土中一般只占全氮量的 1.0%～2.0%，最多不超过 5.0%，表土以下的土层含量更少。

NH_4^+ 和 NO_3^- 是土壤中无机态氮的主要形态，有时也可能有亚硝态（NO_2^-）氮，但数量微少，而且很快转化为硝态氮。铵态氮由有机物质经微生物的氨化作用而来。一般在旱田里含量很少，在水田里含量多，而且较稳定。

NH_4^+ 和 NO_3^- 均易溶于水，能直接被植物吸收利用。NH_4^+ 呈阳离子，能被带负电荷的土壤胶体吸附，避免了流失。NO_3^- 为负离子，不能被土壤胶体吸附，容易引起淋失。NO_2^- 也是负离子，在通气良好时，不可能存在。在通气不良的土壤中，有可能积累，当超过一定浓度后，就会对植物产生毒害。

NH_4^+ 可以是游离态的或交换态的。还可能一部分进入黏粒矿物晶穴中，成为“固定态铵”。这种固定态铵不能为植物利用，也很难被微生物转化，尤其在热带土壤中，固定态铵可达全氮量的 50%以上。

11.1.3.2 有机态氮

土壤中的氮主要以有机态为主，一般可占全氮量的 95%以上。按其溶解度和水解难易程度可分为以下三类。

（1）水溶性有机氮　主要是一些较简单的游离态氨基酸、胺盐及酰胺类等化合物，在土壤中数量很少，不超过全氮的 5%。它们分散在土壤溶液中很容易水解，迅速释放出 NH_4^+，成为植物的有效性氮源。

（2）水解性有机氮　用酸、碱或酶处理能水解成简单的易溶性氮化合物。占全氮量的 50%～70%。按其化合物特性不同又分为以下三种形态：

①蛋白质及多肽类。它是土壤中氮素数量最多的一类化合物，占全氮量的

30%～50%。主要存在于微生物体内，水解后分解成多种氨基酸和氨基，土壤中已鉴定出30多种氨基酸，其中以谷氨酸、甘氨酸、丙氨酸为主，大多数以肽键相联结。氨基酸态氮很容易水解，释放NH_4^+。

②核蛋白质类。核蛋白质水解后生成蛋白质和核酸，核酸水解生成核苷酸、磷酸、核糖或脱氧核糖和有机碱，有机碱最终分解成CO_2、H_2O及NH_3。由于有机碱中的氮呈杂环态结构，氮不易被释放出来，故在植物营养上属于迟效性氮源。

③氨基糖类。氨基糖为葡萄糖胺，来自核酸类物质，在生物酶作用下，先分解成尿素一类的中间产物，然后转化为氨基糖。氨基糖类物质在土壤中占水解氮的7%～18%。

(3)非水解性有机氮　这类含氮有机物质，结构极其复杂，不溶于水，用酸、碱处理也不能水解。主要有：① 杂环态氮化物(酚型、醌型结构、有氧时与铵化合成杂环态含氮化合物很难水解)；② 糖与铵的缩合物；③ 铵或蛋白质与木质素类物质作用形成复杂结构态物质。

此类含氮化合物在土壤中约占有机氮的30%，高者可达50%。

另外，土壤有机氮很多与土壤矿质胶体结合成复合体形态，复合后其稳定性大大增强，使土壤的有机氮的矿化率显著下降。研究表明，它们之间的结合紧密程度与土壤质地、胶体类型、pH值等因素密切相关。

还有土壤空气中的气态氮，是土壤中固氮菌的直接氮源，尤其是在淹水条件下如水稻土嫌气性固氮菌活动旺盛，其固氮能力大大增强，也相应增加了土壤生物固氮的数量，成为植物间接吸收的氮源之一。

11.1.4　土壤中氮素的转化

大气中的惰性氮(N_2)，经生物和非生物固定进入土壤后，在土壤中形成无机态氮和有机态氮两大类。无机态氮主要是铵态氮(NH_4^+)和硝态氮(NO_3^-)，是植物能直接吸收利用的生物有效态氮。有机态氮是土壤氮的主要存在形态，一般占土壤全氮量的95%以上。各种氮素形态常处于动态变化之中。

11.1.4.1　有机氮的氨化作用

各种有机态氮经微生物的分解作用转化为无机态氮(NH_4^+ 和 NO_3^-)。氨化作用有两个阶段，一是先将复杂的含氮化合物如蛋白质、核酸、氨基糖等，在生物酶的系列作用下，逐级水解形成简单的氨基化合物，称为氨基化阶段。其过程为：

$$\text{蛋白质} \xrightarrow{\text{水解}} RCH_2COOH + CO_2 + \text{中间产物} + \text{能量}$$

然后在微生物作用下，各种简单的氨基化合物分解成氨，称为氨化阶段（氨化作用），氨化作用可在不同条件下进行。有关有机氮的氨化作用、硝化作用详情请见“5 土壤有机质”部分。

11.1.4.2　NH_4^+ 的晶格固定

是指 NH_4^+ 陷入 2∶1 型黏粒矿物晶架表面的孔穴内，暂时失去了生物有效性，转为固定态铵的过程。这种固定作用主要存在于蒙脱石、伊利石和蛭石为主的土壤中，固定态铵的含量与阳离子的种类、干湿交替及 pH 值等因素有关。

11.1.4.3　无机态氮的生物固定

矿化作用生成的铵态氮、硝态氮和一些简单的氨基态氮（NH_2），通过微生物和植物吸收同化，成为生物有机体的组成部分，称为无机氮的生物固定。新形成的有机态氮化物，一部分被作物从农田中输出，另一部分留在农田里再经微生物作用，如氨化和硝化作用，由有机态氮转化无机态氮（NH_4^+ 及 NO_3^-），进行土壤氮素循环（如图 11-2）。

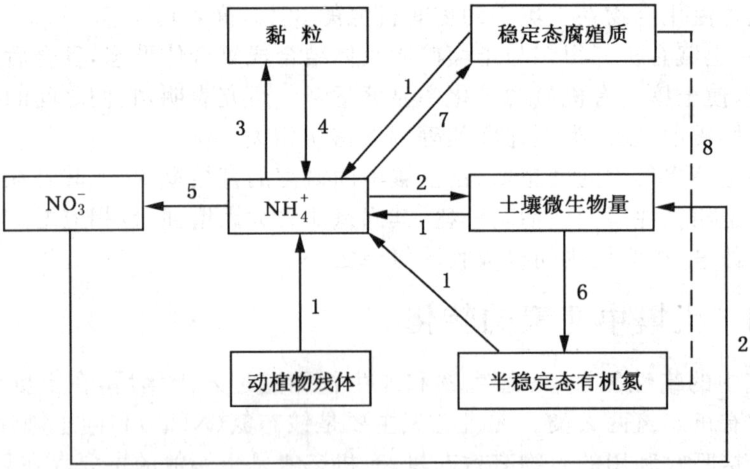

图 11-2　土壤氮的内循环

1. 矿化作用　2. 生物固氮作用　3. 铵的黏土矿物固定作用
4. 固定态铵的释放作用　5. 硝化作用　6. 腐殖质形成作用
7. 氨和铵的化学固定作用　8. 腐殖质稳定化作用
（引自黄昌勇主编的土壤学）

植物吸收同化土壤中的 NH_4^+ 和 NO_3^- 形成的作物产量，是土壤氮素真正发挥出了经济效益的结果，而微生物的吸收同化，虽然暂时与植物存在一定的竞争，但总体来说，有利于土壤氮素的保存和周转。

11.1.4.4 土壤氮的损失

(1)硝酸盐的淋失　铵(NH_4^+)和硝酸盐(NO_3^-)都易溶于水，NH_4^+ 带正电荷，易被土壤负电胶体表面所吸附，而硝酸盐(NO_3^-)带负电荷，不能被吸附而遭淋失，随水下渗进入地下水或排入江河湖海，会引起水体富营养化，造成水环境污染。NO_3^- 在干旱、半干旱地区，除少数沙土外，一般没有淋洗或淋洗很微，相反，在湿润、半湿润地区 NO_3^- 的淋洗量较多。

(2)反硝化作用(略)　详见"5 土壤有机质"部分。

(3)氨挥发　氨挥发易发生在石灰性土壤上，尤其是表施铵态氮和尿素化肥时，氨挥发损失可高达施肥量的 30%以上。其原因是土壤中的 NH_4^+ 和 NH_3 存在下列平衡关系：

$$NH_3 + H^+ \rightleftharpoons NH_4^+$$

这个反应平衡取决土壤的 pH，若土壤 pH< 6 时，NH_3 被质子化几乎全部以 NH_4^+ 形态存在。pH 为 7 时，NH_3 约占 6%，pH 为 9.2～9.3 时，则 NH_3 与 NH_4^+ 各占一半。NH_3 分子易挥发，而 NH_4^+ 易被土壤吸附，二者数量比例与 pH 密切相关。

在石灰性土壤施用$(NH_4)_2SO_4$ 时，容易形成溶度低的硫酸钙并释放较多的 NH_3，比施 NH_4Cl 和 NH_4NO_3 的挥发损失大得多。在沙质土施铵态氮，氨挥发损失比黏质土大。土壤的黏粒和腐殖质能吸附大量的 NH_4^+，可以阻止氨的挥发。另外，深施、粒施都可以减少氨的挥发损失。

(4)化学脱氮作用　是指土壤中的含氮化合物通过纯化学反应生成气态氮的过程。土壤中可能存在以下几种脱氮反应过程：

①铵态氮与亚硝态氮同时大量并存于土壤溶液中，生成亚硝酸铵(NH_4NO_2)，而 NH_4NO_2 不稳定，易产生双分解反应。如：

$$NH_4NO_2 \longrightarrow 2H_2O + N_2\uparrow + 3\,006.12\ kJ$$

这种双分解作用产生在高温、干旱及 pH5～6.5 较酸的土壤环境，但多数人认为这种化学脱氮作用存在的可能性很小。

②亚硝酸与 α-氨基化合物之间互为氧化还原产生范德莱克作用，如：

$$RNH_2 + HNO_2 \longrightarrow ROH + H_2O + N_2\uparrow$$

$$RHN_2COOH + HNO_2 \longrightarrow RCH_2OH + H_2O + CO_2 + N_2\uparrow$$

这种反应只有在很酸的条件下才有可能发生，但这种酸度条件很少能达到，因此，这种反应的机会甚微。

③亚硝酸态氮(HNO_2)在酸性土壤中很不稳定，而发生自动分解作用。如：

$$3HNO_2 \longrightarrow HNO_3 + H_2O + 2N_2O\uparrow$$

产生的 N_2O 大部分能被土壤吸附，或被氧化成 NO_2^-，最后生成 NO_3^-。

11.1.5 土壤氮素调节

土壤氮素的氨化作用和硝化作用是有机氮的有效化过程，反硝化作用、化学脱氮作用是有机氮的无效化过程（又称氮的损失过程），黏粒矿物晶格固定是使土壤的有效氮(NH_4^+)转化为暂时无效或缓效化过程。采用人为的科学调控管理措施，如合理施肥、耕作、灌溉等，控制土壤有机氮的矿化速率和减少有效氮的固定量，促使土壤氮素既能满足作物需要，有利于氮素的保存和周转，以尽量减少氮素损失的数量，又能达到提高土壤氮素利用率的效果。

11.1.5.1 利用有机物质 C/N 比值与土壤有效氮的相互关系

由图 11-3 所示，在有机物质开始分解时，其 C/N ＞30，矿化作用所释放的

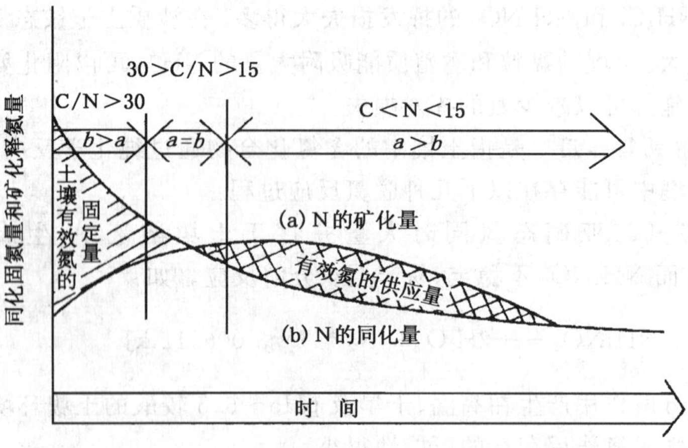

图 11-3 有机质分解过程中 C/N 比值和土壤中有效氮素盈亏变化的关系

有效氮量远少于微生物吸收同化的数量，此时微生物要从土壤中吸收一部分原有的有效氮量，转为微生物体中的有机氮。随着有机物的不断分解，其中碳被用做微生物活动的能源所消耗，剩余物质的C/N迅速下降。当C/N达到30～15之间时，矿化释放的氮量和同化的固氮量基本相等，此时土壤中的氮素无亏损。以下有机质进一步分解，微生物种类更迭，有机质的C/N继续不断下降，当C/N< 15时，氮的矿化量是超过了同化量，土壤的有效氮有了盈余，作物的氮营养条件也开始得到改善。了解这一规律对于用施肥调节土壤的有效氮素达到作物高产、优质和高效具有指导意义。

11.1.5.2 人为施用肥料

一是施用化学氮肥，以增加土壤有效氮素的不足，尤其是土壤有效氮低的土壤，供作物吸收利用。二是施用鲜嫩的秸秆、绿肥等，因C/N很小，开始分解就有多余的氮素供给，又能激发原有有机质的分解，称为激发效应。产生这种现象的原因可能是新鲜的有机能源物质，促进微生物旺盛活动，改变了微生物区系，产生的微生物酶作用于土壤腐殖质所致。同时，施用矿质氮肥后，也促进了原来土壤有机氮的分解、释放，也称激发效应。目前，这一现象的机理不十分清楚。

11.1.5.3 其他措施

①采用氮肥抑制剂，工厂生产肥料时，在肥料表面包一层薄膜，以减缓氮素释放速度，起到缓效之作用，提高氮肥的利用率。

②控制氮肥的施用量，采取配方施肥技术，确定氮肥用量，以达到发挥氮肥最佳经济效益的效果。

③在石灰性土壤上，施用铵态氮肥时，应采取深施覆土，随施随灌水或分次施肥方法。对水稻田来说，将NH_4^+施在还原层，把NO_3^-施入氧化层，防止反硝化作用的产生所引起的氮的损失。总之，应用耕作、灌溉措施，采取合理的施肥方法，做到尽量减少氮的损失，达到提高氮肥利用率的目的。

11.2 土壤中的磷素

11.2.1 土壤中磷素的含量和来源

地壳中磷的含量平均为0.28%左右(以P_2O_5计)。我国大多数土壤表层(0～20 cm)的含磷量变动在0.04%～0.25%之间，不同土壤类型变幅很大。从总体看，我国自北而南或自西而东土壤含磷量呈递减趋势。以华南的砖红壤含磷量最低；东北的黑土、黑钙土和内蒙古的栗钙土含磷量最高；华中的红、黄壤以及华北的褐土、棕壤介于以上二者之间。自然土壤含磷量多少取决于多种因素，如土壤母质类型、有机质含量、地形部位、土壤酸碱度以及剖面中土层排列位置等的差异表现出明显的地带性。

耕作土壤的含磷量除受上述因素影响外，主要受耕作、灌溉和施肥水平等农业措施制约，使土壤含磷量的空间变异性更大，即使在同一个地区的一个自然村的范围内也是如此。这种局部的变异在山区和丘陵地区十分明显，在施用效果上能显著地反映出来。造成这种局部变异的原因是由于山区的地形部位、耕作、施肥等利用方式和土壤侵蚀程度不同所致。在平原地区这种局部变异不如山区、丘陵地区明显，但由于长期耕种、施肥的不同，土壤中磷的含量分布特点是以村镇为圆心，形成同心圆状态变异，离村镇近的地含磷量高，离村远的地含磷量低。

土壤中的磷主要来源于矿物质，在长期的风化和成土过程中，经过生物的积累而逐渐聚积到土壤的上层。开垦后，则主要来源于施用磷肥。

11.2.2 土壤中磷素的形态

11.2.2.1 土壤中的有机磷化合物（简称有机磷）

根据我国土壤普查资料，在耕作土壤中，一般有机磷含量占全磷量的25%～56%。在侵蚀严重的红壤中不足10%，而东北地区的黑土有机磷的含量较高，可达70%以上。黏质土有机磷含量比沙质土高。土壤中有机磷化合物主要有以下三种类型：

（1）植素类　植素普遍存在于植物体中的含磷化合物中，在植物种子中尤为丰富。土壤中的植素是经微生物作用后形成的。在纯水中的溶解度可达10 mg/kg左右，pH越低，溶解度越大，植素可被某些植物吸收，但多数须通过微生物的植素酶水解，形成磷酸，才能被植物吸收利用。植素类磷在土壤有机磷总量中占的比例较大，一般为20%～50%，是土壤有机磷的主要类型之一。土壤中还有一部分植素呈铁盐状态，其溶解度比钙、镁盐更小。

（2）核酸类　核酸是一类含磷、氮的复杂有机化合物。多数人认为核酸是直接从生物残体特别是微生物体中的核蛋白质分解出来的。核蛋白质由蛋白质和核酸所组成。核酸态磷在土壤有机磷总量中占5%～10%，经生物酶系作用，分解为磷酸盐后即可为植物吸收。

（3）磷脂类　是一类不溶于水，而溶于醇或醚的含磷的有机化合物，普遍存在于动植物及微生物体内。土壤中含磷脂化合物很少，不足有机磷总量的1%。

磷脂类化合物经微生物分解转化为有效磷才能被植物利用。

以上几种有机态磷的总量约占有机磷的70%，土壤还有20%～30%的有机态磷不清楚，有待进一步研究。

11.2.2.2 土壤中的无机磷化合物(简称无机磷)

土壤中的无机磷化合物比较复杂，种类繁多，多以正磷酸盐形态存在。其数量占土壤中全磷量的2/3～3/4。按其溶解度可分两大类。

(1)难溶性磷酸盐

①磷酸钙(镁)类化合物(以Ca—P表示) 磷酸根在土壤中与钙、镁碱土金属离子，以不同比例结合形成一系列不同溶解度的磷酸钙、镁盐类。它们是石灰性或钙质土壤中磷酸盐的主要形态。在我国北方石灰性土壤中常见的磷酸盐有：磷灰石$Ca_5(PO_4)_3 \cdot F$、羟基磷灰石$Ca_5(PO_4)_3OH$、磷酸三钙$Ca_3(PO_4)_2$和磷酸八钙$Ca_8(PO_4)_6 \cdot 5H_2O$、磷酸十钙$Ca_{10}(PO_4)_6 \cdot (OH)_2$。分子组成中Ca/P越大，稳定性越大，溶解度越小，对植物的有效性越低。

②磷酸铁和磷酸铝化合物(以Fe—P，Al—P表示) 在酸性土壤中，无机磷中的大部分与土壤中的铁、铝结合生成各种形态的磷酸铁和磷酸铝类化合物。这类化合物有的呈凝胶态，有的呈结晶态。在酸性土壤中常见的有粉红磷铁矿$Fe(OH)_2H_2PO_4$、磷铝石$Al(OH)_2H_2PO_4$，它们溶解度极小。在水稻土和沼泽土中，常有蓝铁矿$Fe_3(PO_4)_2 \cdot 8H_2O$和绿铁矿$Fe_3(PO_4)_2(Fe(OH)_2$存在。它们是长期积水或排水不良，处于高度厌气还原状态的结果，土色呈青灰色或蓝色。铁在水田呈还原态，溶解度比旱地高，从而提高了磷素的有效度。

③闭蓄态磷(以O—P表示) 这种磷是由于氧化铁或氢氧化铁胶膜包被的磷酸盐。由于氧化铁或氢氧化铁的溶解度极小，被它所包被的磷酸盐溶解的机会就变得更小。如果不除去外层铁质胶膜(通过还原或调节酸度措施)，这种磷就很难发挥作用。在酸性土壤中，这种磷的含量所占的比例很大，往往超过50%，在石灰性土壤中也可达到15%～30%，但包被的不是氧化铁一类的物质，而是钙质的不溶性化合物。

④磷酸铁铝和碱金属、碱土金属复合而成的磷酸盐 这种磷酸盐成分更复杂，种类也多。它们是由化学磷肥作用于土壤成分后转化而成的，在自然土壤中很少存在。在耕作土壤中它们的数量也不多，而且溶解度又极小，所以对植物的营养作用不大。

以上几种磷酸盐形态，在我国主要土壤类型中的分布有以下规律。在风化程度较高的南方砖红壤、红壤中，以O—P占的比重最大，最高可达90%以上，其次是 Fe—P，Al—P 和 Ca—P 很少。在风化程度较低的北方石灰性土壤中，Ca—P 所占比例大，约在 60%以上，其次是 O—P，Al—P 和 Fe—P 极少。

(2)易溶性磷酸盐　此类磷酸盐包括水溶性和弱酸性磷酸性磷酸盐两种。水溶性磷酸盐主要是一价磷酸盐类，如磷酸一钙 $Ca(H_2PO_4)_2$，是过磷酸钙化学磷肥的主要成分。这类磷酸盐能溶解于土壤水中，为速效态，易被植物吸收利用。水溶性磷酸盐在酸性和碱性条件下，很容易转化为其他形态，从而降低其有效性。弱酸溶性磷酸盐($CaHPO_4$)多存在于中性至弱酸性土壤环境中，土壤中有机质(包括有机肥)分解所产生的有机酸和无机酸。植物根和微生物呼吸产生的 CO_2，溶于水生成碳酸，都可以溶解这部分磷酸盐，故属于有效态磷酸盐。只不过它不如水溶性磷酸盐的有效程度高。在碱性条件下，这部分磷酸盐又可转化为难溶性磷酸盐而失去有效性。

以上两种易溶性磷酸盐，一是来自施用的化学磷肥，二是土壤中难溶磷酸盐在一定条件下转化为易溶性。由于这两种易溶性磷酸盐存在的土壤条件十分严格，特别是酸度条件，因此，它们在土壤存在的数量一般很少，只有百万分之几至几十。

土壤中能为植物所利用的磷，称为有效磷。土壤中有效磷的形态主要有：①土壤溶液中的磷酸根离子；②包含在有机物中并较易分解的磷；③磷酸盐固相矿物中溶解的磷酸根离子；④交换吸附态磷酸根离子。就有效磷数量而言，以②、③两种形态最重要。在培肥较好的土壤中，有机磷的重要性更大。而在一般土壤中，则以磷酸盐固相所释放出的磷为主。有效磷的概念应包括数量概念、供应强度，如释放的快慢、释放的难易、溶液中磷的浓度等等。

11.2.3　土壤中磷的转化

土壤中的磷酸盐或施入的无机磷肥随土壤酸度和氧化还原条件变化而相互转化，无机态的磷(主要是易溶性的磷)可以转化为有机态的磷；有机态的磷经微生物的分解作用转化成无机态的磷或难溶性磷。易溶性的磷和难溶性的磷经常处于相互转化的动态平衡过程之中(如图 11-4)。

11.2.3.1　磷酸盐的有效化过程

土壤中的有机态磷和难溶性磷酸盐，在一定条件下，转化成植物吸收利用的水溶性的一价磷酸($H_2PO_4^-$)或弱酸溶性的二价磷酸(HPO_4^{2-})的过程，称为磷的有效化过程，也就是磷的释放过程。

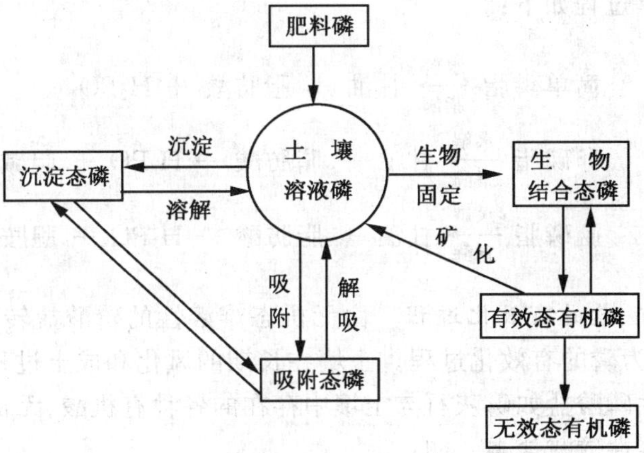

图 11-4 土壤中磷的变化
（引自黄昌勇主编的土壤学）

(1)有机磷化合物的分解作用 土壤中绝大部分有机态磷化合物往往经过细菌的作用，逐步水解释放出磷酸后，才能供给植物吸收利用。如植素中的钙、镁有机磷化合物，其分解过程如下：

$$(CH_3O \cdot PO_3)_6 \cdot CaMg_3 \xrightarrow{\text{水解}} [CHO \cdot PO(OH)_2]_6$$

植素（植酸钙镁） （植酸）

$$\longrightarrow [CHO \cdot PO(OH)_2]_2(CHOH)_4 + H_3PO_4$$

$$\downarrow$$

$$\cdots \longrightarrow (CHOH)_6 + 2H_3PO_4$$

环己六醇（肌醇）

核酸和核蛋白质的分解过程如下：

$$\text{核蛋白质} \xrightarrow{\text{水解}} \text{核酸} + \text{蛋白质}$$

$$\text{核酸} \xrightarrow{\text{核酸酶}} \text{核苷酸}$$

$$\text{核苷酸} \xrightarrow{H_2O} \text{核苷} + H_3PO_4$$

磷脂的分解过程如下：

$$\text{简单磷脂}\xrightarrow[\text{脂酶}]{\text{水解}}\text{甘油}+\text{脂肪酸}+H_3PO_4$$

$$\text{卵磷脂}\xrightarrow[\text{脂酶}]{\text{水解}}\text{甘油}+\text{脂肪酸}+H_3PO_4+\text{胆碱}$$

$$\text{脑磷脂}\xrightarrow[\text{脂酶}]{\text{水解}}\text{甘油}+\text{脂肪酸}+H_3PO_4+\text{胆胺}$$

(2)无机磷酸盐的有效化过程　由无机态难溶性的磷酸盐转化为易溶性磷酸盐的过程，称为磷的有效化过程。土壤在长期的风化和成土过程中，北方石灰性土壤中难溶性磷酸盐如磷灰石与土壤中存在的各种有机酸、无机酸作用，逐渐脱钙转化为易溶性磷酸盐类。如：

$$Ca_5(PO_4)\cdot F + H_2CO_3 \longrightarrow \underset{\text{磷酸三钙(酸溶性)}}{Ca_3(PO_4)_2} + 2CaCO_3 + 2HF$$

$$Ca_3(PO_4)_2 + H_2CO_3 \longrightarrow \underset{\text{磷酸二钙(弱酸溶性)}}{Ca_2HPO_4} + CaCO_3$$

$$CaHPO_4 + H_2CO_3 \longrightarrow \underset{\text{磷酸一钙(水溶性)}}{Ca(H_2PO_4)_2} + CaCO_3$$

土壤中的 CO_2 主要来源于动、植物的呼吸作用，有机质矿化过程产生的 CO_2 溶于水生成 H_2CO_3，土壤中其他反应所产生的无机酸，如 H_2SO_4、HNO_3、HCl、H_2SiO_3 以及有机质分解过程中产生的有机酸类。这些酸性物质对我国北方石灰性土壤中的 Ca-P 的有效化有重要的意义。

南方酸性土壤中难溶性的磷酸盐主要是 O—P、Fe—P 及 Al—P，这些磷酸盐的溶度极小，转化为有效磷的难度较大。但在南方水田条件下，由于土壤通气性差，供氧不足，还原过程强烈，导致土壤 *Eh* 较低，使高价铁还原为低价铁，铁的活性增大，最后生成碱性较强的 $FeCO_3$，使土壤 pH 升高，促使土壤中的粉红磷酸铁矿 $Fe(OH)_2\cdot H_2PO_4$ 进行水解，释放出磷酸，因而提高了磷的有效性。如：

$$Fe(OH)_2\cdot H_2PO_4 + OH^- \longrightarrow Fe(OH)_3 + H_2PO_4^-$$

另外，土壤的 *Eh* 值下降后，高价铁还原为低价铁，减少了使磷酸形成难溶性磷酸铁的可能性。同时又有利于闭蓄态磷酸盐表面所包被的铁(铝)胶膜的溶解，促使封闭在胶膜中的磷酸盐的释放，增加其有效性。

由此可见,难溶性磷酸盐的释放与土壤的 pH、*Eh* 以及土壤有机质含量有密切关系。应采取适当的农业措施调节土壤酸度和氧还电位,增施有机肥等来提高土壤磷酸盐的有效性。

11.2.3.2 磷酸盐的无效化过程

指易溶性或速效磷酸盐转化为难溶性磷酸盐的过程,又叫做磷的化学固定。土壤中磷的固定作用十分普遍,这是磷肥利用率低的主要原因。磷酸盐施入土壤后,在各种 pH 条件下,都有程度不同的固磷作用。磷的固定机制很复杂,有些还不十分清楚,仍需进一步探讨(如图 11-5)。

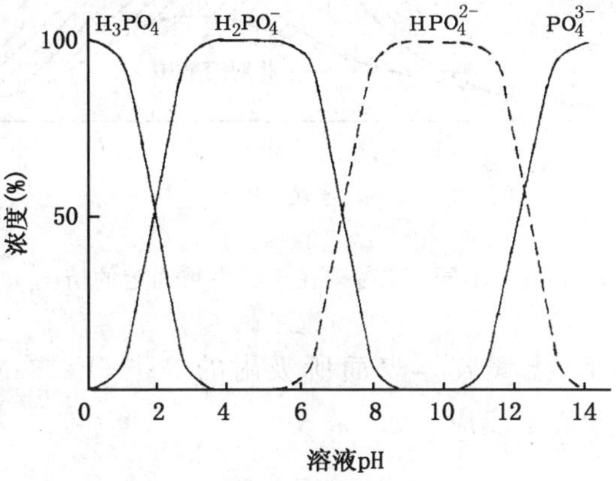

图 11-5 溶液 pH 与三种磷形态相对浓度之间的关系

(1)在强酸性条件下(pH < 5.5) 土壤中的磷酸或施用的磷肥,一般以 $H_2PO_4^-$ 所占比例最大,在强酸性土壤环境中,由于土壤中游离铁铝数量多,很容易产生以下反应(如图 11-6)。

$$\underset{(Al)}{Fe^{3+}} + H_2PO_4^- + 2H_2O \longrightarrow \underset{(Al)}{Fe}(OH)_2 \cdot \underset{(粉红磷酸铁)}{H_2PO_4} + 2H^+$$

所形成粉红磷酸铁,其溶解度极低,对植物无效。按其溶度积计算,土壤中的 $H_2PO_4^-$ 的浓度只要超过 10^{-6} mol,即磷的浓度 > 0.03 mg/kg,就可被 Fe^{3+} 固定为难溶性磷。而在施用磷肥后,磷的浓度大大超过此数,故在强酸性土壤中,只要有 Fe^{3+} 及 Al^{3+} 存在,就会把磷肥中的水溶性磷固定下来,丧失其有效性。

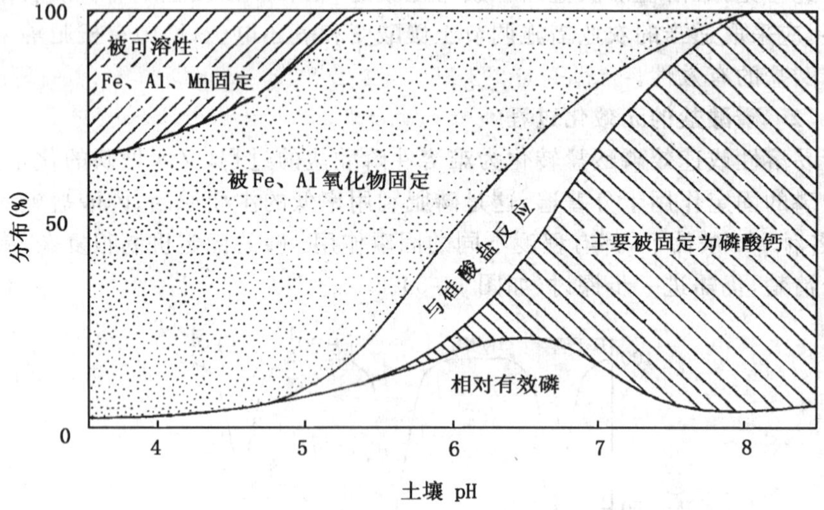

图 11-6　不同 pH 时磷在土壤中被固定的情况

在强酸性条件下，土壤胶体表面所吸附的 Al^{3+}、Fe^{3+}、Mn^{2+} 同样也可和 $H_2PO_4^-$ 发生表面化学固定反应。如：

$$AlPO_4 \xrightarrow[H_2O]{\text{水解}} Al(OH)_2 \cdot H_2PO_4 \downarrow$$

另外，土壤中存在的无定形胶体 $Fe(OH)_3$，可以在粉红磷铁矿的表面形成 $Fe(OH)_3$ 胶膜，将 $Fe(OH)_2 \cdot H_2PO_4$ 包被于其内，而 $Fe(OH)_3$ 的溶解度比 $Fe(OH)_2 \cdot H_2PO_4$ 小得多(只有几百分之一至几千分之一)，形成闭蓄态磷酸盐，使其更加无效。只有在胶膜破坏以后，在 pH 升高的条件下才有可能转化变得对植物有效。

(2)*在弱酸性条件下*(pH 5.5～6.5)　$H_2PO_4^-$ 与土壤矿物质表面上的 OH^- 进行交换，使水溶性磷酸固定于土壤固相表面或胶体表面，如：

$$Al(OH)_3 + H_2PO_4 \longrightarrow Al(OH)_2(H_2PO_4) + OH^-$$

$$\begin{matrix} & OH \\ Al & —OH \\ & OH \end{matrix} + H_2PO_4 \longrightarrow \begin{matrix} & OH \\ Al & —OH \\ & H_2PO_4 \end{matrix} + OH^-$$

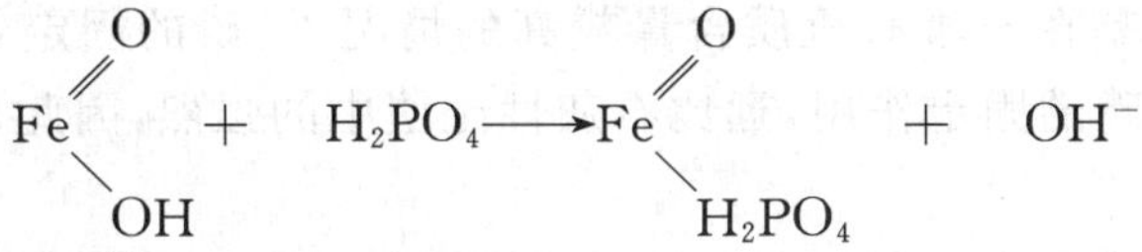

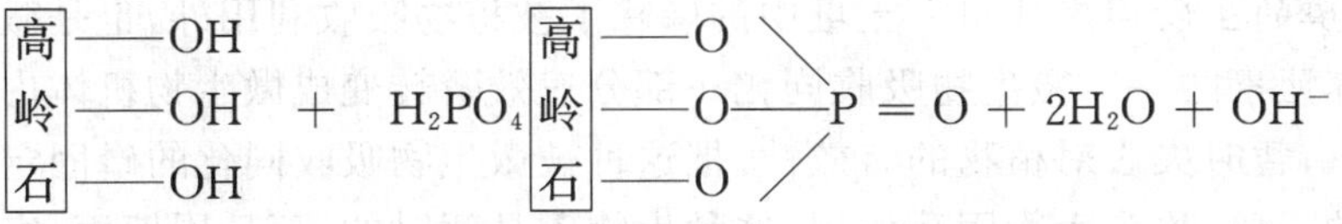

在上面的反应中，如果提高 OH^- 浓度，交换反应还可向左进行，而使 $H_2PO_4^-$ 再释放出来，说明这种情况下所固定的磷，在一定的碱性条件下，仍可成为有效磷。因此，给酸性土壤施用石灰，提高土壤溶液 pH 值，就可以活化这部分被固定的磷。

(3)在中性条件下(pH 6.5～7.5)　土壤胶体可通过其表面的交换性阳离子将 $H_2PO_4^-$ 及其伴随阳离子同时吸附过来，如：

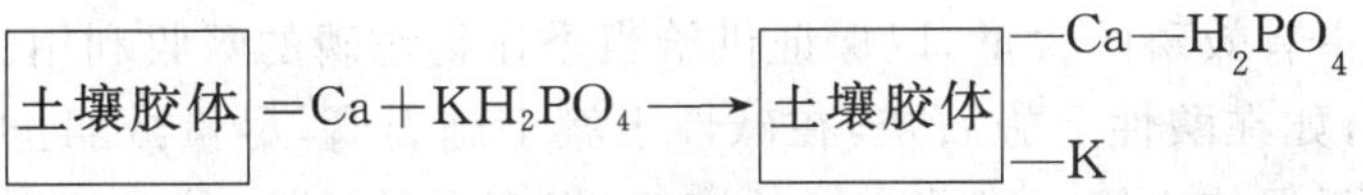

这种吸附固定也可发生在胶体表面，但并不明显。被固定的 $H_2PO_4^-$，其有效性小于交换态的 $H_2PO_4^-$。

(4)在碱性条件下(pH ＞7.5)　土壤中有大量的 Ca^{2+}，它和溶液中的 $H_2PO_4^-$ 进行化学反应，生成弱酸溶性的磷酸二钙和酸溶性的磷酸三钙，如下式：

$$Ca(H_2PO_4)_2 + CaCO_3 \longrightarrow 2CaHPO_4 + H_2CO_3$$
$$2CaHPO_4 + CaCO_3 \longrightarrow Ca_3(PO_4)_2 + H_2CO_3$$

磷酸三钙继续与土壤中的钙反应生成磷酸八钙、磷酸十钙和羟基磷灰石等，其溶解度变得更小。如：

$$Ca_3(PO_4)_2 + CaCO_3 \longrightarrow Ca_8H_2(PO_4)_6$$
$$Ca_8H_2(PO_4)_6 + CaCO_3 \longrightarrow Ca_{10}(PO_4)_6(OH)_2$$

从上述磷的固定情况看，磷的有效性是十分有限的。在各种酸度条件下都存在固定现象，但固定的速度、程度和数量差别很大。只有靠近中性的微酸性到微碱性范围内，特别是在土壤有机质含量较高的情况下，磷的固定较弱，有效性较高。而酸性土壤中磷的固定作用，远比石灰性土壤中的强烈，因此，在酸性土壤中磷的有效性更低。

（5）磷的生物固定作用　土壤中的磷除了被植物吸收利用外，也是微生物的必需营养元素之一。微生物吸收同化一部分速效磷转变成微生物机体内的有机磷化合物，暂时失去对植物的有效性。把这种被微生物吸收同化的磷固定在微生物体内的现象，称为生物固磷作用。这种生物磷是暂时的，而且周期短，容易分解被释放出来。其生物固磷的数量取决于有机物质的C/P，一般认为C/P ＞ 200～300 时，才有可能发生，这与速效氮的情况类似。

综上所述，速效磷肥进入土壤后在各种酸度条件下均可发生固磷作用，这是造成磷肥利用率低的根本原因。

11.2.4　土壤磷素的调节途径及措施

提高土壤中磷的有效性，一般要从以下三方面着手。一是采取增施速效态磷肥来增加土壤中有效磷的含量，以保证供给当季作物对磷的吸收利用。二是调节土壤环境条件，如在酸性上施石灰，在碱性土壤上施石膏，尽量减弱土壤中的固磷机制。三是要促使土壤中难溶态磷的溶解，提高磷的活性，使难溶性磷逐渐转化为有效态磷。

根据土壤条件和固磷机制的不同，一般可采取以下农业措施：

①在酸性土壤上施用石灰，降低其酸性，以减少土壤中的活性 Al^{3+}、Fe^{3+} 数量，降低固磷作用。由于土壤酸度降低有利于微生物的活动，从而增强了有机磷的矿化过程的进行。

②在施用磷肥时要考虑不同的土壤条件和作物不同种类选择适宜的磷肥品种。如在酸性土壤上施用磷矿粉，有利于提高磷矿粉的有效性。磷矿粉适合在豆科作物和油菜作物上施用，因为这种作物吸收利用磷的能力比一般作物强得多。

③在施用方法上，最好先与有机肥混合堆沤后一起施用。因为有机肥在分解过程中所产生的中间产物（有机酸类），对铁、铝、钙能够起一定的络合作用，因而降低了 Fe^{3+}、Al^{3+}、Ca^{2+} 的浓度，可减弱磷的化学固定作用。另外，形成的腐殖质还可在土壤固体表面形成胶膜，可减弱磷的表面固定作用。在石灰性土壤上结合施用大量的有机肥（道理同上）也可降低磷的固定作用，从而提高磷的有效性。

④采取集中施用磷肥的方法，尽量减少或避免与土壤的接触面，把磷肥施在根系附近效果较好。因为磷的活动性很小，穴施、条施或把磷肥制成颗粒肥、或采

取叶面喷肥等,均可提高磷肥的有效性。

在酸性土壤上施用酸溶性磷肥,如磷矿粉、钙镁磷肥等,应采用撒施,磷肥剂型以粉状为好,其细度越细,效果越好,尽量多与土壤接触才能提高其有效性。

近百年来,在评价磷肥有效性低的原因时,常常是用磷在土壤中的固磷学说来解释的。而生产实践表明,事实并非如此简单。不少地区施磷肥后,虽然当季作物利用不高,但往往显示出较好的后效反应。这说明固定态的磷并非永远一成不变的,只是固定态的磷释放的速度十分缓慢而已。为了搞清土壤磷的有效性,需要进一步进行长期定位和系统的田间试验,更深入地研究才能获得满意的结果。

11.3　土壤中的钾素

11.3.1　土壤中钾的含量

土壤中钾的含量远远高于氮和磷,约为全氮和全磷的 10 倍,平均含量(K_2O)约为 3%。土壤中钾主要来自矿物,不同母质的矿物组成不同,其含钾量也差别较大。我国自南向北土壤含钾量是逐渐增加的。如华南砖红壤地区,土壤钾平均含量为 0.4%;往北红黄壤地区为 1.2%;长江中下游地区的水稻土可达 1.7%;华北地区超过 2.0%;东北、内蒙古地区高达 2.6%。

土壤含钾量的多少,主要决定于母质的矿物组成、风化及成土条件、质地以及耕作、施肥状况。

11.3.2　土壤中钾的形态

土壤中钾的形态,按钾在土壤中的活动性分为:水溶性钾、交换性钾、缓效性钾和结构性钾。从植物营养角度则可分为速效性钾(含水溶性钾和交换性钾)、缓效钾和矿物钾。

11.3.2.1　水溶性钾

存在于土壤水溶液中的钾离子,是植物钾素营养的直接来源。一般情况下,土壤溶液中的钾在 0.2～10 mmol/L 范围内,热带和亚热带地区的酸性土,平均为 0.7 mmol/L,这些钾仅够生长旺盛的作物用 1～2 天。土壤溶液中钾浓度极低,必须从其他形态向土壤溶液补充钾,是决定土壤钾素肥力状况的重要因素。土壤固相向土壤溶液中补充钾的能力决定于各种形态钾之间的转化和它们各自与土壤溶液平衡的特性。

11.3.2.2 交换性钾

土壤胶体表面所吸附的钾，能用醋酸铵、氯化镁等盐溶液提取，并在相当短时间内从交换点上被交换下来。但交换作用进行的强弱则受交换性钾的吸附位置、黏粒矿物种类、陪伴离子和钾饱和度等的影响。土壤交换性钾占全钾的0.1%～2%，是土壤速效钾的主体。

11.3.2.3 非交换性钾

也称缓效态钾，是存在于层状硅酸盐矿物层间和颗粒边缘上的钾，即那些处在强吸附点上不能为上述盐溶液在短时间内提取的钾。数量占土壤全钾的2%～8%，缓效态是速效钾的贮备库，可以缓慢地转变为速效钾，从而对植物有效。

11.3.2.4 矿物钾

存在于原生矿物或次生矿物结晶构造中的钾。矿物钾占土壤全钾量的90%～98%，不溶于水，不易被溶液中的阳离子所代换，有效性低。只有经过风化作用后，才能变为速效性钾。风化过程相当缓慢，对速效钾的贡献微不足道。含钾矿物风化的容易程度依次为：黑云母（三八面体云母）＞ 白云母（二八面体云母）＞ 正长石 ＞微斜长石。

11.3.3 土壤中钾的转化

土壤中各种形态的钾是处于动态平衡过程中，可以用下式来表示其动态变化（如图 11-7）。

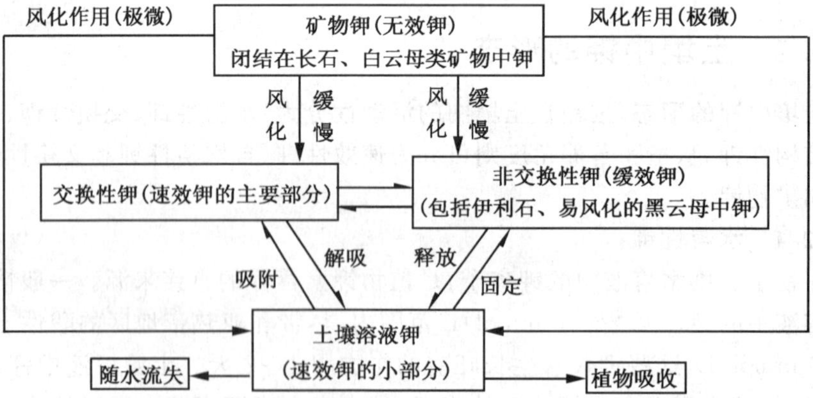

图 11-7 土壤中不同形态钾的转化关系

（引自黄昌勇主编的土壤学）

反应往右方向进行，为钾的释放，往左为钾的固定。溶液钾和交换性钾之间的平衡是瞬间发生的，通常在几分钟内即可完成。交换性钾和非交换性钾之间的平衡速率较慢，需要数天或数月才能完成。而结构钾的释放是非常缓慢的，实际上不可能与其他形态的钾建立起平衡关系。

11.3.3.1　土壤钾的释放

在土壤的风化和成土过程中所产生的无机酸类，如 H_2CO_3、HNO_3、H_2SO_4 以及在有机质分解过程中所产生的有机酸，都可以把含钾矿物中的钾释放出来。正长石的水解反应表示如图 11-8。

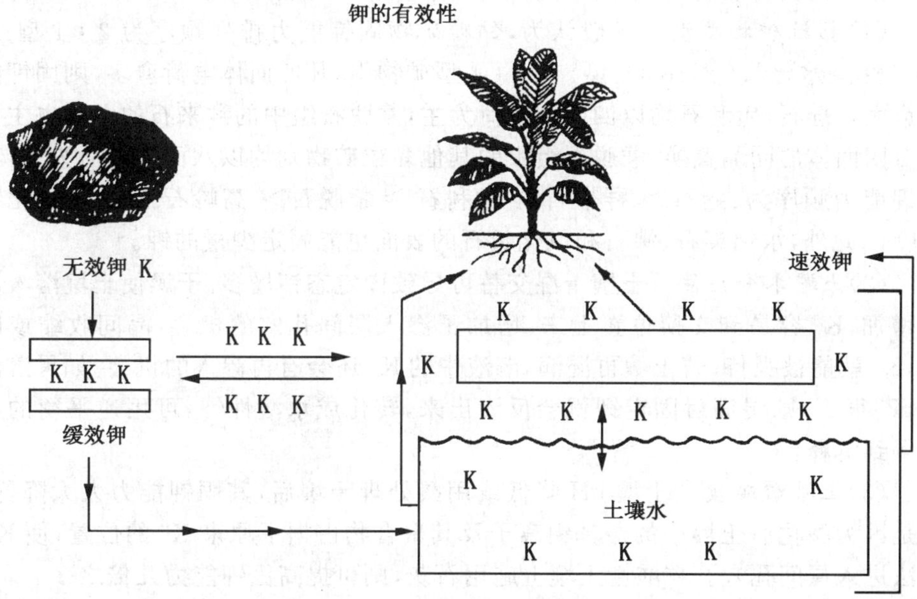

图 11-8　土壤中钾的释放

这种反应过程虽然进行得十分缓慢，但它在土壤中始终都在进行着。另外，一些细菌(硅酸盐细菌)也可促进或主导这一过程，如硅酸盐细菌，在获取硅(Si)的同时，也将硅酸盐彻底分解成二氧化硅及氧化铝等简单化合物，并释放出钾、磷元素。

很多事实说明，在自然和人为控制条件下固定态钾、缓效态钾都可以转化为速效性钾，但首要条件是土壤中的速效性钾浓度要降低到一定限度才有可能进行。转化速率随速效性钾降低程度,即土壤中速效态钾减少愈多,则缓效钾释放的速率愈快。此外,干湿交替、冻融交替、灼烧等外界条件的变化,对土壤速效钾也产生不同的影响,如采用熏泥、炕土、烧土等办法可以提高速效钾的含量。

11.3.3.2 土壤钾的固定

钾的固定作用是指速效性钾转化成缓效性钾的过程。当土壤中速效性钾较多时,在一定条件下,如干湿交替、冻融交替等,代换性钾进入2:1型黏粒矿物晶胞间六角网穴中,在外力作用下,土壤干旱脱水引起收缩,K^+被陷入其中,暂时失去被代换的自由,转化成缓效态钾暂时被固定。

据研究资料表明,影响土壤固钾的因素有以下几点:

(1)*黏粒矿物类型* 一般认为,黏粒矿物固钾能力排列顺序为2:1型>1:1型>水化氧化物R_2O_3型。在2:1型矿物中,凡四面体电荷愈多,则固钾能力愈大。蛭石、伊利石均以四面体电荷为主,蒙脱石组中的拜来石的电荷也主要来自四面体的同晶置换,蒙脱石组中的其他黏粒矿物则均以八面体电荷为主,其固钾能力顺序为:蛭石>拜来石>伊利石>蒙脱石>高岭石>水化氧化物R_2O_3。此外,水铝英石、沸石和风化长石的表面也能固定少量的钾。

(2)*土壤水分条件* 土壤干湿交替可导致固定态钾增多。干燥使土壤溶液浓度增加,K^+容易到交换位置上来,增加了渗入层间孔穴的机会,晶间收缩或闭合,K^+就能被吸持。若土壤再湿润,溶液中的K^+还会有再渗入的机会。如果溶液中K^+很少,则湿润后固定钾就会反渗出来,转化成水溶性钾,可用逆平衡的原理得到解释。

(3)*土壤酸碱度* 土壤pH降低或用酸处理土壤后,其固钾能力大大降低。这是因为酸化后土壤中的羟基铝离子及其聚合物占据了原来K^+的位置,使K^+无法进入层间孔穴。在酸性土壤上施用石灰,则可提高固钾能力几倍之多。

(4)*NH_4^+的影响* NH_4^+的半径为0.148 nm,与K^+接近,它同样能被2:1型黏粒矿物所固定进入六角网穴中。在NH_4^+浓度低时,土壤吸附钾多于铵。当NH_4^+浓度达到0.1 mol后,NH_4^+的固定量才多于钾。因此,施铵态氮肥可使固钾量显著减少,还可能把晶层间的Ca^{2+}、Mg^{2+}等体积较大的离子代换出来,把K^+进出的通道封闭住。因此,在测定交换性钾含量时,选用铵盐作为最佳浸提剂的理由即在于此。

11.3.4 土壤中钾的调节

为了保证作物生长期间土壤中有充足的速效钾供给,在土壤管理和施肥技术上，应尽量注意防止钾的固定和淋失，加速缓效钾的释放。在措施上一般应考虑以下几方面：

①施用钾肥时，应分次，适量，避免一次过量，以减少钾的固定和淋失。

②宜条施、穴施，集中施用，以提高土壤胶体上交换性钾的饱和度，增加钾的有效性。

③钾肥不宜面施，可与氮、磷及一些微量元素肥料配比后做成颗粒肥料，深施覆土，以减少钾肥因表土频繁干湿交替引起的固钾量的增多。

④增施有机肥料，维持或增加土壤腐殖质的含量，其好处有：a. 提高阳离子的交换量，减少交换钾的固定量。b. 有机质在转化过程中产生一些有机酸，可促进含钾矿物的风化。c. 土壤有机质含量提高后可减弱蒙脱石类矿物的胀缩性，从而减少钾的固定。d. 有机胶体以胶膜形式包被于黏粒矿物表面，阻止了钾离子与黏粒矿物的直接接触，减少钾的固定机会。

11.4 土壤中的硫

11.4.1 土壤中硫的来源、含量和形态

11.4.1.1 土壤中硫的来源和含量

土壤中的硫最初来源于岩浆岩中的各种含硫矿物，最常见的含硫矿物是黄铁矿（FeS_2），其他还有闪锌矿（ZnS）、方铅矿（PbS）孔雀石（CuFeS）、辉钴矿（CoAsS）等，这些矿物在一定条件下溶解释放出 S^{2-}，被植物吸收或向其他形态转化。

土壤中全硫含量大多变化于 0.01%～0.5%之间，平均为 0.085%。我国农田土壤含硫多在 0.01%～0.05%之间。土壤中含硫多少与土壤所处的地理环境、母质关系密切。岩浆岩母质上发育的土壤，硫的能力较弱，全硫含量往往不是很高；沉积岩母质上发育的土壤含硫一般较高。南方湿润多雨地区淋溶强烈，全硫含量低，而西北干旱地区土壤常有易溶性硫酸盐累积。我国南方江、浙、赣等省份分布着一些质地较粗的花岗岩、沙岩和河流沉积物等母质上发育的质地较粗的土壤，全硫和有效硫均较低，是我国主要的缺硫地区。另外，水田土壤全硫含量往往高于同一地区的旱地土壤，是由于水田有机质积累较多，使硫得以累积的缘故。

耕作土壤中的硫除来源于含硫矿物和有机物质以外，天然降水、灌溉水以及

施用含硫的化学肥料，如普钙和硫铵肥料中含有少量硫，也是硫素的重要来源。这种来源的硫有时可以完全满足作物的需要，如闽、赣、滇几省的样品测定，每年随降水带至地面的硫 11.7～28.35 kg/hm^2。据我国南方 650 个河水样品分析，河水平均含硫 1.67 mg/L，如果一季稻灌水 500 m^3，则可带入 0.83 kg 硫。

11.4.1.2　土壤中硫的形态

土壤中的硫可分为有机态硫和无机态硫两种形态。

土壤中的无机硫主要以 SO_4^{2-} 形式存在，是植物可以直接吸收的形态。SO_4^{2-} 在土壤中以可溶态和吸附态存在。SO_4^{2-} 可以被黏粒、铁铝氧化物等吸附，土壤对 SO_4^{2-} 的吸附能力弱于 PO_4^{3-}，因此易于淋失。在干旱地区土壤中，硫可以游离的 $CaSO_4 \cdot 2H_2O$（石膏）形式存在或以 $CaSO_4 \cdot 2H_2O$ 的形式混杂于 $CaCO_3$ 中形成共沉淀化合物。盐渍化土壤中大量存在着 $MgSO_4 \cdot 7H_2O$（泻盐）、Na_2SO_4（芒硝）。在通气很差、还原性很强的水成系列土壤中，有游离的硫化物存在，此时 S^{2-} 多与低价 Fe^{2+} 形成 FeS 沉淀。

土壤中有机硫和无机硫的比例变化很大，但对多数土壤来说，土壤中的硫以有机硫为主，可占全硫的 95%以上。湿润多雨地区，无机硫易淋失，所以有机硫占的比例较高，如我国南部和东部湿润地区有机硫可占全硫的 85%～94%，而北部和西部石灰性土壤无机硫含量也不少，可占全硫的 39.4%～61.8%。

对土壤中有机硫的形态和结构了解得不多。一般将有机硫分成两大类，一种是碳键合硫、这种 S 以 S—C 键直接附着于 C 链上，含硫氨基酸即是这种硫；另一种是非碳键合硫，这种硫易被氢碘酸（HI）还原，一般认为是硫酸脂类化合物（含 C—O—S 键）。在湿润和半干旱地区土壤中，约占全硫的 40%是碳键合态硫。

11.4.2　土壤中硫的转化

土壤中的硫经常在植物、动物、土壤、大气以及水体间循环变化。矿物态硫经溶解产生 SO_4^{2-} 可被植物吸收，也可被土壤吸附或淋溶，被植物和微生物同化后转化为有机硫，有机硫又不断地遭到微生物分解转化为 SO_4^{2-}，在一定条件下还可产生微量的碳醇、烷基硫化物等挥发性有机硫，排放到空气中去，以上过程构成了在自然界硫的循环（如图 11-9 所示）。

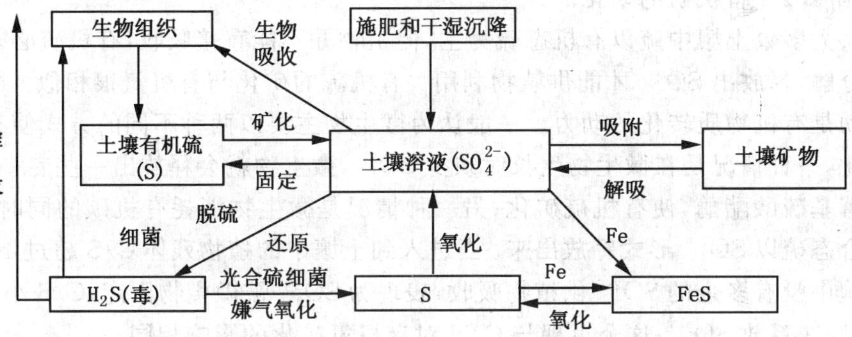

图 11-9　土壤中硫的循环

11.4.2.1　矿物态硫的溶解和无机硫的氧化

土壤中的含硫矿物，多为金属硫化物，其溶解度低，经过土壤中各种酸的作用，可以部分地溶解释放出无机硫离子。在与土壤空气接触后，大多数情况下是经硫细菌作用，很快氧化成 H_2SO_4，再与其他矿物形成盐类，溶解或游离于土壤溶液中。

$$FeS_2 + 2H_2O + 7O_2 \longrightarrow 2FeSO_4 + 2H_2SO_4$$

$$\begin{array}{c} H_2SO_4 + \underset{(CaSiO_3)}{MgSiO_3} \longrightarrow \underset{(CaSO_4)}{MgSO_4} + H_2O + SiO_2 \end{array}$$

土壤中的硫酸盐多以钾、钠、铵盐存在，溶解度较高，如西北地区富含石膏的土壤，其水溶液中 SO_4^{2-} 可达 5 000 mg/kg。

硫的氧化可以产生 H^+，是一个酸化过程。在干旱地区土壤中施用硫磺可以降低碱度。某些地区可利用硫磺降低土壤 pH 值，以控制马铃薯疮痂病等病害。但在土壤中碱金属和碱土金属含量少时，无机硫的氧化可以使土壤强烈酸化，如华南沿海地区的反酸田土壤，其剖面下部埋藏有红树属植株残体，富集大量含硫物质，长期积水时，通气性很差，还原性极强，产生大量 H_2S。经垦殖后，土壤排水，通气性变好，硫化物被氧化，产生大量 H^+，可使土壤 pH 值降到 3 以下。还原条件下产生的 H_2S 对植物有毒害作用，据研究，H_2S 浓度超过0.07 mg/L时，对水稻生长就产生了抑制和毒害。此时应排水晾田，促其氧化。如果 H_2S 和 Fe^{2+}、Zn^{2+}形成 FeS 和 ZnS 沉淀，则可减轻毒害，但有时也会造成铁、锌的缺乏。

11.4.2.2　有机硫的矿化

大多数土壤中硫以有机态硫为主，但植物并不能直接吸收，有机硫必须经矿化分解，释放出 SO_4^{2-} 才能供植物利用。有机硫的矿化与有机氮很相似。微生物活动是有机物质转化的动力。一般认为微生物主要以两种不同的方式使有机硫矿化，一种情况是在微生物生长时缺少 SO_4^{2-}，微生物就会释放出一些专一性酶，如芳基硫酸酯酶，使有机硫矿化；另一种情况是微生物消耗有机碳的同时，使碳键合态硫以 SO_4^{2-} 形式释放出来。当进入到土壤中的植物残体 C/S 超过 400 时，土壤中没有多余的 SO_4^{2-} 供植物吸收，表现为 SO_4^{2-} 被微生物固定；C/S 小于 200 时，则净释放 SO_4^{2-}；这个道理与 C/N 对有机氮矿化的影响相同。

有机硫的矿化过程一般是含硫的蛋白质经微生物水解酶的作用水解，释放出含硫的氨基酸，再以 H_2S 的形式脱硫，如胱氨酸的矿化反应：

$$\begin{array}{lll}
\mathrm{CH_2{-}S} & {-} & \mathrm{S{-}CH_2} \\
| & & | \\
\mathrm{CHNH_2} & & \mathrm{CHNH_2} + 4H_2O \rightarrow 2CH_2COOH + HCOOH + CO_2 + \\
| & & | \qquad\qquad\qquad\qquad\quad \mathrm{2NH_3 + 2H_2S} \\
\mathrm{COOH} & & \mathrm{COOH}
\end{array}$$

生成的 H_2S 经硫细菌作用，氧化为硫或硫酸，即硫化作用。其反应式如下：

$$2H_2S + O_2 \longrightarrow 2H_2O + 2S + 527.54\ \mathrm{J}$$
$$2S + 3O_2 + H_2O \longrightarrow 2H_2SO_4 + 1\,050.89\ \mathrm{J}$$

如果土壤通气不良，硫和硫酸也可再还原为 H_2S，这个过程称为反硫化作用，类似反硝化作用，如：

$$C_6H_{12}O_6 + 3K_2SO_4 \longrightarrow 6KOH + 6CO_2 + 3H_2S$$

目前，已知有两个属的硫细菌参与这一过程，它们利用硫酸盐中的化合氧、氧化有机质。

土壤中有机硫的矿化是在微生物参与下进行的，因此影响微生物生长的因素，也影响硫的矿化，这些因素包括温度、湿度、pH、C/S 等。种植作物的土壤比休闲地硫矿化作用强，这是因为作物根际促进了微生物的生长，使土壤的微生物活性较大的缘故。

11.5　土壤中的钙、镁

钙和镁是植物所需的大量营养元素。据一些植物干重的化学成分资料，钙占干物重的0.6%，约比镁含量多一倍。不同土壤母质中钙、镁含量不同，岩浆岩平均含CaO 5.08%，MgO 3.48%；沉积岩含CaO 5.41%，其中石灰岩含CaO可达42.57%。母质中的钙镁含量对形成土壤中钙镁总量影响并不是很大。土壤中钙镁含量主要受气候、地表、植物等因素的影响。

土壤中全钙量可从微量到4%以上，全镁一般为0.1%～4%，多数在0.3%～2.5%之间。湿润多雨地区，土壤酸度大、钙镁溶解度高，淋失强烈，全钙量低于1%；干旱半干旱地区一般在1%以上，常有游离的$CaCO_3$存在。土壤中全钙量在1%～20%以上时该土壤被称之为石灰性土壤(碳酸盐土壤)。钙镁在土壤中的淋溶作用，与其他盐基离子相比，相对较慢，在剖面中分布相对均匀。石灰性土壤中碳酸钙的淋洗和淀积，与当地淋洗条件密切相关，往往被看做当地淋洗强度的一个指标。

土壤中的钙镁主要是无机态，有机态钙镁所占比例很小。无机态钙镁有矿物态、代换态和水溶态。矿物态钙镁所占比例最高，矿物态钙占全钙的40%～90%，矿物态镁占全镁的70%～90%。这部分钙镁主要存在于原生和次生矿物的晶格中，钙镁往往共存于角闪石、辉石，钙长石、白云石等矿物中，这些原生矿物易分解，绝大部分矿物态钙镁存在于硅酸盐矿物中。

代换性钙镁是吸附在胶体表面的钙镁离子。代换性钙一般占全钙的20%～30%，代换性镁一般占全镁的1%～20%，代换性钙的数量是代换性镁数量的5～10倍。土壤中的水溶性钙从几十到几百微克/克不等，土壤溶液中Ca^{2+}是Mg^{2+}的2～8倍，K^{+}的10倍左右。

水溶态和代换态钙镁是植物可以直接吸收利用的速效性钙、镁。难溶性矿物态钙镁，必须经长期风化作用才能释放出来，但为数不多。在湿润多雨的南方，淋溶强烈，易溶性钙镁缺乏，只能靠难溶性矿物的风化释放少量钙镁，难以满足作物需要，易出现缺钙、缺镁的情况，尤其是缺镁更为严重。

11.6 土壤中的微量元素

11.6.1 土壤中微量元素的含量

微量元素通常是指土壤中含量很低的化学元素。一般指植物所必需的铁、锰、铜、锌、钼、硼、氯这 7 种元素。这几种元素在土壤中的含量通常在百万分之几到十万分之几。其中以铁的含量最高,可达土壤的百分之几,以钼的含量最低。应当指出,土壤中微量元素的全量并不能表征对植物是否充足,而微量元素的有效形态则与植物生长关系更为密切。

土壤中微量元素的总量主要受成土母质的影响,同时成土过程又进一步改变了微量元素的含量,有时会成为决定微量元素含量的主导因素。一般基性岩浆岩母质上发育的土壤,Fe、Mn、Cu、Zn 含量较酸性岩浆岩母质上发育的土壤高;沉积岩母质上发育的土壤,硼元素含量较高,而沙质土壤微量元素含量一般都较低。土壤有机质可以与微量元素发生络合反应,使微量元素富集,因此富含有机质的表层土壤或有机土,微量元素含量较高。

11.6.2 土壤中微量元素的形态

土壤中微量元素的形态非常复杂,主要可分成水溶态、代换态、有机结合态、矿物态等几种形态。

11.6.2.1 水溶态

通常指土壤溶液中或水浸提液中所含有的微量元素。这种形态的微量元素含量很低,往往只有几纳克/克($1\ ng = 10^{-9}\ g$),高的也只有几微克/克。水溶态微量元素主要是简单的无机阳离子及其水解离子,如 Fe^{3+}、Fe^{2+}、Zn^{2+}、Cu^{2+} 和 $Fe(OH)_2^+$、$Fe(OH)^+$、$Mn(OH)^+$、$Zn(OH)^+$、$Cu(OH)^+$ 等。微量元素与一些小分子有机物形成的络合物,也可溶解在溶液中。

11.6.2.2 代换态

指吸附于胶体表面而仍可被溶液中的离子交换下来的那部分微量元素。一般土壤中交换态微量元素含量不高,少的不足 1 μg/g,多的可达几十微克/克。

11.6.2.3 与土壤中其他成分相结合、共沉淀而成为固相的一部分或被包被在新形成的固相中的微量元素

如铁、锰、铜、锌可以通过共沉淀或吸附作用与碳酸盐作用而被固定。土壤中

的铁、锰氧化物以胶膜、锈斑、结核或颗粒间胶结物形式存在时，对微量元素的吸附作用很强，也可产生共沉淀现象，以这些形态存在的微量元素不能被水浸提或交换出来。

11.6.2.4 有机结合态的微量元素

这类形态的微量元素主要是与土壤中的胡敏酸和富里酸形成的络合物。微生物将有机物分解后会释放出这类微量元素。

11.6.2.5 矿物态

指存在于矿物晶格中的微量元素。土壤中含有微量元素的矿物很多，但大多数矿物的溶解度都很低。在酸性条件下大多数矿物溶解度有所增加，而有些微量元素，例如，钼则是在碱性条件下易从矿物中溶解出来。

11.6.3 影响微量元素有效性的因素

土壤中微量元素供应不足有两种情况，一种是土壤本身含量低，另一种是总量并不低，但有效性低，一般以后一种最普遍。影响微量元素有效性的因素很多，如土壤 pH、氧化还原电位、有机物和微生物的反应等，其中又以土壤 pH 值的影响最为突出。

11.6.3.1 土壤的酸碱度

微量元素铁、锰、铜、锌、硼的溶解度在低 pH 值下较大，其有效性较高。在强酸性土壤中，有时会超出植物的忍耐范围，产生毒害。pH 值升高，土壤的固定作用增强，使溶解度降低，如有效铁主要来源于之一的$Fe(OH)_3$等一类化合物。若土壤溶液的 pH 每提高一个单位，Fe^{3+}就要降低 1 000 倍。钼的情况则与上述几种元素相反，当 pH 值升高，则提高了 Mo^{2+} 的溶解度，因 pH 值低时，MoO_4^{2-} 易于与 Fe^{3+}、Al^{3+} 作用形成沉淀。

石灰性土壤，pH 较高，$CaCO_3$ 对微量元素的固定作用强，所以植物易缺乏微量元素，如铁、锰、铜、锌、硼，对这类土壤，单纯施含微量元素的无机化肥。效果很差，可以施用络合态微量元素或叶面喷施。对于酸性土壤适量施用石灰则可提高钼的有效性，消除缺钼症状。

11.6.3.2 土壤氧化还原状况

土壤的氧化还原状况主要影响那些具有多种化合价的元素，如铁、锰、铜。相同 pH 情况下，还原态离子（低价态）的溶解度较氧化态大，因此，在还原性土壤中，如水稻土，随着 *Eh* 的下降，还原态金属离子浓度提高，有时甚至会产生毒害。消除的途径是通过排水晾田以提高 *Eh*，以减轻其毒害作用。

在阳离子型微量元素中，锰最易发生氧化还原反应。pH 值对氧化还原反应影响较大。例如，锰在酸性土壤中，主要以二价态为主，中性附近有利于三价态离子的生成，pH＞8 时，则大部分向 MnO_2 转化。

11.6.3.3 有机质和微生物的活动

微量元素可以与一些有机物络合，或通过微生物活动而转化成有机态。小分子量的络合态微量元素仍可被植物利用，而且避免了被土壤胶体或磷酸根离子所固定。大分子量的有机络合物溶解度大大降低，使微量元素有效性降低。最明显的例子就是泥炭土中的铜、锌几乎都是复杂的有机络合态，使该土壤往往产生缺铜、缺锌的情况，影响作物产量。

微生物可以分解有机物，释放微量元素，也可吸收微量元素到体内而暂时固定。微生物的活动还可改变局部土壤 pH 值和氧化还原状况，也会影响到微量元素的有效性。

11.6.3.4 固定作用

过量施用化学磷肥，可以导致一部分有效性的铁、锰、铜、锌等与磷酸根作用，形成沉淀。土壤水分、温度等条件的剧烈变化可导致吸附的微量元素进入矿物晶格而被强烈固定。

11.7 土壤养分平衡及有效性

从前面各节论述得知，土壤养分循环的反复利用，是自然界物质大循环的一个组成部分。土壤养分保存和有效供给对维持生物体的生命发展过程起了极其重要的作用。

11.7.1 土壤养分的动态平衡过程

土壤是植物获取营养元素的主要介质。土壤矿物经风化、分解、释放的养分元素进入土壤溶液，如果与某种矿物的某种养分浓度达到过饱和时，就会发生沉淀，直到保持平衡。如果溶液中的养分被植物吸收而不断消耗，则矿物就会逐渐被溶解，直到达到平衡状态。由此可以看出，土壤固相所吸附的养分元素与溶液中的养分元素始终保持着一个动态平衡的过程(如图 11-10)。

这种固液养分平衡，实际上是养分供给的土壤——植物系统动态平衡的关系。

$$\boxed{\text{固相 M}} \underset{}{\overset{K_1}{\rightleftharpoons}} \boxed{\text{土壤溶液相 M}} \overset{K_2}{\rightleftharpoons} \boxed{\text{根压液相 M}} \overset{K_3}{\rightleftharpoons} \boxed{\text{根 N}}$$

图 11-10　土壤养分供求平衡示意图

植物根系主要从土壤溶液中吸取养分，也可吸取土壤胶体上吸附的代换性养分。但因土壤胶体表面吸附的养分，其吸附的机理即吸附$\rightleftharpoons$释放的影响因素很复杂，则吸附态养分的有效性差别很大。如由静电引力吸附的交换性离子，结合的络合物，有效性较高；由共价键结合的表面络合物（内圈），属于专性吸附，有效性就低。

在作物生产中，植物从土壤溶液吸取矿质营养，养分元素随着农产品收获，不断从土壤中输出，就需对土壤溶液补充"缺乏"的元素，以维持其平衡。养分补给途径，一是靠固液间相互转化、移动，即靠土壤自身调节。二是靠人为施肥补给，补给多少要依据作物对养分的需要量、需肥规律和土壤有效养分的供应能力来确定。

11.7.2　土壤养分的容量、强度指标及缓冲性

在讨论植物养分有效性，提出养分的容量因素和强度因素概念。养分容量因素是指土壤有效养分的总量，即固相能补给土壤溶液养分的总贮量。强度因素是指土壤溶液中养分离子的浓度。二者的概念既有区别，又有联系，相互补充。因为影响养分离子有效度的因素十分复杂，仅用养分容量、强度因素作指标，难以反映土壤养分的真实情况。

有人提出了养分的缓冲容量的概念，它是指固相维持溶液中养分强度的能力，是强度因素和容量的综合指示，通常以 Q/I 关系图表示，即当溶液中养分强度改变一个单位，所引起的固相吸附态养分的变化量。

不同的土壤类型、黏粒含量、类型不同，其缓冲容量不同，即使同一土类中，质地、酸度等性质的差异，缓冲容量也不一样。缓冲容量可以作为土壤养分的供肥特性，缓冲容量不同，虽然有效养分同等，则养分补给也会明显差异。缓冲容量大的土壤，可以迅速补充溶液中的养分亏缺，能提供较多的有效养分。当施肥时，缓冲容量大的土壤能吸附大量的养分，需要施入较多的养分才能使溶液中的养分浓度达到一个较高水平。

用 Q/I 的等温曲线可以很好的表达 $H_2PO_4^-$、K^+、Ca^{2+}、Mg^{2+}、NH_4^+ 等的缓冲特性和养分保持和供给的相互关系。

12 土壤形成与分布

【教学目标】

● 土壤的形成

1. 了解土壤成土因素的含义和内容，掌握主要成土因素在土壤形成过程中的作用，以及各成土因素之间的相互关系。
2. 掌握自然土壤的形成过程和实质，并要区别与农业土壤形成的不同之处。
3. 了解我国自然土壤类型多样性的原因？弄清楚不同土壤其形成过程的特点。

● 土壤分布的规律性

1. 了解土壤分布的概念：如纬度地带性、经度地带性、垂直地带性及区域地带性分布的含义。
2. 了解我国土壤类型分布的基本规律，并说明其原因。

12.1 土壤形成因素

早在19世纪末，俄罗斯的土壤学家道库恰耶夫(В·В·Докуцаев)根据其长期的土壤研究工作实践，创立了土壤形成因素学说，为土壤发生学奠定了理论基础，明确指出了“母质、气候、地形、生物和时间”是自然土壤的五大成土因素。进入20世纪，成土因素学说得以进一步发展，威廉斯进一步指出了土壤的本质特征是具有肥力的，而肥力是高等植物、微生物在土壤中进行生命活动的结果。20世纪40年代，美国土壤学家詹尼(H. Jenny)根据成土因素学说提出成土因素的数学公式，即：

$$S = f\,(Cl,\ O,\ r,\ p,\ t\cdots\cdots)$$

式中，S为土壤；Cl为气候；O为生物；r为地形；p为母质；t为时间；……代表未确定因素。

并提出如某一成土因素作用占优势时，设其他因素保持一定，即公式可写成：

$$S = f\,(Cl,\ O,\ r,\ p,\ t\cdots\cdots)\quad（气候函数式）$$

$$S = f\,(O,\ Cl,\ r,\ p,\ t\cdots\cdots)\quad（生物函数式）$$

$$S = f\,(r,\ Cl,\ O,\ p,\ t\cdots\cdots)\quad（地形函数式）$$

$$S = f\,(p,\ Cl,\ O,\ r,\ t\cdots\cdots)\quad（母质函数式）$$

$$S = f\,(t,\ Cl,\ O,\ r,\ p\cdots\cdots)\quad（时间函数式）$$

上述函数式虽较简单、明了、直观地反映了某一因素在成土过程中的作用，但却难以说明各成土因素之间相互依存、相互促进、相互制约的复杂的网络关系。

12.1.1 母质因素

母质是指固结状态的岩体(母岩)或岩石矿物的风化产物。它是形成土壤并构成土体的基本材料，是土壤的“骨架”部分，也是植物矿质营养元素的最初来源。母质本身的某些性质还会长期地遗传给土壤，这种遗传作用主要表现在如下几个方面。

12.1.1.1 母质影响土壤的物理性状和化学组成

土壤在其形成发育过程中，幼年土壤的一些性状主要是继承母质的，发育时间愈长的土壤（老年土）与母质的性质分化愈明显。如在石英含量丰富的花岗岩风化体上发育的土壤，由于抗风化强的石英沙砾多，使土体疏松、透水性强，但盐基成分少，在强烈淋溶条件下，盐基易淋失使土壤呈酸性反应。相反，富含盐基成分多的玄武岩、辉绿石等基性岩风化体上发育的土壤，不含石英沙砾，黏粒含量高，盐基成分亦较丰富，抗淋溶作用强，一般土质黏重且通透性不良，土壤盐基代换量高，矿质养料多，土壤呈中性或碱性反应。

12.1.1.2 母质影响土壤的化学性状

母质所含大量的硅、铝、氧三元素是构成土壤黏粒矿物的基本元素；铁、锰元素在土壤氧化—还原过程中，不同的氧还产物表现颜色不同；钾、钠等碱金属离子，使土壤黏粒分散，易使土壤黏闭，影响其通透性，碱金属钠盐的富集可使土壤盐碱化；钙、镁等碱土金属离子能促进黏粒凝聚，形成良好的团粒结构体，硫以 FeS、FeS_2（黄铁矿）的形态存在于土壤中，可被氧化成硫酸而使土壤酸化。硫酸钠盐在还原条件下生成硫化钠，与碳酸钙进行置换反应生成碳酸钠又可使土壤碱化。

12.1.1.3 母质影响土壤的成土过程

在成土过程中，水分在土体内的移动情况是促进剖面层次分化的重要因子。粗质地的山坡堆积物，水分自上而下迅速穿过，难以引起母质中的化学风化作用，故成土作用进行缓慢，土壤剖面发育不明显；细质地的母质，如湖积体等，由于土体渗透性极差，水分常滞留于土壤中，容易引起土壤潜育化的发展；只有在壤性母质中，通透性适中时，才有利于各成土因素的共同作用，使土壤在一定的地带呈有规律的定向发育。

12.1.1.4 母质的层次性影响土壤的剖面构造

河流冲积形成的母质（冲积体），由于江河冲积物具有明显的质地层次性，所发育的土壤剖面都带有原沉积层土体构型的特征。在泛滥平原中，这种沙黏交错的层次结构的土壤十分明显。

12.1.1.5 母质的化学组成影响土壤腐殖质特性

发育在石灰母质上的土壤，其腐殖质组成中富含 CaO，而发育在火山灰母质上的土壤，腐殖质中含有较多的 P_2O_5 和 K_2O。石灰岩中钙对腐殖质起凝聚作用，形成腐植酸钙而保存于腐殖质中（见表 12-1）。

表 12-1 石灰岩和火岩母质对土壤腐殖质中钙、钾、磷、氮含量的影响

腐殖质的组成	石灰岩上发育的土壤(9分样品)		火山岩上发育的土壤(5个样品)	
	平均(%)	变幅(%)	平均(%)	变幅(%)
CaO	2.750	0.710～5.88	0.665	0.170～1.190
K_2O	0.053	0.210～0.058	0.171	0.126～0.317
P_2O_5	0.121	0.045～0.187	0.219	0.155～0.264
N	1.770	1.460～2.290	1.710	1.570～2.090

在湿润气候带，石灰岩中的主要成分 $CaCO_3$ 易遭淋失，残留少量的铁、铝、锰氧化物和铝硅酸盐等，形成质地黏重和很薄的土层。剖面不显示土层分化，而粒状结构发育良好。如在石灰母质上发育的红色和黑色石灰土，土壤中钾、钠含量很低，原因是石灰岩风化物中高浓度的 Ca^{2+} 对 K^+、Na^+ 进行代换，而钾、钠又遭到淋失的结果。

12.1.2 生物因素

生物包括动、植物和微生物。生物对土壤的形成有着特殊的重要贡献。首先，低等生物的初始营养取自于母质，而生物从大气中摄取的营养物质又丰富了母质，使之有了氮素。生物死亡后又将其躯体归还于土壤，成为土壤有机质的组成部分，进而形成腐殖质。其次，生物选择性吸收，把分散在母质—大气—水体—植物体系中的矿质营养集中并聚集于土壤的表层，极大地丰富了土壤表层养料的数量和种类，为生物进一步的发展创造了条件。第三，生物物质进入土壤后，在微生物的作用下，分解释放出矿质养料，保证了植物所需的有效态养料的供给，同时合成土壤腐殖质，促进土壤良好的结构形成，从而大大改善了土壤水、肥、气、热等条件，使土壤肥力得以不断提高。由此可见，生物的存在和发展，才开始了土壤肥力的发生和发展，土壤形成过程才出现了质的飞跃。

12.1.2.1 木本植物对成土过程的影响

木本植物都是多年生植物，随着季节的更替，每年都有一部分枯枝落叶和花果残落于地面，不同气候带残落物的数量差异很大。这些残落物堆积在地表形成一层覆盖层，含木质素成分较多，疏松多孔，富有弹性，通气透水性好，对土壤有一定的抗蚀护土作用。但木本植物对提高土壤有机质含量的作用较小，形成腐殖质的品质也较差。

在针叶林下，残落物中含有较多的单宁、树脂类物质成分，被真菌分解后，产

生多种酸性物质及一些有机酸，如草酸、酒石酸、黄腐酸等，土壤处于酸性环境下，矿质土粒遭到强烈风化，使 Ca、Mg、Fe、Al、Mn 等基性元素被淋溶至心、底土层，致使表土层因盐基损失而酸化，形成酸性土，如东北大兴安岭北的漂灰土。

在阔叶林下，残落物所含单宁、树脂成分少，含 Ca、Mg 等盐基丰富，残落物分解后产生的有机酸多被盐基中和，大大削弱酸性淋溶过程，故在阔叶林下，多数形成棕壤型土壤。

12.1.2.2 草本植物对成土过程的影响

大多数草本植物为一年生植物，残留给土壤中的有机物就地分解成为土壤有机质的主要来源。年复一年草根层逐渐变成了深厚的腐殖质层。另外，草本植物含纤维素较多，含单宁、树脂、木质素成分少，质地致密而柔软。土壤在中性环境下，以细菌分解为主，故形成的腐殖质含量多，品质好，盐基饱和度也高。加之根系分割土壤作用和根际分泌物，在根层形成良好的土壤结构，改善了土壤的水、肥、气、热状况，提高了土壤肥力。可见，草本植物对提高土壤有机质含量和地力的贡献远大于木本植物。

12.1.2.3 微生物在土壤形成的作用及其意义

微生物在土壤中数量大，分布广，种类繁多，它是土壤中物质转化的主要动力。如分解有机质，释放矿物质养分，合成土壤腐殖质，固定大气中游离态的氮素等等，都离不开微生物的作用。在生物小循环中，没有绿色植物对养料的吸收、集中，并合成植物有机体，就没有养料在母质和土壤中的累积；没有微生物对有机质的分解和合成土壤腐殖质，就没有养料元素在生命界的无限循环，也就没有土壤有机胶体的形成和发展。总之，微生物与植物、土壤动物一起，构成了一个完整的土壤生态体系，参与了氮素和矿质养料循环、能量转化、水、热平衡等过程，在土壤形成及其肥力发生、发展过程中具有特殊重要的意义。

12.1.2.4 土壤动物在土壤形成过程中的作用

土壤原生动物中变形虫、纤毛虫都是食菌微生物，不能分解土壤中的有机质。但其中的鞭毛虫能从分解有机质中获得能量，也参与了一部分土壤有机质的转化。土壤动物中的线虫类，有一部分能分解土壤有机质，如轮转虫。土壤中无脊椎动物种类很多，数量巨大，每公顷可达数千到几十万个，如各种昆虫、蚯蚓、蜘蛛、蚂蚁等，它们翻动土壤，并能分解有机质。脊椎动物如蜥蜴、鳝鱼、蛇、獾、鼹鼠等翻土的能力都很强。

总之，土壤动物一是以其躯体残留于土壤，成为土壤有机质的一部分，二是在生活过程中翻动土壤，并消化别的动物及植物有机体，把粪便排入土壤中，加速了土壤有机质的分解与合成过程。值得注意的是蚯蚓，生长量大，它把吃进的有机物和土粒混合后转变成团粒结构体又排入土壤，增加土壤的团聚度，对提高地力有重要作用。

12.1.3　气候因素

气候在土壤形成的外在因素中决定着成土过程的水、热条件，并控制植物生长和微生物活动，影响有机质的分解与积累，影响营养物质的生物小循环的速度和范围。

12.1.3.1　湿度因素

(1)*湿度影响土壤有机质和氮素的含量*　一般而言，表土有机质含量与大气湿度呈正相关。在气候湿热多雨地区，植物生长茂盛，有机质年增长量大，每年进入土壤的有机质就多。而温度高，好气分解消耗的有机质也多，土壤有机质累积量较少。在气候温暖湿润地区，温湿同步，有利于植物生长，但干冷季节来得早，微生物活动受到抑制，植物残体分解缓慢，累积的有机质数量较多，如我国的东北地区土壤有机质含量比其他地区都高。在干旱少雨地区，植物生长稀疏，土壤有机质的合成量也少。

(2)*湿度对土壤矿物质组成的影响*　在干旱地带，降水量少，土壤淋溶作用较弱，一些易溶性矿物成分和植物养料多保留于土壤中(见表 12-2)。干旱带与湿润带土壤中矿物质组成及养料含量差异明显，前者几乎是后者的 2 倍。

表 12-2　湿润区和干旱区土壤酸溶性的矿质组成的比较*　(%)

气候带	分析样品数	总量	SiO_2	Al_2O_3	Fe_2O_3	CaO	MgO	K_2O	Na_2O
干旱带	573	30.84	6.71	7.12	5.47	1.43	1.27	0.67	0.35
湿润带	596	15.83	4.04	3.66	3.88	0.13	0.29	0.21	0.14

* 用比重 1.115 的浓盐酸经 5 天消煮后的溶解量。

另外，湿度因素还影响土壤中钠、钾及钙的淋溶迁移强度。在干旱地区，土壤中富钾，并有钠盐积累而呈盐渍化土壤，其土壤的 β 值很高，如我国西北地区的土壤。而在南方多雨地区，钾、钠遭到淋溶而损失，则出现大面积土壤缺钾现象(见表 12-3)。

表 12-3　温带不同湿润区的土壤中钾、钠淋溶值的比较

气　候　带	土　　类	土壤标本数	K、Na 淋溶值(β 值)
半干旱到半湿润带	栗钙土、黑钙土型	15	0.981±0.059
半干旱带	黑钙土型土	29	0.901±0.028
湿润带	森林灰化土	12	0.719±0.053

同样,钙在剖面中的迁移亦与湿度有关。在干旱地带,$CaCO_3$ 的移动量及迁移深度都很小,大多淀积在土壤中原来的位置,有的甚至累积于表层,我国西北地区的黄土高原,其特点是全剖面均有强烈石灰反应,剖面中有 $CaCO_3$ 积聚层,土壤中富含钾、钠、钙、镁和磷,盐基饱和度也高。

(3)湿度影响土壤矿物质的风化度　一般来说,湿润多雨地带土壤风化作用强烈,尤其是化学风化作用的强度增大,矿物质和有机质分解速度加快且彻底,而干旱地带则矿物质风化度较弱(表 12-4,表 12-5)。

表 12-4　不同湿度区的土壤矿质养料含量比较*　(%)

生物气候带	分析样品数	CaO	MgO	K_2O	P_2O_5
干旱带	318	2.65	1.20	0.71	0.21
湿草原带	215	1.09	0.51	0.43	0.18
湿润森林带	745	0.41	0.37	0.37	0.16

* 盐酸消煮法的分析结果。

表 12-5　鄂东花岗片麻岩地区土壤的纬度分配性*

性　　质	北　　部	中　　部	南　　部
氧化钙(CaO,%)	1.87	0.69	0.44
氧化镁(MgO,%)	1.89	0.56	0.33
淋溶系数(ba 值)	0.802	0.402	0.301
黏粒硅铁铝率	2.05±0.16	—	1.99±0.16
铁游离度(Fed/Fet)	20.2	38.2	36.4

* ba 值=$(Na_2O+K_2O+CaO)/Al_2O_3$。

12.1.3.2　温度因素

(1)温度影响硅酸盐类的水解过程　水的解离度与温度呈正相关(见表 12-6)。当温度< 0℃时,土壤中的化学风化作用基本处于停止状态。只有当土温> 0℃时,土壤风化作用速率才逐渐加快。

表 12-6　水在不同温度下的相对解离度

	温　度〔℃(℉)〕				
	0(32)	10(50)	18(64.4)	4.5(93.2)	50(122)
水的相对解离度	1.0	1.7	2.4	4.5	9.0

从表 12-6 可看出，水的解离度与温度有密切关系，因而不同温度带化学风化强度有着极大的差异。在赤道高温带，土壤的风化强度几乎为温带土壤的 4 倍，是极地寒冷带土壤的 9 倍。

(2)*温度影响土壤母质和风化层的厚度*　土层厚度随土温升高而加厚。在湿热气候区，花岗岩风化壳的厚度可达 30 m 以上。如在云贵高原可见到数米厚的山地黄壤和母岩风化体；在干旱寒冷的西北高山区，岩石风化壳很薄，母质风化度低，形成粗骨性土壤。

(3)*温度影响土壤颜色*　在寒温带，土色以灰色为主；在暖热半湿带，土色呈棕色-褐色；在湿热带，土色呈赤色、棕红色或黄色。表土颜色还与土壤有机质的含量有关，有机质含量多，表土一般呈黑灰色。表土以下的土色往往取决于铁、锰氧化物或氢氧化物的含量和分散度。在土温高、土体排水通畅的情况下，土壤中的铁、锰氧化或水化作用强烈，土壤呈红、黄色，反之，土壤则呈青灰色。

(4)*温度影响土壤有机质、全氮的含量*　在半湿润带，不论湿草原土壤还是森林土壤表土的有机质和含氮量，随气温升高呈下降趋势。这是由于湿度及温度同时升高，加强了微生物好气分解的结果。

以上分析说明，气候影响土壤形成主要是降水和热量因子。它不仅表现在一个大的气候带，而且在一个小地域内，因小气候的差异，也会形成不同的土壤，如华北的丘陵地，南坡和北坡就分布着淋溶褐土和草甸褐土两种不同的土壤类型(如图 12-1)。

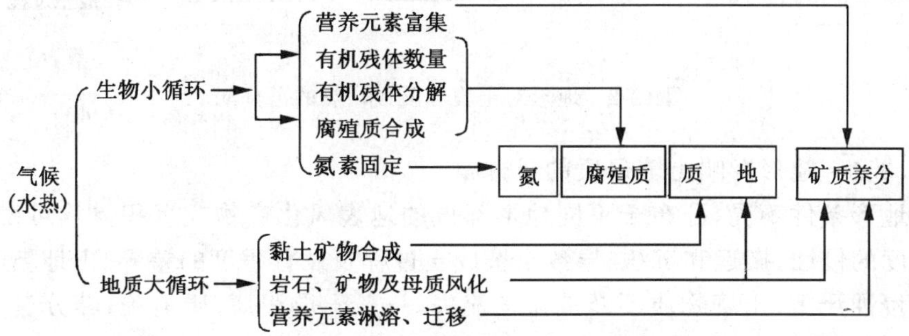

图 12-1　气候条件对土壤形成过程的影响

12.1.4　地形因素

地形在成土过程中的作用主要表现在两个方面，一是地形对母质或土壤物质的再分配；二是不同地形所处的土壤接受光、热的差别以及降水在地表的再分配。

12.1.4.1　地形对地表水热条件的再分配

在等量降水条件下，平原、丘陵、洼地和山地等不同地形部位接纳降水量不同（如图 12-2 所示）。在平坦地形上，接受降水量基本相近，土壤湿度比较均一而且稳定；在丘陵地带，其顶部和斜坡上部，因径流发达，又无地下水涵养，常呈局部干旱，而且干湿变化剧烈；低洼地段和斜坡下部，因上部径流水汇集而常呈过湿状态；在洼陷地段、碟形洼地或封闭洼地，地下水埋深较浅，常有季节性局部积水或滞涝现象。由此可见，因地形部位不同，引起水、热条件的差异，造成土壤成土过程也不同。如南方丘间洼地，因水分过多，形成冷浸烂泥田。我国北方山丘地带的南、北坡，南坡日照长、土温高、蒸发量大，土壤干旱，称为阳坡；北坡日照短，土温低，蒸发量小，土壤湿润，称为阴坡。这些情况都会影响土壤生物学过程和物理化学过程的不同变化，而导致南坡和北坡土壤发育程度和类型的差异。

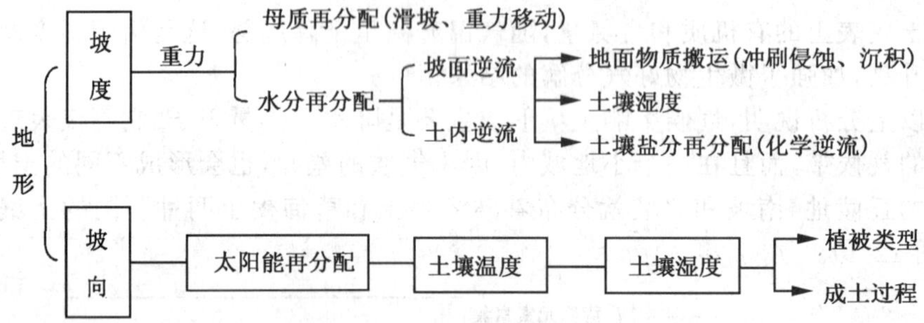

图 12-2　地形对土壤母质、水、热的再分配

12.1.4.2　地形影响土壤母质的再分布

地形条件不同，分布于不同地形部位的地表风化产物或沉积体均可发生不同程度的侵蚀、搬运和沉积，导致土壤成土过程及发育程度的差异。山地坡陡，因冲刷侵蚀严重，土壤物质不断被搬运流失，一般土层浅薄，质地粗，养分贫瘠，土壤发育年轻。平原地带土层深厚，土质细而均一；在洼地，土质黏重，使可溶性盐

分聚集或水分过多，常形成盐渍土或沼泽土。

总之，地形变异不仅引起水、热条件和母质的再分布，而且也带来了植物种类分布的差异，因而不同地形部位发育的土壤类型也不同(见表 12-7)。

表 12-7　不同地形、地貌对土壤有机质含量影响

地　貌	地　形	耕地类型	有机质(%)	幅　　度	样本数
低山区	山　坡	旱　地	0.707 5	0.218 8～1.737 9	10
	田	水　田	2.296 7	0.969 5～2.889 2	7
	冲　畈	水　田	2.368 4	1.086 7～3.378 2	40
丘　陵	山　坡	旱　地	1.308 5	0.836 3～1.639 5	3
	田	水　田	2.155 4	1.459 2～3.247 3	50
	冲　畈	水　田	2.382 9	0.911 1～3.558 5	50
垄岗平原	山　坡	旱　地	1.563 6	0.558 0～3.061 7	39
	磅　田	水　田	2.736 2	0.749 5～3.777 4	28
	冲　畈	水　田	3.114 3	1.259 0～5.466 5	40
沿江平原	平　地	旱　地	1.536 4	0.813 0～3.516 2	48
	平　畈	水　田	2.821 1	1.145 2～4.068 8	10

12.1.5　时间因素

土壤的发生、发育是在成土因素长时间综合作用下进行的。时间是土壤发育的函数，即土壤形成的相对年龄愈长，土体层次分化愈明显，反之，则分化较弱。但这种土壤个体发育的时间概念，不适用于不同成土条件下的不同土壤类型。

如在河漫滩地上，土壤由近代冲积体发育而成。高河漫滩地，其形成时间早于低河漫滩地，故土壤剖面分化明显，具有明显的淋溶层和淀积层。低河漫滩地，成土物质因冲刷、沉积作用经常变换，土壤发育时间短处于初始阶段，剖面层次基本无分化(如图 12-3)。

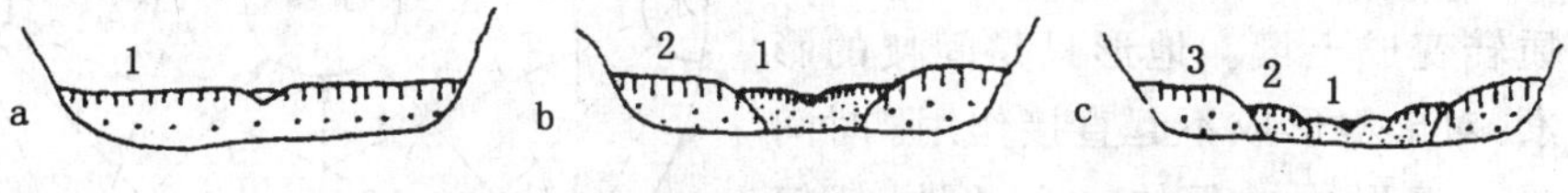

图 12-3　河谷地形发育对土壤形成、演化的影响示意图

a. 河漫滩　b. 河漫滩变成低阶地　c. 低阶地变成高阶地

1. 水成土壤　2. 半水成土壤　3. 地带性土壤

如在滨海平原上土壤脱盐及脱钙过程，随成陆先后顺序和土壤发育时间长短而呈有规律的变化，即从海洋向内陆顺次增长。由此可见，时间因素不仅在土

壤个体发育上，而且在土壤类型转化或发育阶段上均表现出显著的差异。

12.1.6 人为活动因素

同自然成土因素相比，人类活动给予土壤形成、演化的影响也十分明显。它不同于自然因素的是人类在认识土壤发生规律的前提下，根据需要有目的地去改造自然土壤，不仅针对性强，而且措施也多种多样，给土壤以深刻广泛的影响，使土壤发生某种质变的速度远远超过自然演化过程。

在农田基本建设中，对高低不平的地形进行改造，搬动土壤挖高填低，使原来土体的层次排列状况发生改变。如陕西关中的塿土，就是典型的通过长期人工培土改造成的独立的土壤类型，从而改变了自然土壤的层次排列、质地、孔隙以及松紧等状况，使之更适合于农业种植的要求。

在坡地上修建水平梯田，沟内打坝拦水，就是人们在认识水土侵蚀的危害和规律后所采取的对策。如修筑水平梯田改变了坡地的地形，有效地抑制了水土流失。

总之，人为活动是人类按照自己的意志从生物、地形、水文等多方面干预土壤形成方向，改变自然土壤所固有的性质和特点，使之演变成农业土壤。

在强调人为因素作用时，不能忽视自然成土因素仍在发生作用。因为土壤的这种自然烙印的消除绝非易事，如像母质的某些性质将长期继续下去一样。气候、地形等自然因素也同样如此。因此，农业土壤的形成实质上是自然与人为因素共同作用的产物，只是人为因素主导了农业土壤的发展而已。

上述各成土因素在成土过程中的作用各具特色。母质是形成土壤的物质基础；气候中的热量要素是能量的基本来源；生物通过自己的生命活动将无机物转变成有机物，把太阳能转化为化学能，并以无限循环的形式把它们保存下来，使母质转变成土壤。地形只是间接的影响因素，对土壤形成不起直接作用。时间因素是土壤形成过程的一个条件，任何一个空间因素或它们综合作用的效果都随时间的增长而加强。各成土因素在成土过程中既有差别，而又是同等重要、彼此不可代替的。同时，每一个成土因素都

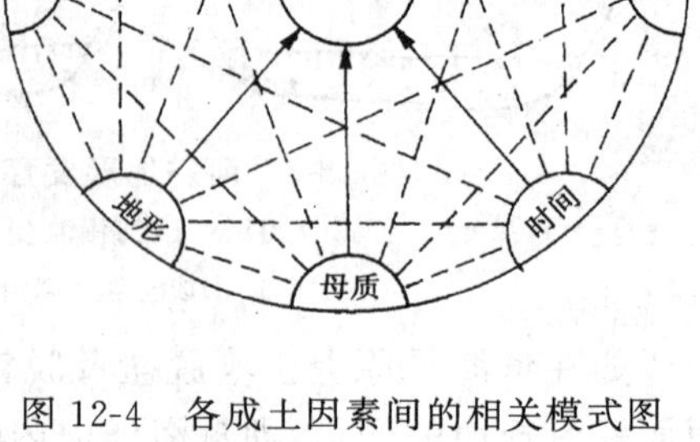

图 12-4 各成土因素间的相关模式图

不是孤立地起作用(如图 12-4),它们之间有着发生上的联系,彼此相互作用、相互制约共同作用于土壤。另外,各成土因素及土壤本身是在不断发展变化的。因此,不仅要研究它们的现在,还要研究其过去与最新发展趋势,只有这样才能阐明它们作用的本质,预见其将来,以便更好地利用土壤资源,为农业生产服务。

12.2　土壤形成过程

土壤形成过程是指在一定的时、空条件下,母质与生物、气候因素以及土体内部所进行的物质与能量的迁移和转化的总体。这一过程可用图 12-5 和图 12-6 予以说明。

从图 12-5 和图 12-6 可以看出,土壤形成过程的实质是一个极其复杂的物质与能量迁移和转化的过程。

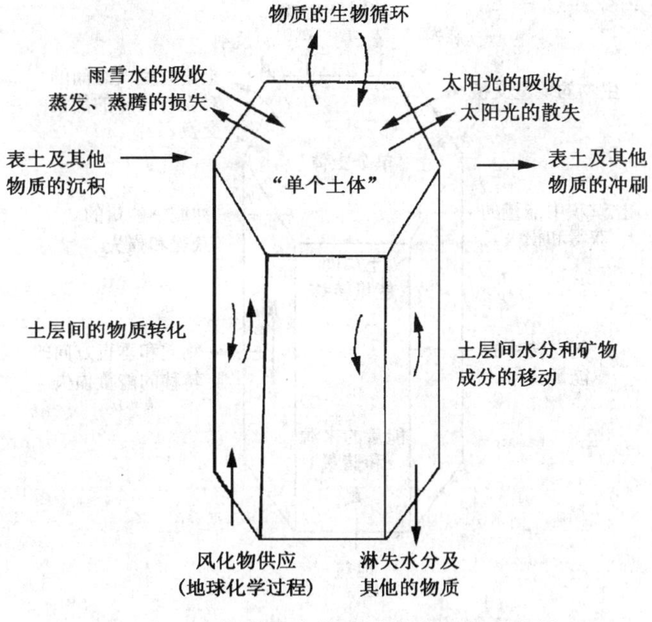

图 12-5　土壤形成中物质迁移和转化示意图

土层能量间的转换包括:1. 传导　2. 对流　3. 凝结　4. 蒸发　5. 渗透　6. 土壤不饱和水的流动

能量的来源和贮存包括:1. 矿物质的转化　2. 有机质的转化　3. 生物活动　4. 阻力　5. 干与湿　6. 冻与融

首先，母质与生物之间的物质交换是土壤形成过程的主导过程；母质—气候（太阳辐射能和水分）之间的交换是土壤形成过程的基本动力；土体内部物质能量的迁移、转化则是土壤形成过程的实质内容。

其次，土壤形成过程是随时间而进行的，它经历了从无到有，由简单到复杂，从低级到高级的不断完善的形成过程。

第三，土壤形成过程是在一定地理位置、地形和地球重力场条件下进行的。地理位置影响着这一过程的方向、速度和强度。地球重力场是引起物质(能量)在土体中向下移动的重要条件。地形则是引起物质(能量)水平方向移动的首要因素。

总之，土壤形成过程是一系列物理的、化学的、物理化学的基本反应过程组成的，并经常处于不平衡状态中，且物质(能量)互相不能完全补偿，从而导致土壤不同的发育方向。由于环境条件的多变性，决定了成土过程的复杂性和土壤类型的多样化。

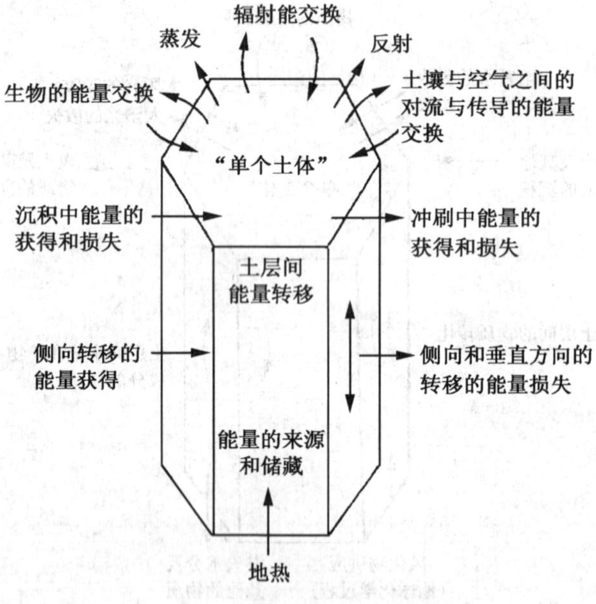

图 12-6　土壤能量转换示意图

土层能量间的转换包括：1. 传导　2. 对流　3. 凝结　4. 蒸发　5. 渗透　6. 土壤不饱和水的流动

能量的来源和贮存包括：1. 矿物质的转化　2. 有机质的转化　3. 生物活动　4. 阻力　5. 干与湿　6. 冻与融

12.2.1　自然土壤的形成过程

自然土壤的形成是微生物和绿色植物在土壤母质上发生发展的过程。岩石的风化与崩解只是形成了土壤母质，在没有生物出现的情况下，它本身释放的某些矿质养分不断随水流失而不能保持。尤其是风化崩解产物中不含氮素，磷素含量也很低，不能满足植物生长发育所需。但母质为微生物的生长创造了条件，矿质养分满足了化能自养细菌的生长，而微生物的生长繁殖使母质逐步累积了有机质和氮素，为低等植物的生长准备了条件，同时阻止了风化过程的养分淋溶作用使营养元素得以保存，这种养分元素不断累积的过程乃是土壤形成过程的本质。成土过程必须以岩石的风化过程为基础，由于有机物质的不断累积，促进了土壤肥力的发展。

12.2.1.1　土壤肥力的发生与发展

土壤形成过程实质上是土壤肥力的发生与发展的过程。在岩石崩解变为母质的过程中，已经具备了部分原始的肥力因素，包括各种灰分营养元素和初步的通气透水性，但因主要营养元素的缺乏而远不能适应植物生长之需求（见表12-8）。

表12-8　植物体与岩石中营养元素含量比较表　（%）

	营养元素						
	N	P	K	Ca	Mg	S	Fe
植物体中含量	1.459	0.203	0.921	0.227	0.179	0.179	0.083
岩石中的含量	0.00	0.10	2.40	3.77	2.68	0.03	5.46

表12-8说明，钾、钙、镁、铁等在岩石中的含量多于植物体中的含量，可满足植物的需要，但缺乏氮素，磷和硫的含量也极少，加之淋失，也不能满足植物生长，故母质尚不具备土壤条件。从岩石中释放出来的钾、钙、镁、硫等元素，最终将流入江河、湖海，进入一个迁移范围极大、经历时间可能极长，包括海陆变迁-风化-淋溶-沉积的地质运动之中。这种以“岩石-养料释放-进入海洋-岩石”的过程被称为植物营养物质的地质大循环过程。

岩石风化成土壤母质后，稍具有对离子或分子态养分的吸收能力，给自养细菌的生存创造了条件，微生物的生长繁衍才使母质累积了有机营养物质和氮素，从而开创了绿色生命的源泉，把母质向土壤的演变推进到一个全新的发展阶段。

自从绿色植物生长之后，风化过程中释放出来的养料由无序流动转为有序的控制，绿色植物的选择性吸收使风化过程中释放出的矿质养料免于淋失，同吸收的氮营养一起制造成活的有机体，并集中保蓄在表层。如图 12-7 所示，在植物生长过程中，植物根系所吸收的养料进入植物体，经过植物体加工成有机质的组成部分，并以凋落物或枯死的有机残体形式形成有机质而保蓄于土壤表层。

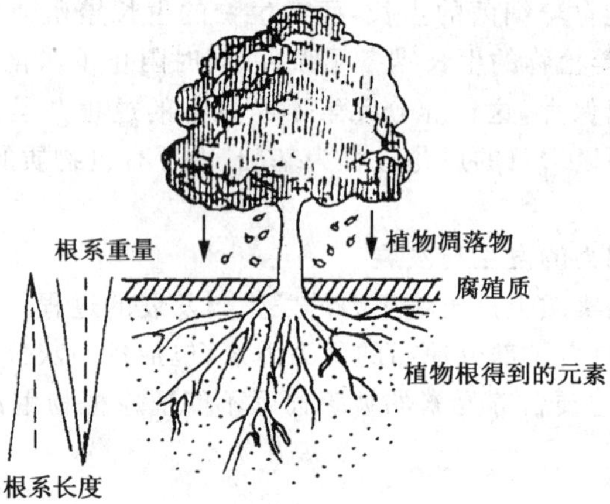

图 12-7　土壤表层元素的生物累积

养分作为肥力的基本因素，不但被植物吸收、转化成有机体，而且当活的有机体死去之后经过微生物的分解又重新被释放，为下一代植物的生长提供营养元素，并被植物吸收合成新的有机物质，如此循环往复，使植物永远繁衍下去，从而使土壤中的养料物质不断更新和累积。这一过程称为植物灰分养料和氮素的生物小循环过程，它使植物所必需的养料经选择性吸收使之由分散到集中，由深层到表层，不断使肥力得以发展与提高，成为土壤形成过程中肥力发展的核心(如图 12-8)。

生物小循环过程的同时，有机质的合成与分解作用产生了腐殖质胶体，它能把分散的土粒胶结为团粒结构，不但使土壤水分的透过性、吸收性和保持性得到了统一，而且水分、空气和无机养料也都得到了改善，推动了肥力的进一步发展。因此，岩石风化所形成的母质，只有在生物参与之后，肥力过程才能完成并最终使母质成为土壤。

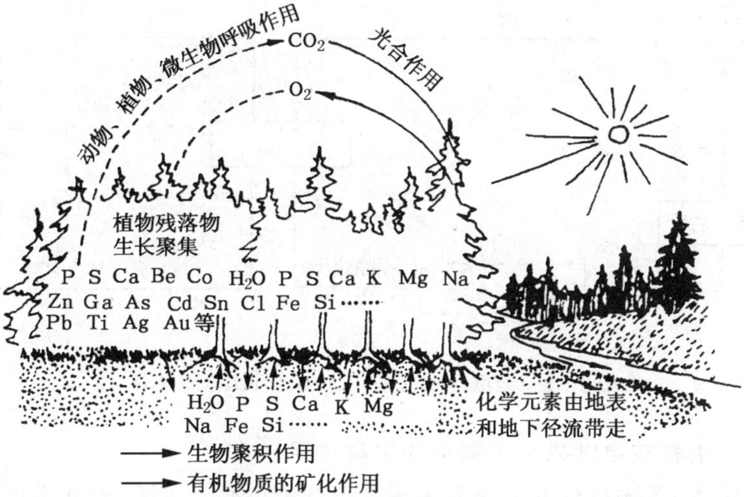

图 12-8 景观中营养元素循环示意图

12.2.1.2 大小循环的矛盾统一是自然土壤形成的本质

由风化过程与有机质的合成与分解过程，B. P. 威廉斯提出了土壤形成过程的实质是物质的地质大循环和营养元素的生物小循环的矛盾与统一。生物小循环是以相反的方向在地质大循环的轨道上进行的。即没有地质大循环，也就没有生物的小循环。在土壤形成过程中，这两种方向相反的循环是相互渗透、不可分割的。地质大循环不断使营养物质淋溶损失，而生物小循环则从地质大循环中保存累积一系列的生物所必需的营养元素，给原始生物的生存提供了物质条件，原始生物的生长繁殖又为绿色植物的产生奠定了基础。随着生物物种的进化，生物对养料的要求愈来愈高，也使土壤累积的营养物质在质与量两个方面同步增长，因此，生物作用对母质的影响是在不断扩大和深化的。从对土壤的肥力来说，生物小循环并不是一个封闭的体系，而是随着生物的进化发展，不断扩大其循环领域，形成一种螺旋式上升的运动。土壤的形成过程正是建筑在这一地质大循环与生物小循环的矛盾统一的基础之上。

B. P. 威廉斯指出：土壤形成过程不可能发生于风化过程之前，也不可能发生于风化过程结束之后。事实上，在土壤形成过程中，大小循环这一组矛盾是同时发生和存在的。如果只有地质大循环就仅能生成母质；生物如果不作用于母质，就不能形成土壤。所以说，土壤形成的实质就是在地质大循环的基础上有机质的不断合成与分解，或者说是大小循环矛盾统一发展的结果(如图 12-9)。

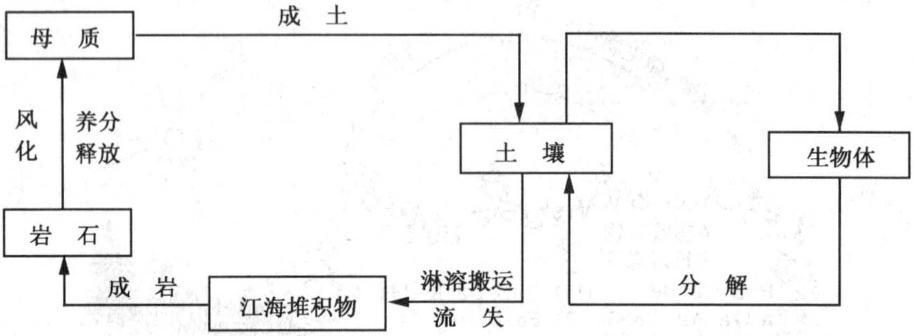

图 12-9 土壤形成过程中大小循环关系的简图

12.2.1.3 生物在自然成土因素中的主导作用

如前所述，五大自然成土因素在成土过程中各有其独特、相互不可替代的作用，同时相互依赖、相互渗透而不可分割。然而它们之间必有一最基本、起着核心作用的因素，那就是生物因素。

(1)生物因素对土壤形成的主导作用 生物、母质、气候、地形和时间五大成土因素，前三者有物质和能量的交换，A. A. 罗杰称之为成土因素，后二者不参加物质和能量的交换，只是对前三者之间进行的物质和能量的交换有着协调或一定程度的影响，被称之为土壤形成的条件。

而B. P. 威廉斯认为，生物是形成土壤的主导因素。如何理解这一结论，应当从土壤本质特性来解释。我们知道，土壤之所以能生长植物而成为人类生存之本，是由于它具有肥力，而土壤的肥力过程正是生物活动的结果。生物的生命活动产生了氮素和灰分元素的转移聚积，填补了风化物无氮素的空白。生物体所形成的有机质，又在微生物的作用下进行分解，构成了在地质大循环基础上的营养元素的生物小循环，促进了土壤肥力的逐步发生和发展，生物小循环不断扩大，特别是高等绿色植物出现后，把生物小循环的范围进一步延伸，有机物质的累积量更为丰富，加速了土壤肥力发展过程。如同B. P. 威廉斯指出的那样，生物的主导作用其意义就表现在生物和肥力的依存关系。第二，生物是母质与气候进行物质和能量交换的重要媒体。固然母质与气候在土壤形成中都有着十分重要的作用，而且土壤母质和气候类型也决定着植物的不同组合与分布。在气候与母质之间某些能量交换是松散型的，只有当生物出现之后，两者之间的交换则从低级上升到高级阶段，如生物摄取游离态氮素使之在母质中得以贮存，最终使母质具有生命的基础物质。植物通过吸收、蒸腾等作用使大气与母质的水分、空气、热量等交换有规律地进行。生物呼吸作用调节和净化着母质与大气环境，引导着母质有序地演变为土壤。由此可见，在生物、气候、母质三者中，生物是连接它们的纽带。第三，时间因素是通过生物完善土壤的肥力过程。不难理解，如果没有生物的存在，不论时间有多么长久，自然界只有无休止的地质大循环，只有岩石的风化、流失、淀积和地形的夷平与隆起的过程，土壤永远也不会形成。同理，离开了生物，导致地形对水、热再分配的能力更强，也只能是地质大循环的承载体或间接的动力。

总之，五大成土因素之间是相互制约、相互渗透、相互影响的关系，它们既是相互矛盾的个体，又是共同完成土壤形成过程的整体。在这个整体中，生物因素则是主导着土壤及其肥力形成的最基本的因素。

(2)植物群落在成土中的作用　本章已多次明确指出，土壤形成过程表现为有机物质的合成与分解，合成有机质主要有赖于绿色植物，即木本植物和草本植物。木本和草本植物都将土壤中易于淋失的可溶性矿质养料变为有机质，从而保存了土壤中的养分免于流失，同时使分散的植物必需营养元素得以在土壤表层集中，不断提高土壤的肥力。

低等非绿色植物主要是微生物，在自然界中有很重要的意义。它们分解有机质，使不溶性的有机质分解为可溶性矿物质养分，以利于植物的吸收利用。绿色植物与微生物的共同作用使有限的养分不断循环的合成与分解过程(当然是有机物累积量不断增加的循环，不是一成不变的简单重复)，这就是植物营养元素的生物小循环的实质。

低等非绿色植物有三种，厌气性细菌、好气性细菌、真菌和放线菌。

细菌和真菌对外界的条件要求有显著的区别。好气及厌气细菌都需要中性或弱碱性的环境，但对氧的要求不同，真菌和放线菌则需要在通气条件下和在弱酸性反应中生长和发育。

由于低等非绿色植物对生活条件的不同选择与高等绿色植物的不同生物学特性的分别对应关系，使两者间形成一种特定的组合。据此，B. P. 威廉斯分成四种植物群落，而不同的植物群落形成不同的土壤类型。

①木本植物群落。由木本植物和真菌、放线菌以及厌气性细菌所组成，形成灰化土和生草灰化土类型的土壤。

②草甸草本植物群落。由草甸草本植物和厌气性细菌所组成。好气性细菌在土壤最表层，其余是厌气性细菌形成的草甸土、黑钙土等类型的土壤。

③草原草本植物群落。由草原草本植物和好气性细菌所组成,形成栗钙土、棕钙土等类型的土壤。

④沙漠植物群落。主要是低等植物所组成。在这种条件下,主要由自养细菌或藻类、地衣等形成有机体,好气性细菌、真菌或厌氧性细菌分解死亡的有机体形成灰钙土、漠钙土等类型的土壤。

12.2.1.4 土壤统一形成学说

地球陆地表面的各种土壤,其形态特征、特性以及利用方向各不相同,但它们的形成发育过程,却服从共同的规律。B. P. 威廉斯根据长期的调查研究和实践活动,对土壤的形成过程提出了土壤统一形成学说。他认为,肥力是土壤的本质特征,土壤的形成发育过程,也就是土壤肥力的形成变化过程。因此,土壤及其肥力的形成和发展变化,是地质大循环和生物小循环矛盾的统一。

土壤肥力的发展变化决定于大小循环过程的相对强弱,而这种强弱又取决于以生物为主导的五大成土因素。因此,土壤肥力的演变以及相应的土壤类型的演变又决定于植被的演变。根据B. P. 威廉斯的观点,地球上的植被随着地球历史的发展、环境条件的改变,与环境相统一的植被也随着发生演变和更替,各种植物的出现和发展实际上表现为植物的进化及其系统发育,植物的演变导致土壤肥力和类型的演变,因此土壤有其统一的形成过程。由于土壤在不断的运动和发展,也就出现了土壤类型的不断更替,在更替的过程中形成短暂的相对静止。所以,B. P. 威廉斯认为:目前所区分的各种土壤仅仅是时间极长、范围极广的土壤统一形成过程中相对静止的瞬息。因此土壤各类型之间存在着发生学上的联系,土壤类型与类型之间不过是整个土壤形成过程中的一个阶段。土壤类型的更迭是土壤肥力从量变到质变的飞跃,这一迭变过程与植物的进化更迭是相互统一的。这也正是B. P. 威廉斯土壤统一形成学说的基本内容,它主要是说明了生物在土壤形成中的主导作用。

土壤统一形成过程的理论,深刻地阐明了土壤的本质是肥力的发生发展规律。土壤形成发育的过程是成土因素之间矛盾斗争与统一的运动过程,掌握土壤形成的规律,对于认识土壤内部矛盾并采取科学的措施来克服这些矛盾进而定向地改良土壤有着重要的意义。

12.2.1.5 自然土壤的土体构造

土壤的土体构造系指土壤从地表到底层各土层的排列。了解土体构造的方法是观察土壤剖面,所谓土壤剖面是指从地面向下挖掘的垂直切面。野外观察土壤剖面一般挖深为 2 m 左右,或者挖到诊断层为止,借以观察各土层的排列和形态特征，并根据调查的目的采取不同的方法。在土壤普查、确定土壤类型工作中，往往要分层采集诊断样品，进一步分析其理化性质和生物学、矿物学特征，为分类诊断提供依据。

(1)土壤发生层和土体构造　在各成土因素的作用下，土壤母质发生了实质性的改变，其中，包括母质原有组成在理化性质、矿物学性质和生物学性质的改变，也包括外加物质在一定层次中的淀积，从而使土体的非均质性有增无减，分异日益明显。在土壤物质的移动、损失、添加、集中、扩散、转化、淀积等复杂的演变过程中，土体的构型就渐渐地形成为不同于原来的母质状况了，从而使土体分化为不同的层次。这种层次性同母质中原有的层次性具有本质的区别。土壤在发育过程中形成的剖面层次称为土壤发生层。各有关发生层的组合，就形成了土体构型，或称之为土壤剖面构型。

当观察土壤的各种发生层时，就会发现在外观上反映出土壤颜色、结构、紧实度、新生体、有机质的扩散或聚集、根孔及土居动物穴的痕迹、土壤微形态特征、土壤残积黏化或黏粒淋溶淀积的黏化现象等差别。这些差别大多可被肉眼辨识，有的须借助于仪表及试剂，如石灰反应的鉴别等。所有这些分异现象，均属于土壤形态范畴。

土壤发生层的分化程度是土壤发育程度的标志，由土壤发生层组合而成的土体构型，可作为鉴别土壤类型的重要依据，因此在土壤研究、资源勘测和评价方面都具有重要的意义。

土壤发生层的形成或分化，并非孤立或偶发现象，它们是特定的土体构型的组成部分，有其客观规律性和严格的内在联系性。在不同的发生层之间，既有形态上的分异，又有内在属性之间的联系。因此，在同一土体内，土壤不同发生层之间的演变，往往在外观上可以区别开来，但事实上上下层次之间是逐渐过渡的，仔细研究土壤各发生层的理化性质仍需通过室内分析方能取得科学的结论。

(2)自然土壤的土体构造　自然土壤的土体构造如图 12-10 所示。显然，自然土壤是未经开垦利用、完全在自然条件下形成的土壤。在未曾翻动过的原始森林，土面上覆盖着一层枯枝落叶，称为 A_0 层。

在枯枝落叶下有一颜色暗、含腐殖质较多的表层，即腐殖质层，称为 A 层，A 层分 A_1、A_2、A_3 三个亚层。

A_1、A_2 为腐殖质层与灰化层。在草原型土壤中则没有 A_2 层。A_2 层与 B 层之间还可划出 A_2B 层，为灰化层与淀积层的过渡层，以 AB 或 A_3 表示之。

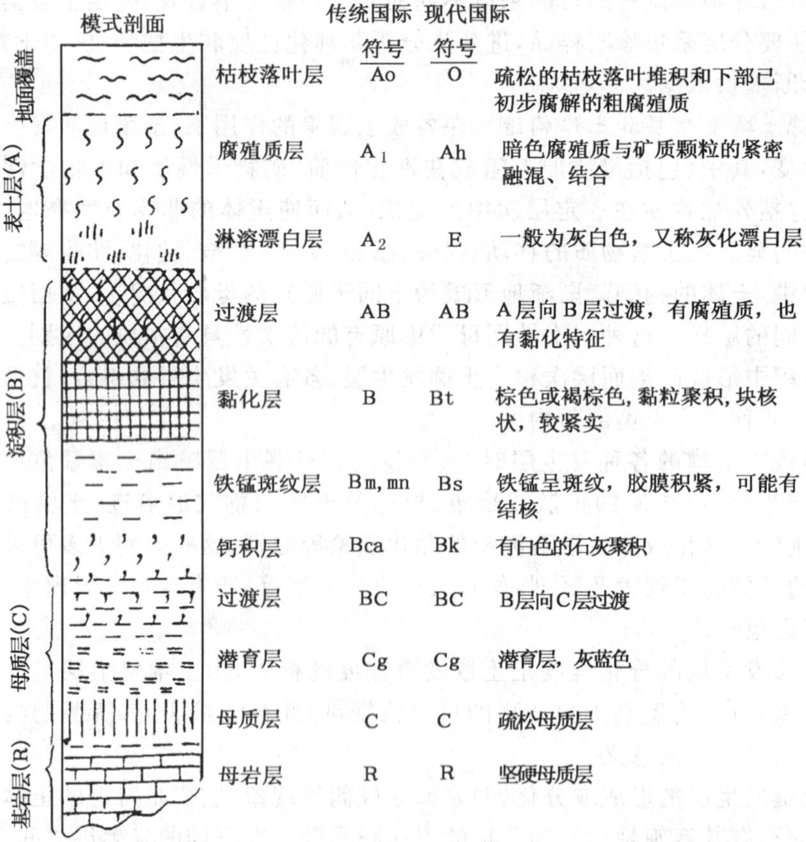

图 12-10 自然土壤土体剖面构造

整个 A 层由于其中物质受水分的下渗而淋溶称为淋溶层，在 A 层之下即 B 层，B 层为淀积层，上层中淋洗下移的物质在该层淀积，土质紧密，具有柱状或棱柱状构造，B 层根据发育程度不同又分为 B_1、B_2、B_3 亚层。B 层之下为 C 层，C 层是母质层。BC 层为淀积层与母质层的过渡层。

土壤发育程度与层次分异关系很密切，发育良好的土壤一般具有 A、B、C 层，有的在 B 层中还有 Bg 层（潜育层），Bca 层（碳酸盐聚积层），Bs 层（硫酸盐聚积层），Bsa 层（盐积层）等。

土壤层次不仅可以说明土壤的发育程度，而且还反映着成土过程的方向。不同的土壤形成过程最终导致产生不同的土体构造。

12.2.2 农业土壤的形成过程

人类的诞生及其生活生产实践干扰了土壤的自然状态，使在自然成土因素作用下的自然土壤逐渐演变为农业土壤。

12.2.2.1 农业土壤形成的实质

毋庸置疑，如果没有人类及其生产劳动，自然土壤不会演变为农业土壤。另一方面，地质淋溶过程和生物累积过程也不因农业土壤的形成而减弱。对于农业土壤形成之实质引起了土壤研究者的兴趣乃至出现了一些不同的认识，这些不同看法的主要焦点是，什么是农业土壤形成的动力和基本矛盾？

首先，应当清楚的是农业土壤起源于自然土壤，又是生产劳动的产物。人类对土壤认识的深化过程，是农业土壤不断成熟的过程。自人类诞生开始，农业活动就伴随着土壤，随着人类社会的进步，农业土壤就不断地加速其形成进程。我国土壤科学工作者深入生产实践，在总结前人科学实践的同时，开展了多次大规模的土壤调查与诊断，一方面大量地吸取广大农民群众认识土壤、利用土壤、改造土壤的经验，另一方面又科学地总结这些经验并把它上升为进一步指导生产实践的土壤学理论。人类的农业生产活动对于土壤的影响是非常深刻的，其影响的速度和深度远远超过了自然成土因素，而且这种速度和深度又因为不同地区的生产条件和水平的优劣显示出一定的差异。其共同点各类农业土壤都是由于人类耕种后才得以形成，它使自然土壤演变发展到一个新的阶段。农业土壤之形成是自然成土因素与人为因素综合作用的结果，在某些情况下，人为因素已成为主导因素，或者说人类的耕作栽培措施对土壤的形成和肥力演变已起着决定性作用。特别是人类对于自然土壤的形成发展规律掌握之后，就可以按照农业生产的需要，有目的地定向改良培肥土壤，使自然土壤在人类干预下进一步发展成为农业土壤的新阶段。

农业土壤并非封闭体系，它仍然存在于大自然并接受着自然因素的不可抗拒的影响，地质淋溶作用对农业土壤的影响依然存在，并且由于地形、母质及作物布局的不同而发生不同程度的影响，如因暴雨冲刷而使耕层表土的流失，因母质的不同而长期决定着土壤某些矿质养分的丰缺以及理化性质的差异等等。上述说明，人类的生产劳动造就了农业土壤，而自然因素也不断地施加于农业土壤，因此，风化过程和成土过程仍然贯穿于农业土壤形成和肥力形成过程的始终，两者之间的对立与统一仍然是决定土壤肥力发生演变的主要内容。作为农业土壤，自然成土作用和耕作成土作用之间的矛盾与统一应该是农业土壤形成与发展的基本动力，但必须认识到施加于自然土壤的各种耕作措施是农业土壤形成的主导因素。

12.2.2.2　农业土壤形成的特点

农业土壤的形成并不是在自然土壤基础上通过某些成土因素作用的简单重复，也不是对自然土壤个别因素的改造和调节，而是全部肥力因素的综合控制和提高。农业土壤是在农业生产活动中“脱胎”于自然土壤，在农业生产的不断发展中而不断完善，与自然土壤有着发生上的必然联系，并在科学的管理中建立了自己的形象，诸如剖面构造特征、肥力性状和生产力水平等，都在一定程度上有别于自然土壤。为了深入理解农业土壤的形成过程，我们把农业土壤与自然土壤的形成过程作如下比较。

(1)*成土因素上的差异*　农业土壤的形成具有以下特点：①变自然植被为栽培作物；②平整土地、兴修水利及其他建设使原有地形地貌发生了一定的变化；③施肥灌溉、耕作栽培改变了自然土壤的肥力状况以及土壤微生物的组成和分布状况；④上述变化必然引起区域性气候与水热状况的变化。这些人为措施使自然成土因素作用受到不同程度的削弱或加强乃至发生根本性变化。

(2)*成土过程上的比较*　由于人为因素的强烈干预，土壤的形成过程不再按照自然土壤原有的成土方向继续发展，而是沿着新的形成方向和特点发展。在这一过程中，介入农业土壤形成的因素有了新的变化。现将土壤的形成过程作如下比较。

$$\text{岩石}\xrightarrow[\text{五大因素参加，低等非绿色植物为主}]{\text{风化、成土}}\text{原始土壤形成阶段}\xrightarrow[\text{五大因素参加，植物群落为主导}]{\text{风化、成土}}$$

$$\text{自然土壤形成阶段}\xrightarrow[\text{自然成土因素参加，栽培植物、人类耕作活动为主导}]{\text{风化、成土}}\text{农业土壤形成阶段}$$

从上面比较可看出，各个不同的成土阶段既有共同性，又有显著差异。相同性是土壤形成的各阶段都有赖于成土因素、风化过程和成土过程同时同地的进行，不同点乃是参加成土过程的主导因素的变化。正是主导因素的变化，使土壤肥力过程在各成土阶段展示了不同的特点。原始土壤形成阶段只是累积极少量的有机物质和矿质养料元素。一旦原始土壤以高等植物群落为主导，就进入了土壤有机物质大量累积的自然土壤形成阶段。人类的生产活动从多方面改变了自然土壤所固有的生态环境，自然肥力演变为经济肥力，土壤资源内存的生产潜力也就转化为现实生产力，为维持生产力的稳定并促进其提高，又辅之以多途径、多层次的科学技术措施，从而全面改变了自然土壤的肥力状况，使之适应于农作物全面丰产之需，使农业土壤向自然土壤的高级阶段发展。

12.2.2.3　农业土壤的土体构造

如果把自然土壤作为农业土壤发生发展的“母质”，那么，自然土壤有多少土体构型，农业土壤也就有着相应复杂的土体构造。在长期的耕作条件下，农业土壤也就有着相应复杂的土体构造。一般来说，农业土壤的土体构型可以分为耕作层(表土层)、犁底层(亚表土层)、心土层和底土层(如图12-11)。

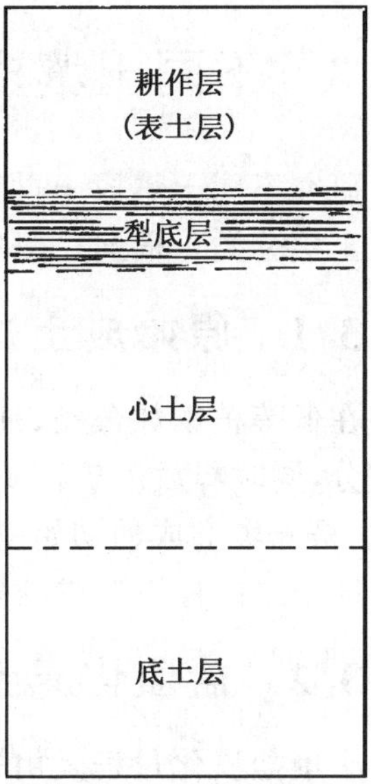

图12-11　农业土壤的土体构造

耕作层又称表土层，也叫熟土层，是受人类耕作活动影响最深的层次，作物根在这层分布最多，约占根总量的50%以上，腐殖质含量最高，加之施以较多的肥料，使该层颜色较暗。团粒结构发达比较疏松，理化生物性状也好。

耕层之下是犁底层，与耕层有明显的界限。该层由长期耕作挤压造成，故比上下土层紧实，呈片状或层状结构；因紧实而使作物根系难以伸展，根系分布量较少，有机质含量较低；通气、透水性能较差，严重影响上下层之间的物质交换和能量传递，故在生产上常采取变动耕深的措施打破犁底层，以改善农业土壤的理化性状。

心土层常称为半熟土层，根系分布比耕作层少，占总量的20%～30%，该层有不同程度的沉积现象。在农业土壤中，心土层是起着保水保肥作用的重要层次，也是作物后期生长水肥供应的“库房”。由于受大气影响较弱，温湿度变幅较小，通气透水性较差。生物活性低，物质的转化和移动都比较慢。因此，心土层的性状对于土壤肥力和作物生长均有较大的影响。

底土层一般位于土表下50～60 cm处。该层结构紧实，根系分布量更少，物质转化更为缓慢，可供利用的营养物质也少。虽然耕作措施对底土层未能产生较大的影响，但降雨、灌溉、排水的水流影响仍然很大，一般称该层为死土层，但它对于整个土体的水分保蓄、渗漏、供应以及通气状况、物质运转等仍有一定程度的影响。

总之，农业土壤土体构造是复杂多样的，不同自然土壤发育的耕作土壤、旱耕地和水田的土体构造各不相同，不同耕作条件下的土体构造也有一定的区别，划分农业土壤的层次应以实践为依据。

12.3 不同土壤成土过程的特点

研究不同土壤成土过程，主要是服务于正确划分土壤个体形态特征类型以进行土壤分类。根据我国具体情况，归纳出如下10种主要成土过程。

12.3.1 原始成土过程

在低等植物如藻类、地衣、苔藓等与微生物共同作用下，缓慢分解岩石中沙质成分，同时释放出矿物质养分和形成次生黏土矿物，并开始积累氮素和有机物质，这是土壤形成的初始阶段，如青藏高原西部雪线以下海拔5 200～5 600 m，在高寒干旱条件下形成的寒漠土，这种土壤即以原始成土过程为主。

12.3.2 盐渍化成土过程

土壤盐渍化过程是由季节性地表积盐与脱盐两个相反方向的过程所构成。主要发生在干旱、半干旱和滨海地区，又分为盐化和碱化两种过程。

盐化过程是指地表水、地下水以及母质中含有的盐分在强烈的蒸发作用下，通过毛管水的垂直和水平移动，逐渐向地表积聚，或是已脱离地下水或地表水的影响，而表现为残余积盐特点的过程。前者称为现代积盐作用，后者称为残余积盐作用。在我国现代的积盐作用中，海水浸渍下的积盐特点是土壤表层积盐重，心、底土含盐量接近海积淤泥，以氯化物占优势。积盐特点是表聚性强，盐分剖面呈"T"字形，有硫酸盐-氯化物、氯化物-硫酸盐与苏打等积盐类型。地下水影响的积盐特点是气候愈干旱，积盐强度愈大，积盐层也厚，土壤中盐分与地下水盐分组成基本一致。

碱化过程是交换性钠(或镁)不断进入土壤吸收复合体的过程。它可分为两个发生阶段；季节性积盐/脱盐交替，即积盐阶段和脱盐阶段。碱化过程的表现带有明显地区性。如山西几个盆地和河套平原以斑状碱土为主，华北平原以瓦碱土为主，内蒙古和东北平原以典型碱化土为主，漠境地区则为碱化龟裂土。

12.3.3 钙积化过程

钙积过程是我国干旱、半干旱地区土壤碳酸盐发生移动和积累的过程。在季节性淋溶的水分条件下，降水淋洗了易溶性盐类，钙、镁仅部分淋失，部分仍残留在土壤中，故土壤胶体表面和土壤溶液多为钙(或镁)所饱和。土壤表层残积的Ca^{2+}与植物残体分解时产生的碳酸结合形成重碳酸钙，在雨季向下移动并淀积在剖面中下部，形成钙积层，其碳酸钙含量一般在10%～20%之间，因土类和地区不同，碳酸钙淀积的形态有粉末状、假菌丝状、结核状等。

12.3.4　黏化过程

黏化过程系指土壤剖面中黏粒形成和积累过程。一般分为残积黏化和淀积黏化两种形式。前者是土内风化作用所形成的黏土矿物，即因缺乏稳定的降水流未向较深土层移动而就地累积，形成一个明显黏土化或铁质化的土层。其特点是土壤颗粒由粗变细；除钙和钠稍有移动外，其他元素皆有不同程度的积累；黏化层有纤维状光性定向黏粒出现；黏化层厚度随土壤湿度的提高而增加。这种情况多发生在漠境和半漠境土壤中，而后者则是风化和成土作用所形成的黏土矿物。其特点是自上向下淋溶和淀积，形成淀积黏化土层。该层铁、铝氧化物显著增加，但胶体组成无明显变化，仍处于开始脱钾阶段，多发生在暖温带和北亚热带湿润地区的土壤中。

12.3.5　富铝化过程

富铝化过程是我国热带、亚热带地区风化和土壤物质由于矿物的水解作用，形成弱碱性条件，随着可溶性盐、碱金属、碱土金属盐基及硅酸的大量流失，而造成铁、铝在土体内相对富集的过程。因母质性质的不同，砖红壤与红壤中的SiO_2、CaO、MgO、K_2O和Na_2O等的运移强度差异很大，在富铝化土壤上生长的植物，通常灰分含量很低，锰的含量略高一些，而铝的含量特别高，植物对铝的富集反过来又影响富铝化过程。

12.3.6　螯合淋溶过程

这是我国寒温带和西南亚高山冷(云)杉杜鹃林区，在酸性还原淋溶条件下，土壤中铁、铝与活性有机酸螯合淋溶淀积的过程。由于贫盐基的凋落物产生较强的腐植酸，因而土壤活性酸含量高(土壤水浸提液pH4～5，盐浸提液pH3～4)。在此条件下，一方面盐基大量淋失，土壤溶液逐渐变酸；与此同时，铁被不断的还原淋溶，土壤胶体为氢所饱和，黏土矿物晶格中的铝不断因水解而析出，黏粒分散。在活性有机酸作用下Al^{3+}发生螯合淋溶淀积，因而在腐殖层之下形成氧化硅相对富集的漂灰层和腐殖质铁、铝淀积层。对于这一过程的认识，目前尚不一致，有待深入研究。

12.3.7　白浆化过程

该过程是在季节性还原淋溶条件下，黏粒与铁、锰淋溶淀积的过程。其实质是潴育淋溶，与假潜育过程类似。在季节性还原条件下，土壤表层的铁、锰与黏粒随水流失或向下移动，在腐殖质（或耕层下），形成粉沙量高，铁、锰贫乏的白色淋溶层。在剖面中下部则形成铁、锰和黏粒富集的淀积层。在溢出的土壤地下水中含有一定量类似白浆的乳白色悬浮物而得名。这类土壤的特点是土体全量化学组成在剖面中分异明显，而黏粒化学组成较为均一，其形成与地形条件有关，多发生在白浆土和水稻土类的白土层中。

12.3.8　潜育化过程

这是在土壤长期渍水，受到有机质厌气分解影响，而使土壤的铁、锰遭强烈淋溶。有时，由于"铁解"作用，可能使土壤胶体破坏、土壤变酸。在排水较好的条件下，常产生机械淋溶过程。由于铁的还原，使土壤呈蓝灰色和青灰色。这种蓝灰色土层称为"潜育层"，多出现在沼泽土和还原型水稻土中。

12.3.9　有机质积累过程

有机质积累过程是在木本或草本植被下，土体上部进行有机质积累的过程。各种土壤中都不同程度地进行这一过程。我国土壤有机质累积过程可细分为6种类型。

①土壤表层有机质含量大部分在1.0%以下，甚至低于0.3，硝态氮占水解氮80%以上，胡敏酸与富里酸之比小于0.5（棕漠土中<0.2）的漠土有机积累过程。

②土壤有机质集中在20～30 cm以上，含量为1.0%～3.0%，胡敏酸与富里酸之比小于1.0（棕钙土、灰钙土）或大于1.0（栗钙土）的草原土有机质积累过程。

③土壤表层有机质含量达3.0%～8.0%，腐殖质组成以胡敏酸为主的草甸土有机质积累过程。

④地表有一枯枝落叶层，有机质积累明显，其累积与分解保持一个动态平衡的森林下有机质积累过程。

⑤有机质腐殖化作用弱，土壤剖面上部有毡状草皮，有机质含量达10%以

上的高寒草甸(草毡状)有机质积累过程。

⑥地面长期潮湿,生长喜温和喜水植物,并形成一定厚度的黑色泥炭层的泥炭积累过程。

12.3.10　土壤熟化过程

土壤熟化过程是在人为耕作条件下,通过耕作、施肥和灌溉等措施,促进水、肥、气、热诸因素不断谐调,使土壤向有利于作物生长并夺取高产方面转化的过程。该过程通常分为两个过程:一是旱作条件下定向培肥的土壤称为旱耕熟化过程;二是在淹水条件下,以及在氧化还原交替条件下的土壤培肥过程称为水耕熟化过程。

12.4　我国土壤分布概况

12.4.1　地带性分布

覆盖在地表的土壤,虽然各有独特的母质、气候、生物、地形和时间等成土因素,以及不同的人类生产活动的影响,并分别占有一定的空间位置,但各成土因素,尤其是生物、气候以及地质因素,它们都具有特定的地理规律性。因此,土壤类型在空间的组合,也必然呈现有规律的变化,这就是土壤分布的地理规律,亦即土壤分布的地带性。

土壤地带性包括土壤纬度地带性(也称水平带)、垂直地带性(指山地或高原土壤分布)和区域地带性(指由于地形或地质地貌学特征引起的变异)。

土壤纬度地带性是指土壤带与纬度基本上平行的分布规律,土壤经度地带性是指土壤水平带因其所在大陆的外形、山脉走向、风向、海拔等地理因素的不同和干扰,使之偏斜于纬度圈而与经度基本上相平行,称为经度地带性,土壤垂直地带性是指随着山体海拔高度的增加,在一定高程范围以内,其温度随之下降,湿度随之增高,植被及其他生物类型也发生相应的变化。这种因山体的高程不同引起生物-气候带的分异所产生的土壤带称为土壤垂直地带性。土壤区域地带性是指在土壤纬度带内,由于地形、地质、水文等自然条件不同,所形成的土壤类型,有别于地带性土类,而显示出土壤分布规律的区域性特征称为土壤区域地带性(图 12-12)。

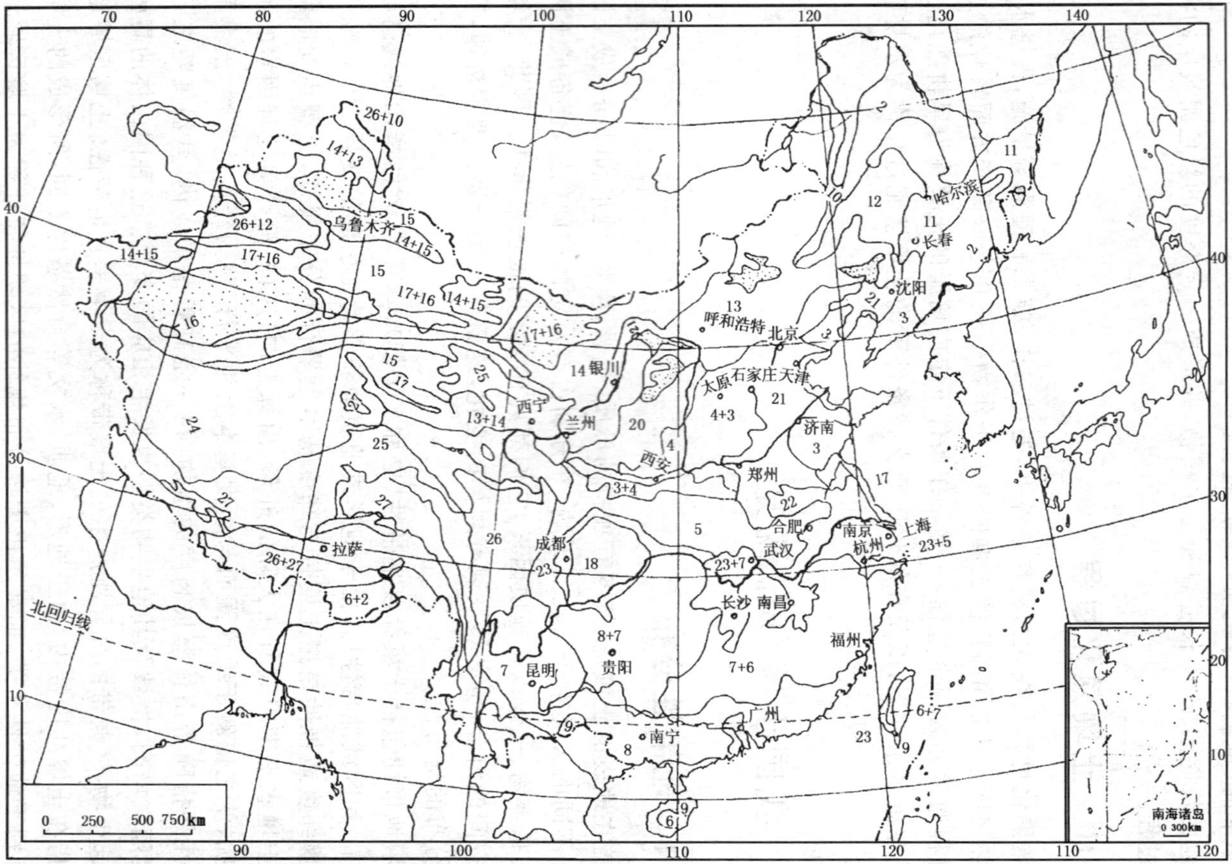

1. 灰化土 2. 暗棕壤 3. 棕壤 4. 褐土 5. 黄棕壤 6. 黄壤 7. 红壤 8. 砖红壤性红壤 9. 砖红壤 10. 灰色森林土 11. 黑土及浆土 12. 黑钙土 13. 栗钙土 14. 棕钙土及灰钙土 15. 灰棕漠土及棕漠土 16. 草甸土 17. 盐碱土 18. 紫色土 19. 磷质石灰土 20. 黑垆土 21. 潮土 22. 青黑土 23. 水稻土 24. 高水漠土 25. 高山草原土 26. 高山草甸土 27. 高山寒土 :::风沙土

图12-12 中国土壤类型分布图

12.4.1.1 水平地带性分布

我国地域辽阔,东部海岸线漫长,地形由东而西,因纬度不同、距海远近不同及地形不同,引起水热条件的分异,从而形成了我国土壤水平地带的分布规律性。一般来说,我国土壤水平地带性分布规律是由湿润海洋性与干旱内陆性两个地带谱构成。东部沿海为湿润海洋地带谱,而西部则为干旱内陆性地带谱,而在两者之间则有过渡性土壤地带谱。

我国东部湿润地区土壤水平分布规律是:以秦岭、淮河一线为温带和亚热带的分界线,在此线以南为亚热带和热带地区,土壤水平带由南向北依次排列着:砖红壤(南岭以南,包括台湾省)、赤红壤、红壤(长江以南)、黄壤、黄棕壤(苏、皖、赣、豫西、鄂、湘等)、棕壤(辽宁及山东半岛)、暗棕壤(黑龙江、吉林为主)和漂灰土。自东向西的土壤分布规律表现为内陆型特点,其分布顺次为栗钙土(内蒙古、宁夏一部分)、棕钙土(甘肃)、灰钙土与漠土带构成(河西走廊、新疆及宁夏一部分)。两者之间,自黄土高原向东北到大兴安岭西麓是由褐土、黑垆土、灰褐土、灰黑土与黑土带构成的过渡性土壤地带谱(如图 12-13)。

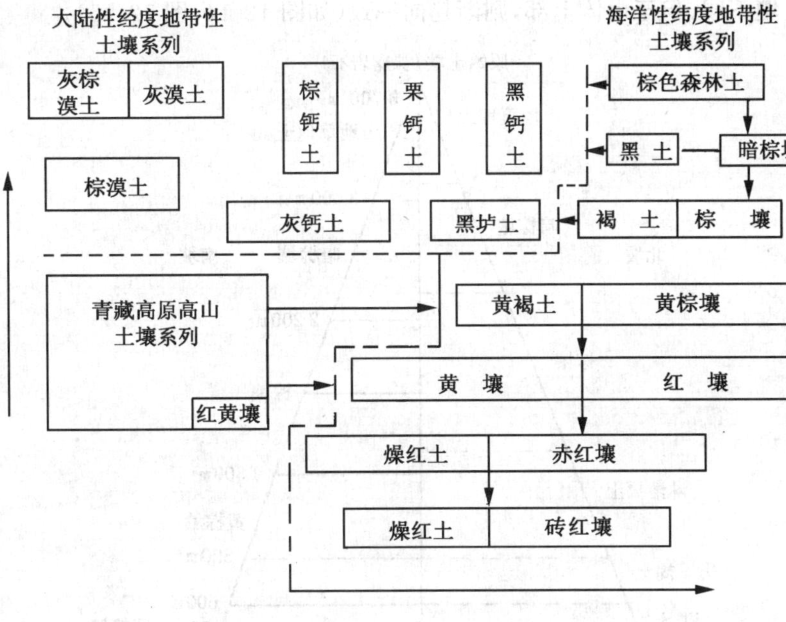

图 12-13 中国土壤水平地带分布模式

12.4.1.2　垂直地带性分布

我国山地面积大，因山区地形高耸，生物气候发生变化而出现土壤的垂直分布规律，即由基带土壤开始，随着山体升高出现一系列与较高纬度相应的土类，其分布情况因基带土壤不同而异。在热带、南亚热带地区，其基带土壤分别为砖红壤、赤红壤和红壤。它的土壤垂直带谱的基本组成是砖红壤(或赤红壤和红壤)→山地黄壤→山地灌丛草甸土与山地黄棕壤，在某些较高的山地，还可能出现山地棕壤。北亚热带山地土壤垂直带谱组成，基带土壤为黄棕壤，其上为山地棕壤和山地草甸土。在暖温带湿润地区土壤垂直带谱组成是棕壤→山地棕壤→山地暗棕壤(辽宁千山山脉)。在半湿润地区土壤垂直带谱组成为褐土→山地褐土→山地淋溶褐土→山地棕壤→山地暗棕壤→山地草甸土(陕西太白山北坡)。温带干旱地区垂直带谱组成为山地灰棕漠土→山地棕钙土→山地栗钙土→山地黑钙土→高山斑毡状巴嘎土→高山草毡土(东部天山北坡伊吾山区)。

山体坡向不同，其生物气候条件也有明显差异，其土壤垂直带谱也不同。如秦岭南坡的基带土壤为黄棕壤，其上依次为山地黄棕壤、山地棕壤、山地草甸土；而在北坡，基带土壤为褐土，其上依次为山地褐土、山地棕壤和山地草甸土。这就是说，它们的基带土壤不同，但至山体上部，则渐趋向一致(如图 12-14、图 12-15)。

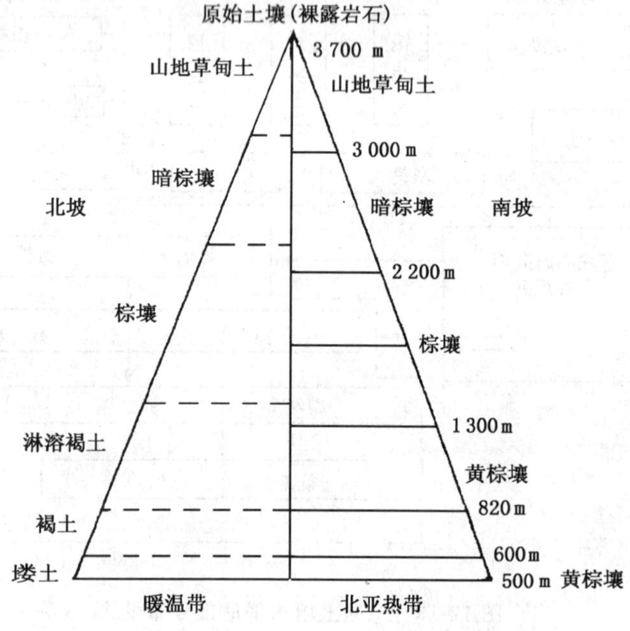

图 12-14　秦岭南北坡土壤垂直带谱图比较

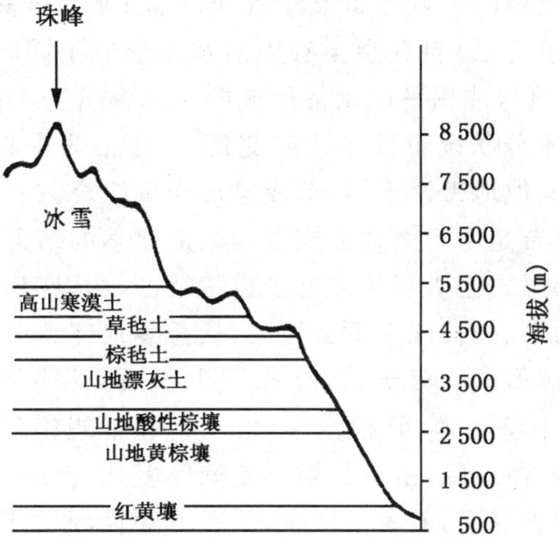

图 12-15　喜马拉雅山南坡土壤垂直分布图

12.4.2　区域性分布

土壤区域性分布主要由区域性自然条件的独特性所致。由区域内地形、水文地质条件不同而造成。此外，人为改造地形也是重要因素之一。在南海诸岛上分布着由珊瑚碎屑与鸟粪堆积而形成的磷质石灰土；在四川、贵州、广西以及云南东部一带，有大面积石灰岩山地，大多发育形成石灰土。如黑色石灰土、棕色石灰土和红色石灰土等；在四川盆地有大面积紫红色沙质岩出露地表，形成紫色土及紫泥田。这些土壤与所在地的地带性土壤均有显著差别。

人为因素的影响也是区域性土壤发生发育的原因之一。在珠江三角洲、长江中下游平原与四川平原等农业历史悠久的地区，都集中分布着大片的潮土、水稻土以及各类旱作土壤。黄土高原地区耕作历史悠久，其南部汾、渭河谷地的褐土，经长期耕作，多形成𪣻土，在侵蚀严重地段则形成由黄土母质直接发育的黄绵土。

东部沿海大面积的滨海盐土，华北、东北等地河谷平原的盐土、碱土，西北干旱地区盆地中的绿洲土、盐土以及含盐风化壳与风沙土等，皆因区域性水文、母质、气候条件的独特性而形成了这些区域性土壤。

除上述大范围的区域性土壤外，在中小地形上，由于水文地质与人为改造地形等原因,造成了土壤的中域分布或微域分布。如低山丘陵地区,由于河谷的发展,水系多呈树枝状伸展,自丘顶至谷底沿水系形成不同的土壤组合,即枝形土壤组合。在山间盆地与冲积平原则常形成扇形土壤组合。在湖泊四周,随地形由四周向中心倾斜,水分状况也发生相应变化,以湖泊为中心向外扩展,依次出现沼泽土、草甸土与其他地带性土壤,形成盆形土壤组合。

土壤的微域分布是由于微地形或人为改造自然的结果。因地域与利用方式不同,变化很大,梯田式土壤复域多见于丘陵地区,尤以南方水稻区普遍,多由枝形土壤组合发展而来。如长江中下游地区,从丘陵顶部到沟底,依次建成了岗地、畈田和冲田,并相应形成了黄土、小粉土、马肝土或青泥土组合。在平原地区随着农田建设的开展,平整土地,开挖沟渠,使土地逐步规格化,形成棋盘式土壤复域。在低洼区域与湖荡地区,由于长期不断挖低填高,创造了特殊的人工地形,即所谓桑(蔗)基渔塘和垛田,前者呈框状,后者呈垛状,形成框(垛)式土壤复域。桑基渔塘是池内养鱼,围岸种桑(蔗),蚕粪喂鱼,河泥肥地,构成了一种特殊的物质循环与利用方式,并在沼泽土基础上培育堆积成为肥沃的桑(蔗)园土壤。

垛田主要分布在江苏里下河地区,是经长期挖泥垫高而成。在碧波万顷的湖荡中,整齐地排列着一条条的垛田,其上种植着各种旱作物,常年葱翠,四季飘香,充分展示着人类改造自然的伟大力量。

13 我国主要土壤类型

【教学目标】

● **华北平原土壤**

1. 了解华北地区的主要土壤类型、成因及分布状况，掌握其每一种土壤的剖面特征及改良利用途径和措施。
2. 了解盐渍土的成因、分布规律和利用改良途径，尤其掌握盐渍土的综合治理方法及措施。

● **其他地区主要土壤类型**

1. 了解紫色土、红壤、黄壤及低产水稻的成土过程、性质及利用改良途径。
2. 重点掌握各类土壤低产原因及培肥改土的方法。

● **了解我国土壤资源现状、利用及特点，认识存在的主要问题，并探讨合理利用与管理土壤资源的有效途径和方法**

13.1　华北平原土壤类型

华北平原系指北起燕山南麓，西止太行山东麓，东至渤海，南至淮河以北，由西南向东北逐渐倾斜的平原，总面积约30多万平方公里。是我国主要的农业生产基地之一。在华北平原，分布着潮土、褐土、沙姜黑土、盐碱土和风沙土等主要土壤类型。

13.1.1　自然条件

华北平原地处我国中纬度地带，属于欧亚大陆东岸季风影响下的温带地区，虽靠近大海，但因日本、朝鲜山地的重重阻隔，尤其是每年受蒙古高压气流的影响，海洋性气候的影响仅为沿海一狭长地带。整个平原的气候特征是冬季寒冷干燥，春季干旱多风沙，夏季炎热多暴雨，秋季天气晴朗，属暖温带半干旱、半湿润大陆季风气候。

华北平原冬季降雪量较少，一年中降雪时间为10天左右，降雪量占全年降水总量约3%，故冬季干燥寒冷。从3月份起南方潮湿的海洋空气渐北上，气温日渐升高，此时北来的冷气团逐渐退出，故寒冷空气极不稳定。春季多风且干旱少雨，只是偶尔有较小的阵雨。自5月份开始，北风频率开始减少，南风及东南风日益加强。南、北方来的暖冷气流相遇而形成大量降雨，气温亦随之迅速升高，因而出现了从6月下旬至七八月份的雨季，且频频出现暴雨。这一期间的降水量占全年降水总量的1/2～2/3以上。9月份以后来自海洋的暖气流减弱，西北高压冷气流逐渐增强，使降水量呈锐减之势，气温普遍降低，风沙不大，天气晴朗。春秋两季的降水量占年降水总量的10%～17%，11月中下旬开始封冻，翌年2月底3月初开始化冻至3月中下旬基本上化通。

年降水量一般在400～700 mm，不仅年变幅度大，而且地域降水分布有明显差异。沿海及山麓地区雨季来临稍早，雨量较多，平原的中部较少。华北平原的年均气温由北向南为9～15℃，无霜期为200～240天。土壤冻结期为3个多月，土壤冻结层不深。有效积温3 200～4 500℃。全年日照时数2 200～3 000 h，太阳总辐射值为502.416～586.152 kJ/(cm^2·年)。

上述气候特点是，年降水量极不稳定，年气温变化较大。过去常因强烈的暴雨使下游平原形成严重洪涝灾害；又因雨量年变率较大，故水旱灾害比较频繁（表 13-1）。

表 13-1 华北平原几处的主要气候指标

地方	降水量(mm)			年蒸发量	气温(℃)			无霜日期	观察年代
	年总量	7月份	8月份	(mm)	年平均	1月份	7月份		(年)
北京	623.1	242.6	146.9	1 810.6	11.7	−4.65	26.7	215	1841 至 1952
保定	443.3	139.5	140.9	—	12.2	−5.4	27.0	199	1914 至 1937 1944 至 1950
石家庄	451.6	110.7	125.9	2 192.6	13.2	−4.3	27.1	238	1919 至 1954

表 13-1 说明，华北平原的水面蒸发量大，年蒸发量一般在 1 800～2 000 mm，为降水量的 3～4 倍。一年中只是冻结的几个月（12 至翌年 2 月份）蒸发量低而且平稳，自 3 月份开始增加，4 至 5 月份显著增高，6 至 8 月份蒸发量最大。特别是 6 月份，雨季尚未到来，而蒸发量却升得很快，10 月份以后逐渐降低。

华北平原每年风沙日数一般为 40～80 天，大多发生在春天。从农业生产上看，春季蒸发量大而少雨，易造成春旱，影响作物幼苗期的生长，也促使洼地边缘及地下水位较浅和水质不良地区的土壤发生盐碱化。春季的大风常常卷起流沙，形成黄沙弥漫的天空。夏季雨水集中，又容易造成土壤冲刷和内涝。

但是，华北平原夏季云量少，日照强，天气炎热，热量丰富，降雨充沛，加之无霜期长，有效积温高，较适合农作物生长。种植制度与大气、土壤的温湿度密切相关，20 世纪 60 年代常见的种植制度是两年三熟（春作-小麦-夏作-冬闲）；目前在水源和热量较丰富的地区，多为一年两熟（小麦-夏作）；在较干旱的岗坡地一年一熟。根据各个区域的水热条件，进一步提高土壤的增产潜力还是很大的。

13.1.2 地貌与成土母质

13.1.2.1 地貌

从总体上看，华北平原是以冲积-洪积平原为主体、兼有中低山地和缓坡丘陵相间的多元结构的地貌类型，其地势走向自山地向渤海倾斜，海拔在 100 m 以下，滨海地带仅为 2～3 m。地面坡度平缓，比降在 1/200～1/2 000 之间，但由于支流交互沉积，平原不平整，均有一定的起伏，属于微度起伏的平原。全区的地貌分为冲积扇-山麓平原和冲积-滨海平原两部分。

(1)冲积扇-山麓平原　在太行山东麓及燕山南麓，分布着由许多冲积扇相连组成的山麓平原，冲积扇平原的坡度大多为1/200～1/2 000，地表排水良好。冲积扇扇顶由于地势较高，切沟多，地下水位深(6～10 m)，打井提水甚为困难；冲积扇中部较平缓开阔，侵蚀减少，地下水位一般为5～6 m，水量充沛，打井提水灌溉的方式较多，冲积扇上部主要发育着褐土；冲积扇下部和平原交接处是交接洼地，面积很大，由于地势低，坡度平缓，地下水位普遍提高，地下水位变动在1.5～2.0 m之间，常有夜潮现象，主要土壤是潮土(浅色草甸土)(如图13-1)。

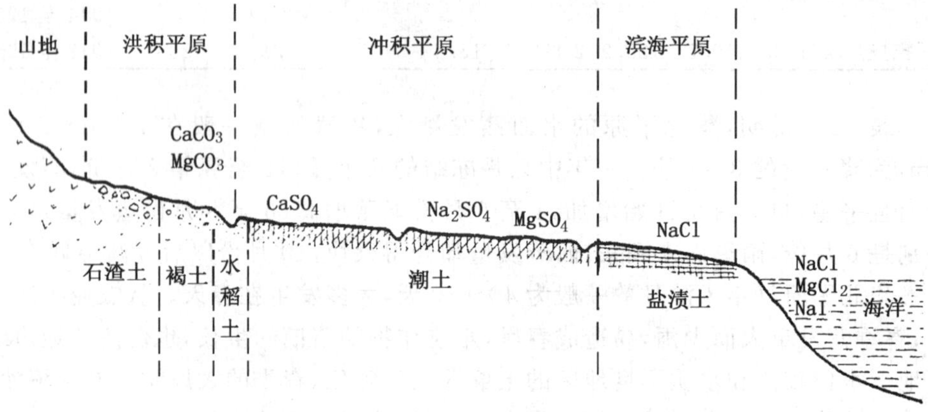

图13-1 华北平原地形、地貌和土壤类型分布

(2)*冲积平原* 冲积平原是华北平原的主体，面积辽阔，由滦河、海河与黄河三条河系冲积而成。地势平坦，坡度一般在万分之几。由于河系泛滥和频繁改道，致使地形错综复杂。在平原中多见的小地形，有古河道遗留下来的自然堤(缓岗)，有地势低平的微斜平地及交接洼地，还有槽状洼地、碟形洼地、河旁洼地、平浅洼地以及沙丘、河漫滩和小型冲积锥等。

(3)*滨海平原* 面积不大，主要是指各大河下游的三角洲平原和沿海的狭长地带的滨海洼地和滨海沙堤。一般海拔仅2～3 m，地下水位高(<1.5 m)，矿化度为10 g/L，主要土壤为盐渍化土壤。

13.1.2.2 成土母质

由于渤海凹陷，大陆下沉，华北平原长期处在一面下陷、一面为河流冲积物充填的状态。河流巨大的流速与流量，带来了大量的泥沙，使黄河下游的冲积物堆积区成为世界最大的近代堆积区。由于黄河的泥沙含量高，一般约为3%，洪水季节达到14%～41%，最高量可达到58%左右，加上沉积过程中水力对泥沙颗粒的分选和地形的局部差异，致使平原中各种地形部位的沉积物性状分异。在山麓洪(冲)积平原多为洪(冲)积物，太行山麓的洪积物和洪积冲积物多来自黄土高原，为再积黄土物质，质地轻壤且较均一。燕山山麓的洪积物多来自岩石风化产物，质地不一致，多沙质至轻壤质，甚至含有砾石。而在广大的冲积平原上，母质多属河流冲积物，富含碳酸钙，其含量可达6%～14%。在整个冲积平原上，冲积物的类型因河水的分选作用及水道的变迁极为复杂，其中以层状沉积物为主，层状沉积物中以轻壤为主，其中夹有不同厚度的黏土(胶泥)层。黄河沉积物中无砾石和卵石，沙土和沙壤土沉积物有一定的面积。

黄河沉积物的性状因成因不同而显示着一定的差别。主流河段，质地以沙质为主，地表部位较高，沉积物的水分物理性状差，石英、云母及黑色矿物成分清晰可见，多呈粒状或小块结构。壤质沉积物含一定量的黏粒和有机质，色泽稍暗，毛管孔隙发达，结构性良好。黏质沉积物中黏粒及细粉粒占优势，土粒结持紧密，通透性较差。不同沉积物类型的养分贮量也有明显的差异，这主要是受不同河系上游地面物质来源及水流分选所决定。如黄河中游地段的地面物质虽细，但黄土物质本身矿质养分低，故华北平原沉积物的养分含量，一般低于淮北或江南河谷平原。北京市东南郊平原潮土中，潮白河沉积物的养分含量均高于永定河沉积物。

黄河在历史上，下游河堤溃决1 500多次，重大改道26次，其沉积物不仅在水平分布上有粗细之差，且因交互沉积，在同一沉积剖面中常有不同质地层次排列的土层，构成了冲积平原地区土壤质量的复杂性和剖面质地层次的多样性。不仅影响土壤的肥力状况，也影响着土壤的发育以及土壤水、矿物质盐分的运移状况，导致土壤形成上的差异。

华北平原分布的湖泊、洼淀，经河流淤积而被填平，常见到埋藏的湖相沉积物，形成沙黏相间沉积带。

除上述以外，华北平原的风积物，强劲的季风把沿河岸的沙质沉积物搬运堆积，形成一些大小不等的沙丘。

综上所述，华北平原的成土母质有洪积物、冲积物、湖相沉积物和风积物四类，其中以冲积物的覆盖面最大，从而形成了以潮土为主的各种土壤类型。

13.1.2.3　地下水状况

地下水的活动状况是华北平原土壤形成的重要影响因素之一，其分布状况(指近地表潜水)基本与地形一致。洪积扇和山麓平原的地下水埋深大于4 m，有的达7～8 m以上，水质良好，矿化度均小于1 g/L；在平原地区，其南部地下水埋深多在2～4 m，北部地势较低，地下水埋深2 m或小于2 m。平原地区的地下水矿化度一般为 2～5 g/L。在湖泊洼地矿化度较高，可达 10 g/L；滨海平原的地下水位浅（小于 1.5 m），矿化度为 10～30 g/L；在海边可达 30～50 g/L。冲积扇以下的交接洼地，地下水位接近地表，为 0.5～1.0 m，有时出现地表积水。

华北平原的地下水活动情况不仅影响土壤的发育和肥力的有效发挥，还对土壤的形成与演变产生一定的影响，如盐化潮土和碱化潮土就是由于含盐量较高的土壤水运动的产物。

13.1.3 主要土壤类型

13.1.3.1 潮土

潮土属半水成土壤，在我国分布十分广泛。各大河流的中下游平原、湖泊周围以及地势低平和地下水位较高之处，均有潮土的分布。这一类土壤土层深厚，耕作熟化程度高，是我国主要的农业土壤和粮棉生产的重要基地。

潮土曾被称为冲积土、浅色草甸土、淤黄土、潮黑土等，群众则称之为夜潮土、二潮土等，它是冲积平原富含碳酸钙的近代河流冲积物，经过潮土化过程和耕作熟化过程形成的农业土壤。《中国土壤》把它定名为潮土，并有黄潮土、盐化潮土、碱化潮土、褐土化潮土、湿潮土和灰潮土等亚类。而广泛分布于华北平原的是黄潮土。

(1)*黄潮土的分布和主要性质*　黄潮土主要分布于黄淮海平原及汾河、渭河等地的河谷盆地，属半湿润、半干旱气候地区。该区域地势平坦，排水欠畅，地下水埋深 1.0～3.0 m，矿化度一般为 2～5 g/L，高者可达 10 g/L 左右。因地下水参与成土过程，故具有潮土化过程的特征，这就是由于地下水季节性的频繁升降，氧化还原作用交替发生，致使土壤中物质的溶解、移动和淀积，从而在剖面中形成黄色或暗褐色的锈纹、锈斑、铁锰结核和石灰结核。黄潮土的水文和水文地质条件决定了它既不同于沼泽化过程也不同于褐土的淋溶过程，部分黄潮土还有盐化过程。

①剖面形态。黄潮土的剖面形态受母质原有特征（如冲积体的层次性）的影响较为明显，变异较大。剖面中的物质淋溶和淀积，以及受地下水升降影响而造成铁、锰斑纹等新生体发育明显；耕作层中土壤动物的活动残迹清晰可见，其剖面特征如下：

A 层（耕作层）：包括表土及亚表土，厚度为 20～40 cm，有机质含量较低，一般不到 2%，呈浅棕或灰棕色，疏松多孔，粒状或碎屑状结构，在 15～30 cm 处出现厚薄不一的犁底层。

A/B 层(心土层):在 20～100 cm 范围内,浅灰棕色,块状结构,大孔隙较少,有虫孔,毛管作用强烈,土体湿润,有锈纹、锈斑,结构面上可见胶膜,有时出现石灰结核。

B 层(底土层):结构较紧实,大孔隙少,大块或棱块状结构,沉积母质的原有层次明显,有多量的铁锰结核,结构面上有时有胶膜,土体呈灰色或暗灰色,表现出潜育化特征。

C 层(母质层):冲积母质层。

②主要理化性质。黄潮土有机质含量较低,一般在 0.5%～1.0%范围内,因而颜色较浅。碳酸钙含量高,达 8%～12%,属强石灰反应的土壤,pH 值约为 8.0。由于母质为河相冲积体,故质地层次分明(表 13-2)。土壤钾含量丰富,一般可达 2.0%～2.6%,含磷量中等,0.12%～0.1%。盐基代换量因土壤质地而异,黏土为 26～35 cmol(+)/ kg 干土,轻壤为 8～18 cmol(+)/ kg 干土。

表 13-2　黄潮土几种类型的理化性质

土壤	地点	深度(cm)	pH	有机质(%)	全氮(%)	全磷(%)	全钾(%)	阳离子代换量(cmol(+)/kg)	颗粒组成(粒径:mm)%		质地
									< 0.001	< 0.01	
二合土	a	0～22	8.8	0.72	0.044	0.153	2.04	8.1	11.0	20.0	沙粉土
		22～24	8.7	0.48	0.035	—		8.7	13.0	22.0	粉沙土
二合土	b	0～13	7.9	1.82	0.121	—	—	13.3	12.8	28.0	沙粉土
		13～23	7.9	1.46	0.113	—	—	14.2	14.3	29.5	粉　土
		23～38	8.0	1.14	0.090	—	—	14.5	15.8	32.2	粉壤土
灌淤土	a	0～14	8.5	0.91	0.071	0.154	2.38	19.0	32.0	72.5	粉黏土
		14～38	8.6	0.68	0.055	—	—	16.2	27.0	52.0	粉壤土
		38～48	8.8	0.70	0.061	—	—	25.7	35.0	78.0	壤黏土
沙　土	a	0～36	9.0	0.23	0.023	0.106	1.84	—	2.0	3.0	细沙土
		36～59	9.0	0.17	0.017	—	—	—	1.0	1.5	粗沙土

注:a 为河南封丘,b 为北京肖家庄。

土壤水分状况较好,一般情况下地下水可借毛管作用上升至根层以供植物利用。黄潮土质地变化大,一般分为淤土、沙土和两合土等三个土属。

(2)*黄潮土的农艺性状*　黄潮土有长达数千年的耕作历史。由于长期频繁的耕种,土壤有机质遭到强烈的分解,腐殖质的积累不多,但土体的水热和通气状况有明显的改善。水、肥、气、热比较稳定和协调,成为华北平原生产性状较好的土壤,这种较好的肥力状态并非全是其自然属性,也有人类生产活动赋予的结果。

①秋收秋播阶段。由于夏收作物吸去了大量的有效养分，表土阴湿、板结。针对这种情况，采取拔去秸秆、暴晒地面、及时翻耕、晒垡、耙地平整等措施，以保持适当的土温和墒情，以利于秋播。

②冬前阶段。秋播后，气温逐渐下降，幼苗消耗水分较少，而潮土的土体内水分仍然较多，土壤冷湿，养分释放慢。为此应采取及时中耕、散墒增温、保住底墒的办法，以加速土内养分转化。

③越冬阶段。土温急剧下降，土壤冻结，此时易导致漏风、断根和冻害伤苗。采取灌冻水，铺蒙头粪，以保持土温，防止冻害，使麦苗安全越冬。

④化冻阶段。早春气温上升，表土处于“夜冻日消”的状态。此时返浆湿度大，土温依然很低，养分转化很慢，难以满足麦苗返青生长之需，在生产上往往采用结合施用追肥、顶凌耙地的措施。

⑤返浆和返青阶段。此时气温回升快，土壤水分、养分和通气状况较好。为保持这一良好性状，有必要进行中耕保墒，并结合灌水和施肥，保证抽穗灌浆时的水肥需要。

⑥麦收夏播阶段。这一阶段是一年中干旱的顶峰，尤其是麦收后蒸发强烈，地下水位亦处在最低点。为了保墒抢种，必要时进行灌水补墒。

⑦秋涝阶段。为保证夏播作物正常生长，对夏苗进行多次中耕，以利保墒和散墒，及时施肥，辅之以排水措施。

(3)黄潮土的利用改良　黄潮土主要分布在华北平原，地形平坦，土层深厚，土壤熟化度高，水资源较充足，耕作历史悠久，群众具有丰富的改土培肥经验。但该地区洪、涝、旱、盐的威胁，制约了农业生产的发展。有效地改善黄潮土的生态环境，着力于培肥土壤，对于该区农业的高产稳产有着重要的意义。

①防止旱、涝、盐。春旱夏涝及盐渍化是限制黄潮土生产力的重要因素，应从实际出发，首先进行全面规划，旱、涝、盐综合治理，灌排工程配套。进一步合理用水，控制地下水位，培肥地力以提高土壤抗御旱、涝、盐等灾害能力。

②增加土壤有机质。黄潮土有机质含量较低，且本地区“三料”(饲料、燃料、肥料)矛盾突出。应多途径开辟肥源，增施有机肥。除充分利用人、畜排泄物、城镇有机垃圾外，应利用一切荒废地、休闲地与间作套种栽植绿肥，使之不断增加土壤有机质，以改善土壤结构。本区适种绿肥有苜蓿、紫穗槐、田菁、草木犀、柽麻、毛叶苕子以及其他豆科绿肥作物，发展肥饲兼用的绿肥作物，解决燃料与饲料的矛盾，推行秸秆还田以利于增加土壤有机质的含量。

③加深耕层，熟化土壤。创造深厚的熟化土层是改善表土结构的基本环

节，“深耕一寸，顶上一茬粪”，对此，群众早有认识。黄潮土质地变化大，要根据质地采取适宜耕作法。沙土不宜深耕，壤土、黏土深耕效果好。蒙金地深耕不宜破除黏土层，深耕时要配合水肥条件同步进行，以期取得更好的效果。

④沙土的利用改良。在沙土区，必须坚持农、林、果、牧综合治理，才能有效地发挥土地生产力。沙荒地区应以营造防护林为主，结合种植绿肥牧草，防风固沙以改变小气候，并安排适种作物，以达到综合治理之目的。河南省兰考县仪封园艺场正是采取多种办法，创造了综合治理沙土的系统经验，取得了很好的经济效益。

13.1.3.2 褐土

褐土又称立黄土、黄垆土、山东棕壤、石灰性棕色土等，是半湿润、半干旱区旱生林下形成的自然褐土经长期耕种熟化演变而成的古老农业土壤。

(1)褐土的分布与主要性质

①褐土的分布。褐土主要分布于暖温带半干旱半湿润的山地和丘陵地区。在水平分布上处于棕壤以西的半湿润区，在垂直分布上位于棕壤带之下。因此，褐土广泛分布于我国的华北地区的燕山、太行山、吕梁山、伏牛山和秦岭山地。在华北平原的高阶地、关中、晋中南、豫西等盆地的边沿山区均有褐土分布。其范围在北纬 32～42°，总面积占全国土壤面积的 6%～7%。在华北平原，褐土发育于太行山麓、燕山冲积扇上部及山麓平原上的第四纪洪积-冲积母质上，地下水埋深 4～6 m，属钙质碳酸盐土，它是华北平原面积最大的地带性土类，亦属粮棉油作物生产基地。褐土地势较高，有一定坡度，排水良好，地下水埋深较深，不参与成土过程。

②剖面形态。褐土的形成过程主要是黏化过程和碳酸钙的淋溶与聚集过程。由于褐土处于暖温带的大陆性季风气候，高温高湿同时出现，故土壤原生矿物的化学风化和次生黏土矿物的形成在一段时间里较强；又因干湿季节变化明显，夏季表土温度虽高，但湿度变化较大，表层水热状况不稳定。但在土体内(20～70 cm)湿度与温度条件相对适宜，土壤中原生矿物分解强烈，形成大量次生黏土矿物，为残积黏化过程提供了条件。在淋溶、淀积、黏化过程中，出现了褐土的层次分明的剖面特征。

A(表层)：颜色呈鲜明的褐色至棕褐色，有机质含量不高，因耕种年久生物活动旺盛，蚯蚓翻动和根系穿凿，导致疏松多孔，因排水良好，兼一定淋溶作用，可溶盐类被淋失，无盐渍化现象，土壤中游离石灰亦有不同程度移动。

AB(亚表层)层(心土层)：在孔壁及结构面上，由于黏粒随水下移，出现黏化现象，质地较黏重。

B/C(底土层):质地较轻,呈棱块状结构。

③主要性质。典型褐土剖面分析结果说明,褐土中的黏粒矿物组成以水云母和蛭石为主,还有少量的蒙脱石,有时也出现高岭石。硅铁铝率在剖面中变异很小,一般都在2.4～2.8范围内,只有氧化铁略有增加,这表明铁铝的水化氧化物没有显著的移动,代换量较高,可达20～40 cmol(+)/kg干土。代换性盐基以钙、镁为主(表13-3)。

表 13-3 褐土黏粒的全量分析

土壤名称	采样深度(cm)	全量分析(占灼烧土的%) SiO_2	Al_2O_3	Fe_2O_3	SiO_2/R_2O_3
淋溶褐土(北京)	1～5	48.78	30.70	9.93	2.25
	19～24	47.44	31.07	10.52	2.13
	55～65	48.38	30.82	13.26	2.10
	91～97	48.01	31.85	11.09	2.10
	135～145	40.41	29.59	8.99	2.10
碳酸盐褐土(山西沁源)	0～5	69.01	13.62	5.57	2.83
	5～17	70.15	15.12	5.83	2.53
	17～50	68.35	16.70	6.61	2.49
	50～84	68.27	16.56	6.91	2.51
	84～130	62.66	15.79	5.20	2.80
	130～195	62.32	13.01	4.79	2.75

(2)褐土的理化性质

①土壤水分特性。发育于黄土母质上,土层深厚,具有良好的渗水保水性能。在地势平坦和一般降水强度下,大部分雨水均可渗入土中,湿润土层可达1.5～2.0 m以上。由于地下水位深,渗入的水分均以悬着水状态存在,又因土层深厚,2 m深的土层内最大储水量可达540 mm。褐土的另一水分特点是季节性变化明显,春旱频繁,只有雨季后才可补充水分,这是褐土利用改良上的主要问题之一。

②养分状况。褐土的养分状况表现为三个方面的特点:一是土壤吸收能力较强。碳酸盐在一定深度淀积、土壤中保持较多的盐基而使土壤呈中性和微碱性反应(pH 7.0～8.0),盐基饱和度较高。二是有机质含量低,氮磷储备不足。褐土一经开垦种植,有机质含量逐渐减少,一般稳定在1%左右,全氮含量在0.06%～0.10%之间,全磷含量虽可达0.1%～0.4%,但因碳酸钙的存在和有机质少,有效磷一般不到10×10^{-6},有效氮、磷缺乏。三是肥效反应快,稳肥性较

差。由于排水较畅，表层土质亦较疏松，土性偏热，矿化作用强烈，施用有机肥和氮磷化肥效果显著，因地力不足，早春地温回升快，易出现后劲不足，应重视后期施肥（见表 13-4）。

表 13-4 淋溶褐土剖面分析结果

采样深度 (cm)	有机质 (%)	全氮 (%)	全磷 (%)	全钾 (%)	代换量 cmol (+)/kg	碱解氮 ($\times10^{-6}$)	速效磷 ($\times10^{-6}$)	<0.01 mm 的物理黏粒(%)	pH
0～21	1.063	0.071	0.121	2.76	24.51	36	6	60.1	7.0
21～33	1.430	0.101	0.130	2.13	23.51	60	6	59.9	7.1
33～119	1.172	0.090	0.029	2.82		56	6	59.9	7.2
119～160	0.760	0.061	0.123	2.45		26	9	60.0	7.8

③土壤耕性。褐土因黏化现象明显，心土层质地较黏重，在有机质含量少的情况下，表现耕性较差，适耕期短，易板结，耕后坷垃多（表 13-5）。

表 13-5 不同土质褐土的物理性质

土壤类型	物理黏粒 (%)	微团聚体 (%)	紧实度		黏着力		可塑系数
			容 重 ($\times$9.8 g/cm^3)	孔隙度 (%)	最大黏着力 (g/cm^3)	最大黏着力含水量(%)	
重壤质褐土	>40	37～26	>1.6	<40	>50	32	30～18
中壤质褐土	40～28	26～22	1.6～1.5	40～45	50～35	30	14
轻壤质褐土	30～24	22～17	1.4～1.3	45～50	35～20	28	11

(3)褐土的利用改良　褐土区是我国农业历史最悠久的地区之一，是我国北方主要的粮棉基地。尽管褐土因其淋溶程度和黏化过程不同而分为淋溶褐土、褐土、碳酸盐褐土和草甸褐土等亚类，但在利用改良方向上有其一致性，具体可归纳为三个方面。

①发展灌溉，保持水土。褐土区易发生春旱，故发展灌溉是改良褐土的首要问题。应根据地形发展井灌或蓄水灌溉。在地下水难以利用的干旱黄土丘陵区，要做好水土保持工作，抓好农田基本建设，修筑梯田、实行旱坡地垄沟种植，推广粮草轮作，发展乔灌林业生产以涵养水源，增强蓄水保墒能力。

②合理耕作，适当深耕。褐土怕旱不怕涝，耕作上要注意有利于抗旱保摘。利用夏季多雨，适时深耕土壤以利接纳降水多收墒，以保证冬春作物生长的需水。

③增施肥料，培养地力。针对褐土有机质含量不高，氮磷贮量不足的实际情况，应通过增施粪肥、土粪、种植豆科绿肥作物，特别是要提倡秸秆还田，以增加

有机质含量。

13.1.3.3 盐渍土

(1)盐渍土的分布及其对农作物的危害

①我国盐渍土的分布概况。盐渍土是干旱和半干旱地区分布的一种隐域性水成土壤。一般分布于地势低平、排水不畅、地下水位埋深浅和矿化度高的地形部位。全球陆地上盐渍土面积约占陆地总面积的1/4,我国有盐渍土面积近约3 330万/hm^2(解放初期的统计数),约占总耕地面积的1/4。已开垦的约2 000万hm^2,经过几十年的耕种治理,有相当一部分已变成良田或盐渍化程度大大减轻,其余约600万hm^2,由于改良条件差或资金不足,仍为盐碱荒地。

我国盐渍土广泛分布于长江以北的广大内陆地区和沿海岸线的滨海地带,台湾、海南岛的沿海地带也有零星分布。在北方内陆地区,盐渍土主要分布在淮河以北、西北及青藏高原等地的干旱、半干旱地区的河流冲积平原、盆地和湖泊沼泽地区。如东北的嫩江平原、松辽平原,华北的黄淮海平原、内蒙古的河套平原,宁夏的银川平原,甘肃的河西走廊,山西盆地以及新疆各河流沿岸陆地、山前平原,吐鲁番盆地、塔里木盆地、准噶尔盆地、哈密倾斜平原,青藏高原的柴达木盆地,西藏的雅鲁藏布江流域等地都有盐渍土的分布。

②盐渍土对农作物的危害。盐渍土由于含有高浓度的可溶性盐分,影响作物正常生长发育,造成减产,甚至颗粒无收。其危害机理可分析如下。

a.高浓度可溶性盐分引起作物"生理干旱"。作物根系从土壤中吸收水分,必须保持根细胞与土壤溶液之间的压力差。一般作物根细胞溶液浓度比土壤溶液浓度要大1~2倍,才能保证根系的正常吸水。当土壤溶液的渗透压达到1 519.875 kPa时,作物就完全不能吸水。土壤中的含盐量增加时,渗透压也随之提高,造成作物吸收困难,出现"生理干旱"现象,尤其在幼苗期,使叶片变厚,颜色灰绿。严重时还会出现使作物体内的水分"反渗透"而凋萎枯死。

b.盐分的毒性效应。土壤中碱性盐(Na_2CO_3、$NaHCO_3$)含量高,可使pH达9~10以上,直接腐蚀作物根系的纤维组织。同时,作物体内被迫吸收过量的Na^+时,会使叶缘或叶尖焦枯称为"钠灼烧"现象。Cl^-在叶片中过多累积,也会引起某些作物叶子的"氯灼烧"现象,使叶绿发生枯焦,严重者可造成叶片脱落乃至植株死亡。

c.高浓度的盐分干扰作物正常吸收养分。土壤中一些离子含量过多,一是干扰了溶液中养分平衡;二是影响作物对其他离子吸收而产生"拮抗作用"。如过多地吸收Na^+,会妨碍作物对Ca^{2+}、Mg^{2+}、K^+的吸收,导致盐渍土地区作物常有缺

Ca^{2+}和K^{+}的现象。另外，Na^{+}过量又会造成作物缺Fe^{3+}、Mg^{2+}，可诱发“失绿症”。Cl^{-}过多常引起作物体内叶绿素含量降低，影响光合作用，减少淀粉形成。

在盐渍土区，由于碱性盐水解使土壤呈碱性反应，导致磷酸盐、铁、锌、锰等营养元素易形成溶解度很低的化合物而降低其有效性。

d. 恶化土壤物理性质及生物学性质。盐渍土壤中Na^{+}含量高，对土壤胶体起分散作用，破坏土壤的团聚状态，使土粒高度分散，干硬湿黏，通气透水不良，耕性恶化，耕作困难，影响作物出苗和生长发育。在强碱性环境中，抑制大多数微生物活动，氨化细菌受抑制，氨化作用不能进行，影响土壤氮素转化和作物对氮素的吸收。

长期生长在盐碱土地区的作物，其不同品种、不同生育阶段对盐碱均具一定忍耐能力，一般将作物所能忍受盐碱危害的最大限度，称为该作物的耐盐极限。按作物耐盐极限的大小排列如下：

向日葵 ＞高粱 ＞ 谷子 ＞ 棉花 ＞ 玉米 ＞ 小麦
胡萝卜 ＞ 甜菜 ＞ 葱 ＞ 菠菜
葡萄 ＞ 梨 ＞ 枣 ＞ 苹果

(2)盐渍土的类型

①盐渍土的基本含义。盐渍土是盐土类、碱土类、盐化土和碱化土的总称，俗称盐碱土。

a. 盐土类。即土壤中含有大量易溶性盐分的一类土壤。土壤中所含易溶性盐分的总量＞ 0.1％时，开始轻微地影响农作物的生长，称为盐渍化土壤。当土壤含盐量达到作物致死程度(季风区)，一般＞ 1.0％时，称为盐土。在农业生产中依其含盐量和作物受害程度把盐渍化土壤又划分为轻度、中度和强度(重度)等三个等级(见表 13-6)。

表 13-6 华北平原盐渍化土分类

盐渍化程度分类	成苗程度	盐分类型(耕层 0～20 cm)含盐量(％)	
		$Cl^{-}-SO_4^{2-}$ 型与 $SO_4^{2-}-Cl^{-}$ 型	苏打型($CO_3^{2-}-HCO_3^{-}$)
非盐渍化土	9～10 成	＜ 0.2	＜ 0.1
轻度盐渍化土	7 成	0.2～0.3	0.1～0.2
中度盐渍化土	5 成	0.3～0.4	0.2～0.3
重度盐渍化土	3 成	0.4～0.8	0.3～0.5
盐 土	光板地	＞ 0.8	＞ 0.5

b. 碱土类。土壤中含盐量不高，但代换性钠(Na^+)含量较高，形成物理性质不良的一类土壤。当代换性钠 > 5%(占代换量)时，土壤呈碱性反应，pH > 8.5，土壤物理性状开始变坏，称为碱化土壤。当代换性钠离子 > 15%～20%时，则称为碱土或强碱化土壤。碱土或碱化土壤中一般含盐总量不高，但盐分以碱性盐(Na_2CO_3 及 $NaHCO_3$)为主。

②易溶性盐的类型。盐渍土对农作物产生危害主要决定于易溶性盐的含量和类型。化学组成可分为：

氯化物
- 盐卤($MgCl_2 \cdot 7H_2O$、$CaCl_2 \cdot 2H_2O$)
- 食盐($NaCl$)

硫酸盐
- 芒硝($Na_2SO_4 \cdot 10H_2O$)
- 泻盐($MgSO_4$)

碳酸盐
- 苏打(Na_2CO_3)
- 小苏打($NaHCO_3$)

以上盐类按其 pH 反应又可划分为中性盐(氯化物、硫酸盐)、碱性盐(碳酸盐类)两大类。中性盐的 pH 在 7 左右。若土壤中以中性盐为主，则称为盐渍化土壤或盐土；若以碱性盐为主，Na_2CO_3 及 $NaHCO_3$ 在土壤中的数量增多，使土壤 pH 达 9 以上，这种土壤称为碱化土壤或碱土。

不同盐类对作物危害程度不同，其危害程度与该盐分本身的溶解度呈正相关。按盐分类型对农作物危害程度顺序排列如下：$Na_2CO_3 > MgCO_3 > NaCl > CaCl_2 > MgSO_4 > Na_2SO_4$。由此可见，$Na_2CO_3$ 的危害最大，其含量 > 0.005% 就开始抑制作物生长，Na_2SO_4 危害最轻。比较各种钠盐的危害程度，有如下关系：

$$Na_2CO_3 : NaHCO_3 : NaCl : Na_2SO_4 = 10 : 3 : 3 : 1$$

③我国盐渍土的分区及特点。依据土壤中含盐分类型划分，并以主要盐类的阴离子命名，如氯化物盐土、硫酸盐盐土等，分为以下几个分区：

a. 滨海盐渍土。主要含盐分类型为氯化物。其特点是整个土体含盐量高，可达 2%～3%，地下水矿化度也高，一般可达 20～30 g/L，地下水位埋深较浅，一般 < 1 m。其盐分剖面图如图 13-2 所示。

b. 内陆盐渍土。主要分布于新疆、内蒙古、甘肃、宁夏、青海等内陆地区。其特点是既有硫酸盐盐渍土，也有氯化物盐渍土，含盐量很高，有的表层积盐率可达 30%～70%。

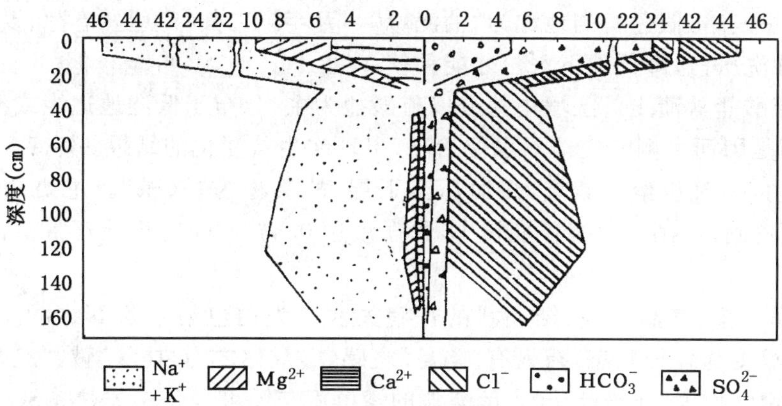

图 13-2 江苏滨海盐土的盐分剖面图

c. 季风区盐渍土。主要分布在东北、华北地区。其特点是土壤中的盐分含量随季节变化十分明显；盐分的表聚性强度大，土体中的盐分含量剖面分布呈"T"型；土壤板结，阴凉，肥力低(如图 13-3)。

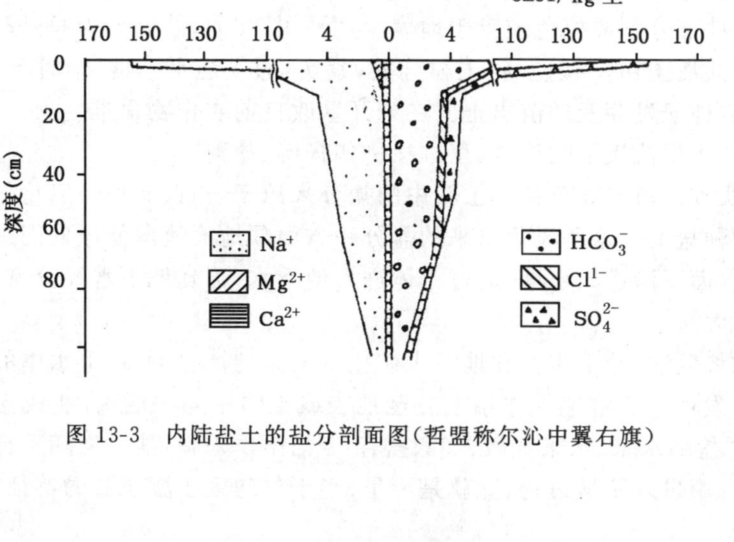

图 13-3 内陆盐土的盐分剖面图(哲盟称尔沁中翼右旗)

④华北平原地区盐渍土的主要类型和特点：

a. 氯化物盐渍土。主要分布于低洼地，如冲积平原上的封闭洼地和自然堤外缘洼地。春秋干旱期，地表出现灰色结皮，群众称为“锅巴碱”，对作物危害很大。雨季地下水位上升，水质恶化，土壤积聚 $CaCl_2$、$MgCl_2$，吸湿性很强，表现为潮湿，色发黑发暗（假色），当地称为“油泥碱”，“万年湿”。其特点是“春凉、夏湿”，必须经过冲洗压盐，降低地下水位才能种植。

b. 硫酸盐盐渍土。土壤中盐分以硫酸盐为主，分布于低洼地边缘或河、渠两侧。大多是因河水侧渗使地下水位抬高，出现次生盐渍化的结果。其特点是盐分随水移动，旱时积聚于表层，涝时压至下层，故又称为“水碱”。主要盐成分是 Na_2SO_4（皮硝、芒硝），危害程度较小，含盐量达 0.5%时作物仍能正常生长，故又名“轻碱”。

春季干旱，气温增高，结晶状的芒硝失水成为白色粉末状 Na_2SO_4，体积增大，使土壤变为蓬松状态，行人有“陷足”之感，群众称之为“扑腾”碱、“泡碱”、“白碱”。土壤学称为“蓬松盐土”。硫酸盐的溶解度与温度呈正相关（Na_2SO_4），土温为 10℃时，溶解度为 89.2 g/L；33℃时，则溶解度为 497 g/L。因此，在利用改良时，必须注意在夏季高温伏雨洗盐，压盐效果较好。

c. 苏打盐渍土。多分布于河间洼地和自然堤外缘洼地的斜坡上（二坡地），含有较多的碱性盐（$Na_2CO_3+NaHCO_3>$ 2 ml/100 g 土），使土壤溶液的 pH 上升至 8 以上，就对作物危害较大。按土壤质地不同，群众又划分为“缸瓦碱”（多为轻壤）和“沙面碱”（多为沙性土）。当 Na_2CO_3 含量高、pH>10 时，则土壤有机质在强碱性条件下分解成棕色胶膜于地表，与“马尿”相似，故得名为“马尿碱”。

苏打盐渍土由于碱性高，土粒分散，紧实，通气透水不良，干时土壤易板结、龟裂，影响种子发芽及幼苗出土。在未开垦改良前农作物很难生长，一般为光板地，只长一些耐盐极强的灌木、草本植物如柽柳、盐蒿。

（3）盐渍土的形成条件　土壤中的盐分来源于岩石、矿物经风化作用所释放出来的各种盐类。这些风化出来的盐分一方面顺地面流向低洼处而进入江河海洋；另一方面下渗进入土壤，通过土体进入地下水，再随地下水径流流向低洼区，最终流入大海。

在地势低洼、地下水位和地下水矿化度较高的情况下，地下水中的盐分又可由地面蒸发通过土壤毛管作用上升至地表或土体中某一层次，造成土壤的积盐过程。即“盐随水来、水来气散、气散盐存”。当雨季来临，盐分又随下行水向下移动，此时土壤进入脱盐过程。这就是干旱、半干旱地区土壤积盐的特征，也是形成土壤盐渍化的根本原因。

(4)影响盐渍土形成的因素

①气候条件。华北地区属温带半干旱季风气候区,其特点是a.年蒸发量大于降水量。年降水量为400～700 mm,地面蒸发量为1 800～2 000 mm,即蒸发量为降水量的3～4倍。b.降水集中,降水量的50%～70%集中于7至9月份,尤其是七八月份,平原上各水系一遇暴雨便泛滥成灾。加上地势低平,排水不畅,造成大量地面积水,入渗补给地下水,抬高地下水位形成涝碱相随的局面。c.明显的干湿交替气候条件决定了本区盐渍土季节性积盐和脱盐过程。一般春季干旱多风,积盐最重,是积盐期。雨季到来土壤处于脱盐状态,是脱盐期。秋季降水减少,气温仍较高,土壤又开始返盐,但返盐程度不如春季强烈。冬季气温低蒸发弱,水盐运动平缓。由此可见,华北平原地区,盐渍土形成与该地区旱、涝、盐碱是相互伴随、互为因果的关系(如图13-4)。

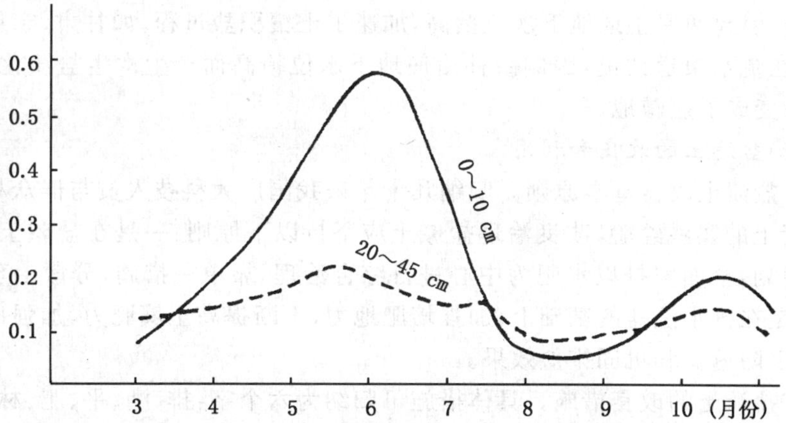

图13-4 华北平原盐渍土盐分季节变化

②地势低平,排水不畅。地势影响地表径流、地下径流再分配过程,土壤中的盐分也随之发生分异与积累。一般规律是大地形从高到低,盐渍化程度逐渐加重。中地形在洼地边缘,小地形在洼地的局部高处,因蒸发强烈而易于积盐。可见盐渍土主要分布于大地形的低洼地带,中地形的二坡地及小地形的高处。如群众总结的"高中洼、洼中高、二坡地上盐碱重"。

③地下水埋深浅、矿化度高。盐渍土的盐分是伴随水分毛管运行带到土壤表

层的。即“盐随水去,水去盐存”。因此在干旱地区,地下水埋深及矿化度大小,与土壤盐渍化程度有密切关系。地下水埋深越浅,矿化度越高,则含盐地下水越易通过毛管作用上升至地表,水分蒸发后,便将盐分残留给土壤表层的数量也多,盐渍化程度就越重。

在干旱季节,当地下水埋深 < 临界深度时,土壤表层不能积盐,地下水临界深度是设计排水沟深度的重要依据。但临界深度并非一个常数,不同土壤因具体条件的差异而不同。其影响因素有质地、土体沙黏层次厚度及排列、土壤结构及人为耕种、管理措施等。

④土壤质地的影响。土壤质地和结构状况影响土壤水盐动态的再分配。沙质土壤毛管作用弱,毛管水上升速率快但高度低;黏质土毛管水上升慢且高,但因细毛管多管壁阻力,或吸水膨胀,使毛管水实际上升不高;壤质土壤,毛管孔径中等而分布均匀,毛管作用强,水分上升快且最高。

⑤河流的影响。北方的河流大多属于地上河,因河水侧渗对沿河两岸地下水的补给,引起两岸土地地下水位抬高,加速了土壤积盐过程。如甘肃、宁夏的引黄灌渠,在疏水渠道两侧,因侧渗补给使地下水位抬高而产生次生盐渍化,使大片的良田变成了盐碱地。

(5)盐渍土的改良和利用

①盐渍土改良基本原则。归纳几十年来我国广大科技人员与群众相结合治理盐渍土的实践经验,改良治理盐碱土应坚持以下原则:一是在盐碱土地区,应统一规划,全面安排以水肥为中心进行综合治理,靠单一措施,分散治理很难奏效;二是在排水洗盐的基础上,加强培肥地力,不断提高土壤肥力,加强田间耕作管理,以防返盐和巩固排盐效果。

②盐渍土的改良措施。具体措施可归纳为六个字:排、灌、平、肥、林、种。

a. 排水。通过排水降低土壤中过多的可溶性盐分,把地下水位降低至临界深度以下,阻止盐分上升至地表。排水方式有多种,如明渠排、竖开排水、灌排结合、井沟渠结合排水和洗盐排水等。

b. 灌水压盐。灌水促使土壤中的盐分溶解并向下层移动进入地下水或经排水沟排走。这一措施除有洗盐、压盐作用外,还可提供作物的需水。土壤脱盐深度一般应在 40～60 cm 以上,以保证作物根系分布不受盐害为宜。在华北地区的五六月份,易发生“小雨喉苗”和“卡脖旱”,及时进行大水灌溉,方可保证压盐效果促使幼苗正常生长。

c. 平地深翻。地面不平,会出现高处水灌不到,盐分压不下去,低处水多,压盐效果好，造成高处积盐多而低处少，这是形成盐斑的主要原因。平整土地可以改变中小地形水盐运动及分布状况，为灌水洗盐创造良好条件。深翻既可窖碱，改变土壤剖面上下盐分上重下轻的分布状况，又能打破犁底层(隔盐层)，使土壤疏松，接纳更多的降雨及灌水量，有利于加快土体脱盐。

d. 培肥土壤，提高地力。一般盐碱土的性状特点是"瘦、死、冷、渍"。"瘦"是土壤中有机质含量低($<0.5\%\sim0.6\%$)，氮、磷养分缺乏。"死"是指土壤微生物数量少，活性低，氨化和硝化作用受到抑制，氮素转化缓慢，造成作物容易缺氮。"冷"、"渍"是土粒高度分散，土壤板结不透气，低湿冷凉。土壤水多土温低，早播不能早出苗，又易遭盐害而烂根烂芽。上述中心问题是盐碱多，地下水位高，有机质少，土壤肥力低，故在进行排盐的同时要考虑土壤肥力问题，除大量增施有机肥、适施化肥外，应狠抓绿肥种植，以培肥土壤和加速土体脱盐及抑制土壤返盐。如种植田菁、草木犀等，可收到良好效果。

e. 植树造林。种树种草，有利于改变小气候环境，又能降低地下水位。造林要求主林带与风向垂直。华北地区一般是西北、东南风多，故主林带应西南、东北方向种植。林带间距一般为树高的15～20倍。可结合灌、排、路同时规划设计，林带以乔、灌、草立体配置效果最好。

f. 科学种田。在盐碱地种植农作物，关键问题是拿住苗。尤其在幼苗期，抗盐能力较弱，盐分容易将苗喉死(盐害)，春季返盐强而地温又低，死苗现象严重。广大农民在长期与盐碱作斗争的实践中总结出一套行之有效的生产经验。如因地制宜实行深耠浅盖，躲盐巧种，把种子播在含盐较少的土层，可以大大减轻盐分对种子的毒害，有利于拿住苗。旱季扒根晾楂，适时灌溉，尤其要防小雨喉苗。雨季采取深耕冲沟，增强土壤水下渗能力，以加快雨水自然脱盐效果。

g. 化学改良。对碱化土壤或碱土，由于含有大量苏打盐分及代换性钠，致使碱性强，土粒分散，物理性状恶化，作物难以正常生长。改良这类碱化土壤，除了要消除多余的盐分外，主要应减少并消除土壤胶体上过量的代换性钠离子，降低其碱性。因此，在采取水利和农业技术措施的同时，还要进行化学改良，才能收到更好的效果。如石膏、硫酸亚铁(黑矾)、明矾、硫磺等，这些物质在土壤中通过离子交换及化学作用，降低交换性 Na^+ 的饱和度和土壤的碱性，以改良土壤的理化及生物学性状，达到改良和提高土壤肥力的目的。其化学反应如下：

$$Na_2CO_3 + CaSO_4 \longrightarrow CaCO_3 + Na_2SO_4$$

$$2NaHCO_3 + CaSO_4 \longrightarrow Ca(HCO_3)_2 + Na_2SO_4$$

$$\boxed{土壤}{}^{-Na}_{-Na} + CaSO_4 \longrightarrow \boxed{土壤} = Ca + Na_2SO_4$$

土壤中游离的 Na_2CO_3、$NaHCO_3$ 与石膏作用生成 $CaCO_3$ 沉淀及 $Ca(HCO_3)_2$ 和中性盐 Na_2SO_4。土壤胶体上的 Na^+ 被 Ca^{2+} 取代形成 Na_2SO_4，Na_2SO_4 易遭淋洗，从而消除游离性碱和代换性钠，降低了碱性，改善了物理性状，增产效果很明显。

另外，黑矾（$FeSO_4$）、磷石膏、糠醛渣、草炭、风化煤和腐植酸肥料等都可以利用。这些改良措施在生产上初步试验与推广应用，都取得了较好的效果。

(6)土壤次生盐渍化　在农业利用中，由于大兴水利，发展灌溉，没有注意到土壤盐渍化的水盐运动规律，在半干旱和干旱地区，盲目引水漫灌而不注意排水、防涝措施，引起地下水迅速上升至临界深度以上，产生大面积土壤次生盐渍化现象，使非盐渍化土变成盐渍化，轻度盐渍化土变成重盐渍化土，故称为"土壤次生盐渍化"。

①土壤次生盐渍化发生的条件：

a. 在华北地区，大面积发展灌溉农业，由于排灌工程不配套，用水不当，在灌溉一段时间后，土壤表层积盐明显，随着灌溉时间的延长，土壤表层积盐量达到危害植物生长的程度，即土壤变成盐渍化土壤。

b. 次生盐渍化土壤一般分布于输水、蓄水时间长、地下水位较高的平原水库、坑塘、渠道两侧，尤其是蓄水的排干、支渠两侧。如宁夏银川平原的引黄输水干渠两侧的大面积次生盐渍化。

c. 次生盐渍化多发生于原生地下水矿化度较高壤质土地带。

②土壤次生盐渍化的防治措施：

a. 建立完善的排水系统，田间灌排渠道必须配套，要求土地细平细整以保证小水灌溉，防止出现盐斑。

b. 加固渠道防止渗漏，在平原水库、坑塘、稻田周围，一定要挖截水沟。

c. 注意灌水水质，其标准如下：

Ⅰ. 矿化度：	< 1 g/L	优质水
	$1\sim2$ g/L	半咸水，一般不宜灌溉
	> 3 g/L	咸水，不宜灌溉

矿化度 > 2 g/L 的水质，在干旱少雨时期，经人工调节，在水源紧缺的地方

也可适当灌溉。

Ⅱ. 残余 Na_2CO_3 含量:灌溉水中 CO_3^{2-}、HCO_3^- 的含量太多会使土壤中的 Ca^{2+}、Mg^{2+}沉淀,而水溶性 Na^+增多,容易导致土壤碱化。

$$残余\ Na_2CO_3\ 碱度=[HCO_3^- + CO_3^{2-}]-[Ca^{2+}+Mg^{2+}](mol/L)$$

大于 2.5 mg/L 的水不宜灌溉。

Ⅲ. 钠吸附比(R_{SA}):Na 在水溶液中危害极大,其危害大小,常与水中二价阳离子含量的比例大小来决定。

$$R_{SA}=\frac{[Na^+]}{\sqrt{\frac{[Ca^{2+}]+[Mg^{2+}]}{2}}}$$

一般情况下,当 $R_{SA}>10$ 时,就不宜灌溉。

13.2 其他地区主要土壤类型

13.2.1 东北地区的黑土、黑钙土

东北地区包括辽宁、吉林、黑龙江三省,总面积约 120 万 km^2。该地区夏季暖热,冬季寒冷,土地肥沃,土壤资源丰富。素以“土壤沃衍,山川浑厚”、“黍、稷、稻、粱、菽、麦之类,植无不宜”著称。受成土条件影响,土壤种类繁多,主要耕作土壤有黑土、黑钙土、白浆土、草甸土、沼泽土等。

13.2.1.1 黑土

东北平原三面环山,西为大兴安岭,东为长白山,北为小兴安岭与大兴安岭呈人字交叉,三面群山大体呈马蹄形环抱着东北平原。黑土集中分布在松嫩平原和三江平原。中部松嫩平原是东北平原的主要部分,海拔为140~180 m,地势波状起伏,“漫川漫岗”,土层深厚,土质肥沃。东部三江平原,海拔50~80 m,地势平坦,可垦荒地多,是我国著名的低湿平原。黑土是我国北方重要的粮、油、经济作物生产基地。

(1)黑土的成土条件　黑土地区气候比较湿润,年降水量一般是 500~600 mm,绝大部分集中在暖季。7 至 9 月份降水占年降水量的 50%以上。年平均气温从北部的 0.5~0.6℃到南部的 4.8~5.9℃,1 月份平均气温为-20~-16.5℃,7 月份平均气温为 20~25℃。黑土冻结深度一般为 1.5~2.0 m,从地表结冻到融

冻 120～200 天。全年的气候特点是冬季漫长，严寒降雪较多；夏季短促、炎热而雨量集中；秋季凉爽而晴朗；春季多风而少雨(表 13-7)。

表 13-7　黑土区主要气候指标

黑土类型	年均温(℃)	≥10℃有效湿(℃)	无霜期(天)	土壤冻结期(天)	土壤冻结深度(m)	年降水量(mm)	年蒸发量(mm)
松嫩平原东北部黑土	1～5	2 200～3 000	110～140	140～200	1.5～2.5	450～550	1 000～1 200
松嫩平原西南部黑钙土	4～5	2 800～3 000	120～140	120～180	1.4～2.0	350～450	1 000～1 600
三江平原草甸黑土	1.5～3.0	2 275～2 900	120～140	140～190	1.7～2.0	500～600	1 000～1 200

黑土的母质主要是第四纪沉积物。母质组成，上部以黏土层为主，其厚度 10～14 m；中下部偏沙或沙黏间层；底部以沙砾为主。黑土大都发育在黏土层之上，故母质比较黏重、均一，质地以粗粉沙(0.05～0.01 mm)和黏粒为主。

黑土区的地形大都是波状起伏的漫川漫岗地，属平原向山区过渡的一种过渡地形，一般坡度为 1～5°。受土壤侵蚀的影响，黑土层厚度、土壤水分、养分状况随地形坡度变化而有明显的差异。

黑土地下水位，一般为 5～20 m，地下水矿化度不高，0.3～0.7 g/L，是 HCO_3-SiO_2 型水。地下水对黑土的形成和发育影响不大，但是黑土地区的季节冻层和黑土黏重母质上出现的临时滞水，对黑土的形成、发育和利用有着很大的影响。这种上层滞水一般在 50～70 cm 至 150～200 cm。

黑土区的自然植被有草甸、草甸草原和草原三种主要植被类型，它们的繁茂和覆盖度以及有机质的累积量，从草甸至草原逐次减少。草甸草本植物大多为多年生的，种类繁多，生长繁茂。每当夏秋之季，百花争妍，当地称之为“五花草塘”，岗上则谓之“榛材艾蒿塘”。它们生长繁茂高大，覆盖率为 100%，其有机质的累积量很高。据九三农场测定，五花草塘的地上部分干重为每公顷 4 725 kg，1 m 土层内根量每公顷达 12 600 kg。草原植被累积的有机质比草甸植被少，但其地下部分的累积量大大超过地上部分。

(2)黑土的成土过程　黑土的形成主要是腐殖质的累积和物质的淋溶与淀积过程。

黑土的腐殖化过程：黑土的腐殖质含量为 4%～10%，0～20 cm 土层每公顷贮量可达 75～225 t，腐殖层厚度可达 1 m 以上，1 m 深处腐殖质含量仍有 1%左右。这种深厚的腐殖质层和高含量的腐殖质是在冬冷、夏热、雨热同季的季风大陆性气候和草甸、草甸草原植被的生物气候条件下形成的。在雨热同步的夏季，草甸植被生长繁茂，郁蔽度大，生育期长，土壤处于过湿状态，好气微生物的活动受到了抑制。而冬季气温和土温低,土壤微生物活动微弱,因此每年只有15%左右的有机物质被矿化,使土壤腐殖质得以大量累积,形成了深厚的黑土层。

黑土中物质的淋溶与淀积:黑土发育在较强烈的淋溶作用条件下,由于土体内的水分较为丰富,下移的土壤水首先使可溶性盐类淋失,进而使碱土金属的碳酸盐类也受到不同程度的淋溶,有的剖面全部淋失,土壤呈微酸性,盐基不饱和。在中性淋溶和季节性过湿的条件下,二氧化硅被水化而分离,形成白色粉末,分散在剖面层次中。这种淋溶过程并不能使二三氧化物发生明显移动,而使铁和其他元素发生还原性淋溶和淀积。

(3)黑土剖面形态和基本性质

黑土的剖面形态:黑土腐殖层一般为30～70 cm,有的可达1 m以上。呈黑色或灰黑色,土壤的结构性好,大部分为水稳性团粒结构。淀积层为灰棕或浅棕带黄色,夹暗色腐殖质条痕,一般厚30～50 cm,质地黏重,核块状结构,结构面有腐殖质胶膜和铁锰胶膜、结核,有时有SiO_2白色粉末,大多出现于70～180 cm深处,有的出现在20～30 cm以下的土壤结构面上。再下是母质层,多具黄灰色锈纹斑。全剖面无钙积层,疏松多孔,并有很多田鼠和蚯蚓的洞穴和粪便,各层次过渡明显。

黑土的基本性质:质地较黏重,上部以重壤为主,下部多为轻黏土。粒级以粗粉沙和黏粒为多,各占30%～40%,黏粒在剖面上有不明显的分异现象。黑土的团粒结构良好,上层团粒含量可达70%,向下逐渐减少。团粒大小以0.25～0.5 mm的微团粒为主,约占土壤总重量的25%,其次为0.5～1.0 mm的团粒,约占15%。荒地黑土的团粒结构优于耕地黑土。黑土的密度一般为2.5～2.6 g/cm^3,容重1.0～1.4 g/cm^3,总孔隙度50%上下(表13-8至表13-10),其中毛管孔隙较多,一般为30%～40%,通气孔隙在耕层有20%左右,耕层下10%左右。

表13-8 不同粒径的黑土团粒在土壤中所占比例湿筛分析结果(黑龙江嫩江)

土壤	取样深度 (cm)	不同粒径团粒所占比例(%)						
		5 >*	5～3*	3～2*	2～1*	1～0.5*	0.5～0.25*	< 0.25*
耕地黑土	0～10	0.78	1.29	1.38	7.15	14.52	32.41	42.27
	10～25	0.29	2.58	2.88	9.20	13.54	23.82	47.69
	25～30	0.00	1.62	3.20	17.36	18.43	26.03	33.36
荒地黑土	0～10	9.06	5.21	4.01	13.17	14.17	20.11	34.27
	10～25	4.62	5.25	5.18	14.02	15.77	14.49	36.07
	25～30	0.52	4.01	2.87	12.02	17.25	26.27	37.04

* 团粒直径单位为mm。

表 13-9 黑土的机械组成

地点	层次	深度(cm)	不同粒径($\times 10^{-1}$mm)机械组成(%) 10.0～2.5	2.5～0.5	0.5～0.1	0.1～0.05	0.05～0.01	< 0.01	< 0.1	质地名称
黑龙江	Ap	0～20	2.0	7.0	33.1	9.7	10.8	31.4	57.9	重壤土
嫩江	A	20～50	2.0	4.6	29.0	10.1	14.3	40.0	64.4	轻黏土
	AB	59～90	2.0	2.0	29.1	8.8	13.9	44.2	66.9	轻黏土
	B	90～140	1.0	4.8	29.0	10.1	10.9	44.2	65.2	轻黏土
	BC	140～220	1.0	11.0	32.3	2.8	11.3	41.6	55.7	轻黏土
黑龙江	Ap	0～18	0.8	9.7	39.8	10.9	15.0	23.8	49.7	重壤土
北安	Ap'	18～29	2.0	6.2	41.0	13.3	14.9	22.6	50.8	重壤土
	A	29～59	1.0	5.8	38.4	10.2	13.9	30.7	54.8	重壤土
	AB	59～88	1.4	9.7	36.1	10.1	10.1	32.6	52.8	重壤土
	B	88～110	1.3	6.2	37.1	10.5	12.1	32.8	55.4	重壤土
	C	110>	1.0	2.5	36.2	13.1	13.5	33.7	60.3	轻黏土
黑龙江	Ap	0～14	0.6	2.7	39.4	15.0	15.9	36.4	57.3	重壤土
海伦	Ap'	14～36	1.2	9.0	31.4	14.4	14.0	30.0	58.4	重壤土
	AB	36～65	1.2	—	35.8	11.0	12.0	40.0	63.0	轻黏土
	B1	65～91	0.8	2.8	34.4	8.0	14.0	40.0	62.0	轻黏土
	B2	91～130	0.7	—	33.3	12.4	12.6	41.0	66.0	轻黏土
	C	130～180	0.4	—	34.0	11.4	15.4	38.8	65.6	轻黏土

表 13-10 黑土密度、容重和孔隙度

取样深度 (cm)	密 度 (g/cm)	容 重 (g/cm^3)	孔 隙 度		
			总孔隙(%)	水分占孔隙(%)	通气孔隙(%)
0~15	2.50	0.84	65.6	42.7	22.9
15~25	2.56	1.04	59.4	40.0	19.4
25~50	2.60	1.21	53.5	38.0	15.5
50~70	2.54	1.25	50.8	30.4	20.4
70~85	2.56	1.42	44.5	33.7	10.8
80~100	2.56	1.47	42.6	30.9	11.7

黑土养分含量高，表层全氮含量 0.15%～0.35%，全磷含量为 0.15%以上，全钾达 1.35%左右。黑土水浸 pH 值为 6.0～6.5，呈微酸性。黑土层腐殖质含量一般为 6%，过渡层(AB)有急剧下降的趋势，整个剖面的吸收能力和盐基饱和度比较高，水肥保持能力强，土壤代换量 25～45 cmol/kg 土，盐基饱和度达 86%～92%。代换盐基以钙镁为主(表 13-11)。

(4)黑土的利用和改良 黑土具有自然赋予的高肥力，有良好的结构，加之水热条件适宜，大部分黑土已垦为农田，为东北地区粮食生产做出了重大贡献。然而一经开垦，加之管理不善，土壤肥力急剧下降；更因其地处漫岗，水土流失较重，有春旱秋涝和低温早霜之威胁，需采取有效措施，方可使地力常新。

①防止侵蚀。因地形起伏不平，夏季降水集中，渗透不良，易产生冲刷。春季融雪和雨季，大部分黑土形成地表径流，造成了极大的危害。据调查，克山、拜泉两县，仅开垦 70 年，有的岗地表土流失即达 70 cm，平均每年冲走(含风蚀)肥沃表土达 1 cm 之厚，流失表土 90～105 t/hm^2，相当于流失氮素 360～420 kg，说明采取综合治理的措施防止水土流失是黑土区农田基本建设的根本。应通过植树造林、修筑梯田、实行垅作等措施，多途径地治理水土流失。

②抗旱防涝。黑土地区在一年中降水量分布与作物生长对水分需求基本同步。但由于大气降水的时空与地域分布的不均匀性和黑土自身持水能力较强，使之出现了土壤不同程度的干旱与过湿并存的问题。这种水分干湿失调问题，随季节的更替有着明显的变化，一般可通过农业措施来调节。据测定，黑土每年冻结前 1 m 土层内的有效贮水量，平均在 200 mm 以上，相当于年降水量的 40%，经过冬季冻结基本保存于土体内，而且因上下土层温差的影响，水分向表层集中。若采取耕作保墒措施，减少水分损耗，一般可克服春旱。此外，建设好水利设施，扩大引嫩工程，尤其要完善排水体系，以驱除涝害。

表 13-11　黑土化学分析结果

层次	深　度	腐殖	pH		水解酸	全氮	全磷	代换性阳离子(cmol/kg)						盐基	盐基饱
	(cm)	质(%)	H_2O	KCl	(cmol/kg)	(%)	(%)	Ca^{2+}	Mg^{2+}	Na^+	K^+	H^+	Al^{3+}	总量	和度(%)
Ap	0～20	6.3	6.5	5.4	3.19	0.32	0.18	27.2	9.1	0.52	0.32	0.07	0.09	37.1	92.1
A	20～50	3.2	6.2	5.2	4.70	0.17	0.17	20.3	9.4	0.32	0.10	0.07	0.06	30.2	86.5
AB	50～90	1.6	6.1	4.7	4.51	0.19	0.09	18.9	9.3	0.52	0.14	0.07	0.18	28.8	86.5
B	90～140	1.1	6.3	4.7	3.92	0.07	0.08	19.5	8.6	1.04	0.21	0.08	0.16	29.3	88.2
BC	140～221	1.0	6.4	5.0	2.72	0.07	0.07	21.0	8.3	0.64	0.31	0.06	0.38	30.3	91.8

表 13-12　黑钙土的化学组成

土　壤	地　点	深　度	pH	有机质	全氮	$CaCO_3$	烧失量	土体化学组成(占灼烧土的%)				
		(cm)		(%)	(%)	(%)	(%)	SiO_2	Al_2O_3	Fe_2O_3	CaO	MgO
淋溶黑钙土	内蒙古	5～15	6.3	6.43	0.33	—	9.93	58.45	14.14	4.91	1.44	1.36
	宝格达山	35～45	6.5	4.83	0.23	—	5.09	59.73	14.60	4.73	1.38	1.46
		80～90	7.0	2.00	—	—	5.24	62.10	15.07	4.97	1.41	1.53
		110～120	7.4	0.76	—	—	3.85	62.45	15.10	5.22	1.51	1.77
		160～170	7.8	0.90	—	0.86	4.40	62.72	45.10	4.96	1.83	1.60
黑钙土	黑龙江	5～15	7.0	8.72	0.45	—	18.05	66.91	17.98	5.91	1.94	1.77
	呼伦贝尔盟	30～40	7.2	5.28	0.27	—	14.07	67.22	18.00	6.12	1.77	1.72
		70～85	8.4	1.48	0.08	0.13	9.19	67.86	17.91	5.77	1.58	1.76

续表 13-12

土壤	地点	深度 (cm)	pH	有机质 (%)	全氮 (%)	$CaCO_3$ (%)	烧失量 (%)	土体化学组成(占灼烧土的%)				
								SiO_2	Al_2O_3	Fe_2O_3	CaO	MgO
		100～130	8.7	1.19	—	2.88	10.56	65.07	17.22	5.70	4.90	1.82
		160～180	8.5	1.39	—	1.31	8.67	66.83	18.08	5.73	2.07	1.86
		205～215	8.6	0.76	—	1.25	7.57	66.30	18.11	5.84	2.53	1.85
石灰性	内蒙古	0～10	8.0	5.43	0.24	1.26	10.96	72.27	15.20	4.09	2.44	1.25
黑钙土	翁牛特旗	25～35	8.5	1.32	0.07	7.47	8.96	68.38	14.57	4.21	5.94	1.02
		45～55	8.4	0.92	0.07	6.62	8.48	69.31	14.64	4.62	5.48	1.11
		78～85	8.4	1.03	—	6.35	8.37	69.23	14.60	4.55	5.44	1.11
		100～110	8.3	—	—	3.93	7.06	70.79	15.45	4.26	3.59	1.02
		145～150	8.3	—	—	3.41	7.63	69.86	15.56	4.90	3.50	1.10
草甸黑钙土	吉　林	0～10	7.8	7.00	0.33	0.14	12.75	72.73	14.70	4.33	1.77	1.22
	扎鲁特旗	18～28	8.5	3.74	0.18	2.80	11.32	72.08	13.52	4.83	3.31	1.09
		35～45	8.6	1.71	0.08	17.40	14.84	63.64	13.26	4.62	12.29	1.41
		55～65	8.5	0.81	0.05	11.70	11.46	61.17	13.61	4.64	8.64	1.43
		75～85	8.6	0.26	—	2.98	5.95	74.28	12.37	3.66	2.91	0.91
		100～110	8.7	—	—	4.37	6.03	74.58	12.40	2.95	3.58	0.80

③培肥地力。黑土区除了严重的水土流失外，长期以来存在着种地不施肥、经营粗放、用地不养、吃黑土老本的问题，造成土壤有机质、团粒结构和氮素养分等大幅度下降，因此必须不断增施有机肥料，使土壤腐殖质含量保持一定水平，并种植绿肥、大搞秸秆还田以增加土壤有机质。与此同时，还应配合化肥的合理施用。实践证明，黑土施用化学氮、磷肥效果好，而钾肥效果不显著。化肥的施用应因土、因作物及计划产量，做到配方平衡施肥。此外，还应施用硼、锰、锌、钼于敏感作物。

④合理耕作。频繁翻动土壤会给土壤带来一些不利，如结构破坏、犁底层加厚以及土壤生物的活动与有机养料损失。对于黑土，实行深松耕作法或少耕法更为有利，它可使表层土壤保持适当紧实度，利于作物生长。在黑土耕作中，应以"深"为主、深浅结合，这样可以改变黑土耕层浅、犁底层厚、不保墒和不利渗水防涝的问题，使蓄水与供水、保肥与供肥、传热与导温、好气与嫌气等诸多矛盾得到较妥善的解决，使水、肥、气、热四性寓土壤于一体，为作物的高产稳产创造一个良好的土壤环境。

13.2.1.2　黑钙土

黑钙土是我国温带半湿润半干旱条件下形成的草原土类型。主要分布在东北大兴安岭山地东西两侧及松嫩平原地区。

(1)黑钙土形成的自然条件　黑钙土地区由北向南气温逐渐上升，降水量自东南向西北逐渐减少。年降水量 350～500 mm，主要集中在 7 至 9 月份，年平均气温 4～5℃，1 月份平均气温 −22～−16℃，7 月份平均气温 23～24℃，全年≥10℃，春季风大，可达 7～8 级。大兴安岭以西地区，大陆性气候表现较强，气温较低，降水量变幅较大。

自然植被是由禾本科、多种草类组成的杂类草原和草甸草原。其主要代表植被有贝加尔羽茅、羊草、落草、西北利亚蒿、野古草、防风草等，平均高度 40～60 cm，覆盖度 60%～80%。

地貌分布区域有所差异，松嫩平原属冲积湖积低平原，其沉积物厚度 30～50 m，上部为亚黏土，下部为沙砾层。大兴安岭东侧山麓台地，海拔高度 250～450 m，两侧 700～900 m，成土母质主要由花岗岩、流纹岩和玄武岩等风化残积或冲积洪积物构成，上部常有风积沙层覆盖。而松辽分水岭属于微波起伏的台地和平原，成土母质多为壤质和轻壤质黄土状淤积物，含有碳酸盐。

黑钙土区河流较多，地下水位因地形而异，平原一带低地为 1～3 m，漫岗地 4～10 m，而大兴岭东西两侧为 5～15 m。

(2)黑钙土的形成及主要性质 黑钙土在上述气候条件下主要是进行较强烈的腐殖质累积过程和明显的钙化过程。与黑土的成土相比,其主要区别在于腐殖质累积的强度要低。同时,由于土体中盐基淋洗不充分,碳酸钙、镁常在腐殖质层下聚积,形成钙积层,有时还有盐化或碱化特征。

黑钙土的剖面可分为腐殖质层、淀积层和母质层。腐殖质层厚30~40 cm,粒状或核状、团块状结构,呈黑色或灰黑色。淀积层浅灰色或黄棕色,黑色腐殖质呈舌状延伸,块状结构一般碳酸盐积累明显,多呈粉末状、假菌丝状或斑块状。下面为母质层,多含碳酸盐。

黑钙土的质地多为轻壤和中壤土,受母质影响,上下各层不一致。表层有机质含量一般为5%~8%,向下明显减少,但土层深达100 cm处的有机质含量仍有1%,C/N值6~10,腐殖质组成以胡敏酸为主,胡敏酸与富里酸的比值为1∶5,土壤pH值6.5~8.5(见表13-12)。

(3)黑钙土的利用改良 黑钙土因其养分较丰富而具有较高的增产潜力。其分布区域最主要问题是干旱,常有“十年九春旱”之说,降水量小于蒸发量,土壤水分不足,除草甸黑钙土外,常发生干旱,风蚀也比黑土区和白浆土区为重,开垦后有机质和细土消减较快。鉴此,解决春旱问题是该地区农业生产的首要问题。该地区地下水源充沛,具备发展井灌和蓄水灌溉的基本条件,应积极开发利用。其次,要注意用地养地,培肥土壤。该地区畜牧业基础较好,具备就地取材发展人工堆沤有机肥的条件,并可试行粮草轮作和种植绿肥以增加土壤有机质,恢复和保持黑钙土的肥力。第三,要大力营造防护林带,改善农业生态环境,结合水土保持进行山坡造林以扩大林地面积,达到调节气候、防止风蚀、涵蓄水源、为农林牧业的全面发展创造良好生态环境之目的。

13.2.2 华南地区的红、黄壤

红、黄壤土区是我国重要的粮、棉、油作物产区,经济作物和林木生产也占较大的比重,因此,红、黄壤是我国重要的土壤资源。

13.2.2.1 华南地区的红壤

红壤是我国中亚热带的地带性土壤,分布范围广阔,主要分布在长江以南至南岭山地的辽阔地带的低山丘陵区,其中包括江西、湖南两省的大部分,云南、广东、广西、福建等省(区)的北部,以及贵州、四川、浙江、安徽、湖北省的南部,其范围在北纬25~31°之间。

(1)红壤的成土条件 红壤分布区降水量一般都在1 000 mm以上,高者可达 2 000 mm，年平均温度 16～22℃，≥10℃的积温 5 000～6 500℃，雨热同季，干湿季节明显。由于地理位置和地形的变化，东半部(大致以北盘江为界)与西半部的水热条件有明显差异，东部冬冷夏热，冬季有寒潮侵入，霜冻较为严重；西部冬暖夏凉，干湿季节更为明显。

红壤区植被为常绿阔叶林，主要由壳斗科、樟科、茶科、冬青科、山矾科及木兰科等组成，尤以壳斗科的椟属、石栎属和冈栎属占优势，但大多遭受破坏，一般在低山和浅丘上多为稀疏灌丛及禾本科草类，少数为马尾松、杉和云南松等次生林。在湖南、江西和贵州东南有成片人工油茶林分布。

红壤大多分布在低山丘陵和盆地上，在中山和地壳上升的高原地形(如云贵高原)上也有分布，成土母质主要为花岗岩、玄武岩、沙页岩、石灰岩以及第四纪红色黏土等。

(2)红壤的形成过程　红壤的形成是在风化体中进行富铝化和生物养分富集过程的结果。

①富铝化过程。富铝化是红壤的主要成土过程。按照 P· 法吉列尔的学说，该过程分三个阶段进行。

第一阶段是矿物分解阶段。在高温高湿气候条件下，矿物的化学风化极为强烈，除石英以外，岩石中的全部矿物均遭到彻底分解，形成简单的化合物。如各种易溶盐及铝、铁、钛、硅的氧化物，这一阶段延续的时间最长。

第二阶段是中性淋溶阶段。即第一阶段的风化产物中的钙、镁、钾、钠等盐基物质首先进入风化液中，使风化液中酸性物质被中和而呈中性至微碱性反应，充沛的大气降水不断把溶于水中的化合物带走，包括风化产物的盐基和硅酸，以溶胶或分子溶液的形式从风化体中淋失。铝、铁、锰、钛等氧化物溶解度低，则在原地凝聚。

第三阶段是铝、铁聚积层形成阶段。由于盐基不断淋失，使风化壳上层形成的富含铁铝氢氧化物的红色层次呈酸性反应。当酸性进一步发展到一定程度时，铁铝氢氧化物也开始溶解而具有流动性，但实际上铁铝化合物非但不流失，反而在干旱季节随毛管水上升到上层变成凝胶，脱水后就形成富含铁、铝结核的铁铝聚积层。富铝化过程的发展，使土壤黏粒中的二氧化硅与三氧化二铝的分子比，即硅铝率(简称 Ki 值)不断减小，有的可下降到 2 以下，远远低于土壤及其母质的主要矿物(原生铝硅酸盐矿物)。K_i 值愈小，表明土壤演铝化程度愈高。

②生物养分富集过程。红壤区地处亚热带，植物有机体年增长量很大，大量的有机残体提供了土壤物质循环和养分富集的基础，在高温多雨条件下，有机残

体的年分解量也很大。但在天然植被完好的条件下,仍有相当多的有机质累积于表层。红壤一经开垦,表土有机质含量便迅速下降。

(3)红壤的剖面形态和性质

①剖面形态。红壤剖面最明显的特点是呈均匀的红色,但母质种类往往对剖面颜色有很大影响,因而仅以红色深浅作为红壤发育程度的标志是不恰当的。红壤剖面包括三个主要发生层次:

第一层为腐殖质层(A层):一般为几厘米到一二十厘米厚,腐殖质含量多在1%~2%。

第二层为淀积层(B层):厚度不一,厚者可达4~5 m,呈均匀红色。此层由于盐基和硅酸的淋失,铝铁等含量相对增高,有各种形状的铁锰结核,甚至还有铁盘。在基性岩(如玄武岩)上发育的红壤,其铁锰结构比酸性岩(如花岗岩)上发育的红壤要多些。

第三层为母质层(C层):该层颜色随风化壳不同而异,风化壳为红色,则母质为红色、棕色或橙红色,并伴有灰、黄、白等杂斑块的网纹层。

②主要性质。红壤的有机质含量,除林下可达5%~6%外,一般多在2%以下,侵蚀地块低于1%,腐殖质组成中,富里酸含量高,胡敏酸与富里酸的比值多在0.3~0.4之间,且富里酸的分子简单,多呈游离态或与铁铝结合态存在,故红壤的腐殖质品质不佳。

红壤全剖面呈酸性或强酸性反应,pH值在4.5~5.5之间,交换酸较高,并含有大量活性铝。交换量一般在10 cmol/kg土以下,盐基饱和度不足30%,黏粒的硅铝率为1.9~2.2,硅铁铝率1.3~1.9(表13-14),说明富铝化作用明显。黏粒矿物以高岭石、水云母为主,此外兼含三水铝石等。

红壤的全磷和有效磷含量都很低,在无机态磷中,有2/3以上是闭蓄态磷酸铁铝。有效钾的含量则因成土母质类型与风化度而异,风化度浅的,或由花岗岩、云母片岩、千枚岩和紫色沙页岩发育的土壤,全钾量可达2%~3%,有效钾也高。微量元素如铜、锌、硼等在酸性条件下有较强的活性,但淋失也较严重,有时也感缺乏。

红壤的颗粒组成,因母质不同而有很大的差别。一般是第四纪红色黏土发育的较黏重,而千枚岩、花岗岩、沙岩等发育的质地较轻,但不论哪种母岩上发育的红壤,黏粒都有下移现象。

(4)红壤的利用改良　红壤分布区具有高温多雨的水热条件、旺盛的生物循环和强烈的土壤风化,土层较深厚、养分转化释放快等优点,因而生产潜力大。但也存在水土流失、土层浅薄、土壤瘠、酸、黏、板等问题,因此,应科学开发利用红壤。

表 13-14　不同母质发育的红壤的化学性质

成土母质	深度(cm)	pH	有机质(%)	土壤化学组成(%)												黏粒分子率	
				SiO_2	Al_2O_3	Fe_2O_3	FeO	TiO_3	MnO	CaO	MgO	K_2O	Na_2O	P_2O_5	H_2O	SiO_2/Al_2O_3	SiO_2/R_2O_3
第四纪红色黏土	0～25	5.0	1.51	77.31	10.70	3.07	1.81	1.32	0.03	0.22	0.53	0.76	0.22	0.06	3.57	2.07	1.73
	25～65	4.5	0.57	76.65	12.44	4.51	0.71	1.31	0.03	0.15	0.60	0.78	0.23	0.05	3.62	2.07	1.70
	65～100	4.5	0.31	78.00	11.21	4.93	0.41	1.16	0.03	0.19	0.55	0.67	0.25	0.05	3.13	2.26	1.80
	100	4.5	0.27	79.32	9.87	4.84	0.37	1.25	0.02	0.17	0.53	0.57	—	0.04	2.77	2.36	1.85
千枚岩	0～25	5.0	1.39	69.06	14.10	7.18	—	1.16	痕量	痕量	痕量	1.85	—	0.05	—	1.91	1.35
	25～55	4.5	0.66	65.73	16.87	8.12	—	1.18	痕量	痕量	痕量	2.05	0.87	0.05	—	1.85	1.35
	55～80	4.5	0.42	62.02	18.66	9.53	—	1.09	痕量	痕量	痕量	2.05	0.41	0.05	—	1.98	1.38
	80 以下	5.0	0.32	59.29	19.74	9.90	—	1.12	痕量	痕量	痕量	2.02	1.01	0.06	—	1.98	1.37
花岗岩	0～15	5.5	2.92	69.65	14.01	5.13	—	0.70	痕量	痕量	痕量	2.70	1.07	0.06	—	2.15	1.72
	15～40	4.5	1.05	69.29	15.43	5.91	—	0.78	痕量	痕量	痕量	2.60	0.94	0.05	—	2.05	1.66
	40～60	4.5	0.75	69.44	15.67	5.52	—	0.73	痕量	痕量	痕量	2.45	1.01	0.05	—	0.17	1.74
	90	5.0	0.22	69.38	16.92	5.63	—	0.67	痕量	痕量	痕量	2.95	1.02	0.04	—	—	—

①综合治理利用。生产实践证明,红壤的利用改良必须农、林、牧、特综合利用,山、水、田、林、路、电、村综合治理,进行科学的规划布局。

根据红壤所处地形、土层厚薄、肥力高低、坡度大小、灌排条件等,按照农、林、牧、特产业用地对土壤的不同要求,因地制宜,全面规划。如低丘红壤10°以下的缓坡和谷地,土层深厚,肥力较高,水土不易流失,以种植农作物和经济作物为主;10～20°的坡地,根据坡向和土层厚薄,种植茶叶、油茶、油桐、柑橘、桑树、龙眼、荔枝、柚子等经济林木和果木;20°以上陡坡和丘陵山脊,以及侵蚀严重的地区,以造林保持水土为主;在高丘和山区,土壤呈复区分布,一般山顶和山上部植树造林,山腰等高起垅、修筑台地以种茶树;地埂、路边栽植棕树、桑树以固埂防风,发展副业生产。为了改良和培肥红壤,不少地方在经济林果木行间种植一些农作物和绿肥,实行"以山养山,以农养林,以林促农",收到了很好的效果。

②改良利用的主要措施:

a. 保持水土。红壤区雨量充沛但分布不匀,特别是在陡坡地、覆盖度低的地区,水土流失极为严重。故采取保持水土的措施是改良利用红壤的一项重要举措。目前保持水土的主要措施有营造各种林带、草带,坡地改梯田,修建山塘水库,等高种植,拦洪筑坝,以及采取"土不离根,根不离土"、"冬深耕,夏浅耕,春不耕"等措施都有助于保持水土。

b. 增施有机肥。红壤地区因矿化速率高,加上水土流失,土壤有机质含量低。故提高有机质含量是改良红壤的关键。国内外的大量研究表明,土壤有机质的增加是一个十分缓慢的过程。它主要来自于堆沤肥、秸秆还田、厩肥及绿肥的最终分解产物。有人做了长达100多年的试验,认为种植绿肥能大量增加土壤活性有机质,而对土壤固定有机质含量的提高无多大贡献。但它毕竟是土壤中最优秀的固定有机质的来源之一。因此,在红壤区种植绿肥仍是解决有机肥源的一项基本措施。亚热带的绿肥含干物质10%～30%,鲜草中含氮0.4%～0.8%、P_2O_5 0.1%～0.15%、K_2O 0.3%～0.5%,且有大量根系残留在土壤之中。据江西红壤试验站1973年报道,种过6年绿肥的红壤旱地,耕层中的有机质及氮、磷含量分别由0.64%、0.04%、0.026%提高到1.62%、0.088%和0.08%。

c. 注意施用氮、磷肥和石灰。红壤缺乏各种有效养分是造成低产的重要原因。所以,红壤荒地垦殖初期施用氮、磷等肥料,对大多数作物有显著的增产效果。

在红壤上施用石灰以中和其过强的酸性,在提高有益微生物的活性、促进养料转化、增强土壤保肥能力、改善土壤不良结构等诸多方面都有良好的作用。

据江西红壤改良试验站研究，在 pH 4.5 左右的红壤上，每公顷施用 1125 kg 石灰，对大多数作物都有不同程度的增产效果（表 13-15）。

表 13-15　红壤旱地施用石灰对作物的效应

作　物	大麦	金花菜	小麦	大豆	豌豆	苕子	蔓生花生	谷子	丝生花生	芝麻	甘薯
产量相对值	极显著*	314	257	144	124	123	118	109	106	103	100

* 以不施石灰的作物产量为 100%，大麦不施石灰不能生长（引自《中国土壤》1978）。

d. 合理耕作与轮作。红壤地区雨水不匀，在水利条件差的地方，常出现伏旱、秋旱和冬干。为改善有些红壤耕层浅薄、板结、蓄水抗旱和透水通气性能差等缺点，采取深耕改土的措施有助于改善耕性及土壤理化性质。

在开发和利用红壤时要根据土壤特点，合理轮作，做到用地养地相结合。若新垦红壤肥力较低，应先种适应性强的先锋作用，如甘薯、直立花生、绿豆、油菜、肥田萝卜、荞麦、苕子、木薯、毛蔓豆等。初步改良后，可栽植大豆、小麦、芝麻、马铃薯等作物。在基本熟化后，再种植对土壤肥力要求较高的作物。总之，在制订轮作方案时，要作物产量与培肥土壤综合考虑，使其具有科学性与实践性的统一。

e. 旱地改水田。在水利条件好的地区，可将红壤旱地、荒地改为水田，这是发展生产和防止水土流失的有效措施。由于土壤水热条件的改变，也有利于土壤肥力的提高。

13.2.2.2　华南地区的黄壤

黄壤广泛分布于我国热带、亚热带的山地和高原。以川、黔两省最多，滇、湘、鄂、桂、浙、赣、闽、粤和台湾等省区也有分布。在土壤垂直带谱中，黄壤分布在红壤之上。

(1)*黄壤的形成特点*　黄壤区虽地势较高，但热量丰富，水分充沛。年降水量 1 000～2 000 mm，年积温 4 500～7 500℃，具有热带及亚热带气候特点。但黄壤区气候独特之处是云雾特多，日照较少，全年阴湿，温度的年变幅较红壤地区缓和，故有冬暖夏凉的特点。一年之中雨天有 175 天之多，有的地方达 295 天，雨季延续时间长达 7～8 个月，但冬季较旱。

植被以亚热带常绿阔叶林、常绿—落叶阔叶混交林为主，以及热带山地湿性常绿阔叶林，在生境湿润处，林内苔藓类与竹类生长繁茂。目前，黄壤区原始林已不多见，大面积为次生林，主要树种以马尾松和杉木为主，还有检皮栎、麻栎、石栎、枫香等。

黄壤的母质常见的有花岗岩、沙质岩、片麻岩等，在云贵高原则以第四纪红色黏土为主。

黄壤在温凉潮湿的水热条件下，虽与红壤一样也发生富铝化作用，但富铝化程度要比红壤弱。黄壤成土过程最明显的特点是黄化过程。由于成土环境相对湿度大，土层经常保持潮湿，使土壤中的氧化铁水化，生成针铁矿、褐铁矿和多水氧化铁等含水氧化铁，形成黄色或蜡黄色的土层，以淀积层最为明显。此外，淋溶作用比红壤强烈，由于盐基的大量淋洗，使黄壤的 pH 值和盐基饱和度都低于红壤。

黄壤的生物循环特点也与红壤不同，主要表现在有机残体矿化程度没有红壤强，所以在相同条件下，黄壤累积的腐殖质多于红壤，如广西发育于林地下的黄壤有机质含量比红壤高 1～2 倍。

(2)黄壤的主要性状　典型的黄壤剖面有如下主要层次：地表为厚薄不一的枯枝落叶层，呈半腐解态。腐殖质层为暗灰棕至淡黑色，具有核状或团块状结构，厚度 10～20 cm 或更大，土中动物活动强烈；淀积层呈鲜艳的黄色或蜡黄色，质地稍黏，块状结构，结构面上有时可见带光泽的胶膜，此层厚度变化自 15～60 cm 不等；母质层多保留母岩的色泽，一般比较混杂，但发育在紫色沙岩和红色黏土上常呈紫红色和枣红色。在海南岛的五指山、闽北、粤桂北部及川黔山地的黄壤，在腐殖质下有时常见到棕灰色的漂灰层和浅灰色假潜育层，厚约 10 cm，其下淀积仍保持稳定的黄色，这是在特定条件下黄壤化过程中的附加成土过程-漂灰化、似潜育化作用引起的，亦是黄壤剖面的重要形态特征之一。

黄壤的质地一般比红壤轻，多属壤-重壤，但母质的影响也很大，川黔地区发育于第四纪红色黏土上的黄壤，质地黏重，<0.001 mm 的黏粒含量达 50%～70%。

黄壤土体中二氧化硅、铁铝氧化物等的含量和比值，因母质不同而有较大的差异，但三氧化物普遍有下移现象，黏粒部分的硅铝率为 2.0～2.5，硅铁铝率为 2.0 左右。黏土矿物以蛭石为主，高岭石、水云母次之，也有三水铝石。但其成因不同于砖红壤，一般认为，它是直接由原生矿物风化而成，并非高岭石进一步分解的产物。

黄壤酸度高，pH 4.0～5.5，呈酸性至强酸性反应，代换酸以活性铝为主，为 4～10 cmol/kg 土，最高达 18 cmol，并随剖面层次由上而下递减。土壤交换性盐基含量很低，盐基饱和度低于 20%，比红壤低；土壤交换量一般为 15 cmol/kg 土左右，略高于红壤。

黄壤表层有机质含量一般可达 5%～20%，甚至更高，淀积层也含有 1.0%

左右。腐殖质组成以富里酸为主，胡敏酸与富里酸的比值为0.3～0.5。黄壤的氮、磷、钾等养料含量较丰富(表13-16)。

表13-16 黄壤的化学性质

地 区	土壤及深度(cm)	pH	代换酸度(cmol/kg)	代换容量(cmol/kg)	盐基饱和度(%)	腐殖质(%)	SiO_2/Al_2O_3
福建土地黄壤*	0～10	5.5	23.20	26.12	11.18	10.64	1.96
	10～30	4.0	18.80	19.82	5.14	4.46	2.07
	30～100	4.5	17.40	18.29	4.89	1.82	1.87
福建土地黄壤*	0～15	4.0	19.00	20.65	7.99	4.41	1.50
	10～45	4.0	15.00	15.89	5.58	0.99	1.52
	45～70	4.5	13.00	13.89	6.40	0.37	1.68
贵州高原黄壤	0～10	6.5	0.48	—	—	4.65	2.33
	25～35	5.8	5.41	—	—	2.60	2.25
	50～80	5.5	5.36	—	—	1.96	2.36
四川耕作黄壤**	白鳝泥	5.85	—	5.55	53.2	—	—
—	—	—	5.05	—	4.97	63.7	—
—	—	—	5.40	—	6.32	62.9	—

* 福建省地质土壤调查所陈家坊分析；

** 四川农学院分析。

(3)黄壤的利用改良　黄壤开垦后，耕作层的酸度明显下降，pH值多在6.0左右，交换性盐基含量有所提高，盐基饱和度上升到60%～70%，土壤中磷、钾等速效养分有所增加，但有机质含量垦后下降，碳氮比值降低。

①修水利造梯田。建造梯田，兴修水利，保持水土，这是熟化黄壤、提高其肥力的首要之点。

②深耕晒垡。针对黄壤“黏”和“瘦”的缺点，深耕晒垡结合施用有机肥是熟化黄壤的重要措施。黏土熟化，重在深耕，但深耕的深度要因地制宜，而且深耕后必须晒垡，以改良土壤耕性，加速养分的转化与释放。

③客土掺沙。这是改良黏重土壤的常用方法。在具体操作过程中，要根据黏质黄壤的具体情况和农业生产所要求的土壤质地，有比例地掺沙，使沙黏比例恰当。

④施用石灰。为改良黄壤“酸”的缺点，在冬季深耕、增施有机肥的基础上，配合施用石灰，对降低土壤酸度、改良结构、加速肥料分解、提高土温均有良好的

效果。

⑤合理种植。由于黄壤较瘠薄，在开垦熟化初期，应选择耐瘠且有培肥能力的先锋作物进行栽培，如甘薯、大麦、马铃薯等，还有柑橘、桃、梨、板栗等干鲜果树的栽植。此外，还可种植绿肥及其他豆科作物，以培肥土壤。

⑥科学施肥。主要是施用有机肥以使黄壤有机质含量有所上升，同时改良其结构，提高黄壤的保肥性。

13.2.3　西北地区的栗钙土、棕钙土、荒漠土

西北地区含陕、甘、宁、青、新五省区，面积大，土壤类型多。

13.2.3.1　西北地区的自然条件

(1)气候与水文条件　西北荒漠地带距海洋甚远，四周多为高山环绕，海洋的潮湿水汽难以到达，气候十分干旱，年降水量多为100～300 mm，而荒漠土区往往在100 mm以下，蒸发量却数倍乃至数十倍于降水量，从而造成了"没有灌溉就没有农业"的特殊灌溉农业地带。干旱和强烈蒸发的气候，导致土壤以上行水流为主，淋溶和脱盐过程极微弱，土壤的现代积盐过程占主导地位，因而给西北干旱区农业发展提出了向干旱和盐碱作斗争的艰巨任务。

在高温多风的条件下，相对湿度小于20%，易于形成干旱。尤其在南疆，常出现被称之为"焚风"或"热风怪"的干热风，给农作物生长带来严重的威胁。

西北地区的太阳能资源可在669.89～837.36 kJ/(cm^2·年)，全年日照时数可达2 800～3 300 h，日照率一般在60%～70%，最高可达80%，是我国光能资源最丰富的地区之一；热量资源也很丰富，北疆的有效积温为2 200～4 000℃，平均持续期130天；南疆介于4 000～4 500℃之间，平均持续期为180天，为提高复种指数创造了条件(表13-17)。

表13-17　西北干旱主要土壤的气候指标

土壤类型	年平均气温(℃)	年降水量(mm)	水雨蒸发量(mm)	干燥度量的倍数	蒸发量大于降水的倍数
栗钙土	2.5～6.5	250～350	1 400～1 800	1.5～2.0	4～5
棕钙土	3.5～8.5	150～250	1 800～2 500	2.0～4.0	10
荒漠土	10～12	＜100	＞3 000	8～30	50～100

尤其是新疆地区，由于地形十分闭塞，南疆有大面积的沙漠，同时气候干旱，降水极少，蒸发更强，故河流的流量和长度都受到限制，常消失于沙漠之中或渗

入地下成为潜流或注入到湖泊，以致形成若干闭流盆地。高山冰雪融水是河流的主要补给源，新疆有94%以上的耕地主要靠河水、泉水灌溉。

水化学类型与矿化度，在高山区一般是弱矿化(0.2～0.5 g/L)的重碳酸盐水，宜于灌溉；河水沿山下流，矿化度逐渐升高，到达山前平原上部，一般多成为硫酸盐水；到扇缘和河流下游，河水的矿化度进一步提高，并转变为氯化物水。

(2)地形与母质条件　本区地形较为复杂，由山、丘、平组成了西北高而向东南方向缓慢下降的多元地貌。在山地，以横贯东西的天山为主，把新疆南北两分，山系均达4 000 m以上，山顶终年积雪，融雪成为主要灌溉水源；山前丘陵，由若干东西走向相平行的低山组成；平原盆地，分布于高山或低山丘陵之间，如准噶尔盆地、吐鲁番盆地、塔里木盆地等；除此以外，尚有分布于丘陵出口处的山麓洪积扇、冲积平原等。

(3)自然植被　栗钙土带为温带干旱草原景观，主要为多年生低温耐旱的草丛禾本科和部分走茎禾本科植物，如针茅、隐子草、扁穗鹅冠草等；棕钙土带的自然植被可分为荒漠和草原化荒漠两大组合，其特点是小草丛禾本科植物逐渐减少，代之而起的是耐旱的具有深耕系的小半灌木和草丛，在有地下水影响的地区则生长芨芨草或甘草等盐化草甸植被；荒漠土带属极端干旱的荒漠景观，植物不仅极端稀疏，而且在植物的生理结构上表现出极端的旱生类型，如琵琶柴、小叶假木贼、梭梭、麻黄、红柳、霸王鞭等耐旱、耐盐、深根、多肉汁的灌木、小灌木，覆盖率为1%左右，有的甚至为不毛之地。

13.2.3.2　土壤形成过程

(1)栗钙土和棕钙土的形成过程　栗钙土属于干草原土形成过程，而棕钙土是在干草原向荒漠过渡的荒漠草原(半荒漠)条件下形成的。

栗钙土在这种干草原植被条件下，其成土的主要特点是明显的生物累积过程和钙化(碳酸钙积累)过程，同黑钙土相比，其腐殖积累过程已逐渐减弱，而钙化过程加强，此外，还伴随着盐化、碱化和草甸化过程。

棕钙土在成土过程中的最显著特点是生物的合成与分解过程，以及各种盐类的淋溶和累积过程，不过比之于栗钙土，有机质的合成已相对减弱，而分解过程相对加强；各种盐类的淋溶相对减弱，其聚积则相对加强，同时土壤吸收性的钙有被钠代替的趋势，这就是正在进行的碱化过程。当然栗钙土也同样进行着上述过程，但不如棕钙土强烈。

(2)荒漠土的形成过程　荒漠土区极端干旱和植被极其稀疏的自然条件，决定它生物过程的显著削弱，同时土体中几乎没有淋溶过程，有机质的积累极其有限而矿质化则极强烈。土壤表层有机质含量通常在0.3%或0.5%以下，因此荒漠土壤形成的主导因素是水热条件对母质的直接作用。

荒漠土的另一特点是土层很薄，通常在50～70 cm以下，这是风化强度低、成土过程弱的具体表现。

荒漠土的第三个特点是盐类存在的原始性，是在残余碳酸盐硅铝风化壳和氯化物硫酸盐堆积风化壳上形成的，由于降水稀少，以致不能把盐类淋移出风化残积体之外，而就地形成了石膏残积风化壳和石膏-氯化物风化壳。易溶性盐的聚积位置通常是在石膏层以下或者与石膏层相结合，而盐分含量则可由1%～2%到20%～30%甚至形成坚硬的盐盘。

(3)土壤熟化过程　西北干旱区劳动人民在长期的农业生产实践中积累了大量的熟化干旱土壤的经验，主要有以下各点。

①造田改土的熟化过程。采取必要的工程措施，平整土地，客土改土，从而变戈壁为绿洲，改沙漠为良田。如新疆的葡萄园土壤、和田地区的"人造田"就是这种熟化土壤的代表。

②灌淤熟化过程。由于降水极少，必须发展灌溉，以弥补降水不足和大量蒸发带来的损失。人工灌溉的发展改变了原有的水文状况，使土壤盐分下淋，碱性减弱，死层复活，微生物也趋于活跃，从而增加了有机质的积累和养分的转化；又因为引洪淤灌形成了淤积层，不仅改善了土壤组成，也改善了土壤肥力状况。人工灌溉是西北干旱地区土壤熟化的最重要的措施。

③耕作熟化过程。在干旱地区，往往抓住难得的雨季进行伏前耕翻、晒垡，同时结合灌水，平整土地，做畦，筑埂。入伏后进一步翻耕与平整，引夏洪入畦，泡灌土地以区压盐分；在种植上，采取绿肥、饲料和粮食作物的轮作，加上肥料的施用，这样不断提高土壤的"素质"，促进其熟化。

13.2.3.3　西北地区的主要土壤类型

(1)栗钙土　栗钙土主要分布在内蒙古高原、鄂尔多斯东部，甘肃、宁夏、青海及新疆也有分布。其剖面分化比较明显，有清晰的腐殖质层和钙积层，具有草原土壤的特征。与黑钙土的主要区别是腐殖质薄、结构差和含盐量多。

A层(腐殖质层)：厚度20～30 cm，腐殖质含量较高，向下逐减。因较多积累胡敏酸使土壤呈栗色，结构为粒状。

B层(钙积层)：一般在30～70 cm之间，有明显的钙积层，碳酸钙的含量可达 50%以上，呈结核状新生体，有菌丝状和斑点、斑块，颜色灰白。

C 层（母质层）：往往可见硫酸钙的淀积。

在理化性状方面，栗钙土表现的主要特点是表土有机质含量较高，一般为 2%～5%之间，在腐殖质组成中，胡敏酸含量占绝对优势，可达 70%以上，富里酸含量为 16%～20%，并且多呈钙的结合态，游离富里酸仅占 10%，故活性腐植酸很少，土体表层呈中性反应，钙积层呈碱性。栗钙土代换性阳离子总量一般为 15～30 cmol/kg 土，其中吸收 Ca^{2+} 占 70%～75%，Mg^{2+} 占 20%～25%，Na^{+} 占 5%。吸收性钠的存在使栗钙土的团粒结构不稳固，一般分散为鳞片状和片状结构（表 13-18）。

表 13-18　内蒙颚尔多斯多高栗钙土的化学分析

深　度 (cm)	有机质 (%)	$CaCO_3$ (%)	代换量 (cmol/kg 土)	pH
3～13	2.98	11.30	13.53	8.2
13～21	2.92	33.10	11.78	8.4
25～35	1.42	40.70	15.26	8.7
50～60	0.67	17.55	24.18	8.8
80～90	-	52.60		9.0
130～140	—	14.70		9.0

（2）棕钙土　棕钙土分布在蒙古高原中北部、鄂尔多斯中西部、阿拉善的东部，在新疆广泛分布在准噶尔盆地北部、天山北麓及南北疆各山地垂直带谱的基带土壤中。其土体剖面特征如下：

A 层（腐殖质层）：表层厚度为 15～25 cm，腐殖质含量低，结构差。表层下部结构为团块状，剖面呈棕色。

B 层（钙积层）：钙积层上移，在 20～50 cm 处积累较厚，碳酸钙含量 10%～20%，下层往往有石膏新生体，似粒状结构，呈碱性反应。

C 层（母质层）：棕色，干燥，砾石质或沙质松散母质。

棕钙土的主要理化性状是：表层有机质含量低（0.6%～2.0%），碳酸钙明显积累于表层。棕钙土的吸收容量小于 10 cmol/kg 土，在黏土母质上可达 20～25 cmol/kg 土，交换性阳离子中 Ca^{2+} 占 70%左右，Mg^{2+} 在 25%以下。

棕钙土尚无盐化现象，不过在少数情况下，具有残余盐化特征，上述性质可见表 13-19。

表 13-19　棕钙土的化学性质(新疆准噶尔盆地)

深度 (cm)	有机质 (%)	全氮 (%)	$CaCO_3$ (%)	石膏 (%)	pH	烘干残渣 (%)	易溶盐分组成(cmol/kg 土)						
							CO_3^{2-}	HCO_3^-	Cl^-	SO_4^{2-}	Ca^{2+}	Mg^{2+}	Na^++K^+ (按差量)
0～8	1.51	0.09	4.3	0.09	8.2	0.055	0	0.40	0.08	0.30	0.55	0.15	0.08
13～23	0.88	0.07	7.9	0.08	8.3	0.072	0	0.51	0.06	0.33	0.54	0.08	0.28
30～40	0.98	0.07	6.6	0.04	8.3	0.064	0	0.51	0.04	0.35	0.40	0.11	0.39
55～65	0.67	0.05	7.2	0.08	8.1	0.088	0	0.72	0.08	0.34	0.19	痕量	0.95
90～110	—	—	20.4	6.51	7.9	1.100	0	0.26	1.52	14.03	10.72	1.85	2.97
130～140	—	—	13.1	2.86	8.1	1.240	0	0.34	2.88	14.22	8.41	1.89	7.14

(3)荒漠化　荒漠土系暖温带干旱或极端干旱荒漠地带的土壤，它是灰漠土和棕漠土等土类的总称。其中灰漠土主要分布在准噶尔盆地、塔里木盆地、柴达木盆地、河西走廊和阿拉善高原。棕漠土则主要分布在塔里木盆地边缘和东疆的广大戈壁地区。

荒漠土受所处环境决定，它不具备明显的剖面发育，被称之为“弱度发育的土壤”和“原始土壤”。其表层有不太明显的孔状荒漠结皮或多则 5～10 cm 的荒漠结皮层，腐殖质含量极低，或小于 0.3%，多则 0.3%～0.5%，腐殖质组成中富里酸大于胡敏酸，碳酸钙大量聚积于表层，土体中含盐量为 1%左右。

13.2.4　四川盆地的紫色土

紫色土是亚热带地区由富含碳酸钙的紫红色沙页岩风化发育的一种岩成土，分布于四川、云南、贵州、湖南、湖北、江西、浙江、安徽、福建、广东、广西等省区，而集中分布于四川中部、贵州北部，其中昌都地区占有的面积最大。紫色土区岩层的山露常呈带状，所处地形多为低矮丘陵。这类土壤矿质养分丰富，肥力较高，适种作物多，是我国南方重要的耕地土壤之一。

13.2.4.1　紫色土的形成特点

(1)母岩的影响　紫色土的母岩主要是三叠纪、侏罗纪、白垩纪和第三纪的紫红色页岩、沙页岩和沙岩。

紫色沙岩的颗粒粗大，常含石英沙粒，透水性好，碳酸钙淋失较快；紫色页岩的颗粒细小，组织致密，透水性较差，碳酸钙淋失较慢。矿物成分复杂，以长石、斜长石、黑云母、辉石等为主，胶结物多为碳酸盐及少量铁质，极少是硅质，给紫色土提供了丰富的基础养料。

(2)生物成土作用　紫色土处于温热而湿润的亚热带气候，湿度、水分和热量极其丰富，生物循环旺盛，植物生长繁茂，有机质合成也迅速。生物活动旺盛除有赖于适宜的气候条件外，母质中养分含量丰富也是重要原因之一。微生物十分活跃，据测定，紫色土耕地每克土含细菌达六七亿之多。生物循环和成土过程进行很快，有机质迅速分解、矿化，故紫色土难以积累更多的腐殖质。

(3)地形对成土的影响　紫色土母质风化度不深，停留在富钙阶段。由于紫色土多处丘陵，夏季降水丰富且多暴雨，故水土流失较重，土壤表层经冲刷流失，就造成下层岩石不断风化成土。正是这种强烈的侵蚀作用，使紫色土的成土物质不断更新，碳酸钙的淋溶作用也不断地进行，如此活跃的"成土-冲刷-成土"过程，导致紫色土的发育处于相对幼年阶段。

同时，因地形差异使水土在不同地形部位上的再分配，导致不同地形部位上的土壤机械组成、胶体数量、土层厚薄及土壤的持水力、保肥供肥性能、抗旱耐涝能力、生产性能等出现很大差异。

(4)生产活动的影响　紫色土区热量充足，雨量充沛，宜种作物种类多。主要有玉米、甘薯、棉花、甘蔗、花生、豆类、小麦、油菜、芝麻、烟草等，一般一年两熟或三熟，并可种植梨、桃、李、柑、橘、枣、板栗等果木。

由于适种作物类型多，频繁的耕作、施肥、灌溉等生产活动，加速了紫色土的熟化，耕层中的有机质氮素明显增多，磷、钾等养分进一步活化，粒状或核状结构的水稳性有所增强，但有些不合理的耕垦也会加剧紫色土的流失。

13.2.4.2　紫色土的剖面特征和理化性质

(1)剖面特征　紫色土多呈紫红或紫红棕、紫暗棕色，也间有紫黑棕色。土壤剖面上下颜色均一，无明显的差异。但母岩的不同剖面颜色也呈现不同的色调，如白垩纪紫色岩发育的紫色土多为紫红色或砖红色；侏罗纪紫色岩发育的紫色土多为红紫、棕紫和暗紫色。

紫色土的结构状况是表层多为核状、粒状，尤其富含碳酸盐的土壤，粒状结构更为明显，也较疏松；底层因有一些胶态物质的淋溶、淀积而较黏重，多为块状或棱柱状结构。

(2)理化性质　紫色土因母岩的差异，质地变动于沙壤至重壤之间，一般多为中壤土。由于矿物质的化学风化作用微弱，致使粉沙粒中，除保留有石英，尚有大量长石、云母等原生矿物颗粒，黏粒硅铝率多在 3.0 以上，矿物组成以水云母、蒙脱石为主。土体中游离碳酸钙含量高低不等，低者小于1%，高者可达10%，土壤多呈中性至微碱性(pH 7.5～8.5)，并随石灰含量而变化；少数也有呈酸性反应(pH 4.5～5.5)。土壤交换量较高，一般为 20 cmol/kg 土，质地轻的也有低于 10 cmol/kg 土的，盐基饱和度 80%～90%，其组成大多为 Ca^{2+}，K^{+}、Na^{+}很少。

土壤有机质含量一般低于1%,在茂密的植被条件下,有机质含量也可达5%以上,经长期耕种后,耕层有机质含量只有1.5%左右,全氮小于0.25%,磷、钾相当丰富,全磷达0.25%,全钾在2%以上。

(3)水、汽、热状况 紫色土的水汽状况大多较好,由于土壤表层多核,粒状结构,土质疏松,通气透水性良好。一般底层较黏重,又能托水保肥。在长期耕作过程中,相当部分的紫色土形成了上虚下实的土体结构状态,给作物创造了良好的立地条件。紫色夹沙泥等还具有返潮能力的优良水分状况。位于阴坡或高红窄谷中的紫色死大土,水汽状况不良,通气透水性差。位于坡顶的紫色石骨子土,由于土层薄,缺乏黏粒,不保水而易受旱。

13.2.4.3 紫色土的利用改良

紫色土母岩松脆,易于风化分解,成土较快,矿质养分丰富,是我国富饶的土壤资源之一,但也存在着水土流失严重、抗灾能力差、养分含量高低不等的问题,为此,在利用过程中,应注意下列问题。

(1)综合治理 在水土流失较为严重的紫色土坡地,应实行土、水、林综合治理,坡地改梯田,整理坡面水系,兴修蓄水池,造林绿化,并结合耕制改革,横坡耕作,合理间套轮作。

(2)蓄水灌溉 旱地蓄水浇灌是紫色土高产稳产的关键措施,结合保水防治措施,选择适宜坡地挖建蓄水池,解决旱坡地农业用水。近年来,西南地区在紫色石骨子上采用窝种植法,对保蓄水肥有良好作用。

(3)增施肥料 紫色土亟待补充有机质和氮素,必须广辟肥源,增施有机肥料。

(4)合理间套轮作 大部分紫色土适宜豆科作物生长,采用豆科作物与玉米、甘薯、花生合理间套轮作,可增加土壤有机质和氮素含量。

13.2.5 水稻土

水稻是主要粮食作物,在我国已有7 000多年的栽培历史。约在公元前三世纪,长江、黄河流域已广泛栽培,现已遍布全国。但是90%以上的水稻土分布于秦岭-淮河一线以南的广大平原、丘陵和山区,其中以长江中下游平原、四川盆地、珠江三角洲、台湾西部平原最为集中。

13.2.5.1 水稻土的成土特点

水稻土可发育于各类土壤,它是在人类长期水耕熟化的强烈影响下形成的一类特殊土壤。由于平整土地,修筑梯田,改变了土壤的水热状况;季节性的灌溉建立了土壤氧化还原交替过程和相应的物质移动条件。在酸性土壤上施用石灰、草木灰或以富钙的地下水灌溉，导致了土壤复盐基作用。各地施用塘泥、引洪灌淤，都在不断地加厚着土层。种植水稻以后，土壤产生了一系列新的变化。主要包括：水耕熟化使土壤有机质有新增加；交换性盐基重新分配，在盐基饱和土壤中盐基被淋溶，不饱和土壤发生复盐基作用；铁、锰的还原淋溶和氧化淀积以及不同起源土壤的黏土矿物的分解与合成等。在水稻土的形成过程中，水稻土与旱地土壤的主要区别是氧化还原状况不同，但同样是水稻土，在不同地区因淹水时间的不一致也表现了氧化还原状况的差异，因此各种水稻土都有着各自的物理-化学过程。

13.2.5.2　水稻土的基本性状

(1)水稻土的剖面层次发育　水稻土的剖面发生层主要有耕作层、犁底层、渗育层和斑纹层或水耕淀积层，其中斑纹层或水耕淀积层是水稻土区别于其他土壤的诊断层。

①耕作层(A)。该层是人为影响最深刻、物质和能量交换最活跃的土层。在淹水季节，除表层呈氧化态外，其余均处还原状态，柔软泥烂而不成型。旱作季节，随排水落干分成两层，第一层厚5～7 cm，表面由较分散的土粒组成，厚不及1 cm，其厚薄与致密程度可作为判断耕性的指标。表层以下以小团聚体为主，大土团少，多根系，以根锈为主。第二层，土色暗而不均一，夹大土团，有大孔隙，孔隙壁上附有铁、锰斑块或红色胶膜。

②犁底层(P)。它位于耕作层之下，厚约10 cm，比较紧实，多为棱块或片状结构，结构面上有铁锰斑纹。还有含石灰结构的犁底层(P_{Ca})以及具有潜育作用的犁底层。这些出现的部位及其厚度对于根系发育、水分养分的渗漏与保持以及上下层之间物质与能量的交换等均有着重要的意义。

③渗育层(W)。它是在季节性灌溉水渗淋条件下形成的。通常处于犁底之下，此层进一步分为两种情况。一种是淋溶作用不强，铁、锰只有就地分化，仅有微弱的锈纹、锈斑，在一定条件下，此层可以发展为斑纹层或水耕淀积层。另一种是在强烈淋溶作用下形成的，黏粒和铁、锰含量比较少，呈浅灰色，此层通常称为白土层(L)。

④斑纹层或水耕淀积层(B)。在一些教科书或文献中，常把该层称之为渗育层或渗渍层(W)，亦有称潜育层。主要是强调的内容不一，称渗育层者侧重于氧化还原的作用，称渗渍层者突出水分的渗淋。此层含有较多的黏粒、有机物质、盐基和铁、锰以及一些其他变价元素。铁的晶胶率比上层高。根据氧化还原的强度

可进一步划分三种斑纹层。

Bm 层是在氧化状态下形成的斑纹层。下渗水中的亚铁离子被该层中的游离氧所氧化，形成铁、锰淀积层。此层呈黄棕色或红棕色，故称为氧化斑纹层或棕色斑纹层。

Bg 层是氧化还原交替下形成的斑纹层。由于分子氧在淹水后被微生物活动所消耗，下渗水中的亚铁离子首先被吸附于交换位上，在排水后才能被分子氧所氧化，从而形成水稻土所特有的斑纹层。

Br 层是发育微弱的斑纹层，形成于氧化和还原微弱交替的条件下。即使排水落干也不能完全氧化，只有铁、锰的就地分化和局部淀积。此层呈蓝灰色，故称为有潜育的斑纹层或蓝灰色斑纹层。

⑤潜育层(G)。潜育层属还原层，形成于强还原条件下。由于一些游离态氧的渗入，在潜育层上部出现有斑纹的潜育层(BG)，在潜水离铁作用下，潜育层可变成灰白色(Gh)。高度分散的潜育层，状如泥浆，称为潜浆层(Go)。

⑥母质层(C)。水稻土的母质是指开垦为稻田之前的土壤或母质。一般情况下，地下水位低、耕垦年代短、熟化程度低的梯田、旁田，母质层较明显，且出现部位高。有的稻田，耕作层下便为母质层，其性质受母质的影响就大；熟化程度高的稻田，母质出现的部位就较低；而在平原湖区，母质层不易分辨，但对稻田的性状却有明显的影响(如图 13-5)。

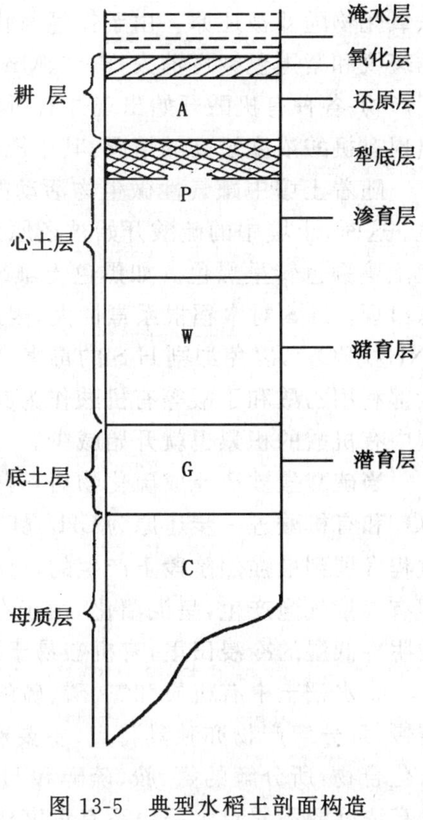

图 13-5 典型水稻土剖面构造

(2)水稻土的物质转化特点

①氧化还原特点。水稻在其生育期的某些阶段要求保持一定深度的灌溉水层，使水稻土呈季节性淹水状态。在淹水时，耕层水分饱和，固液两相共存而缺乏空气。因此，稻田淹水期间的氧化还原电位较旱地土壤低，一般为 100～300 mV(旱地一般为 500～600 mV)，有的稻田

甚至可降到负值。

稻田土壤中，微生物活动需要大量的氧及其他电子受体。在稻田淹水时，微生物主要利用土壤中的化合态氧，如硝酸盐、亚硝酸盐、铁锰氧化物以及硫酸盐等中的氧，而使这些氧化物被还原。土壤中各种氧化物被还原的顺序如下：

硝酸被还原　+600 ～ +500 mV 以下

锰被还原　+600 ～ +400 mV 以下

铁被还原　+500 ～ +300 mV 以下

硅酸被还原　+0 ～ −190 mV 以下

甲烷产生　−150 ～ −190 mV 以下

氢气产生　−50 ～ −200 mV 以下稻田淹水后，微生物的活动和有机质的分解，使耕层土壤中和水中分子态氧很快消失，土壤 *Eh* 值开始下降，接着硝酸盐被还原，一部分呈 N_2 和 N_2O 气体从土体中逸失。与此同时，锰、铁氧化物随即被还原。由于铁锰氧化物的还原，使土色逐渐转呈灰青色，红色铁锈斑纹和紫黑色锰斑消失，Fe^{2+}、Mn^{2+}浓度迅速增加。有机质嫌气分解产生的中间产物-各种有机酸开始出现并有所积累。这时，若新鲜有机质多，一开始就可能出现有机酸浓度过高的情况，其中乙酸、丁酸等对水稻根系毒害特别大。

随着土壤中嫌气性微生物活动的加剧，土壤 *Eh* 值迅速下降，由正值降到负值。这时，土壤中的硫酸开始被还原为硫化物。硫化物与 Fe^{2+}化合为 FeS 沉淀，使土壤颜色转呈黑色。如黑色土壤缺铁而又呈酸性反应，硫化物则以 H_2S 的形态出现。H_2S 对水稻根系毒性大，因此，*Eh* 值低的稻田不宜施用硫酸盐肥料（如 $(NH_4)_2SO_4$），以免加剧 H_2S 的毒害。稻田中将硫酸盐还原成硫化物的微生物，一般都利用乙酸和丁酸等有机酸作为其活动的能源。故而当硫化物开始出现时，土壤中有机酸的积累也就开始减少。

当硫酸盐被还原成硫化物后，若嫌气条件进一步发展，某些嫌气微生物可将 CO_2 和有机酸进一步还原为 CH_4，糖类转化为 H_2 等。所以，甲烷和氢气是在还原过程发展到最强烈阶段下产生的。此时稻田土糊泥散，浮泡不变，稍稍搅动田面便有大量气泡产生，呈泥沼化。由于在低温条件下，有机酸转化为 CH_4，所以在各类阴冷低湿的冷浸田里，有机酸易于累积而引起毒害。

②水稻土中有机质和氮、磷、硫的转化。在水稻土中，有机质的分解转化速度缓慢，且分解产物亦独具特点，主要产物为 CO_2、CH_4、H_2 和有机酸，它们来自碳水化合物，所分解的氨、胺、硫醇和 H_2S 等产物则来自于蛋白质。有机酸在土壤较高浓度的积累对水稻根系有毒害作用，其累积量与温度密切相关，一般是低温

时的积累量比高温时要多。

有机酸对水稻的毒害受土壤环境影响，尤以pH值之高低影响最大。一般认为，有机酸对水稻生长的影响程度与pH值升高呈负相关。但在施用大量绿肥且在淹水条件时，便产生大量有机酸，兼遇低温条件，此时可使pH值显著降低而有可能毒害水稻根系。

在绿肥用量过大而翻耕迟的稻田，常因有机酸的累积而使秧苗受害。这时往往正是水稻返青发根对不良环境抵抗力弱的时期。受害根往往表现为萎缩软弱，新根少，根尖几乎枯死，有的根色透明，甚至腐根。植株表现为矮小叶黄且衰弱，严重者下部叶片枯死。及时排水和施用石灰等都有助于消除或减轻毒害。

水稻土中的氮素主要来自于土壤有机质中的含氮化合物。稻田土壤的氮素(全氮)含量一般为0.05%～0.3%，含量低于0.1%的多属瘦田或死土田，其水稻产量也较低。据研究，即使施用大量氮素化肥，水稻吸收利用的氮素也有2/3来自土壤，所以要通过提高土壤有机质含量来培肥地力。

稻田土壤中的有效氮素主要是铵态氮。在蓄水种稻期间，土壤中没有或只有微量的硝态氮。在稻田氧化层中，铵态易被硝化为硝态氮，尔后随下渗水流到还原层。在还原层中硝态氮被还原为N_2O或N_2，而从土壤中逸失，导致脱氮。因此，硝态氮在淹水的稻田中不能积累，而铵态氮在还原层中则是稳定的(表13-20)。

表13-20 灌水前后稻田土壤中铵态氮和硝态氮的变化

土壤深度	铵态氮含量(μg/g土)		硝态氮含量(μg/g土)	
(cm)	灌水前	灌水后4天	灌水前	灌水后4天
0～5	10	67.5	6	痕量
5～15	30	90.0	5	痕量

表13-20说明，稻田在淹水期间，土壤中有效氮基本上是铵态氮；落干期间，铵态氮与硝态氮并存。

稻田中的磷素，在浇水后有效磷含量增加，主要是由于溶解度低的磷酸高铁被还原成溶度高的磷酸低铁，以及晶形磷酸盐转化为非晶形磷酸铁盐。除此以外。还有闭蓄态磷的释放、土壤反应的改变、H_2S和有机酸的溶磷作用以及有机磷的分解等原因，都增加了磷的活性，故在淹水条件下土壤磷的有效性高于旱田。

应当注意的稻田淹水与落干交替进行，使得土壤有效磷高低变幅较大。在淹水时有效磷含量增加，落干时含量下降，因此，在对水稻生长能提高足量磷素的稻田上，种旱作时需要施用磷肥。湖田改为旱地，土壤有效磷含量下降，其因正源于此。

稻田土壤中的硫素易被还原为H_2S。如前所述，土壤中硫酸盐还原为硫化氢，只有在极低的*Eh*值下才能大量发生。H_2S是细胞色素氧化酶和过氧化氢酶的抑制剂，即使很低的浓度，对水稻也会产生毒害作用。但由于稻根周围的氧化环境，低铁氧化成高铁，并在根毛表面形成保护膜。远离根系的H_2S则产生FeS沉淀，消除了H_2S的危害。故大多数水田不易产生较多的H_2S。只有在低*Eh*值时，H_2S才大量产生，上述机制不足以抑制危害时，才会使水稻发生毒害。一般在地下水位过高而排水不畅的稻田，有机肥用量过大，以及缺铁的田都易发生H_2S毒害。

③水稻土中铁、锰的转化。水稻土中铁、锰的转化与土壤的氧还电位密切相关。当淹水时，三价铁被还原为二价铁，排水落干后，二价铁又转化为三价铁。低铁含量与*Eh*值的关系如表13-21所示。

表 13-21 水稻中低铁含量与*Eh*值的关系

	*Eh*值(mV)					
	70	154	165	250	415	575
Fe^{2+}(×10^{-6})	100	75	65	50	20	0

在淹水时，二价铁增多，它不仅为水稻提供铁素营养，也活化了土壤磷素，消除了H_2S的危害。但若Fe^{2+}浓度过大，也会对水稻产生毒害，如锈水田的低产原因之一就是含亚铁过多。

稻田土壤中水分的垂直渗漏和氧化还原的结果，使铁、锰在剖面中有明显变化。表层因铁锰的淋洗而含量较低；底层则因铁锰淀积而含量显著增加。土壤在淹水条件下的这种脱铁作用，对含铁量低的母质形成的稻田土，和具有侧流漂洗部位的旁田水稻土，往往形成一类缺铁的"白化"稻田土。

13.2.5.3 影响稻田土肥力的因素

影响稻田土肥力的因素主要与其所处的环境条件有关，它主要包括如下几个方面。

(1)自然因素

①地形。水稻田分布在山地、丘陵、平原和湖区等各地形部位上，有梯田、旁田、冲田、垅田、畈田、湖田之分。由于地形条件的不同影响了光照和水分状况，从

而影响稻田的水温、泥温和地面水、地下水的性质。

寒冷山区的稻田，由于地势高，云雾多，无霜期较短，一般水温和泥温较低。

丘陵山地狭谷冲田，由于山冲走向不同使之接受的光照时差差别较大。假如冲的走向为南北向，仅中午数小时受阳光直接照射，由于光照时数少，所得热量少，常成为山荫冷浸田。

冲垅田处在地势最低洼、排水不畅部位的田块，由于田中水分浸渍，常是水温、土温低的冷浸田。即便是相邻的冲垅田块，也会因为两块田田坎高差的大小而影响稻田的水温和泥温。田坎高差大，上块田中的冷浸水通过旁侧渗漏，浸入下块田中，常造成低坎田后更冷浸，这种情况在丘陵山地冲田中极为普遍。

旁田的部位不同，光照强度也不同。朝南的田块，光照多，水温、泥温均较其他朝北向旁田要高，加上旁田的水分状况较好，因而朝南的旁田往往具有比较优越的自然条件。

此外，冲垅的塘堰对邻近田块也有一定影响。塘堰下面的稻田，由于塘水的侧向渗漏，塘堰底层未受光照的冷水浸入塘堰下面的稻田，如塘堰较深，塘堰下部还原作用就强，并产生较多的低铁化合物，随水侧向渗透浸渍到下面的稻田，低铁与空气接触氧化为高铁化物，并出现锈水而浮于水面，严重时成为锈水田。

地形对稻田地面水的影响主要表现在低洼平原湖区。即邻近丘陵或地势较高处的流水均汇集于低洼湖地，每遇雨季，湖面田积水而扩大，导致低洼盘田受淹受渍。

在丘陵山地，冲垅的宽度和长度，对稻田来水影响颇为深刻。有的冲垅很长，达几里甚至十几里。冲垅的分支极多，犹如树枝状，因而承接降水面积大，来水大而猛。凡遇大雨，水流漫田而过，常冲毁中、下段冲垅田。或因水路过窄，排泄不畅，常淹没下段冲垅。因此，必须根据冲垅形状和长度、承水面积等因素决定排水沟的规模。

②水文状况。分布在不同地形部位的水稻田，其地下水位和田间水分状况也有很大差别。这些差别都深刻地影响着稻田肥力状况。根据水文状况，水稻土一般可分为三种类型。

a. 地下水型水稻土。一般分布在地势低洼的平原湖区以及冲垅尾部的一些田块。这些水稻土的共同特点是地下水位高，排水不良，灌溉水层和地下水面相连接，土壤中各种物质转化，终年都在还原状态下进行。剖面上无斑纹层，青泥层出现部位很高，有的耕作层就是青泥层（包括浮泥层），如烂泥田就属此类。这类稻田，由于地下水位高、排水不畅，带来水温、泥温低等冷浸现象，早稻返青期往往达半个月以上。此外，有些田块还有浮泥、锈水以及硫化氢的危害。地下水型水稻土复种指数低，一般一年只栽植一季水稻。

b. 良水型水稻土。一般分布在地势稍高的平原地区以及冲垅中部的冲畈田等部位的稻田。地下水埋深较适中，多在 60 cm 以下，地表水层和地下水面不相连接，但由于毛细管作用，使得上下水流沟通，既能渗透，又能保水，灌排两便。一般熟化程度较高，具有较高的肥力。这种类型水稻土，土层分化明显，一般都具有耕作层、犁底层、斑纹层和青泥层。虽然不同母质上发育的良水型水稻土在肥力上有较大差异，但通过恰当的耕作施肥和水分调节等措施，较易培育为肥沃稻田。即使是地下水型水稻土，通过工程措施，配合生物措施加以改良，也可以变成良水型水稻土。

c. 地表水型水稻土。一般分布于丘陵山地的梯田或熟化程度低的旁田以及冲垅顶部的田块等处。地下水位很低，一般在 1～2 m 以下，地下水难以通过毛细管作用补充到耕作层，水源主要靠灌溉水。剖面构造中，一般无斑纹层，有的还没有犁底层，母质层出现部位高，一般在 1 m 以内。在水源充足、合理灌溉和科学的耕作施肥条件下，也可成为熟化程度高、肥力较高的稻田土壤。

③母质。不同类型的母质对水稻土肥力的影响有很大差异。如湖洼地区的湖积母质开垦出来的“湖田”，与丘陵山地各种母质上开垦出来的“山田”差异极为明显。前者为湖积母质，土质黏重，富含有机质，潜在养分含量高，只要水分条件控制得法，就可以成为肥沃的稻田。后者母质多为坡积物、洪积物或残积物，质地粗，水肥保持能力较差，潜在肥力因坡积、洪积物的不同而不同，通过工程、生物等综合治理措施，才能有效地提高其肥力。平原地区冲积物上发育的稻田，一般具有较高的肥力，但因冲积物质不同，其肥力状况不尽一致。

(2)人为因素　人为的生产劳动对水稻土的影响是十分深刻的，因为水稻土本身就是人类栽培沼生类作物-水稻的产物。其影响基于如下几点：

①农田建设。农田建设旨在把具有多种障碍因素的土壤通过工程措施改造为适于种植农作物的土壤。为了把不宜栽植水稻的地块改造成为稻田，必须平整土地，建设灌排配套的渠道，深耕改土，实现田块园田化。这些措施从根本上改变了稻田原有的地形条件、水分条件以及母质所带来的不利影响，创造了高产水稻所必备的土壤环境条件。

②耕作制度。种植制度是耕作制度的核心。稻田的种植制度较为复杂，作物布局形式多样。为有效地提高土地利用率，适应人口增长的需要，各地都尽可能充分利用当地的光水热条件，不断调整作物布局。例如在湖北黄冈市，40 多年

来，随着农业技术的进步，不断提高稻田的复种指数。20世纪50年代只种一季稻，60年代单改双（季稻），由一年一熟到一年双熟，70年代至今，又实行油菜稻稻种植，即一年三熟。如今，肥（绿肥）稻稻、麦稻稻、瓜稻菜等多种种植模式遍及全区。这些不同的种植方式固然从不同的侧面提高了稻田的产出率和经济效益，但也使土壤的各种养料不断地随收获物移去，从而使稻田土壤的肥力发生着很大的变化。研究表明，每生产稻谷和稻草各500 kg，就要从土壤中吸收氮素10～12.5 kg。

③水旱轮作。这也是耕作制度的内容。在生产实践中，为了改变土壤的水热状况、改良土壤结构、控制某些病虫害和杂草的发生与蔓延，人们往往采取稻麦、稻棉等水旱轮作的方式。这种方法除上述作用外，还能改变土壤的氧化还原状况，消除有毒物质。通过一系列理化性质的改善而影响着稻田的土壤肥力。

④施用肥料。施用各种肥料都能改变土壤的肥力状况，尤其是有机肥的施用，能有效地改善土壤的结构。科学地平衡施肥补充作物带走的养料，能使水稻土地力常新。

13.2.5.4　高产稳产稻田的建设和培肥

（1）*高产稳产稻田的建设*　建设高产稳产稻田是进一步培肥稻田的基础。在生产实践中，一般围绕两个方面来建设高产稳产水稻田。

①增强土壤抗旱能力。水稻需水量较大，比旱作要多好几倍。因此，首先必须具备充足的水源条件。如在一个区域或在一片稻田范围内，建立水库、塘堰等一系列灌溉水源系统，以增强稻田的抗旱能力。

在保证水源的前提下，再根据地形条件，建立灌排两用或灌排分立的田间灌排系统，避免串灌、漫灌，做到稻田水分的科学管理。除此以外，平整田面使稻田灌水均匀，改善土壤性质以增大土壤持水能力、创造适宜厚度的犁底层，以利增强稻田的抗旱能力。

②提高土壤抗涝能力。虽然水稻需水量较大，但过多的水也不利于水稻生长，甚至危害水稻。故在低洼冲田和低湖田中，建立排涝设施以防止明涝暗渍就显得尤为重要。

平原湖区在区域水文治理的前提下，要重视田间排水沟的配套，特别是对那些冷、烂、毒、瘦的冷浸烂泥田，更应采取明沟、暗管相结合的措施，以排出田面水、浅层水和降低地下水位（表13-22）。

表 13-22　明沟和暗管的排水效果

类型	沟管深（cm）	间距(cm)	雨前地下水埋深（cm）	雨后最高点地下水埋深（cm）	水位降到沟管所需时间(天)
明沟	60	14	56	4	4～5 天降到 44 cm
		8	85	27～56	1～2
暗管	90～100	12	85	10	2～3
		15	85	10	2～3

暗沟是指在稻田中按一定距离开挖深沟，其深度依地下水情况而异，一般都在 50～60 cm 以上，沟底填上 15～20 cm 的沙石，其上覆土；暗管是在田中一定深度埋设瓦管(竹管、水泥管)，一般深度多在 1～1.5 m，间距 10～30 m 不等。实践证明，填沙石易于堵塞，埋设管道投资过大，采用垄沟耕作法，既能改造冷浸烂泥田，又节省投资，且简便易行。

总之，通过以建立灌排系统为中心的稻田建设，使之成为抗御旱涝能力强的稻田，使水稻土的水分状况得到显著改善，最终目的是使各种水文类型的稻田，逐渐演变为肥沃的水稻土所具有的良水型的水文条件。

(2)水稻土的培肥　丰富的农业生产实践积累了大量培肥水稻土的经验，科学试验提供了实践经验，概括为如下四方面。

①有一个有机肥与无机肥配合的施肥制度。高产水稻土必须具有为作物提供增产的物质基础，关键在于有一个物质循环数量多、速度快的生态系统。而土壤有机质又是这个循环中的一个重要因素。因此，有机肥与无机肥相配合的合理施肥制度对土壤养分的补充和有机质积累具有决定性的作用(表 13-23)。

表 13-23　增施有机肥对水稻产量和土壤养分的影响

县市	村名	调查的水田面积 (hm^2)	双季稻平均年单产 (kg/hm^2)	早稻施有机肥折纯氮 (kg/hm^2)	有机氮与无机氮比	土壤养分含量			
						有机质 (%)	碱解氮 ($\times10^{-6}$)	速效氮 ($\times10^{-6}$)	速效钾 ($\times10^{-6}$)
黄州	星火	63.6	14 700.0	121.5	7∶3	2.77	121	9.4	97
	丰收	61.5	11 502.0	82.5	5∶5	2.14	129	6.2	64
英山	长二	30	12 541.5	102.0	6∶4	2.96	144	15.6	83
	长三	30.2	10 600.5	680	4∶6	2.39	111	7.4	87

表 13-23 中数据说明，有机肥的施用不仅能保证较高的水稻产量，而且土壤有机质含量也相对较高。水稻产量、有机质含量与有机氮/无机氮之比值呈正相

关。这说明,采用有机肥与无机肥相配合的施肥方法是培肥水稻土的基本措施之一。

②有一个包括绿肥在内的种植制度。轮作换茬本身就是通过不同作物的配套轮作,实现用中有养、用养结合以培肥地力的一项措施。其实质就是通过作物利用转化日光能来实现对土壤肥力的培育。

在长江流域,绿肥与双季稻配套是该区域传统的种植制度。以紫云英为例,连年种植紫云英能使土壤有机质保持一个较高的水平。另一方面,通过轮作换茬,加大土壤物质循环数量,加快土壤中物质与能量循环的速度,在保证高产的同时,保持较高的土壤基础肥力。例如,英山县新生大队油-稻-稻与肥-稻-稻进行轮作的土壤磷钾养分和稻谷产量均高于肥-稻-稻连作田(表 13-24,表 13-25)。

表 13-24 水田轮作对土壤养分和产量的影响

利用方式	土壤养分含量				水稻产量(kg)	
	有机质(%)	碱解氮($\times10^{-6}$)	速效磷($\times10^{-6}$)	速效钾($\times10^{-6}$)	早稻单产(kg/hm^2)	晚稻单产(kg/hm^2)
油、肥稻稻轮作	2.55	105	13.2	93.4	379.0	25.3
肥稻稻连作	2.73	118	5.3	53.6	360.0	18.5

表 13-25 水旱轮作前后的作物产量比较

作物	轮作前单产(kg/hm^2)	轮作后单产(kg/hm^2)	轮作后比轮作前增产	
			(%)	(kg/hm^2)
早稻	5 448.0	6 417.0	64.6	267.0
晚稻	4 470.0	5 089.5	41.3	208.5
棉花	787.5	1 002.0	14.3	406.5
小麦	237.3	2 493.0	8.0	75.0
油菜	1 263.0	1 384.5	8.1	144.0

表 13-25 的情况指出,除了种植绿肥外,采取水旱轮作的种植方式对水旱作物均有一定的增产效果,其中以棉花和水稻的增产效果更为明显。

③有一套科学的耕作熟化措施。第一,要施用塘泥、土粪培田,加厚耕作层。在人多田少、肥源不足的高产水稻土地区,可利用当地资源,重视施用塘泥、湖泥和土粪培田,一般每年每公顷施用 22 t 左右,与绿肥一道作基肥,加上适量化肥作追肥,对水稻土的培肥有良好的效果。据罗田、黄梅等县的对比试验,施用塘泥

或土粪的早稻田平均早稻产量 6 213 kg/hm^2，比未施的增稻谷 900 kg/hm^2 左右。第二，干耕浅闷湿整，改善土壤通气条件。复种指数高的“三熟”稻区，要改善土壤通气状况有一定困难，而在绿肥双季稻区，采取干耕浅闷压青，即在种植绿肥的稻田，应开耕压青，晾晒 2～3 天后灌浅水闷沤，这样可以改善稻田通气状况，减少有毒物质含量，也有利于绿肥腐烂和水稻早发高产。而对于油-稻-稻三熟田，采取干耕湿整，即旱作物收后干耕，晾晒 1～3 天，再灌水整田。这样可以加厚稻田耕作层，优化水肥气热状况，收到增产的效果。第三，有一个良好的土壤环境。即需要一个平整的田面，深厚的土层，旱时能灌，涝时能排的土壤条件。因此，应不断地加强基本农田的保护和改造性建设，尤其要采取多种措施，改造中低产水稻田的土壤环境，对于推进大面积平衡增产有重要的意义。

总之，高产水稻土培肥的各项措施是相辅相成的，是一个相互联系的整体，只有采取改良土壤与改善土壤环境条件相结合、单项改良与综合培肥相结合、合理用地与充分养地相结合等行之有效的办法，才能使高产水稻土肥力得以保持与提高。

13.3 我国的土壤资源概况

土壤是在多种成土条件和成土过程综合作用下形成的产物。作为农业土壤，它在农业生产有四个特性：一是具有一定的肥力，能够不断地供给和调节植物生长所需要的水、肥、气、热等条件而生产出植物产品，因而土壤是农业生产不可替代的生产资料。二是它属于一种固定的自然资源，即土壤的面积和分布区域是固定的，不能像其他生产资料那样可以根据需要转移。三是土壤资源在农业生态体系范围内，也属于开放性系统，这是由于产生于土壤的植物产品及其加工产物的无序流动不断移去土壤中的营养物质、土壤动物的迁移以及不同的人为干预等，使其理化性状常处于动态变化之中。四是土壤资源的有限性和不可再生性。因此，了解我国的土壤资源概况，充分合理地利用土壤资源、不断提高土壤生产力及其管理水平，是充分挖掘土壤内涵、扩大再生产和提高农业生产水平的必要途径。

13.3.1 土壤资源的特点

我国地域辽阔，沃野千里，复杂的自然条件，悠久的农业历史，造就了种类繁多的土壤。正是由于土壤的类别不同、发育过程不同、所处环境不同、利用方式不同等诸多差异，导致我国土壤展示如下主要特点。

(1)土壤资源丰富　我国土地总面积占世界陆地总面积的1/5，仅次于俄罗斯和加拿大，居世界第三位。在辽阔的国土上，从最北部的寒温带到极南端的赤道带，从东海之滨的湿润地区到西北内陆的干旱区，从青藏高原到天山南北，这广阔的范围，包含了地带性和非地带性变化，导致了光、水、气、热条件的多元组合和错综复杂的地域差异，从而形成了我国复杂多样的土壤类型。综合有关资料统计结果，我国主要有10个土纲，46个土类，128个亚类。其中，面积最大的是高山土，其次为铁铝土、淋溶土、钙层土和岩成土、半水成土、石膏盐层土、半淋溶土、水成土和盐碱土等(表13-26)。

表13-26　中国土壤资源构成表

土　纲	面　积 ($\times 10^4\ km^2$)	占全国土地总面积(%)	土　纲	面　积 ($\times 10^4\ km^2$)	占全国土地总面积(%)
铁铝土	147.68	15.39	水成土	43.67	4.44
淋溶土	119.69	12.47	盐碱土	19.08	1.99
半淋溶土	43.29	4.51	岩成土	104.03	10.84
钙层土	110.24	11.49	高山土	198.78	20.70
石膏盐土	75.71	7.88	其　他	20.24	2.11
半水成土	78.59	8.18	总　计	960	

这些土壤因各自的不同性质而表现出生产力的差异及其相对于农、林、牧业的不同适宜性和适宜程度。在我国众多的土壤类型中，除了约占25%的石膏盐层土、盐碱土以及一部分高山土(高山寒漠土、寒冻土)、钙层土(灰钙土、棕钙土)、水成土(沼泽土)、岩成土(风沙土)和城乡居民点、工矿、交通用地、水体以外，其余75%的土壤已经利用或可用于农、林、牧业。这就表明了我国土壤资源的可利用面积大，是世界上土壤种类多、资源极其丰富的国家之一。

(2)山地土壤资源优势明显　我国是多山的国家，各种山地丘陵的土壤资源约占全国土地总面积的65%，平地土壤仅占35%，同俄罗斯、加拿大、美国等领土较大的国家相比较，我国山地资源占有较大的比重，尤其是海拔1 000 m以上的山地土壤约占全国土地总面积的50%，海拔3 000 m以上的高山土占国土总面积的20%，如此大面积的山地土壤直接影响着我国可耕地的开拓和利用潜力。然而寸土寸用，广大的山区也为林牧副和特产业的发展创造了条件。我国约有1/3的人口和2/5的耕地分布在山区，有1/3的粮食产于山区，天然林和天然牧场主要集中于山区。如西南山区，海拔高度大，山高谷深，自然和农业垂直带分异明显，峡谷中分布着亚热带常绿阔叶林，峡谷之上较开阔的台地和山腰大多已辟为梯田，种植水稻或旱作，农地以上的较陡坡又为森林覆盖，高原面上的高寒草甸多用为牧场，部分种植青稞、油菜、圆根（芜菁）等，最上部为积雪带。整个高原上下随着气候、土壤条件的差异，层次分明地给予了恰当的利用，组成了完整的立体农业结构。西北山区，山腰普遍分布着森林，森林带以下的草原和森林以上的高寒草甸草原分别为冬、夏牧场，高山顶上的冰雪则是一个巨大的固体水库，其冰雪融水对于干旱地区的西北农业有着特别重要的意义。占我国山区总面积40%的南方红壤丘陵及低山地区，其土层比较深厚，水热资源比较充足，生物资源极其丰富，得天独厚的自然条件使之具有发展多种木本粮、油、干鲜果、林副特产品等多种经营生产，全国约130万 hm^2 竹林、近90万 hm^2 菜园大部分集中在这里，只要因地制宜，因地利而取其利，生产国内外市场所需要的农林牧副特产品，在保证山区粮食基本自给的前提下，合理布局各业，那么我国山区的农业开发将会取得更为可观的社会、经济和生态效益。

（3）*耕地面积小，可耕地后备资源不足* 我国现有耕地1亿 hm^2，占土地总面积的10.4%，人均耕地面积不足0.1 hm^2，为世界人均耕地的29.2%。我国历来是世界上人口最多的国家，且农业历史悠久，约大部分平原和盆地的土壤已辟为耕地，质量较好的可垦地后备资源所剩无几。据调查，在现有未利用土地资源中，可作为农、林、牧用地的土地资源共约1.25亿 hm^2，而其中适于作农田的土壤约为1 300万 hm^2，且主要分布在寒冷的黑龙江和干旱的新疆及内蒙古东部，因此，希望从未利用土地资源中开辟扩大更多的耕地是困难的。

（4）*土壤资源的区域分布差异明显* 由于地形地貌的不同和气候等自然条件的差异，带来了人类对土地资源开发的情形不同，易于开发、利于人类生存与发展的土地必然首先被利用，从而出现了迟早不一的区域性农业垦殖史，造就了关中平原、中原、长江流域等农业发祥地。人类有选择性的生产活动导致我国土壤资源分布及其在农业上的利用方向、耕作水平等均有显著差别。东部季风地区虽然占全国土地总面积的47.6%，却集中了全国90%的耕地和林地，居住着95%的农业人口；内蒙古和新疆干旱地区占有全国土地总面积的29.8%，而只占全国10%左右的耕地和4.5%的农业人口；青藏高原占全国土地总面积22.6%，但只占有4.5%的人口。

（5）*在现有耕地中，低产土壤面积大* 解放以来，我国进行了两次全国性的土壤普查。1985年，第一次土壤普查，发动广大群众，挖掘了大量的土壤剖面，初步形成了我国土壤分类系统，并根据普查结果，掀起了大规模的基本农田建设高潮,开始了认识土壤、改造土壤、因土施肥的科学种田活动,曾经推动了土壤改良工作。1979年开展的土壤普查,对全国土壤资源进行了更为深入的调查,基本查清了各类土壤的数量和质量,其中,或缺乏营养元素、或土层浅薄、障碍层次等理化性质不良的各种中低产土壤面积占土壤总面积的80%左右,而低产土壤面积则占1/3左右。

13.3.2 土壤资源利用存在的问题

我国虽然地大物博,土壤资源丰富,这只是就总体而言。但从另一方面来说,我国是世界上人口最多的国家。从社会经济发展的态势来看,农业依然是支撑国民经济发展的动力。因此,我国在今后一个较长的时间内,仍然还是一个农业大国。长期以来,围绕农业生产的发展,我国走过了或正在走着漫长的从原始农业到近代农业再到现代农业的历程。随着社会的进步,农业科学的发展,农业生产也必然向着深度和广度拓展。然而整个农业生产是一个复杂的多层次的开放性体系,区域条件的不同、技术水平的差异导致了农业生产水平的极大差别。作为农业生产的载体——土壤也必然在不同水平的利用方式下发生多种变化。如将我国土壤资源利用现状加以分析,已经明显看出存在着一些值得注意与研究的问题。

13.3.2.1 土壤的过度利用与利用不足的问题并存

在我国光、水、气、热条件较为丰富和耕地紧张的地区,为提高农业产量而不断通过改革耕作制度来提高耕地的复种指数。如暖温带地区的间作套种和中亚热带地区、北亚热带地区水旱连(轮)作以及水稻种植上的单改双、双三熟制等,都较充分地利用了土壤所占有的空间与时间,使之几无“喘息”之机而处在超负荷状态下运转。与此同时,我国尚有大片的耕地未得到有效的利用并有部分还出现撂荒,即便是在耕地面积小、人口密度大的江汉平原和长江中下游平原,冬闲田也占有相当的比重。而在我国的西北、东北乃至华北地区,耕地荒芜的面积占有的比例更大。据统计,我国中南地区年冬闲田近133万hm^2,在北方地区,则耕地利用系数和复种指数都比较低。

13.3.2.2 土壤基础肥力下降而有效的补偿不足

在农业生产集约化程度较高的地区,农作物生产对土壤主要养分的消耗与日俱增。尤其是土壤有机质的下降趋势更为严重。如红壤地区,土壤有机质的含量平均值在1.0%左右;而以有机质含量高而著称的东北黑土,一经开垦,其有机质大幅度下降,由垦殖前的7.0%左右降低到3%～4%(时间为20年),而耕种 40 年的黑土，有机质含量降低到 2.0%～2.5%。这种情况在我国各地区都普遍存在。究其原因，主要是向土壤索取的多，补给的少。特别是近 20 年来，施用有机肥、积造农家肥、种植绿肥的传统习惯已经淡薄。仅以湖北黄冈市为例，全市绿肥种植面积最高年(1977 年)曾多达 13 万 hm^2，如今已基本上没有绿肥种植面积，至于堆积沤制农家肥料、实行秸秆还田则更属鲜见。有机肥料的补偿不足，不仅使土壤有机质含量下降，同时使土壤氮素营养缺乏，土壤磷、钾等营养元素也供应不足，即使大量施用化学肥料，也难以使因缺乏有机质而结构性变差的土壤再恢复其良好的结构。

13.3.2.3 中低产田土壤面积大，具有进一步扩大之势

正是由于上述和其他多方面原因，我国中低产土壤面积大。就耕地肥力状况而言，基本无障碍因素的优质耕地占耕地总面积的比例仅 21%，近 80%的耕地土壤均属中低产农田。造成中低产田面积大的原因除耕作管理不善以外，更多的或更重要的原因是由于历史、自然灾害等因素以及建设改造过程中失之于因地制宜和总体规划，不注意客观规律，盲目扩大耕垦，导致滥垦、滥耕和滥牧，或不适当地增加复种指数，土壤资源遭受严重破坏，部分地区土壤侵蚀严重，招致相反的后果，乃至水土流失加剧，全国土地资源流失面积占国土面积的 1/6，其中耕地土壤水土流失面积达 666 万 hm^2；土地资源沙漠化面积 109 万 km^2；盐碱化土壤 666 万 hm^2；涝洼土壤 400 万 hm^2；低产红壤达 1 200 万 hm^2。

13.3.2.4 土地管理失之于宽，耕地面积锐减

因管理不善造成的土地减少使人均占有面积与世界人均耕地的占有量的差距进一步拉大。正是由于缺乏科学的规划布局，我国耕地资源和现有耕地面积下降幅度大。仅 1967 年到 1987 年的 20 年间，全国耕地被占用约 2 700 万 hm^2；林牧业用地也同样遭到不同程度的破坏。以我国农业大省湖北为例，从该省土壤资源的变化便可了解我国土壤资源变化的趋势。1986 年，全省人均土地面积 0.38 hm^2，其中耕地0.11 hm^2，林地 0.13 hm^2，草地 0.06 hm^2；1988 年，全省人均土地 0.36 hm^2，耕地 0.097 hm^2，林地 0.12 hm^2，草地 0.05 hm^2，均低于世界平均水平。整个变化的情况是：从解放后的 1949 年至 1960 年，全省耕地逐年增加，11 年共增加耕地 57.2 万 hm^2，平均每年增加 5.2 万 hm^2；自 1961 年后，耕地面积逐年减少，至 1987 年的 27 年，共减少耕地 77.4 万 hm^2，平均每年减少 2.87 万 hm^2。

总之，我国土壤资源在利用上存在着不少值得重视的问题。概括地说，土壤退化正在向我们挑战，诸多地区都存在着水土流失、土壤沙化、草地退化、土壤肥力下降、自然环境破坏和自然资源衰竭的事实。为了人类的繁衍和幸福，合理利用土壤资源，切实加强土地管理是土壤科学工作者的一项长期任务。

13.3.3　土壤资源的合理利用与管理

马克思曾深刻地指出："土壤是世代相传的，人类所不能出让的生存条件和再生产条件"。这就说明了人类对土壤的依赖性，离开了土壤资源，就根本谈不上人类的生存与发展。面对我国土壤资源的利用现状及其存在的问题，合理利用并强化土壤资源的管理是一项长期而艰巨的十分紧迫的任务。

我们仅就粮食生产来说明这一问题，从我国的社会发展及增长的需要量来看，在 2000 年，全国粮食需求量至少为 52 000 万 t，而到 2020 年，全国粮食需求量最低为 71 100 万 t，即在未来 20 年间，每年粮食要净增 955 万 t，因此今后的粮食生产任务十分艰巨。尤其是未来更长一段时间，我国的农产品供给面临三个不可逆转的势头：一是耕地减少不可逆转，1978 至 1993 年，耕地面积净减 428.8 万 hm^2（相当于四川省的耕地面积），1994 年又净减约 40 万 hm^2，相当于一个中等地区的耕地面积；二是人口增长不可逆转，我国人口基数大，每年新增 1 500 万人；三是消费水平提高不可逆转。这些说明粮食供给面临着巨大的压力（见表 13-27）。

表 13-27　我国粮食供需预测

年　份	方　案	需求量（万 t）	生产量（万 t）
2000	高	56 000	52 450
	中	53 980	50 150
	低	52 000	47 750
2020	高	78 300	73 000
	中	75 200	70 000
	低	71 100	67 500

表 13-27 的预测表明了我国粮食供求的基本情况，既指出了今后粮食需求矛盾的突出性，也暗示了发展农业科学、保护土壤资源尤其是耕地资源的极其重要性。

13.3.3.1　土壤资源的合理利用

我们知道，人口增多、土壤资源不足是我国的基本国情，因此，十分珍惜和合理利用每寸土地，切实保耕地是我国必须长期坚持的基本国策。根据这种情况，在土壤资源的利用中，要在全面规划的基础上，综合开发，合理利用，坚持经济、社会、生态三大效益相统一的原则，把开发与整治、利用与保护正确地结合起来，以不断提高土地利用率和生产率。

(1)制订土地利用总体规划　土地利用总体规划是管好用好土地和统筹安排各行各业用地的依据，在制订土地利用总体规划时要坚持以下原则。

①坚持分级规划、层层控制的原则。土地利用总体规划分国家、省、市(地、州)、县(市)、乡(镇)五级。国家和省一级的土地利用总体规划主要是宏观和指标控制，确定土地利用目标和方向，提出土地开发利用政策与措施，县、乡两级规划要保证国家和省、市规划的具体实施，需要逐级分解规划和指标，落实到基层村、组乃至地块。

②坚持“一要吃饭，二要建设”的原则。为保证我国粮、棉、油等农副产品自给或基本自给，必须在土地利用上做到农业优先，首先保证优质土地用于农业，协调好农业与工业、农业与城乡建设和农、林、牧、副、渔之间的用地关系，统筹兼顾，全面安排。

③坚持专项用地规划服从总体规划、中短期计划服从土地利用长远目标。各专项用地规划，如交通、水利、城乡建设用地规划、风景保护区、自然保护区以及经济开发区等规划都必须在土地利用总体规划指导下进行，要服从土地利用总体规划。土地利用的中，短期计划和年度计划也须围绕总体规划的目标编制。只有这样，才能保证土地利用总体规划的实施。如要修改，必须按土地利用总体规划的修编程序进行。

(2)提高土地产出率和利用率　由于我国土地资源相对贫乏，千方百计地提高土地的产出率是充分利用土壤资源的关键。这方面我国仍有潜力可挖。① 当前大面积土地的农业产量只有气候生产潜力的 30%～40%，通过高光效育种和通过合理的提高复种指数以提高光能利用率是完全可能的。②对现有中低产田利用与改造。全国尚有中低产田 6 000 万 hm^2，通过改造，可以提高 50%至 1 倍的生产潜力。③ 通过提高农业的科技含量来挖掘土壤的内涵，这也是提高土地产出率的关键所在。

(3)合理布局，适度有序地开发土地资源　随着国民经济的发展和人口数量的增加，各行各业对土地的需求也日益增长。同时，由于产业结构的调整、水土流失、水冲沙压及其他多方面的原因使农业用地面积不断减少，人均耕地也逐年下降。因此，合理开发可利用土壤资源也是必要的。

所谓土地开发，是对尚未利用的土壤资源经过必要的劳、物投入，改变为可利用土地的过程。我国可供开发的土壤资源还有相当的数量，但主要是非农用地。可用于林牧业发展的荒山荒坡约有1.13亿hm^2，宜农用地约3 300万hm^2。从地域分布来看，我国亚热带、热带东部山地，是块得天独厚的尚未充分利用的宝地，有望建成我国的一个综合性农业战略后备基地；有些省区具有较大的资源开发优势，例如，江西省红壤面积达1 070万hm^2，可供进一步开发利用的荒山荒坡约有267万hm^2。在土壤资源开发过程中，既要吸取过去毁林开荒、围湖造田破坏生态平衡造成土壤流失的教训，也不能因噎废食，片面强调生态平衡而将大片可开发土壤资源弃之不用，而要在人为科学的干预下建立符合社会发展因地制宜，坚持宜耕则耕，宜林则林，宜牧则牧，宜果则果，宜建则建（指建设用地）的方针，在摸清土壤资源底细的基础上，制订切实可行的土壤资源开发利用规划，使各类土壤资源能扬其所长，也使各业布局适得其所。

(4) *严格控制非农业建设用地，切实保护耕地*　由于我国人口不断增加，人均占有耕地面积在不长的时间内可能达到临界水平，故保护耕地至关重要，这也是贯彻基本国策的重要措施。为此，一要运用法律的、经济的、行政的手段管理土地，把土地管理工作纳入法制轨道；二要坚持各项非农业建设用地定额指标，严格控制用地数量，提高土地利用率；三是划定基本农田保护区；名优特产基地保护区，保护区内的土地不得征用，不得改变保护区内土地用途。

13.3.3.2　土壤资源的管理

以上简单提及了土壤资源的管理，只限于行政措施。而作为我们农业用地内部如何对土壤资源实施管理，则是一个庞大的系统工程。从农业生产的自身发展也好，从人类生存发展的需要也好，建立永久性的持续农业是土壤资源管理的核心。1987年7月，世界环境与发展委员会等国际组织提出“2000年转向持续农业的全球政策”，1988年联合国粮农组织给出了持续农业的含义，亦即“不造成环境退化，技术上适当、经济上可行、社会上能接受的”农业。显然，持续农业的建立需要一个过程，它不是取代现代农业，更不是自然农业的继续和发展。因此，土壤资源的管理就必须围绕“持续农业”作更进一步的探讨。

(1) *建立优良的耕作制度*　优良耕作法的实质，就在于通过人的主导作用，进行因时、因地、因作物制宜的耕作措施。其基本目的是通过建立区域性的良好土壤耕作制，能够协调和改善土壤水热状况，能够加厚土壤疏松表层和改善结构状况。简言之，通过建立良好的耕作制度，使土壤水、气、热状况得到较好的协调。

我国土壤类型多，所处气候条件差异甚大，在农业生产上，种植制度和方式又各不相同，因此，必须结合当地土壤、气候条件，因地、因土制宜地选用适于当地实际的土壤耕作的区域耕作制。例如东北的黑土区，冷季长，冻层厚，土温低，尽管土壤腐殖质含量高，潜在肥力也高，保水性能好，但土壤经常处在“湿、冷”的状况下，土壤的水热状况就成为当地农业生产中的主要矛盾。因此，土壤耕作就应以协调和改善土壤水热状况作为提高土壤有效肥力的中心内容，在当地往往采取垄作，在大型的农场，则采取深松耕作的方法，这都有利于土壤水热状况的改善。而在西北等干旱地区，则以蓄水保墒为中心，如伏耕接纳大气降水以利秋播作物生长。由此可见，土壤优良耕作制的建立均有赖于当地的自然和农业生产的具体条件。

(2)*建立以培肥地力为中心的种植制度*　作物的布局与土壤的关系十分密切。作物从土壤中吸收水分和养分，土壤水、热、气、肥的稳、匀、足、适程度直接影响作物生长的好坏；反之，农作物布局、轮作换茬制度对土壤各养料元素的消长又有着直接的作用，这也是持续农业的内容之一。

各种作物由于不同的生物学特性，它们对土壤养分吸收的种类和吸收量很不相同；因其根部分泌物的区别，对根际微生物区系、微生物能源物质的影响有差异；不同作物生长过程中合成的产物不同，死亡后归还给土壤的有机体的数量和营养种类也不尽相同。这些都集中说明一点，不同农作物的种植直接影响着土壤肥力的多重变化，影响到土壤微生物的不同组合，使土壤的生态体系平衡处在破坏—平衡的不稳定状态中。为此，如何通过建立良好的作物种植制度以保持土壤养料的长久稳定循环是十分重要的。我国传统农业的实践反复证明，建立有绿肥或其他养地作物参与的种植制度是避免土壤肥力大幅度下降的有效措施。

除种植作物时要考虑作物自身的搭配外，还必须注意到因土种植，针对土壤不同的性质特点，栽植与之相适应的农作物，对于培肥土壤与提高作物产量都是有利的。

(3)*建立一个以提高地力为核心的施肥制度*　施肥与土壤肥力的兴衰关系极为密切，也对提高作物的产量起着决定性作用。“肥料是植物的粮食”，长期以来，我国坚持“以有机肥为主、有机肥与无机肥配合施用”的方针，对于不断提高土壤肥力，保证农作物持续高产稳产有着积极的现实意义。

有机肥在历史上和解放后的相当一段时间，曾经是我国肥料的主体。但近十余年来，有机肥料施用量急剧下降，如今，有机肥的施用量所占的比例仅为10％～20％，应当说明的是无机肥因养分浓度高、见效快、施用方便等诸多优点而深受欢迎，这是必然的，也是大幅度提高农业产量的需要。但有机肥来源广，质量高，对于改良土壤，培肥地力，增加产量，提高农产品品质有着不可替代的作用。在当今世界上，许多发达国家在长期大量施用化学肥料之后回过头来又开始重视有机肥料的施用,并通过工业化手段改变有机肥迟效、施用不便、有效性养料含量不高的弊端,从而预示着肥料工业将围绕"持续农业"建立进行一场巨大的变革。因此,在建立一个良好的施肥制度中,坚持施用有机肥是不容忽视的。

为充分发挥肥料的作用,在施肥方法上应坚持有机肥与无害的无机肥料配合,因土施肥,因作物种类及其需肥规律施肥,以不断提高肥料的利用率和培肥地力。

(4)*建立科学的灌排制度以协调土壤水热状况* 土壤水分是土壤肥力中极为活跃的因素。它不仅是植物生长所必需的水分给源,而且也影响土壤空气状况。因此,合理灌排无疑也影响着土壤一系列理化性质的变化。

"有收无收在于水",水对作物的生命活动起着至关重要的作用,干旱缺水,植物会因脱水而萎;淹水会使旱作物因呼吸不畅而窒息;适量的水分才能维持农作物的正常生命活动。

不同地质、不同作物的灌排措施各不相同。如华北地区冬麦田习惯于冬灌,还要根据天气情况确定是否灌拔节水、麦黄水等等。农谚道:"麦收八、十、三场雨",即小麦生长期间,需要8月、10月和来年3月各降一场大雨,方可保证小麦所需水分,否则就必须灌水。水在全部生长过程中,也有湿润育秧、深水长苗、浅水分蘖、干田晒苗、浅水健长的管水过程。总之,各种作物的科学管理水平不仅是作物本身生长之需,也是有效协调光照、水汽、水肥状况的需要。因此,这种协调关系必须通过建立科学的灌排制度来实现。

综上所述,土壤耕作、轮作、施肥和灌溉,是农业措施中不可分割、互相联系、互相依存的整体,它既是农业土壤资源形成和发展的动力,又是使得农业土壤资源不断更新、永恒地服务于人类的综合措施。无论是现在还是将来,建立"持续农业"也不能离开上述措施的进一步探讨。

14 土壤资源保护和管理

【教学目标】

- **土壤质量退化与防治**

  1. 了解土壤退化的概念、我国土壤退化的现状及退化的防治途径和措施。
  2. 了解土壤退化分类及依据。

- **土壤沙化与防治**

  1. 掌握土壤沙化的概念、原因和防治措施。
  2. 了解土壤沙化的类型及危害。

- **土壤侵蚀与防治**

  1. 了解土壤侵蚀的类型和我国土壤侵蚀的状况。
  2. 掌握土壤侵蚀的概念、危害及控制对策。

- **土壤酸化与防治**

  1. 了解我国土壤酸化概况及酸雨的分布区域。
  2. 掌握酸雨的成因及条件，酸雨对土壤和作物的危害及防治措施。

- **土壤化学污染与防治**

  1. 了解土壤的污染源和种类。
  2. 掌握土壤污染的概念及特点，土壤重金属污染、化学肥料污染、农药污染的机理以及土壤化学污染的防治措施。

当今世界，由于人口—资源—环境之间矛盾日益尖锐化，已使人类自身意识到，人与自然之间某些不谐调活动充分显露出来，有的地方已经严重影响和破坏人类的生活环境。土壤资源质量退化将直接影响地球表面系统土壤的生产力及其稳定性、土壤承载能力、最终从根本上危及人类生存环境和发展的物质基础。

我国的土壤资源严重不足，不良的自然因素加之人为的某些不合理的开发利用，导致水土流失、盐渍化、沼泽化、沙化、酸化、土壤肥力衰退以及土壤化学污染等土壤质量退化相当严重，按不完全统计，我国造成土壤退化的总面积已达4.6亿 hm^2，占全国土地总面积的40%，是全球土壤退化总面积的25%。这些集中表现在土壤的物理、化学和生物性质的退化。因此，揭示土壤质量退化的规律，寻求控制土壤退化、恢复土壤质量的对策和措施，管理好宝贵的土壤资源，尤其是耕地资源，是全人类的头等大事，也是赋予土壤工作者最紧迫的历史使命。

14.1 土壤退化与防治

14.1.1 土壤退化的概念

土壤退化是一个非常复杂的问题，它是自然因素和人为因素共同作用的结果。破坏性的自然灾害及其异常的成土因素如气候、母质、地形等是引起土壤自然退化过程的基础(如沙化、侵蚀、盐碱化、酸化等)。而人与自然相互作用的不和谐是加剧土壤退化的根本原因(土地被占用、盲目开荒、乱砍滥伐森林、超载放牧以及不合理耕作等)。造成生态环境严重恶化，以致带来的气候变暖的"温室效应"，将会对土壤(地)退化造成严重影响。

有关土壤退化的定义，不同学者提出了不同的论述，一般认为土壤退化(soil degradation)是指因自然环境不利因素和人为利用不当所引起的土壤肥力下降、植物生长环境条件恶化和使土壤生产力减退的过程。主要表现数量减少和质量降低。数量减少表现在表土丧失，或整个土体毁失，或土地被非农业占用。质量降低表现为土壤物理、化学和生物学方面的质量下降。

14.1.2　土壤退化分类

14.1.2.1　联合国粮农组织《土壤退化》一书中的分类

1971 年联合国粮农组织在《土壤退化》一书中，将土壤退化分为十大类：即侵蚀、盐碱、有机废料、传染性生物、工业无机废料、农药、放射性、重金属、肥料和洗涤剂等。1981 年艾伦(Allen)又增加旱涝、土壤养分亏缺和耕地的非农业占用等项。

14.1.2.2　我国对土壤退化的分类

我国于 20 世纪 80 年代开始研究土壤(地)退化分类。借鉴国外的分类、结合我国实际情况，1990 年龚子同等在《中国土壤退化分类》中分为六大类：即土壤侵蚀、土壤沙化、土壤盐化、土壤污染、土壤性质恶化和耕地的非农业占用。在六类基础上进一步进行二级分类，见表 14-1。

表 14-1　我国土壤退化的二级分类

Ⅰ级	Ⅱ级
A　土壤侵蚀	A_1　水蚀 A_2　冻融侵蚀 A_3　重力侵蚀
B　土壤沙化	B_1　悬移风蚀 B_2　推移风蚀
C　土壤盐化	C_1　盐渍化和次生盐渍化 C_2　碱化
D　土壤污染	D_1　无机物（包括重金属和盐碱类）污染 D_2　农药污染 D_3　有机废物（工业及生物废弃物中生物易降解有机毒物）污染 D_4　化学肥料污染 D_5　污泥、矿渣和粉煤灰污染 D_6　放射性物质污染 D_7　寄生虫、病原菌和病毒污染
E　土壤性质恶化	E_1　土壤板结 E_2　土壤潜育化和次生潜育化 E_3　土壤酸化 E4　土壤养分亏缺
F　耕地的非农业占用	

赵其国(1991 年)则把土壤退化分为三大类:即土壤物理退化、土壤化学退化和土壤生物退化。每一类进一步划分如下:

- 土壤退化
  - 土壤物理退化
    - 坚实硬化
    - 铁质硬化
    - 侵蚀沙化
      - 水蚀
      - 风蚀
  - 土壤化学退化
    - 酸化
    - 碱化
    - 次生盐渍化
    - 肥力减退
    - 化学污染
  - 土壤生物退化
    - 有机质下降
    - 动植物区系减少

潘根兴(1995 年初)拟了一个土壤退化类型的划分:①数量退化。其有现实农、林、牧生产力的土壤面积减少。②质量退化。土壤性质恶化、土壤肥力与环境质量下降。根据土壤退化原因,将上述两类予以进一步划分如下:

- 土壤退化
  - 土壤面积萎缩
    - 城镇化占地
    - 工矿土壤剥离
    - 不合理利用中废弃与轻移
  - 土壤性质恶化
    - 物质损失型
      - 土壤流失
      - 土壤沙化与沙漠化
    - 过程干扰型
      - 土壤贫瘠化
      - 土壤板结化
      - 土壤酸化、盐渍化、潜育化
    - 环境污染型
      - 土壤农药污染
      - 土壤重金属污染
      - 土壤放射性污染

14.1.3　我国土壤退化现状

14.1.3.1　土壤退化的面积广、强度大和类型复杂

我国水土流失面积达 1.5 亿 hm^2,约占国土总面积的 20%;沙漠化、土壤沙化总面积 1.1 亿 hm^2,约占国土总面积的 11%;全国草地退化 6 770 万 hm^2,占

草地总面积的21.4%；受工业三废污染的农田达600多万hm^2。土壤退化的区域广，就全国而言，我国东西南北中都有不同类型和程度不等的土壤退化现象。如华北主要发生盐碱化，西北主要是沙漠化，黄土高原和长江中、上游主要是水土流失，东部地区主要表现为肥力减退和化学污染，西南是山区石质化。据统计，土壤退化已影响到我国60%以上的耕地土壤。

14.1.3.2　土壤退化发展快、影响巨大

从表14-2看出，在20世纪80年代的10年，仅耕地占用一项就达230多万hm^2，其中国家和地方建设占地为20%左右，农民建房占用5%～7%，而且耕地还在继续被占用，耕地减少的趋势将持续下去。水土流失面积由1949年的150万hm^2发展到90年代中期的200万hm^2，而且土壤酸化也在不断扩展，如长江三角洲地区宜兴市水稻土pH平均下降了0.2～0.4个单位，铜、锌、铅等重金属有效态含量升高了30%～300%。

水土流失使表层土壤损失了相当于4 000多万t化肥的氮、磷、钾养分，而且淤塞江河，全国水土流失最严重的陕北高原，使水库库容的平均寿命缩短只有4年。长江三峡库区总沙量达1.6亿t，入库泥沙达4 000万t，已构成对三峡水库的重大威胁，并将使中下游的河段、湖泊淤塞，水容积缩小，降低其防洪能力。

表14-2　我国土壤退化类型发展速度

土壤退化类型	发展面积（万hm^2/年）
耕地占用	15
耕地剥离	10
土壤流失	30～40
土壤沙化	490
草地退化	130

14.1.4　土壤退化的防治与措施

土壤退化对我国生态环境破坏及国民经济造成巨大的影响。土壤退化的直接后果是土壤生产力降低，化肥报酬率递减，化肥用量的不断提高，不但使农业投入产出比增大，而且成为资源环境污染的主要原因。因此，土壤退化的防治已经是一个急需解决的问题，可从如下几个方面着手：

14.1.4.1　因地制宜、综合治理

将土地资源、生物资源和环境条件统一起来采取综合治理措施。首先，对生态平衡失调地区进行因地制宜的综合治理。例如，黄土高原应以水土保持为中心，禁止陡坡开垦，种草造林提高土壤肥力与作物的单产；黄淮海平原应提高土壤肥力与复种指数；南方丘陵在防止水土流失的基础上，需大力发展经济作物，实行农、林、牧全面发展；北方农牧交错区，应禁止毁草造田，采用乔、灌结合及培植草地以治理风沙；热带地区应增加自然保护区，注意立体垂直布局。其次，按生物气候特点，合理安排农业布局，除东部为农区，西部为牧区进行区域生产外，在有条件地区实行集约耕作。再次，注意农、林、牧、渔全面发展，进行改土治水等农田基本建设，逐步建立优化的农业生态系统，达到全面防治土壤退化的目标。

14.1.4.2　总结经验、全面推广

在总结防治土地退化经验的基础上，针对不同的土地退化类型，进行综合防治，逐步推广。例如，关于治瘠。在红壤丘陵地区的 1 300 万 hm^2 耕地中，酸化、结核化、养分贫瘠化的耕地占 60%。江西千烟洲试验站曾对 236 hm^2 荒地综合治理 6 年，总产值由 0.58 万元增至 39 万元（增 77 倍），人均收入由 130 元增至 1 078 元（增 8 倍）；鹰潭红壤生态实验站采用了保持水土、培育肥力及立体布局等措施，3 年内单产（每公顷）由 7 500 kg 增至 27 000 kg，茶叶产量翻一番。曾在“八五”期间，建立 10 个试验区，用以点带面的办法进行全面治理，粮食产量增加到 200 亿 kg，热带亚热带经济作物生产获得进一步的发展，水土保持及生态环境得到了明显的改善。

14.1.4.3　保护耕地、加强法制

耕地是土地的精华，是农业最基本的生产资料，直接关系到全国12亿人口的生存。我国是一个人口众多的发展中国家，国情的特点决定了耕地在我国国民经济和社会发展中具有举足轻重的地位。因为耕地是人民食物的主要来源地，是我国社会稳定发展的基础。据全国土地详查资料，我国现有耕地约为 1.4 亿 hm^2，占国土面积的 10.8%，人均耕地为 1 200 m^2。我国耕地资源的主要特点是：①人均耕地占有量低，仅为世界人均耕地占有量的 47%；②耕地分布不均，以省级为单位的人均耕地数量相差极为悬殊，最高的内蒙古自治区，人均耕地 3 700 m，最少的上海市仅 250 m^2；③耕地质量总体水平低，高产田面积少，中低产田占耕地总量的 2/3 以上；④耕地退化严重，受水土流失、沙化、盐碱化等影响的耕地面积日趋增大；⑤近年来耕地面积大量减少。据统计，1986 至 1995 年的 10 年

间，全国净减耕地近 670 万 hm^2，年均减少耕地 66.7 hm^2，其中 75%被各项非农建设占用；⑥后备耕地资源严重不足，可开垦的耕地仅有 813 万 hm^2，即使全部开垦也不足增加人均耕地 67 m^2，何况在开发利用上还存在许多限制性的因素。因此，必须加强《农业法》、《土地管理法》、《基本农田管理条例》、《森林法》及《水土保持法》等法制宣传，从各级领导至普通群众都要强化土地的法制观念，增强惜土意识，尤其要防止"法人违法"。同时要控制人口增长，减少人类活动对土地的破坏。保护耕地就是保护我们民族和国家的生命线。

总之，要因地制宜，总结经验，点面结合，综合治理，增加投入，引用科技，控制人口，制定法规，土壤退化是能够防治的。

14.2 土壤(地)沙化与防治

14.2.1 土壤沙化及沙漠化的概念

土壤沙化(soil sandification)是指因风蚀，土壤细颗粒物质丧失，或外来沙粒覆盖原有土壤表层，造成土壤质地变粗的过程。沙漠化，也称荒漠化(desertification)，主要指在干旱及半干旱区，由于人类活动和干旱影响导致的陆地生态系统的贫瘠化。人口的剧增，对自然资源不适当的管理与过度利用及气候干旱等，都可使原来较脆弱的生态系统遭到破坏，出现了类似荒漠景观的变化，生物生产量显著下降，土地生产潜力减退，可利用土地资源丧失，人类生产、生活遭受危害。如非洲撒哈拉荒漠南部的萨赫尔地区，中东南非的卡拉哈里，印度、巴基斯坦的塔尔荒漠，中国的鄂尔多斯等地，都是荒漠化很显著的地区。

14.2.2 土壤(地)沙化及沙漠化的类型

根据土壤沙化区域差异和发生发展特点，我国沙漠化土壤(地)大致可分为3种类型：

14.2.2.1 干旱荒漠地区的土壤沙化

分布在内蒙古狼山-宁夏的贺兰山-甘肃的乌鞘岭以西的广大干旱荒漠地区，沙漠化发展快，面积大。据研究，甘肃省河西走廊的沙丘每年向绿洲推进8 m。该地区由于气候极端干旱，土壤沙化后很难恢复。

14.2.2.2　半干旱地区土壤沙化

主要分布在内蒙古中西部和东部、河北北部、陕北及宁夏东南部。该地区为农牧交错的生态脆弱带，由于过度放牧，农垦，沙化成大面积区域化发展，这一沙化类型区人为因素很大，土壤沙化有逆转之可能。

14.2.2.3　半湿润地区土壤沙化

主要分布在黑龙江、嫩江下游，其次是松花江下游，东辽河中游以北地区。呈狭长带状断续分布在河流沿岸。沙化面积较小，发展程度较轻，并与土壤盐渍化交错分布，属林-牧-农交错的地区，降水量在 500 mm 左右。对这一类型的土壤沙化，控制和修复是完全可能的。

14.2.3　土壤沙化及沙漠化的危害

土壤沙化对经济建设和生态环境危害极大。首先，土壤沙化使大面积土壤失去农、牧生产能力，使有限的土壤资源面临更为严峻的挑战。我国从 1979 年到 1989 年 10 年间，草场退化每年约 130 万 hm^2，人均草地面积由 0.4 hm^2 下降到 0.36 hm^2。其次，使大气环境恶化。由于土壤大面积沙化，使风挟带大量沙尘在近地面大气中运移，极易形成沙尘暴，甚至黑风暴。20 世纪 30 年代在美国，60 年代在前苏联均发生过强烈的黑风暴。再次，沙漠的推进和沙漠化土地的扩大，给当地的交通运输、工农业生产和人民生活带来了严重影响。在中国西部地区，由于风沙肆虐，中国古代西域的丝绸之路已被沙丘埋没，一些古城毁于沙害，一些历史上林草繁茂的沃土变成了沙漠化的不毛之地。中国“三北”地区，每年有 1 300 多万 hm^2 农田和 1 亿 hm^2 草场遭受风沙危害；有 800 多 km 的铁路和数以千计的公路经常受到风沙侵袭和压埋，同时，有众多的水库和大批的灌渠也遭受风沙侵袭。据估计，每年因风沙危害直接损失达 45 亿元。在长达 700 km 的黄河中游干流河道，每年由于沙丘移动，直接吹入黄河的流沙近 5 000 万 t，加上水蚀入河泥沙，使黄河中下游河段，每年平均淤高 10 cm。有的河段已高地面 3～10 m，成为一条地上“悬河”，汛期洪水严重威胁着下游 25 万 km^2 土地上 1 亿人民的生命财产安全，也威胁着新亚欧大陆桥陇海段的安全。

14.2.4　影响土地沙漠化的因素

产生土壤沙漠化的原因，有自然因素，更主要的是人为因素。在自然因素方面主要与气候干燥程度、植物疏密状况和风蚀强弱等生物气候特征有关，此外与地形、地貌特点及地面物质来源也有密切关系。一般发生于干旱、半干旱，风力较强盛，地形波状起伏不平，有充足沙源的地区。气候越干旱，风蚀作用越强，植被越稀疏的地区，沙化越严重，沙化面积亦越大。但人为活动是土壤沙化的主导因子，这是因为：①人类经济的发展使水资源进一步萎缩，加剧了土壤的干旱化，促进了土壤的可风蚀性；②不合理的放牧、樵采和开垦，严重破坏了原有沙地的自然植被，加速沙化过程。据统计，人为因素引起的土壤沙化占总沙化面积的94.5%，其中农垦不当占25.4%，过度放牧占28.3%，森林破坏占31.8 %，水资源利用不合理占8.3%，开发建设占0.7%。

14.2.5　土壤沙化的防治

土壤沙化的防治应以防为主，加强法制建设，增强环保意识，同时应积极采取各种治沙措施。

14.2.5.1　治沙的原则

鉴于沙漠推进和土地沙漠化的特点是范围大，持续久，危害重，难治理，因此治沙工程是一项宏伟的改善生态环境、发展沙区经济的系统工程。根据我国沙漠化的情况，治沙工作坚持的原则是：统一规划，防治并重，治用结合，综合治理，注重效益。

①目前，治沙工作主要集中在近代沙化、潜在沙化地区、受风沙威胁的村庄和绿洲附近地带。这些地区地下水位埋藏较浅，多属农、牧业主要产区，人口居住比较集中，防治风沙任务十分紧迫，治理条件也比较好。

②对公路、铁路沿线两侧的沙地和工矿区附近的流沙，即使条件较为困难，也需要采取多种措施，防治流沙的危害。

③对沙漠化土地的治理，要采取集中、连片、规模治理，围绕恢复土地资源和合理开发利用，来进行综合治理，逐步缩小沙漠化土地面积。

④对潜在沙化地区，主要以防沙固沙、保护农田为主要目的，进行综合防治，并进一步探索土地沙漠化的规律和治理方法，为今后加快科学治理提供依据。

⑤对浩瀚的沙漠、戈壁地区，要努力保护好现有沙生植被，在边缘地带有条件的地方发展林草植被，防止流沙扩张和推进。

14.2.5.2　主要防沙治沙技术

我国人民在长期的治沙实践中，创造和总结了许多先进和适应的治沙技术，主要有以下几种：

(1)“五带一体”的防沙治沙技术　建立封沙育草带、前沿阻沙带、草障植物带、灌溉造林带、固沙防火带，采用植物沙障和机械沙障相结合的办法，建成坚固的防风固沙体系，主要用于铁路、公路两侧。如穿过腾格里沙漠的包兰铁路，在宁夏沙坡头一带采用“五带一体”技术，在沙海建立了一条长达30多公里的绿色屏障，锁住了流沙，确保了包兰铁路的畅通。

(2)活沙障技术　用植物成活和生长形成植被，较为长期的固定和改造流沙，在我国治沙中应用较广泛。植被均匀分布，覆盖率达40%～50%时，风沙流中99%的沙粒能被拦截沉积。植物固沙对保持生态系统相对水分平衡，促进沙区生态系统走向良性循环，加快沙区生态型治理和生态经济的综合开发都有明显作用。活沙障技术主要包括以下内容：①营造防风固沙林技术；②人工种草和改良草地技术；③飞机播种林草技术；④农田防护林网技术；⑤营造灌木群落技术等。

(3)机械固沙技术　采用各种形式的障碍物来加固沙表和削弱沙丘近地表层风力，以使沙丘表面流沙保持相对稳定，抑制沙丘推进，为植物生长和建立活沙障创造条件。机械沙障一般用秸秆为材料制成，固沙效果能保持2～3年，机械固沙与植物固沙相结合，能使流沙长久地固定下来。机械沙障的防护范围一般为沙障高的10～12倍，其设置通常与主风方向垂直。机械沙障主要用在铁路、公路两侧的防护体系中和村庄附近的流动沙丘。机械沙障按高度可分为高立式、半隐蔽式、隐蔽式和平铺式沙障等4种形式。

(4)化学固沙技术　主要采用各种胶结物增加沙粒之间的胶结力来防止风蚀，以加固沙表的方法来达到固定流沙的目的。主要胶结物有沥青乳剂、泥炭石灰乳剂和高分子聚合物(如醋酸乙烯-丙烯醋酸共聚物、异丁酸-酸酐共聚物、聚丙烯酸盐类、环氧乙烷聚合物和羧甲纤维素等)。化学固沙与植物固沙有机结合，在水资源贫乏的干旱、半干旱沙区有明显成效。

(5)引水拉沙技术　主要是利用水流冲拉沙丘，改变沙区起伏不平的地形，改善沙地水分条件，不仅增加沙地水分和沙地抗风蚀能力，有利于植物治沙；而且还可增加农用土地，为发展农业生产和多种经营提供了良好的条件。引水拉沙造田，在我国陕西榆林、内蒙古磴口、甘肃定西，宁夏贺兰等地都有悠久的历史和丰富的经验。

(6)建设小型水利设施　主要是挖蓄水池、打机井、多管井、开挖“马槽井”等。陕西榆林市利用建设的9 200多眼机井、多管井和马槽井发展灌溉，在沙区开辟水地 1 万 hm^2，水稻平均每公顷产 9 000 kg，最高达 15 000 kg，沙区商品粮基地建设初具规模，使塞外的风沙区变成了鱼米乡。

各项治沙技术的推广应用，要因地制宜，注意综合效应，才能发挥最大的防护功能，产生最大的经济效益。辽宁省在防风固沙中认真总结推广了"以灌木固沙为主，人工沙障为辅"，"四面包围，前挡后拉，分批治理"及"先固沙，后造林"等综合治沙技术经验，取得了良好效果，使许多昔日飞沙走石的沙化土地，如今变成了片片绿洲。

总之，沙漠化是导致水土流失，破坏生态环境的一个主要根源，对人类的生产和生活危害严重，防治沙漠化刻不容缓。但只要全社会共同努力，沙漠化是可以防治的。实践证明，治沙不仅可以制止风沙危害，而且可以变沙漠为绿洲，变沙海为桑田，即使风沙区的水土资源得到充分利用，又为风沙区的资源开发利用创造了条件，从而促进了沙区的产业建设和经济发展。结合水土保持重点治理，广泛采用现代科学技术，在综合防治的基础上，进行综合开发利用，就可以逐渐把沙漠和沙漠化土地改造成农、林、牧、副、加各业生产基地。

14.3　土壤侵蚀与防治

14.3.1　土壤侵蚀的概念

土壤侵蚀(soil erosion)是指土壤或其他地面组成物质在外营力作用下，剥蚀、破坏、分散、分离、搬运和沉积的过程。地球表面除永冻地区外，均遭受不同程度的侵蚀。人类社会前地质时期所发生的侵蚀称自然侵蚀或常态侵蚀，它的发生发展完全取决于自然因素的变化，例如地质构造运动、地震、冰川活动及生物-气候变化等。人类活动对自然生态平衡的破坏，使土壤侵蚀急剧发展，称人为加速侵蚀，其侵蚀速率比自然侵蚀大数十倍、数百倍以上。

土壤侵蚀强度(soil erosion intensity)可反映单位面积上土壤流失量的大小，通常以土壤侵蚀模数(soil erosion modulus)表示，即每年每平方公里范围内的土壤侵蚀量(吨数)。其单位用 $t/(km^2 \cdot 年)$，或用每年侵蚀掉的土层厚度(mm)表示。土壤侵蚀强度不反映侵蚀发展的阶段程度的差别，因此它与土壤侵蚀程度有区别，但它是划分土壤侵蚀程度的主要指标。土壤侵蚀强度通常分为 6 级：微度侵蚀、轻度侵蚀、中度侵蚀、强度侵蚀、极强度侵蚀和剧烈侵蚀等(见表 14-3)。

表 14-3　土壤侵蚀类型和强度

级　别	平均侵蚀模数〔t/(km^2·年)〕	年平均流失厚度(mm)
Ⅰ微度侵蚀(无明显侵蚀)	<200 或 500 或 1 000(不同地区)	<0.16 或 0.4 或 0.5
Ⅱ轻度侵蚀	200 或 500 或 1 000(不同地区)—2 500	0.16 或 0.4 或 0.8～2
Ⅲ中度侵蚀	2 500～5 000	2～4
Ⅳ强度侵蚀	5 000～8 000	4～6
Ⅴ极强度侵蚀	8 000～15 000	6～12
Ⅵ剧烈侵蚀	>15 000	>12

(据水电部,1984)

上述侵蚀强度分级中的微度侵蚀级,是参照国内外允许土壤流失量值确定的;剧烈侵蚀级则为实际流失量测定值,其余侵蚀级利用内插分级确定。土壤侵蚀强度及其分级标准,是绘制土壤侵蚀图的主要依据,对查明一个国家或一个地区的土壤侵蚀现状,进行水土流失调查,水土保持规划,防治土壤侵蚀,合理利用水土资源,具有重要意义。美国土壤保持局提出了一个通用土壤流失方程以对侵蚀进行预测预报:

$$A=R\cdot K\cdot L\cdot S\cdot C\cdot P$$

式中,A 为土壤流失量;R 为降雨侵蚀能量指标;K 为土壤可蚀性因子;L 为坡长因子;S 为坡度因子;C 为指标因子;P 为土壤保持因子。这些因子需要根据具体情况进行测定或估算。美国的土壤流失允许值是,耕地为 1 250 t/(km^2·年),牧场为 500 t/(km^2·年)。

14.3.2　土壤侵蚀的类型

影响土壤侵蚀的因素分自然和人为两大类。在现代侵蚀过程中,由于人类活动的巨大影响,这两大因素存在着互相制约的密切关系。自然因素包括地质、地形、气候、土壤和植被五个因素。人为因素主要表现为人类对自然植被的破坏、滥伐、滥牧而引起一系列自然生态平衡的失调和恶性循环。例如燃料、肥料、饲料三缺的恶性循环导致粮食短缺、侵蚀加剧、土壤退化、气候恶化、灾害频繁等。同时,开矿、筑路、建房及其他基本建设中不采取相应的水土保持措施,也会造成水土流失。在现代侵蚀过程中,因人为因素引起的土壤侵蚀已占主要地位。

根据土壤侵蚀营力，土壤侵蚀类型可划分为水力侵蚀(简称水蚀)、风力侵蚀(简称风蚀)、重力侵蚀和冻融侵蚀等。在两种或两种以上侵蚀营力作用下的侵蚀，称混合侵蚀。例如，在某些地区水力侵蚀和重力侵蚀常伴随发生，或相互交替；在草原和荒漠的过渡地带，水蚀、风蚀全年交替进行，相互促进。水力侵蚀在全球分布最广泛，根据其营力差异，又可分为降雨径流侵蚀力和融雪以流侵蚀力，通常前者称水蚀，后者称融雪侵蚀。

我国土壤侵蚀类型多样，根据其破坏土壤的外营力不同，可分为水蚀、风蚀、重力侵蚀、冻融侵蚀和泥石流五大类。

(1)*水蚀*　这是我国最常见、最广泛、危害严重的一种侵蚀类型。全国除上海外，其他各省、自治区、直辖市都有分布，尤其是黄土高原最为严重。

(2)*风蚀*　主要分布在年降水小于 400 mm 的干旱、半干旱地区，即我国的东北、华北、西北的北部和西部以及黄河故道和沿海风沙地区。这些地区具备了风蚀的条件，即土壤疏松、干燥。土粒细而分散；地表没有或只有少量的植被；风速大，能吹走土粒。

(3)*重力侵蚀*　由于土体本身的重力，沿坡面分力与流失的作用，造成的滑塌、崩塌、泻流等现象。这种侵蚀在我国的南方、北方都常见，虽然是局部的，不像水蚀、风蚀那样面广，但危害也是严重的，有的可能造成生命财产的重大损失。这类侵蚀在广东、江西、湖南、广西、福建等省十分严重。

(4)*冻融侵蚀*　主要分布在我国西部青藏高原 、新疆天山等高山地区和黑龙江流域大小兴安岭等严寒地区。主要是水受温度影响而发生的物理变化。如我国东北地区冬季严寒，由于表层土体和岩石间的水分冻结，而体积膨胀，对土体和岩石产生很大的压力，春季冻雪融化，而下层冻土融化慢形成不透水层，产生地表径流，造成水土流失。春季地面无覆盖，越是气温高，土层解冻越快，越易流失，甚至比雨季流失还严重。

(5)*泥石流*　它主要是水力和重力作用造成的，是危害最严重的水土流失现象。我国发生泥石流最多的是西南云贵高原、西藏，在东北、华北和西北一些地区也时有发生(如图 14-1 所示)。

14.3.3　我国土壤侵蚀状况

中国是世界上水土流失最严重的国家之一，各种类型的土壤侵蚀遍布全国各地。其中水蚀主要分布在山区、丘陵区；风蚀主要分布在长城以北，东南沿海地区；冻融侵蚀主要分布在高寒地区。全国水蚀面积 153 万 km^2，大致可分为四大片：

14.3.3.1 西北黄土高原

水蚀面积 43 万 km^2，主要分布在陕、晋、甘、宁、青等省区大部分地面为黄土覆盖，干旱少雨，暴雨集中，地面光秃，缺少植被，其中 26 万 km^2 的黄土丘陵壑沟区和黄土高原沟壑区水土流失最为严重，有 15.6 万 km^2 年平均侵蚀模数在 5 000 t/km^2 以上，最高达 5 万～6 万 t/km^2。约有坡耕地 1 300 万 hm^2，大部分坡度在 15°以上，造成土地日益瘠薄，粮食产量很低，且不稳定，每公顷产量仅几百千克。沟蚀也极为活跃，沟头前进，沟岸扩张，沟底下切，不断吞蚀农田，破坏村庄道路。水土流失造成人民生活贫困，燃料、饲料俱缺，一些地区甚至温饱尚未解决。流失的大量泥沙淤积河道、水库。山西汾河水库库容 7 亿 m^3，22 年已淤 3.1 亿 m^3，占库容的 42%。黄河的泥沙量多，年平均达 16 亿 t，其中 4 亿 t 淤积在下游河道，使河床每年淤高 10 cm。目前河道高出两岸地面 4～10 m，成为悬河，严重威胁下游平原地区工农业生产和 1 亿多人民生命财产安全。

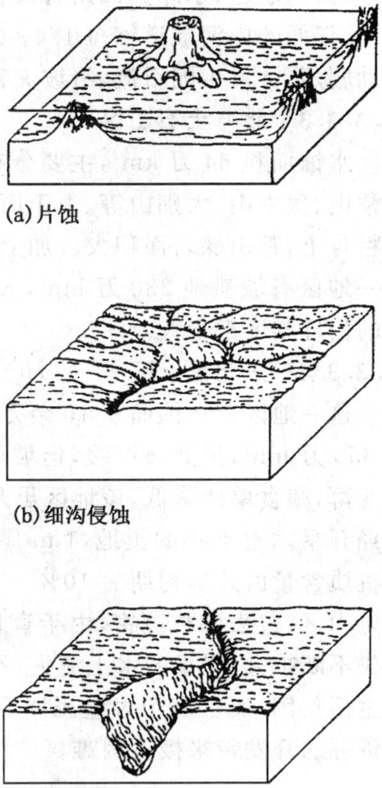

(a)片蚀

(b)细沟侵蚀

(c)沟谷侵蚀

图 14-1 水蚀的几种类型

14.3.3.2 南方丘陵区

水蚀面积 46 万 km^2，主要分布在长江流域。土壤大部分属红壤、黄壤、砖红壤和紫色土，母质为风化花岗岩、紫色沙页岩和石灰岩，水土流失最为严重。由于气温高，雨量大，植被遭受破坏后，有机质迅速分解，土壤失去肥力，如江西省南部、湖南省等严重流失区成为红白沙岗，很难恢复。粤、赣、湘、闽一些地区有剧烈流失的崩岗流失类型。这一地区有坡耕地 1 000 万 hm^2，长江上游许多坡耕地坡度在 25°以上，加之土层薄，许多坡地被冲成光板裸岩，使土地永久丧失利用价值。如贵州省水城特区，石山裸岩面积以 2 100 hm^2 的速度发展。由于坡面土壤颗粒较粗，多数泥沙堆积在石山坡脚、沟口或上游河道，造成水冲沙压农田，抬高河床，淤塞航道、水库。四川省仅蓄水工程每年因淤积损失水库库容达 1 亿 m^3，福建、江西的内河航道缩短 1/4。金沙江、嘉陵江上游，山高坡陡，岩层破碎，地质活动剧烈，常发生泥石流，滑坡灾害。

14.3.3.3 北方土石山区

水蚀面积 54 万 km^2，主要分布在海河和淮河上游山区，包括太行山、燕山、沂蒙山、伏牛山、大别山等。由于历史上各种原因破坏严重，植被稀疏，土层薄，多为粗骨土，荒山裸岩面积大。加上汛期雨量集中，暴雨多，常发生山洪和泥石流。这一地区有坡耕地 330 万 hm^2，人均耕地少，植物成活率低，工程措施和植物措施的治理难度都很大。

14.3.3.4 东北黑土区

这一地区有水蚀面积 10 余万 km^2，主要分布在松花江、黑龙江流域，有坡耕地 650 万 hm^2，虽然坡度缓，但坡面长，长期的顺坡耕作，降雨冲刷，使黑土层逐年变薄，粮食单产降低。该地区虽开发较晚，但开发利用中不重视水土保持，有些已经开垦六七十年的土地，1 m 厚的黑土层已流失一大半，土壤肥力急剧下降，有机质含量由开垦初期的 10%～15%，下降到 3%～5%，有的甚至降到 1%。在上游山区，过去森林茂密，由于盲目砍伐，以及人口增加等，造成大量开荒，水土流失不断扩大。严重的水土流失，不仅使当地的土地日益瘠薄，农业产量低下，群众生活贫困，而且由于大量泥沙下泄，淤塞河道、湖泊、水库，给河流水资源和水能资源的开发带来极大困难。

14.3.4 土壤侵蚀的危害

土壤侵蚀给人类生存和国民经济带来多方面的危害。

(1)人类赖以生存的土壤大量流失　据估算，全国每年流失土壤 50 亿 t 以上，伴随流失的氮、磷、钾等养分 1 亿 t 以上。土壤侵蚀导致肥沃的耕作层不断减薄，土壤付之东流，甚至“石化”，危及人类自身的生存条件。

(2)土壤侵蚀给人们带来日益恶化的生态环境和贫困　土壤侵蚀地区，生态环境恶化，旱、涝、风沙等自然灾害频繁，再生资源减少，制约着各业生产的发展。江西兴国县，由于水土流失严重，山地的产值很低，占总面积 70%的山地，生产的财富不到总收入的 10%。水土流失与贫困互为因果，水土流失严重的地区都是贫困区，群众收入低于全国水平，有的温饱尚未解决。

(3)江河防洪能力降低，水库效益衰减　据统计，我国多年平均输沙量在 1 000万 t 以上的河流达 40 余条，泥沙问题给江河治理、防洪、灌溉、排水、发电、航运、渔业、供水等方面带来许多困难。如黄河由于泥沙淤积成为世界闻名的地上悬河，而黄河安危至关全局。长江上、中游严重的水土流失使三峡库区总沙量达1.6亿t，入库泥沙达4 000万t，构成对三峡水库的重大威胁。并且泥沙淤塞又使中下游地区湖泊容积缩小，防洪能力大大下降。1998年的长江特大洪灾与此密不可分，已使中央政府决定在长江上游停止砍伐森林，保护土壤。

(4)土壤侵蚀使河道淤塞影响航运　随同泥沙携带的农药和化肥中的污染物质，影响水质以至鱼类等水生生物的生存。水土流失与土地沙漠化的发展还会激发自然灾害的发生频率，或加重灾情。

总之，土壤侵蚀已成为严重的社会公害，也是山区人民贫困的重要原因，它不仅祸及当代，而且危及子孙，防治土壤侵蚀刻不容缓。

14.3.5 土壤侵蚀的控制

14.3.5.1 进行土壤侵蚀监测与预报

土壤侵蚀监测是对土壤侵蚀过程、侵蚀产沙量、影响因素及相互作用进行不同的时间和空间尺度的观测。为预报和估算侵蚀产沙及治理效益提供基本数据，为水土保持规划、国土整治、环境保护和防灾、灭灾提供科学依据。土壤侵蚀监测包括宏观和微观两个方面，采用的手段和方法主要包括遥感动态监测、小区监测和小流域侵蚀产沙量监测。

土壤侵蚀预报是通过土壤侵蚀与其主要影响因子间相互关系的定量分析，建立数学模型，以预测土壤流失量或流域产沙量。按侵蚀营力不同可分为水蚀预报和风蚀预报。它为水土保持规划和治理提供科学依据。

14.3.5.2 标本兼顾，综合治理

对于土壤侵蚀发展程度不同的地区要因地制宜，采取不同的防治措施。

(1)无明显土壤侵蚀地区在利用中应加强保护　这主要是在森林、草地植被完好的地区，采育结合、牧养结合，制止乱砍乱伐，控制采伐规模和密度，控制草地载畜量。

(2)轻度和中度土壤侵蚀区在保护中利用　在牧耕地地区，实施土壤保持耕作法。对于农作区，可实行土壤保护耕作，如紫色土实行聚土免耕垄作，一般农田可实行免耕、少耕或轮耕制。丘陵坡地梯田化，横坡耕地，带状种植。实行带状、块状和穴状间隔造林，构筑行物篱，并辅以鱼鳞坑、等高埂等田间工程，以促进林木生长，恢复土壤肥力。

(3)在土壤侵蚀严重地区应先保护后利用　土壤流失是不可逆过程，在土壤

侵蚀严重地区要将保护放在首位。在封山育林难以奏效的地区，首先必须搞工程建设，如高标准梯田化以拦沙蓄水，增厚土层，千方百计培育森林植被。在江南丘陵、长江流域可种植经济效益较高的乔、灌、草本作物，以植物代工程。

(4)选择适宜的管理措施　管理措施包括作物的种植安排和耕作施肥，作物品种的搭配，轮套种方式，它们对土壤肥力的提高，增加地面作物覆盖有重要作用。特别是在高温多雨的季节，正值作物换茬期，常常因作物成熟收获后，地表缺乏植被覆盖，加之为种植下季作物而进行的各种耕作，使土壤疏松，因此在雨季(4周左右)期间，极易造成土壤的流失。据测定，这期间的土壤流失量可达年流失量的1/2～1/3。如果能采用套种方式，使坡耕地一部分作物收获后，耕地内仍有一部分作物正常生长，这对坡耕地的抗蚀保土十分有利。因此，应选用合理的轮作套种方式，注意豆科与非豆科，矮秆与高秆，早熟与迟熟，粮食作物与经济作物等的合理搭配，使用地与养地相结合，用地与水土保持相结合。同时可增加有机肥源及有机肥的施用比例，以增强土壤的抗冲防蚀能力。

总之，防治土壤侵蚀，应从生态工程、生物工程、水利工程和管理措施等方面着手，开展综合治理。

14.4　土壤酸化与防治

土壤酸化(soil acidification)是指土壤变酸的过程。按其形成原因可分成两类，一是土壤形成过程本身，由其所处的特点或成土条件而形成酸性土壤；另一个主要是酸雨(酸性沉降物)导致土壤酸化。土壤环境科学中的酸化指的是后者。它由于人类活动污染大气而产生pH值小于5.6的雨、雪或其他形成的大气降水，习惯上统称其为酸雨(acid rain)，其形成是一种复杂的大气化学和大气物理过程。酸雨中含有多种无机酸和有机酸，绝大部分是硫酸和硝酸，又以硫酸为主，硫酸和硝酸来自人为排放的二氧化硫和氮氧化物。酸雨不仅可以毒杀鱼类和其他水生物、腐蚀建筑物，而且也能损害森林和农田，并威胁人体健康。

目前，酸雨已成为一个国际性的问题。以前主要分布在欧洲和北美地区，但是近年来随着经济的高速发展，在东北亚地区出现了世界第三大酸雨区，该地区包括我国长江以南广大地区和台湾岛、朝鲜半岛和日本列岛，其中降水酸性最强，面积最大的酸雨区在中国。这主要是由于我国能源以煤炭为主，大气中SO_2的含量较高的缘故。同时，我国酸雨主要分布在长江以南地区，正好与酸性土壤分布区重叠，一些地区已出现土壤酸化现象，并产生了危害。在自然条件下，土壤极度酸化后很难逆转，土地将成为不毛之地，如果大面积土壤酸化到如此地步，后果将不堪设想。为此，必须采取有效措施防止土壤进一步酸化。

14.4.1　我国土壤酸化概况及酸雨的分布区域

我国土壤酸化主要出现在长江以南地区，土壤 pH 等值线在 5～6 之间，东北地区东部也有部分土壤酸化现象，pH 在 6～7，与酸雨的分布区域大致相同，见图 14-2。

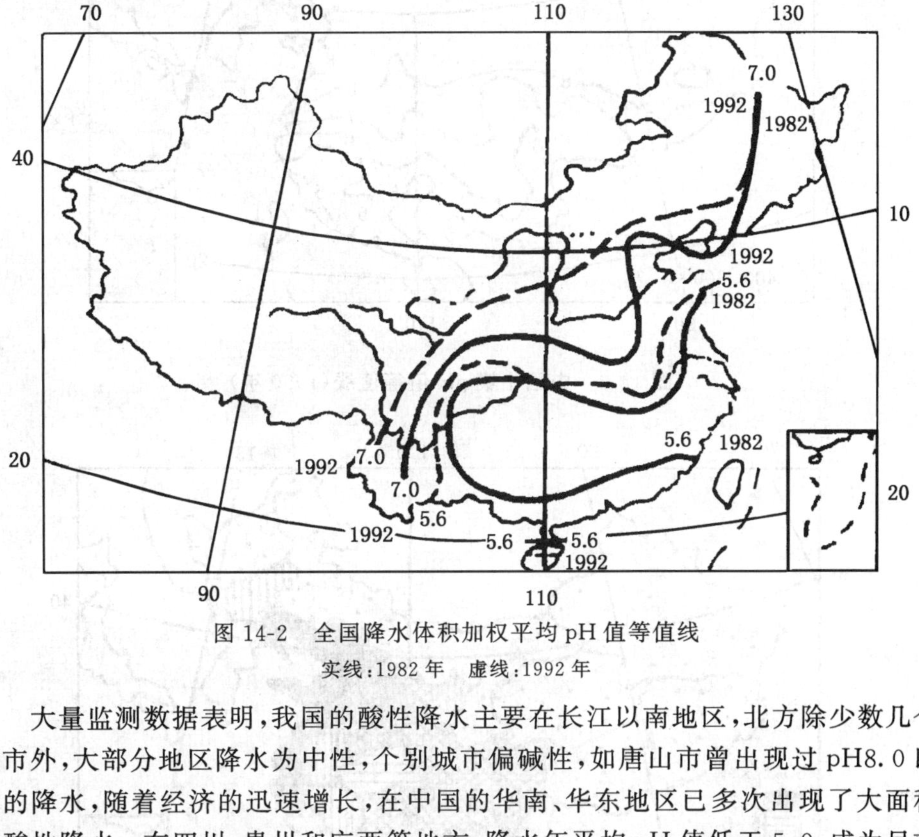

图 14-2　全国降水体积加权平均 pH 值等值线

实线：1982 年　虚线：1992 年

大量监测数据表明，我国的酸性降水主要在长江以南地区，北方除少数几个城市外，大部分地区降水为中性，个别城市偏碱性，如唐山市曾出现过 pH8.0 以上的降水，随着经济的迅速增长，在中国的华南、华东地区已多次出现了大面积的酸性降水。在四川、贵州和广西等地方，降水年平均 pH 值低于 5.0，成为目前中国酸雨污染最严重的地区。该地区酸雨呈以城市为核心的多中心分布。城市降水酸度强，郊区弱，远离城市的广大农村则接近正常，pH 值在 5.6 左右。在季节分布上，冬季降水酸度强而夏季降水酸度弱。在远离城市的山区和自然保护区，降水多数较为清洁，亦未酸化。酸雨的这种空间分布与大气 SO_2 污染分布具有相似性，见图 14-4。

我国的酸性降水主要以硫酸盐占优势，见表 14-4。

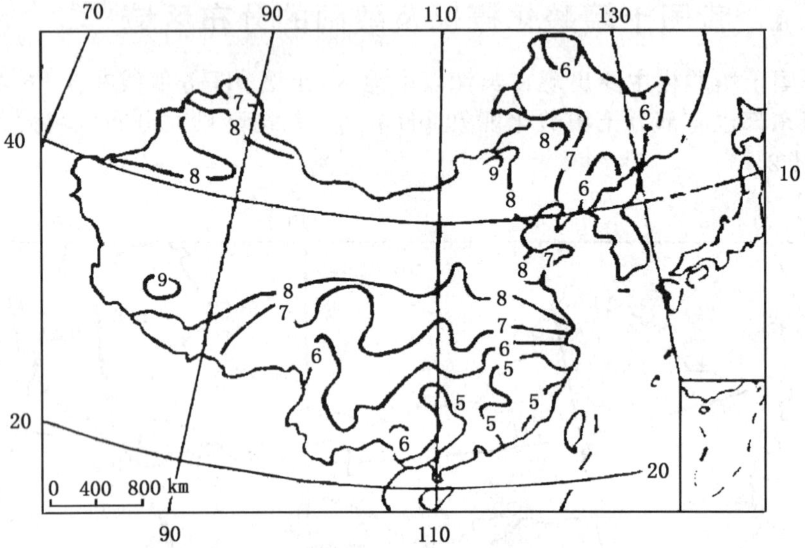

图 14-3　中国土壤 pH 值等值线（1990 年）

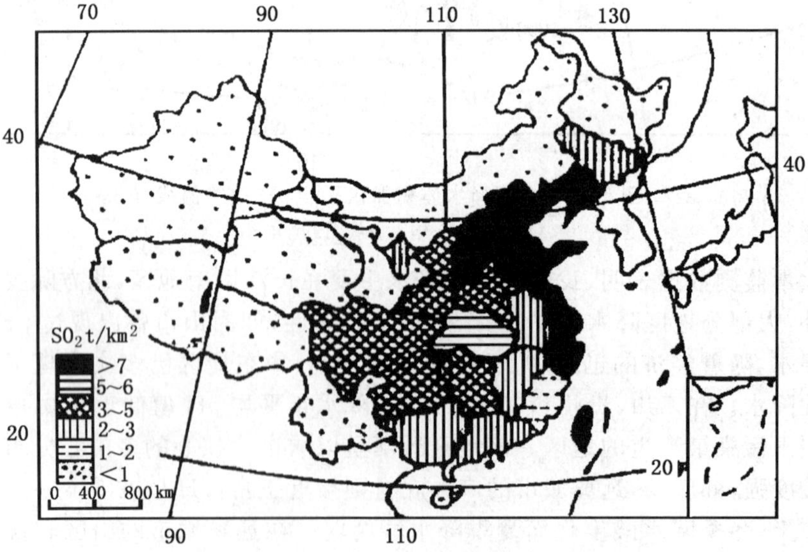

图 14-4　全国各地区 SO_2 的年排放强度（1990 年）

表 14-4　国内外部分地区降水主要化学组成　(μmol/L)

地　点	pH	SO_4^{2-}	NO_3^-	Ca^{2+}	NH_4^+
北　京	6.3	77.3	39.5	75.8	162.8
大　连	7.1	288.1	62.9	248.8	199.7
西　安	7.1	179.0	67.3	897.5	275.8
合　肥	4.7	71.0	31.8	55.1	117.3
南　京	5.0	72.2	28.5	69.0	104.6
杭　州	4.8	56.1	13.5	30.0	68.2
厦　门	4.7	50.0	69.5	49.2	49.0
重　庆	4.2	163.3	27.9	63.9	151.1
贵　州	4.4	202.6	27.9	99.8	174.3
纽　约	3.9	62.6	39.1	3.1	11.2
佛罗里达	4.5	21.4	13.6	10.3	7.1
挪威南部	4.6	17.5	11.0	2.5	11.0

从表 14-4 中可以看出，对降水酸度影响最大的是 SO_4^{2-}，其次是 NO_3^- 和 Cl^-，阳离子主要是 Ca^{2+}和 NH_4^+。由于我国与国外相比降水中普遍含有较高浓度的 NH_4^+。降水过程中 NH_3 虽然中和降水中的酸度，但当 NH_4^+ 随雨水进入土壤后，将不同程度地发生硝化作用，形成 NO_3^- 并释出 H^+，反而促进了土壤酸化。

14.4.2　酸雨的成因及条件

影响酸雨形成的因素主要有大气颗粒物(TSP)的数量、酸雨前体物的输送、地理环境与气象条件、土壤的性质等。

14.4.2.1　大气颗粒物(TSP)

不论在北方还是南方，大气中颗粒物普遍处于较高的水平，对酸雨的形成起着不可忽视的作用。大气颗粒物的浓度和化学组成随各地的自然和社会条件而异，但一般而言，南方湿润多雨，植被良好.颗粒物浓度小，北方干燥少雨，土壤裸露、颗粒物浓度大。不仅如此，北方大气颗粒物中碱性和酸性物质浓度之比也明显高于南方。因此，对于同样的降水，南方大气颗粒物对降水酸性的缓冲能力要小得多。如我国重庆市，其大气颗粒物是有很强的酸性，不但对低酸度降水无中和作用，相反的还能促进降水的进一步酸化。

大气颗粒物由不同粒径的粒子所组成，不同大小粒子的来源和性质都不尽相同，所具有的缓冲能力当然也不一样。由于随着粒径的减小，SO_4^{2-} 与 Ca^{2+} 含量的比值增大，所以小粒子的 pH 和缓冲能力都低于大粒子。

14.4.2.2 酸雨前体物的输送

我国酸性降水存在着大气污染物的局地冲刷和中长距离传输的双重来源机制。大气污染较严重的某些山区城市的酸性降水主要来源于城市高浓度大气污染的局地冲刷，广阔区域和清洁地区的酸性降水则主要来源于大气污染的中长距离传输，污染物在一定气象条件下可传输数百公里或更远，使下风区域的云水和降水酸化；但多数酸性降水为局地冲刷和传输双重来源。当云水酸度相同时，各个城市酸性气体的浓度和气溶胶的缓冲能力就决定了局地冲刷和传输对降水中酸的相对贡献。

南方一些城市如重庆市，煤的含硫量很高，可达2%～5%，且城市区域内面源密集，燃料排放的大量SO_2等污染物可积聚在低层大气中，如果该城市扩散条件较差，则常在局部地区表现成高浓度大气污染。这时若发生降水，上述高浓度大气污染物即可进入降水，从而造成降水的严重酸化。

酸雨不仅出现于城市和污染地区，在乡村和清洁地区、地带观测到大面积的酸性降水。这些地区并没有大量的大气污染源，因而无法用局地原因来解释其酸性降水的来源。但从其上空云的大面积酸化可知，酸雨是由于在恰当的气象条件下，其他城市上空的大气污染物随气流的运动而被传输，使云水大面积酸化，从而造成区域性的酸性降水。因此，中长距离传输是某些区域性酸性降水的主要成因。

14.4.2.3 地理环境与气象条件

地形、地貌、气象条件，如各种大气环流、天气系统、风向、风速等对大气污染物的沉降、扩散、输送都有密切关系。盆地地形以及低气压天气系统往往不利于污染物的扩散，加剧了污染物的聚集；高气压系统控制的天气，地形开阔，风速较大则有利污染物扩散。如我国四川盆地，多山，静风的频率达73%，大气层结构稳定，不利于SO_2的稀释扩散，在有降水过程中时则易形成酸雨。

气象条件对酸雨形成的影响具体表现在两个方面：在化学方面影响前体物的转化速率；在大气物理方面影响有关物质的扩散、输送和沉降。太阳光强和水蒸汽浓度的增加促进SO_2的转化，形成硫酸在局地沉降。太阳光随纬度升高而降低，对我国来说，大气温度也是由南向北递减，故当其他条件相同时，南方大气中SO_2能较快地转化为硫酸，酸化当地的大气环境。

14.4.2.4 土壤的性质

中国的土壤，北方偏碱性，pH7～8；南方偏酸性pH5～6。空气中的颗粒有一半左右来自土壤，碱性土壤的氨挥发量大于酸性土壤，因此南方多酸雨在一定程度上也是由于南北方土壤性质差异所造成的。

土壤中钙和钠的含量由南向北递增。见图 14-5 和图 14-6。

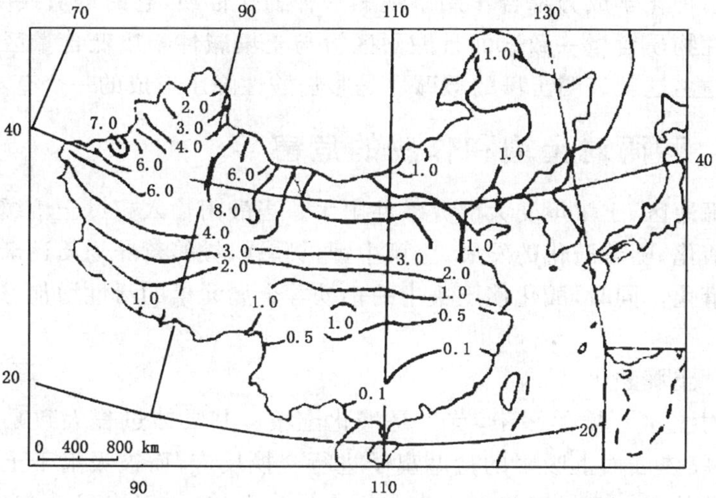

图 14-5　中国土壤中钙含量等值线(%)　(1990 年)

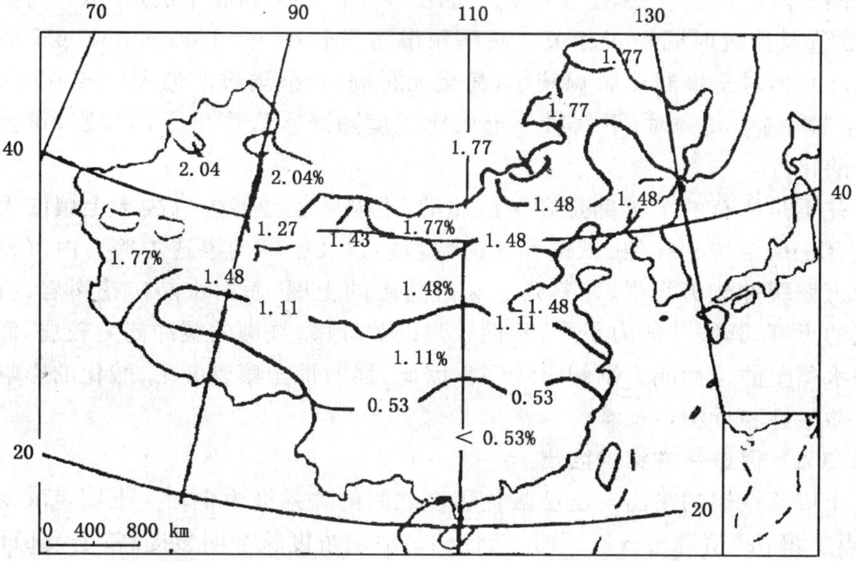

图 14-6　中国土壤中钠含量等值线(%)(1990 年)

但越过秦岭、淮河则其含量迅速增加，两者的规律性完全相似。土壤的酸性是土壤中各种化学成分综合作用呈现的一种物化性质，它的等值线变化规律与土壤中碱性物质含量一致。而且酸雨区恰与土壤碱性物质低含量区，土壤的低pH值区重叠，这就表明土壤的酸碱性是影响酸性降水形成的一个基本因素。

14.4.3 酸雨对土壤和作物的危害

在酸雨地区，土壤承受大部分酸性雨水。当酸雨输入超过土壤缓冲能力时，土壤出现酸化。随着酸化的发展，土壤中钾、钙、镁、铵等营养物质逐渐被淋失，土壤变得贫瘠化。同时，酸化使土壤中的铝铁等金属元素的活性增加，进而对植物产生毒害。

14.4.3.1 土壤酸化

酸雨对土壤环境的污染，首先是酸化土壤。其具体过程大致是：酸雨中的H^+与土壤胶体表面上吸附的盐基离子进行交换反应，而被吸附于土粒表面，被交换下来的盐基性离子随渗漏水淋失。土粒表面的H^+又自发地与矿物晶格表面的铝迅速反应，转化成交换性铝，这就是土壤酸化的实质。

模拟酸雨试验表明，土壤酸化一般由表土向心土和底土层发展，并与酸雨浓度、数量及持续时间呈正相关。在酸雨淋溶量较小（$<$1 000 mm），pH值较高（$>$3.5）时，对土壤酸化影响较小，甚至无影响，当酸雨淋溶加大（$>$2 000 mm），pH值较小（$<$3.5）时，不仅耕层土壤化程度随降水酸度增大而加剧，亚表层也开始酸化。

并不是所有的土壤都是容易酸化的，土壤的缓冲能力取决于土壤的无机物含量、组分、结构、pH值、碱饱和度、含盐量，以及土壤的渗透力等。由沉积岩形成的土壤缓冲能力很强，尤其是含碳酸盐高的土壤，而由水晶矿花岗岩、石英等形成的土壤，其缓冲能力很弱；酸性较强的黄红壤、红壤的缓冲能力较弱，而近中性的水稻土的缓冲能力则相对较强。因此，强酸性土壤受酸雨、酸化的影响程度大于微酸性和近中性土壤。

14.4.3.2 促进活性铝的溶出

土壤活性铝的渗出与土壤酸化程度之间的关系极为密切。土壤经酸雨淋溶后，当土壤pH值降至5以下时，活性铝的溶出浓度就会明显提高；土壤pH值进一步降低时，活性铝的溶出浓度就会急剧增加，这是因为土壤中固相的铝盐在酸性条件下溶解度较大，生成的可溶性铝络合物也较多的缘故。不同性质的土壤其活性铝溶出受酸雨的影响也不一样。酸雨的酸度对强酸性土壤（pH$<$5）活性铝

的溶出有很大的影响，而对微酸性和近中性土壤的活性铝溶出影响相对较弱。

大量 Al^{3+} 的出现会产生两个主要后果：第一，当 Al^{3+} 增多至一定程度后，植物根系即受害而生长不良；第二，因 Al^{3+} 是多价离子，与土壤胶体的结合能力特别强，所以很容易从土壤的负电荷点上置换盐基性离子，使它们进入土壤溶液而淋失。我国南方酸性红壤中大量 Al^{3+} 存在既是土壤遭受强烈淋溶。发生酸化的一个后果，反过来也是土壤酸化的一个原因。

14.4.3.3 盐基离子大量淋失

盐基离子的大量淋失是酸雨对土壤最基本的影响。在酸雨作用下，随着 pH 的下降，土壤正电荷增加，负电荷减少，从而使净电荷减少得更多，有的土壤甚至出现净正电荷。这样不仅对钾、钙、镁等养分离子的吸附量显著减少，而且由于这些阳离子与土壤的结合能力随 pH 值的降低而剧烈减少，所以其吸附的牢固程度也大为减少，使这些离子易于随渗漏水淋失，导致土壤肥力下降。

14.4.3.4 活化土壤有毒金属元素

酸雨在使土壤酸度提高的同时也使土壤中某些重金属元素的活性增大，这是由于锰、铬、铜、铅、镉、锌等有毒重金属离子在低 pH 下溶解度升高造成的。如 Mn^{2+}，当土壤 pH 降至 5 左右时，其浓度即可达到毒化水平。高浓度的有毒重金属元素便会沉降和积累在土层，使土壤成为有毒性的环境介质，进而影响作物生长。

14.4.3.5 降低土壤酶活性

土壤养分特别是有机态养分的转化与循环，有赖于专性微生物和酶活性才能完成，而酸雨对土壤中这类具有专一效应的微生物活性具有相当的抑制作用。在酸雨淋洗时间短，雨量不大（$<$1 000 mm），酸度不高（pH$>$3.5）的情况下，土壤中微生物代谢虽然有所降低，但土壤酶活性大多无显著变化；当酸雨量较大（$>$2 000 mm），酸度较高（pH$<$3.5）时，随着土壤酸化的加剧和微生物活性持续降低，土壤酶活性随降雨酸度增加而降低，抑制效应明显。

14.4.3.6 阻碍作物生长

土壤酸化后，不仅酸本身对植物有伤害，使作物减产，而且溶解于土壤溶液中的 Al^{3+}、Mn^{2+}、Fe^{2+} 对植物也有影响。土壤溶液的 pH 在 4 以上时，可溶性铝以不同形态的氢氧化物复合体的形式存在；当 pH 值 4 以下时，则以三价阳离子的形式存在。活性铝对植物根系的伤害作用是抑制侧根的发生和生长，降低根系对养分的吸收能力。土壤酸化还可导致锰的毒害，含锰较高的土壤，当 pH 在 5.5 以下时，植物即受害。它与铝伤害的症状不同。锰使植物叶片黄化乃至枯死。但是锰的毒害可因硅、铁、钙、磷等的作用而减轻。土壤微生物对pH的变化很敏感，当pH低于5时，其活性便受到阻碍。霉菌较细菌和放线菌对pH适应范围要广些。因此，土壤酸化后，土壤微生物中霉菌占优势。酸性沉降物阻碍微生物的活性，不仅是由于pH的降低，且随着pH的下降，毒性较强的重金属被活化也是一个重要因素。土壤酸化使土壤生物活性下降，导致有机质分解缓慢，CO_2产量减少，土壤氮的生物矿化和固定能力也都明显下降。

14.4.4 酸雨监测及其防治措施

酸雨对环境生态系统的危害十分明显，不仅危及湖泊水生生物、植被、建筑、文化古迹，而且直接威胁人类。当空气中含有0.8 mg/L的硫酸雾时，会引起哮喘等呼吸道疾病。因此，必须加强酸雨监测。应根据区域特点和污染源位置，定点、定时分析大气污染物中降尘、飘尘、二氧化硫、氮氧化物、一氧化碳等含量的多少，用大气质量标准计算出大气环境质量指数，按高低划分等级，随时掌握大气环境质量的变化动态，为防治提供科学依据。

防治酸雨的主要措施有以下几种：

(1)*采取有效措施控制SO_2的排放是防止酸雨发展的根本对策*　对于SO_2点污染源(如发电厂等)要求必须进行消烟、除尘和脱硫措施，严禁超标排放。对于面污染源，即千家万户生活煤炉的排放，根本解决办法是集中供热和家庭煤气化，更彻底地解决污染问题的办法是应用其他替代化石燃料的能源，改善节能工作，减少能源消耗，改进技术，提高各种效率等，这些措施将有助于减少硫氧化物和氮氧化物的排放量。

(2)*对已经酸化的土壤可以添加一定的土壤改良剂*，如苛性钠、碳酸钠、消石灰、石灰石或石灰岩等化学品来中和土壤中的酸，以达到改良土壤的目的。其中消石灰和石灰石最为常用。但这种办法仅是一种临时性的措施，最根本的方法还是控制污染源的排放。

(3)*加速城市绿化和恢复植被*　尽量选用本地耐酸抗污的树种，大力发展阔叶混交或针阔混交林，禁止在林地剥枝割草和收集枯枝落叶，以提高土壤有机质含量，缓冲土壤酸度。

14.5 土壤化学污染与防治

自然环境是人类赖以生存和发展的物质基础。随着人类社会对土壤需求的扩展，土壤的开发强度越来越大，向土壤排放的污染物也成倍增加。目前，我国遭受不同程度污染的农田已达 1 000 万 hm^2，对农业生态系统已造成极大的威胁。防止土壤污染，保护有限的土壤资源，实际上已成为突出的全球问题。

土壤污染不但直接表现于土壤生产力的下降，而且也通过以土壤为起点的土壤、植物、动物、人体之间的链，使某些微量和超微量的有害污染物在农产品中富集起来，其浓度成千上万倍地增加，从而会对植物和人类产生严重的危害。

土壤污染还能危害其他环境要素。例如，土壤中可溶性污染物可被淋洗到地下水，致使地下水污染；另一些悬浮物及其所吸持的污染物，可随地表径流迁移，造成了地表水的污染。而风可将污染土壤吹扬到远离污染源的地方，扩大了污染面。所以，土壤污染又成为水和大气污染的来源。

土壤既是污染物的载体，又是污染物的天然净化场所。因为进入土壤的污染物，能与土壤物质和土壤生物发生极其复杂的反应，包括物理的、化学的和生物的反应，在这一系列反应中，有些污染物在土壤中蓄积起来，有些被转化而降低或消除了活性和毒性，特别是微生物的降解作用可使某些有机污染物最终从土壤中消失。所以，土壤是净化水质和截留各种固体废物的天然净化剂。但量变有时会导致质变，当污染物进入量超过了土壤中这种天然净化能力时，则导致土壤污染，有时甚至达到极为严重的程度。尤其是对于重金属元素和一些人工合成的有机农药等产品，土壤尚不能发挥其天然净化功能。

14.5.1　土壤污染的概念和特点

14.5.1.1　土壤污染的概念

土壤污染(soil pollution)是指人为活动将对人类本身和其他生命体有害的物质施加到土壤中，致使某种有害成分的含量明显高于土壤原有含量，而引起土壤环境恶化的现象。

土壤作为人类赖于生存和发展的物质基础，不仅因为它的肥力属性即具有生产绿色植物的功能，还因为它具有过滤性、吸附性、缓冲性等多种特性，既充当各种来源污染物的载体，又起到污染物天然净化场所的作用。

土壤是一种复杂的自然综合体，具有一定的环境容量(soil environment capacity)，即在一定环境单元和时段内，土壤生态系统进行物质循环过程中，在遵循环境质量标准，保证农产品产量和生物学质量基础上，土壤能容纳污染物的最大允许负荷量。在环境容量内，当污染物进入土壤后，在土壤矿物质、有机质和土壤微生物的作用下，经过一系列物理、化学及生物化学反应过程，降低其浓度或改变其形态，从而消除污染物毒性。这种现象称土壤自净作用，自净作用对维持土壤生态平衡起重要的作用。正是由于土壤具有这种功能，少量有机污染进入土壤后，经生物化学降解可降低其活性变为无毒物质；进入土壤的重金属元素通过吸附、沉淀、化合、氧化还原等化学作用可变为不溶性化合物，使得某些重金属元素暂时退出生物循环，脱离食物链。但当污染物质的输入量超过环境容量时，则引起污染现象。土壤环境容量的大小，与土壤环境背景值(back ground value of soil environmental)密切相关。土壤环境背景值又称本底值，在理论上应该是土壤在自然成土过程中，构成土壤本身的化学元素的组成和含量，即未受人类活动影响的土壤本身的化学元素组成和含量，当化学元素含量超过环境背景值时，表明土壤环境可能已受到污染。但在人类长期活动，特别是现代工农业生产活动的影响下，土壤环境的化学成分和含量发生不断变化，要找到土壤自然背景值比较困难。因此，土壤背景值实际上是相对未受污染的情况下土壤的基本化学组成。

14.5.1.2 土壤污染的特点

土壤污染具有渐进性、长期性、隐蔽性(或潜伏性)、特殊性和复杂性等特点。

(1)渐进性与隐蔽性　土壤污染对动物和人体的危害往往通过农作物包括粮食、蔬菜、水果或牧草，即通过食物链逐渐积累危害，从遭受污染到产生恶果有一个相当长的逐步积累的过程，人们往往是身处其害而不知所害，不像大气、水体污染易被人直接觉察。20世纪60年代，发生在日本富山县“镉米”事件曾轰动一时，这绝不是孤立的、局部的公害事例，而是给人类的一个深刻教训。

(2)特殊性　土壤污染与造成土壤退化的其他类型不同。土壤沙化(沙漠化)、水土流失、土壤盐渍化、土壤潜育化等是由于人为因素和自然因素共同作用的结果。而土壤污染除极少数突发性自然灾害如火山活动外，主要是人类活动造成的。随着人类社会对土地要求的不断扩展，人类在开发、利用土壤，向土壤高强度索取的同时，向土壤排入的废弃物的种类和数量也日益增加。当今人类活动的范围和强度可与自然作用相比较，有的甚至比后者更大。土壤污染就是人类谋求自身经济发展的副产品。因此，在高强度开发、利用土壤资源，寻求经济发展，满足物质需求的同时，一定要防止土壤被污染，生态环境被破坏，力求土壤资源、生态环境、社会经济协调、和谐发展。

(3)复杂性　土壤污染与其他环境要素污染紧密相关。在地球自然系统中，大气、水体和土壤等自然地理要素的联系是一种自然过程的结果，是相互影响，互相制约的。土壤污染绝不是独立的，它受大气、水体污染的影响。土壤作为各种污染物的最终聚集地，据报道，大气和水体中污染物的90%以上，最终沉积在土壤中。反过来，污染土壤也将导致空气和水体的污染。例如，过量施用氮素肥料的土壤，可能因硝态氮(NO_3-N)随渗滤水进入地下水，引起地下水中的硝态氮超标，而水稻土痕量气体(NH_4、NxO、CH_4)的释放，被认为是造成温室效应气体的主要来源之一。所以防治土壤污染必须在环境和自然资源管理中实现一体化，实行综合防治。

14.5.2　土壤污染源和种类

14.5.2.1　土壤污染源

按污染物进入土壤的途径所划分的土壤污染源，可分为污水灌溉、固体废弃物利用、农药和化肥的使用、大气沉降物等。污灌是指利用城市污水、工业废水或混合污水进行农田灌溉。污水水质不符合灌溉水水质标准，使一些灌溉区土壤中有毒有害物明显积累，甚至达原有含量的数倍至数十倍之多，致使粮食作物中某一成分超过食用标准。固体废弃物包括工业废渣、污泥、城市垃圾等多种来源。农药在生产、贮存、运输、销售及使用过程中都会产生污染，施在作物上的杀虫剂，约有一半进入土壤。化肥对土壤的污染主要是由于大量施用化学氮肥，致使氮污染地下水。土壤氮经过反硝化作用产生的氮氧化合物进入大气，破坏大气臭氧层。过量使用化肥还会使河川、湖泊、海湾富营养化而影响渔业生产。将含三氯醛的磷肥施入土壤后，三氯乙醛转化为三氯乙酸，它们均可毒害植物，造成作物大面积减产。大气中的二氧化硫、氮氧化物和固体颗粒通过降水或沉降进入土壤，逐步积累，造成污染。

一些主要污染物及来源见表14-5。

表14-5　土壤污染的主要物质及来源

	污染物	主要来源
无机污染物	砷	含砷农药，硫酸，化肥，医药，玻璃等工业废水
	镉	冶炼，电镀，染料等工业废水，含镉废气，肥料杂质
	铜	冶炼，铜制品生产等废水，含铜农药
	铬	冶炼，电镀，制革，印染等工业废水
	汞	制碱，汞化物生产等工业废水，含汞农药，金属汞蒸气
	铅	颜料，冶炼等工业废水，汽油防爆剂燃烧排气，农药
	锌	冶炼，镀锌，炼油，染料工业废水
	镍	冶炼，电镀，炼油，染料工业废水

续表 14-5

	污染物	主要来源
	氟	氟硅酸钠，磷肥及磷肥生产等工业废水，肥料污染
	盐碱	纸浆，纤维，化学工业等废水
	酸	硫酸，石油化工业，酸洗，电镀等工业废水
有机污染物	酚类	炼油，合成苯酚，橡胶，化肥农药生产等工业废水
	氰化物	电镀，冶金，印染工业废水，肥料
	3,4-苯并芘($C_{12}H_{12}$)，苯丙烯醛等	石油，炼焦等工业废水
	石油	石油开采，炼油厂，输油管道漏油
	有机农药	农业生产及使用
	多氯联苯类	人工合成品及生产工业废气废水
	有机悬浮物及含氮物质	城市污水，食品，纤维，纸浆业废水

14.5.2.2　土壤污染的类型

根据污染物的属性，一般可分为有机物污染、无机物污染、生物污染和放射性物质污染等。

(1)*有机物污染*　包括有机废弃物(工业生产及生活废弃物中生物易降解和生物难降解有机毒物)、农药(包括杀虫剂、杀菌剂和除莠剂)等污染。有机污染物进入土壤后，可危及农作物的生长和土壤生物的生存，如稻田因施用含二苯醚的河泥会造成稻苗大面积死亡，泥鳅、鳝鱼绝迹。人体接触污染土壤后，手脚出现红色皮疹，并有恶心、头晕现象。农药使用后的残留会污染土壤和进入食物链。土壤中的农药主要来自直接施用和叶面喷施，也有一部分来自回归土壤的动植物残体。地膜弃于田间，也是一种潜在的有机物污染源。

(2)*无机污染物*　它包括有害元素的氧化物、酸、碱和盐类等的污染。生活垃圾中的煤渣，也是土壤无机污染物的主要组成部分。一些城市郊区长期、直接施用的结果造成了土壤环境质量的下降。

(3)*土壤生物污染*　一个或几个有害的生物种群，从外界环境侵入土壤，大量繁衍，对人类健康和土壤生态系统造成不良影响。土壤生物污染的主要物质来源是未经处理的粪便、垃圾，城市生活污水，饲养场和屠宰场的污染等。其中危害最大的是传染病医院未经消毒处理的污水和污物。进入土壤的病原体能在其中生存较长时间。如痢疾杆菌能在土壤中生存22～142天，结核杆菌能生存1年左右，蛔虫卵能生存315～420天。有些长期在土壤中存活的植物病原体还能严重危害植物，造成农业减产。例如，一些植物致病细菌污染土壤后，能引起番茄、茄子、马铃薯等植物的青枯病，能引起果树的细菌性溃疡病和根癌病。一些致病真菌污染土壤后引起大白菜、油菜、甘蓝等多种栽培和野十字花科蔬菜的根肿病，以及小麦、大麦、燕麦、高粱、玉米、谷子的黑穗病等。

(4)土壤放射性物质的污染 系指人类活动排放出的放射性污染物，使土壤的放射性水平高于天然本底值。排放到地面上的放射性废水，埋藏处置地下的放射性固体废弃物以及核企业发生的放射性排放事故等都会造成局部地区土壤严重的放射性污染。大气中的放射性尘降，使用含有铀、镭等放射性元素的磷肥和用放射性污染的河水灌溉农田会造成土壤放射性污染，这种污染虽然一般程度较轻，但污染的范围较大。土壤被放射性物质污染后，所产生的α、β、γ射线能穿透人体组织，损害细胞或造成外照射损伤。放射性污染物还可通过呼吸系统或食物链进入人体，造成内照射损伤。

14.5.3 土壤重金属污染

14.5.3.1 概念及种类

重金属污染是指人类活动将重金属加到土壤中，使其含量明显高于原土壤含量，并造成生态环境质量恶化的现象。

在当前环境污染研究中，重金属主要指汞、镉、铅、铬、铜、锌，类金属砷和非金属氟也包括其中。一些国家污染中重金属浓度见表14-6。

表 14-6 污染中的重金属浓度 (mg/kg 干重)

国家及地区	镉	锌	铜	铅
英 国	2～1 500	600～20 000	2 000～8 000	50～3 600
美 国	2～1 100	72～16 400	84～10 400	80～26 000
瑞 典	2～171	700～14 700	52～3 300	52～2 900
加拿大	2～147	40～19 000	160～3 000	85～4 000
澳大利亚	2～285	240～5 500	250～2 500	55～2 000
欧共体推荐的最大量	20	2 500	1 000	750
中国上海	25～48	2 895～3 480	220～792	135～339
中国广州	6.5～642	456～5 360	——	16～1 700
中国天津	0.10～45	312～3 120	73～2 960	44～1 680

14.5.3.2　来源

土壤重金属污染主要来自灌水(特别是污灌)、固体废弃物(污泥、垃圾等)、农药、肥料以及大气沉降物等。例如,含重金属的矿产开采、冶炼、金属加工排放的废气、废水、废渣;煤、石油燃烧过程中排放的飘尘(含铬、汞、砷、铅等);电镀工业废水(含有铬、镉、镍、铅和铜等);塑料、电池、电子等工业排放的废水(含有汞、镉和铅等);采用汞接触剂合成有机化合物(氯乙烯、乙醛)的工厂排放的废水;染料、化工、制革工业排放的废水(含有铬和镉等);汽车废气沉降使公路两侧土壤易受铅的污染;砷被大量用做杀虫剂、杀菌剂、杀鼠剂、除草剂而引起砷的污染。一般来说,用于校正营养缺乏而施入土壤的重金属的量很少,不大会引起污染,但重复使用也会因积累而产生危害。含重金属的某些有机农药在降解后其重金属仍留在土壤里。污泥含较多的重金属,当做肥料时,若使用不当必然会引起土壤污染。肥料中的重金属污染,特别是镉,主要来自磷肥,有些表土中的镉有80%来自磷肥。

14.5.3.3　危害

污染重金属在土壤中不被生物分解,可在生物体内积累和转化,超过一定限度时便产生毒害。进入土壤中的重金属尘埃使微生物区系数量减少,酶活性降低。植物吸收重金属浓度有随土壤中施用重金属浓度的增加而增高的趋势,如在污染土壤中生产的糙米,其平均重金属含量亦较高;而对产量的影响则与重金属的种类不同有关,如铜污染对产量的影响十分明显,但铅和镉对作物产量的影响一般较小。

重金属在土壤中的行为与土壤理化性质密切相关,如水稻对镉的吸收总量随着氧化还原电位的增加和 pH 值的降低而增加。污染重金属的生物效应与其在土壤中的溶解和其化合物类型有着十分密切的关系,例如,亚砷酸的毒性明显高于砷酸,即使同为砷酸盐,由于所结合的重金属离子不同,毒性也有显著差异。土壤中虽有单个重金属的污染发生,但多为伴生性和综合性的多种重金属元素的复合污染。土壤一旦遭重金属污染就难恢复,而且,它们可通过食物链对人体健康带来威胁。汞、砷、铅能带来神经系统疾病,汞、镉能引起严重肝肾损伤,举世瞩目的"水俣病"和"痛疼病"就是分别由汞和镉引起的;砷、铬被认为有致癌作用。

14.5.4　化学肥料污染

14.5.4.1　来源

大量使用化肥引起的土壤污染。化肥包括氮肥(如尿素、硫胺、碳铵)、磷肥(如过磷酸钙、钙镁磷肥、磷矿粉)和钾肥(如氯化钾、硝酸钾)等。

施入农田的各种化肥中,以大量氮肥引起的污染最为严重。氮肥施入土壤后,有相当一部分被分解,或挥发进入大气;或随地表径流和土壤侵蚀等汇入河流、湖泊和内海;或垂直淋溶渗漏进入地下水,从而造成氮的污染,并对生物及人体健康构成危害。

14.5.4.2　危害

(1)河川、湖泊、内海的富营养化　大量化肥经农田径流带入地表水,水中的氮、磷含量增加,使藻类等水生植物生长过多。

(2)施用化肥过多的土壤,使食品、饲料和饮用水中硝酸盐含量增加　食用硝酸盐含量过高的食物和饮用水,不仅能引起变性血红蛋白血病的病例增多,而且硝酸盐在人体和动物体内能被还原成亚硝酸盐,而引起肠原性中毒病症;在胃液的酸性条件下,亚硝酸盐还能与仲胺合成强致癌物质-亚硝胺。

(3)使大气中氮氧化合物含量增加　施于农田的氮肥在土壤微生物的作用下,生成一氧化二氮和氮气释放到空中。一氧化二氮不溶于水,能上升到离地面20 000 m 高空的臭氧层消耗臭氧;而且它在大气层中还可以转化成氧化氮,氧化氮具有催化作用,能加速臭氧的分解速度,对臭氧的破坏能力更强。

(4)恶化土壤理化性质　长期过量而单纯施用化肥,会使土壤酸化;土壤溶液中和土壤微团聚体及有机-矿质复合体的 NH_4^+ 量增加,并交换出 Ca^{2+}、Mg^{2+},分散土壤胶体,破坏土壤结构,使土地板结,直接影响农业生产成本和作物产量与质量。此外,化肥中含有其他一些杂质,如磷矿石中含镉 1～100 mg/kg,含铅 5～10 mg/kg,这些杂质可促成土壤重金属污染。

14.5.5　农药污染

人类活动使农药进入土壤并积累到一定程度,给土壤生态系统造成不良影响的现象。

14.5.5.1　概述

早期,农药主要为无机化合物和天然有机化合物。自 20 世纪 30 年代有机氯农药滴滴涕(DDT)问世以后,有机合成农药迅速发展,特别是有机氯杀虫剂,由于廉价、广谱和长效等优点，曾被大量生产和广泛使用。到 60 年代合成的农药品种繁多，已达数万种，常用的几百种按其功能可分为杀虫剂、杀菌剂和除草剂等。按其元素组成可分为有机氯农药（如滴滴涕、六六六）、有机磷农药（如敌敌畏、对硫磷等）、有机氮农药（如西维因、呋喃丹）和有机金属农药（如含汞农药和含砷农药）等。中国从 1950 年以后开始使用最多的农药是六六六和滴滴涕，约占农药总施用量的 80%。1960 年后，随着近代分析技术的发展，高灵敏度带电子捕获鉴定器的气相色谱更应用于有机氯农药的检测。从大量的环境调查中发现，在环境的各区域中，包括从不施农药的中国西藏珠峰的冰雪和南极洲的企鹅中都检测到有机氯农药的残留，从而引起普遍关注。由于有机氯农药化学性质比较稳定，给环境造成严重污染，破坏生态平衡影响人体健康，西欧和北美各国在 20 世纪 70 年代初，中国在 1982 年已决定禁止使用，并以非持留性农药（如有机磷、氨基甲酸酯类农药）来替代六六六和滴滴涕等。1983 年后，中国农药工业中以有机磷农药产量最大，品种也最多。由于有机磷农药在土壤环境中易被分解，故尚未发现它们在土壤中的累积现象。

14.5.5.2 污染途径

①为了防治地下有害生物，使用药剂进行土壤处理；

②对地上部分作物进行喷洒时，由于喷雾漂移或从植株上落入土壤；

③农药厂排放的污水引起水源污染，经灌溉而污染土壤；

④含有农药的尘埃沉降和降水；

⑤被农药污染的动植物残体及农家肥等。

其中，最主要来源是防治病、虫、草害时大量施用的农药。

14.5.5.3 消失与残留

农药在土壤中的消失途径有：吸收、迁移、蒸发，在日光、空气、水、黏土矿物和微生物的作用下分解、转化。温度、土壤质地、水分含量、有机质含量及耕作制度等对农药残留有不同程度的影响。

落入土壤中的非持留性农药。仅一小部分被挥发或与水蒸气共同蒸发，被地表径流、动物与植物摄取以及风的吹移而进入大气、水体和生物体内参与大环境的农药循环，从而扩大了农药对环境的污染范围；而大部分经土壤化学、生物作用被降解失活，如有机磷农药、氨基甲酸酯类农药易被水解失去生物活性。有机氯农药在旱地土壤中很难被降解，而且淹水条件下，易被土壤中嫌气微生物降解而降低活性或失去生物活性。农药在环境中降解并不意味着毒性完全消除，它既可以产生无毒降解产物，如二氧化碳，也可产生与原始农药毒性相当的降解产物,甚至有的降解产物的毒性比原始母体农药的毒性更大(如图 14-7)。

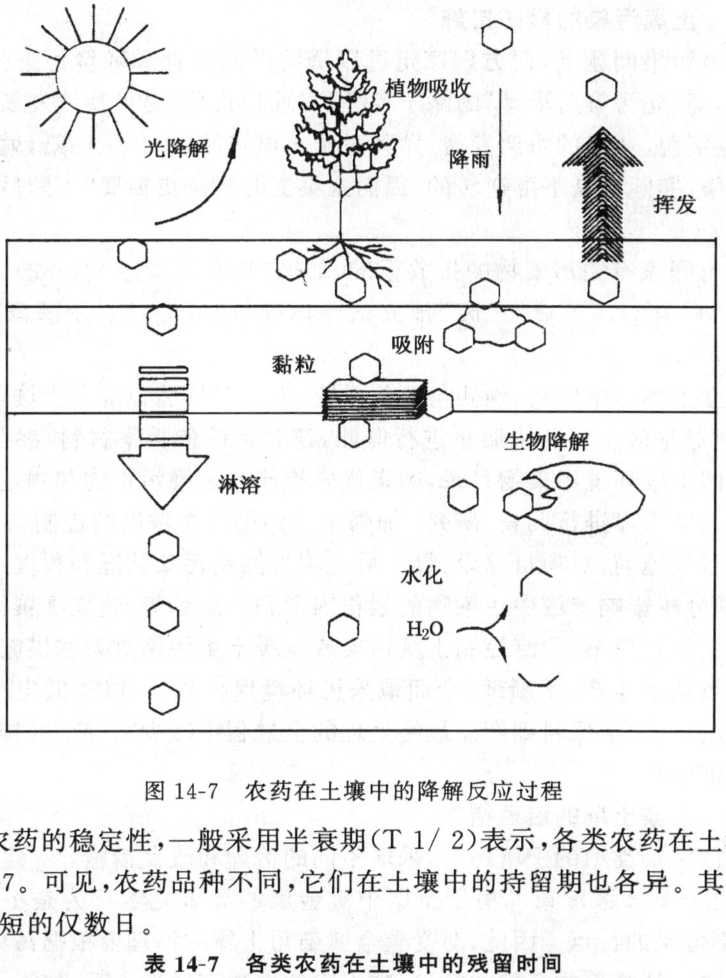

图 14-7 农药在土壤中的降解反应过程

土壤农药的稳定性,一般采用半衰期(T 1/ 2)表示,各类农药在土壤中半衰期见表 14-7。可见,农药品种不同,它们在土壤中的持留期也各异。其半衰期长的几十年,短的仅数日。

表 14-7 各类农药在土壤中的残留时间

农药种类	半衰期(年)
铅、砷、铜、汞农药	10～30
有机氯农药	2～4
有机磷农药	0.02～0.2
氨基甲酸酯农药	0.02～0.1
均三氮苯类除草剂	1～2
取代脲类	0.3～0.8
2,4-D,2,4,5-T	0.1～0.4

14.5.6　土壤化学污染的防治

14.5.6.1　土壤污染的预防措施

在环境污染问题上，西方国家走过以资源的高消耗和环境污染为代价的工业化过程，即“先污染后治理”的路子。我国实现现代化，是可持续发展的路子，是社会经济、资源、环境的协调发展。尤其对于土壤资源，一旦受污染，就很难治理，重金属污染，实际上是不可逆转的，因而土壤资源管理更需要“先防后治，防重于治”。

①执行国家有关污染物的排放标准，如《农药登记规定》(1982)，《农药安全使用规定》(1982)，《工业“三废”排放试行标准》(1973)，《农用灌溉水质标准》(1985)等。

②建立土壤污染监测、预测与评价系统。以土壤环境标准和土壤环境容量为依据，定期对辖区土壤环境质量进行监测，建立系统的档案材料，参照国家组织建议和我国土壤环境污染物目录，确定优先检测的土壤污染物和测定标准方法，按照优先污染次序进行调查、研究。加强土壤污染物总浓度的控制与管理。在开发建设项目实施前，对项目建设、投产后土壤可能受污染状况和程度进行预测和评价。必须分析影响土壤中污染物的累积因素和污染趋势，建立土壤污染物累积模型和土壤容量模型，预测控制土壤污染或减缓土壤污染对策和措施。

③发展清洁生产，不断地、全面地采用环境保护战略，以降低生产过程对人类和环境的危害，从原料到产品最终处理的全过程中减少“三废”的排放量，以减轻对环境的影响

14.5.6.2　污染土壤的治理措施

对不同污染类型的土壤污染，采取不同的治理和改良措施。

(1)重金属土壤污染　由于土壤中重金属的显著化学行为是不移动、累积性，具有不可逆的特点。因此，对受重金属染污土壤的治理要根据污染程度的轻重进行改良。从降低重金属的活性，减少它的生物有效性入手，加强土、水管理。①通过农田的水分调控，调节水田土壤 Eh 值来控制土壤重金属的毒性；②施用石灰、有机物等改良剂。当土壤 pH＞7 时，可降低重金属活性，而有机物可提供阴离子配位体，促进溶液中重金属形成络合物和螯合物，降低其活性；③客土、换土法。对严重污染土壤可采用，但代价高，难以面积推广；④生物修复法。用超积累植物吸收土壤重金属、再处理好植物。

(2)化学肥料土壤污染

①防止肥料流失和土壤侵蚀。化肥污染主要来源于土壤中肥料的流失，因此，土地利用方式与农田化肥污染的关系甚为密切。科学地进行农业土地区划是控制农田化肥污染首要环节。另外，大力推广少耕和免耕法，在丘陵地区营造梯田，以及保护良好植被等，均可减轻肥料流失和土壤侵蚀，从而减少农业生产过程中化肥的环境污染负荷量。

②改进氮肥施用技术。实行合理施肥，推广化学氮肥深施技术和适当限制氮肥施用量，并减少氮的挥发和流失。

③应用硝化抑制剂，如涂层尿素、包膜肥料等。它既可提高氮肥利用率，也能减少土壤生态系统中氮和硝态氮的流失。

④合理灌溉排水，减少化肥流失。

(3)农药土壤污染　对有机物、农药污染的土壤，除合理施用农药、采用病虫害综合防治，改进农药剂型等以预防为主的系列技术措施外，对污染土壤的治理应从加速土壤中农药的降解入手。

①增施有机肥料，提高土壤对农药的吸附量，减轻农药对土壤的污染；

②调控土壤 pH 值和 Eh 值，加速农药的降解；

③禁止和限制某些持留性农药的生产和使用，发展高效、低毒、低残等“无污染”农药的研究和生产；

④降低农药施用量与生物防治相结合等措施，将使农药对土壤污染得到缓和；

⑤对已被有机氯农药污染的土壤，可通过旱作改水田或水旱轮作，使土壤中的有机氯农药迅速分解、排除。不易进行水旱轮作的田块，通过施石灰提高 pH 以及多浇水增加土壤湿度，也能增加有机氯农药在土壤中的降解。种植对有机氯吸收比较少的高秆淀粉类作物，避免种植根类作物，亦可避免有机氯农药对作物的污染。

参考文献

1. 北京农业大学主编. 耕作学. 北京：农业出版社，1983

2. 布雷迪 N.C. 土壤的本质与性状. 北京:科学出版社,1982

3. 陈思凤. 土壤肥力物质基础及其调控. 北京：科学出版社,1993

4. 冈岛秀夫. 土壤肥活度论. 北京：农业出版社,1983

5. 侯光炯、高惠民. 中国农业土壤学概论. 北京：农业出版社，1982

6. 华　孟,王　坚. 土壤物理学. 北京：北京农业大学出版社,1994

7. 金野隆不光. 土壤培肥原理. 林齐民译. 福建：福建科学技术出版社,1983

8. 李天杰等. 土壤理学. 北京：人民教育出版社,1979

9. 林成谷主编. 土壤学(北方本). 北京：农业出版社,1992

10. 斯蒂文林 F J. 腐殖质化学. 夏荣基译. 北京：北京农业大学出版社,1994

11. 索菲尔 C D. 土壤与土壤管理. 北京：农业出版社,1984

12. 熊　毅. 土壤胶体(第一册). 北京：科学出版社,1983

13. 严永升. 土壤肥力研究方法. 北京：农业出版社,1988

14. 于天仁. 土壤发生中的化学过程. 北京：科学出版社,1976

15. 赵其国. 中国土壤科学发展战略研究报告. 见：地球学进展. 北京：科学出版社,1996

16. 赵玉萍. 土壤化学. 北京：北京农业大学出版社,1991

17. 中国科学院南京土壤所. 中国土壤. 北京：科学出版社,1978

18. 朱祖祥等. 土壤学. 北京：农业出版社，1983

19. 黄昌勇. 土壤学. 北京:中国农业出版社,2000

20. 左大康. 现代地理学辞典. 北京:商务印书馆,1990

21. 龚子同等. 我国地区退化及其防治对策[M]. 北京:中国科学技术出版社,1990

22. 朱震达等. 中国沙漠化及其治理. 北京:科学出版社,1989

23. 赵其国. 土壤退化及其防治. 土壤,1991

24. 王兴文. 中国酸雨成因研究. 中国环境科学,1994
25. 段巧甫. 水土保持的探索与实践. 北京:中国水利水电出版社,1999
26. 徐彬彬等. 保护耕地必须既重数量又重质量. 土壤, 1999
27. 杨　昂等. 中国酸雨的分布、成因及其对土壤环境的影响. 土壤,1999
28. 陈维新. 农业环境保护. 北京:农业出版社,1993
29. 胡学玉. 土壤质量及其演变. 华中农业大学学报,1999
30. Frank A,Record. 1987. 酸雨对陆生生态的影响. 世界环境
31. Davies D B, Eagle D J, Finney J B. Soil Management, Farming Press (UK),1993
32. Donahue R L, Follett R H ,Rodney W. Tulloch 1970. Our Soils ahd Their Soils: An lntroduction to Management. The lnterstate Printers & publishers, Inc, Danville, Illinois
33. Hansenbuiller R L. 1985. soil science: principles & practices, Wm. C. Brown publishers, Dubuque,Iowa
34. Hassett J J,Banwart W L. 1992. Soils and Their Environment. Ptentice Hall Englewood Cliffs, New Jersey
35. Miller R W, Donahue R L, Miller J V. 1990. Soils: An Introduction to soils and plant Growth. Pren- tice-Hall International, Inc
36. Singer M J . 1987. Soils: An Introduction. Macmillan. New York (Am.): Macmillan publishing Com-Pany and London (Eng): Collier Macmillan Publishers
37. Wild A. 1993. Soils and the Environment: An Introduction. Cambridge (Eng): Cambrige University Press
38. FAO. 1971. Soil Degradation. Food and Agricalture Organization of the United Nations
39. Doran, J. W. 1994. Defining Soil Quality for Sustainable Environment, Soil Science Society of America, Inc, American society of Agronomy, Inc, Madison, Wisconsin, USA
40. Morgan, R. P. C. 1981. Soil Conservation: Problem and Protects. John Wiley and Sons, New York etc

图书在版编目(CIP)数据

基础土壤学/熊顺贵主编．—北京：中国农业大学出版社，2001(2018.8 重印)
ISBN 978-7-81066-332-8

Ⅰ．基…　Ⅱ．熊…　Ⅲ．土壤学-高等学校-教材　Ⅳ．S15

中国版本图书馆 CIP 数据核字(2001)第 09345 号

出版发行　中国农业大学出版社
经　　销　新华书店
印　　刷　涿州市星河印刷有限公司
版　　次　2001 年 3 月第 1 版
印　　次　2018 年 8 月第 7 次印刷
开　　本　16　24 印张　420 千字
规　　格　787×980
定　　价　33.00 元